普通高等教育电气工程与自动化(应用型)系列教材

电梯控制技术

主　编　陈登峰
副主编　杨战社　肖海燕
参　编　贾　媛　汪　洋　李红莲
　　　　司轶芳　赵　亮
主　审　于军琪

机 械 工 业 出 版 社

电梯系统是实现现代智能大厦垂直交通运输的重要设备,也是智能建筑自动化系统的重要组成部分。

本书全面介绍了电梯结构及相关部件的构造及工作原理，系统论述了交流双速电梯、交流调压调速电梯、变频调速电梯以及永磁同步电梯等的拖动与控制方式，详细分析了各种信号控制系统的典型电路及控制方法。同时，对常见的电梯节能技术的工作原理进行了介绍，对电梯的选用方法、布置原则以及调试、故障诊断与维护保养进行了介绍，并对自动扶梯、液压电梯、杂物电梯、自动人行道进行了简单分析与介绍。为便于读者学习掌握，每章后有小结，并针对该章的内容要点编写了思考与练习。在最后一章提供了实验指导与课程设计和毕业设计指导，以用于教学参考。

本书适合用作建筑类高等院校电气与自动化类本科的专业课教材，也可供大专、高职的同类专业选用，还可供从事电梯设计、制造、安装、检验与试验的人员以及电梯管理与维护保养人员参考。

图书在版编目（CIP）数据

电梯控制技术/陈登峰主编．—北京：机械工业出版社，2013.3（2024.9重印）

普通高等教育电气工程与自动化(应用型）系列教材

ISBN 978-7-111-40464-4

Ⅰ.①电…　Ⅱ.①陈…　Ⅲ.①电梯—电气控制—高等学校—教材
Ⅳ.①TU857

中国版本图书馆 CIP 数据核字（2012）第 304654 号

机械工业出版社（北京市百万庄大街 22 号　邮政编码 100037）
策划编辑：于苏华　责任编辑：于苏华
版式设计：霍永明　责任校对：闫玥红　丁丽丽
封面设计：张　静　责任印制：邓　博
北京盛通数码印刷有限公司印刷
2024 年 9 月第 1 版第 9 次印刷
184mm×260mm · 16.75 印张 · 412 千字
标准书号：ISBN 978-7-111-40464-4
定价：38.00 元

电话服务　　　　　　　　　　网络服务
客服电话：010-88361066　机　工　官　网：www.cmpbook.com
　　　　　010-88379833　机　工　官　博：weibo.com/cmp1952
　　　　　010-68326294　金　　书　　网：www.golden-book.com
封底无防伪标均为盗版　　机工教育服务网：www.cmpedu.com

前　言

电梯系统是实现现代智能大厦垂直交通运输的重要设备，也是智能建筑自动化系统的重要组成部分。

现代电梯系统是机电一体化设备，涉及机械工程、电力驱动、自动控制、电力电子、变频调速、PLC 控制、微型计算机、永磁同步电动机、传感与检测、总线网络、光纤通信等多学科技术。

电梯系统应为乘客提供一个安全、快捷、方便、舒适的环境，即减少乘客的候梯时间，将候梯烦躁感降到最低，增加舒适度，减少电梯运行时间，提高运行效率，优化电梯的乘载率。同时，电梯系统也应为管理者提供一个环保、节能、可靠、远程监控的智能管理系统。

为了适应电梯的自动化和智能化技术的迅速发展，我们特编写这本书。本书的编写，注重实用、强调技能、淡化理论、结合实例、图文并茂、深入浅出，突出新技术、新工艺、新材料、新设备。

本书共分 9 章，内容如下：

第 1 章为绪论，叙述智能建筑中对电梯系统的要求，介绍电梯的发展、种类、型号及参数和基本结构，对电梯的控制功能和分类进行了说明，同时对现代电梯控制技术的主要发展趋势进行了介绍。

第 2 章介绍电梯系统的组成，主要对电梯机械系统、安全保护系统的组成、工作原理和功能进行了详细介绍，对电梯的拖动控制系统、运行控制系统也进行了简单介绍。

第 3 章介绍电梯拖动控制系统，叙述电梯拖动的要求及特点，分析电梯拖动系统的过渡过程，重点介绍电梯中常见的电力拖动方式，包括交流双速电梯拖动控制、交流调压调速电梯拖动控制、变频调速电梯拖动控制、永磁同步电梯拖动控制和直线电动机电梯拖动控制。并结合其中部分拖动控制的主电路，讨论各种拖动控制的工作原理。

第 4 章讲述电梯运行控制系统，详细阐述井道控制信号的产生及其工作原理，同时介绍电梯控制系统的各种典型电路及其工作原理，主要包括电梯门控制电路、指层电路、轿厢内指令电路、厅外召唤电路以及定向选层电路和换速控制电路。还介绍了电梯 PLC 控制的原理和电梯集群控制系统的设计以及电梯远程监控系统。

第 5 章介绍常见的电梯节能技术，包括电能回馈技术、电梯休眠技术和变频感应起动技术等。

第 6 章介绍电梯的选用与布置，目的是使学生在掌握了电梯的结构、控制过程和控制原理之后，根据建筑物中的交通需求，经过分析计算，合理地选用和布置电梯。

第 7 章介绍电梯的调试、维护与管理，包括电梯的调试、故障分析与诊断以及维护保养等。

第 8 章简单介绍其他类型电梯，包括自动扶梯、液压电梯、杂物电梯和自动人行道以及它们的结构、安装与维护。

第 9 章为电梯控制技术实训，介绍电梯的实验、课程设计与毕业设计，以促使学生在理论学习的同时能够结合实际，加强动手实践能力。

附录中列举了电梯工程中常用的法律、法规、国家标准和行业标准，还给出了第9章实验的部分 PLC 梯形图程序，供教学中参考。

在每一章后都安排有小结和思考与练习，以帮助读者掌握内容要点和进行自我考查。

本书第1、2、5章由陈登峰编写，第3章由贾媛编写，第4章由杨战社编写，第6、7章由汪洋、肖海燕、赵亮编写，第8章和附录A由肖海燕编写，第9章和附录B由李红莲、司轶芳编写。全书由陈登峰统稿。

西安建筑科技大学于军琪教授对本书的全部内容进行了认真的审阅，并提出了许多宝贵的意见，在此表示衷心的感谢！

由于编者水平有限，加上编写时间仓促，书中难免有疏漏与不当之处，敬请各位专家、读者批评指正。

作　者

目　录

前言
第1章　绪论 …… 1
1.1　智能建筑中的电梯系统 …… 1
1.2　电梯概述 …… 2
1.2.1　电梯发展史 …… 2
1.2.2　电梯的种类 …… 4
1.2.3　电梯的型号和参数 …… 7
1.2.4　电梯的基本结构 …… 9
1.3　电梯的控制功能和分类 …… 10
1.3.1　单台电梯的控制功能 …… 11
1.3.2　群控电梯的控制功能 …… 12
1.3.3　电梯控制的分类 …… 13
1.4　电梯控制技术的发展趋势 …… 14
1.4.1　超高层建筑电梯控制技术 …… 14
1.4.2　电梯拖动技术的发展 …… 17
1.4.3　电梯新技术 …… 19
1.4.4　数字电梯和节能技术 …… 22
小结 …… 23
思考与练习 …… 23
第2章　电梯系统的组成 …… 25
2.1　电梯系统组成概述 …… 25
2.1.1　电梯的机械系统 …… 26
2.1.2　电梯的电气系统 …… 26
2.1.3　电梯的安全保护系统 …… 26
2.2　电梯的曳引系统 …… 27
2.2.1　曳引机 …… 27
2.2.2　减速器 …… 28
2.2.3　曳引轮 …… 29
2.2.4　制动器 …… 29
2.2.5　曳引绳及曳引形式 …… 31
2.3　电梯的轿厢和门系统 …… 32
2.3.1　轿厢的组成和作用 …… 32
2.3.2　门系统的组成和作用 …… 36
2.3.3　开关门机构 …… 38
2.3.4　门系统安全保护装置 …… 39
2.4　电梯的重量平衡与导向系统 …… 40
2.4.1　对重的组成和作用 …… 41
2.4.2　平衡补偿装置的作用和补偿方法 …… 42
2.4.3　导向系统 …… 42
2.5　电梯的安全保护系统 …… 44
2.5.1　电梯的不安全状态 …… 44
2.5.2　电气安全保护装置 …… 45
2.5.3　机械安全保护装置 …… 48
2.5.4　安全防护装置 …… 57
2.6　电梯拖动控制系统 …… 57
2.7　电梯运行控制系统 …… 60
小结 …… 62
思考与练习 …… 62
第3章　电梯拖动控制系统 …… 63
3.1　电梯运动动力学分析 …… 63
3.1.1　电梯拖动控制系统简介 …… 63
3.1.2　电梯的运动方程式 …… 65
3.1.3　电梯的静阻力矩 …… 66
3.1.4　电梯的动态转矩 …… 66
3.2　电梯运行过程特性分析 …… 67
3.2.1　电梯运行需要考虑的因素 …… 67
3.2.2　三角形和梯形速度曲线的特点分析 …… 68
3.2.3　抛物线—直线形速度曲线的构成及特点 …… 68
3.2.4　正弦波—直线形速度曲线的特点 …… 69
3.2.5　电梯速度曲线设计举例 …… 70
3.3　交流双速电梯拖动控制 …… 72
3.3.1　交流双速电梯拖动系统的特点 …… 72
3.3.2　交流双速电梯的工作原理及实现方式 …… 72
3.3.3　交流双速电梯速度曲线的特点 …… 73
3.3.4　起动过程和减速过程的主电路及机械特性分析 …… 73
3.4　交流调压调速电梯拖动控制 …… 74
3.4.1　交流调压调速电梯的特点及优势 …… 74

3.4.2 交流调压电路分析 …… 75
3.4.3 交流调压调速电梯拖动控制系统的组成及工作过程 …… 75
3.5 变频（VVVF）调速电梯拖动控制 …… 75
3.5.1 变频调速电梯系统的控制技术 …… 76
3.5.2 变频器的分类、特点及工作原理 …… 76
3.5.3 交流异步电动机变频调速的机械特性 …… 79
3.5.4 变频调速矢量控制原理 …… 80
3.5.5 变频调速电梯拖动控制系统设计 …… 85
3.5.6 常用电梯专用变频器 …… 86
3.6 永磁同步电梯拖动控制 …… 87
3.6.1 永磁同步电动机 …… 88
3.6.2 永磁同步无齿轮曳引电梯的特点 …… 89
3.6.3 永磁同步电动机直接驱动伺服系统 …… 90
3.6.4 永磁同步电梯拖动控制注意事项 …… 90
3.7 无机房电梯拖动控制 …… 91
3.7.1 无机房电梯的要求 …… 91
3.7.2 无机房电梯系列产品的特点 …… 91
3.7.3 无机房电梯的布置方式和设计事项 …… 91
3.8 直线电动机电梯拖动控制 …… 93
3.8.1 直线电动机驱动原理 …… 93
3.8.2 直线电梯的拖动控制系统 …… 95
小结 …… 97
思考与练习 …… 97
第4章 电梯运行控制系统 …… 98
4.1 电梯运行过程 …… 99
4.1.1 各类电梯安全可靠运行的充分与必要条件 …… 99
4.1.2 电梯的正常运行过程 …… 99
4.1.3 产生井道控制信号的装置及作用 …… 99
4.2 电梯的继电器控制 …… 104
4.2.1 电梯门控制电路 …… 104
4.2.2 指层电路 …… 105
4.2.3 轿厢内指令电路 …… 107
4.2.4 厅外召唤电路 …… 108
4.2.5 定向选层电路及换速控制电路 …… 109
4.3 电梯的PLC控制 …… 112
4.3.1 PLC的主要组成部分及其作用 …… 112
4.3.2 PLC的工作原理 …… 114
4.3.3 PLC的输入接口 …… 117
4.3.4 PLC的输出接口 …… 122
4.3.5 PLC的控制原理与梯形图 …… 126
4.3.6 交流双速电梯的PLC控制系统 …… 138
4.4 电梯集群控制 …… 143
4.4.1 多台电梯集群控制的工作状态及转换过程 …… 143
4.4.2 电梯集群控制的调度原则 …… 145
4.4.3 电梯集群控制系统的功能及设计 …… 146
4.5 电梯远程监控系统 …… 147
4.5.1 电梯远程监控系统概述 …… 147
4.5.2 电梯远程监控系统的组成与功能 …… 148
4.5.3 小区内的电梯监控系统 …… 149
4.5.4 多层次管理的电梯远程监控系统 …… 149
4.5.5 利用Web技术的电梯远程监控系统 …… 150
小结 …… 151
思考与练习 …… 151
第5章 电梯节能技术 …… 152
5.1 电梯节能技术概述 …… 152
5.2 电能回馈技术 …… 154
5.2.1 电能回馈到共用直流母线 …… 154
5.2.2 电能回馈到交流电网 …… 155
5.3 变频感应起动技术 …… 157
5.4 电梯休眠技术 …… 160
小结 …… 161
思考与练习 …… 161
第6章 电梯的选用与布置 …… 162
6.1 电梯的设置与选用原则 …… 162
6.1.1 电梯的技术性能指标和经济指标 …… 162
6.1.2 电梯选择的基本原则与主要内容 …… 163
6.1.3 根据交通计算设置与选用电梯 …… 166
6.2 电梯主参数选择 …… 173
6.2.1 办公大楼电梯主参数选择 …… 173

6.2.2　住宅建筑电梯主参数选择 …… 174
6.2.3　旅馆大楼电梯主参数选择 …… 175
6.2.4　百货大楼电梯主参数选择 …… 176
6.2.5　医院建筑电梯主参数选择 …… 176
6.3　电梯与机房的布置 …… 178
6.3.1　布置原则 …… 178
6.3.2　布置形式 …… 179
6.3.3　机房布置 …… 184
6.3.4　隔音措施 …… 185
小结 …… 186
思考与练习 …… 187
第7章　电梯的调试、维护与管理 …… 188
7.1　电梯的调试过程 …… 188
7.2　电梯的故障分析与诊断 …… 190
7.3　电梯的管理与使用 …… 198
7.3.1　特种设备安全监察条例 …… 199
7.3.2　电梯安全管理 …… 200
7.3.3　电梯运行管理 …… 201
7.3.4　电梯维修管理 …… 202
小结 …… 203
思考与练习 …… 204
第8章　其他类型电梯 …… 205
8.1　自动扶梯 …… 205
8.1.1　结构 …… 205
8.1.2　安装调试 …… 211
8.1.3　维护保养 …… 215
8.1.4　自动扶梯的布置 …… 216
8.2　液压电梯 …… 216
8.2.1　液压电梯概述 …… 216
8.2.2　结构 …… 218
8.2.3　运行 …… 222
8.2.4　安装调试 …… 223
8.2.5　维护保养 …… 224
8.3　杂物电梯 …… 225
8.3.1　产品分类 …… 225
8.3.2　安装调试 …… 226
8.3.3　维护保养 …… 227
8.4　自动人行道 …… 227
8.4.1　结构 …… 228
8.4.2　安装调试 …… 231
8.4.3　维护保养 …… 232
小结 …… 232
思考与练习 …… 232
第9章　电梯控制技术实训 …… 233
9.1　实验设备简介 …… 233
9.2　模型电梯控制 …… 236
9.2.1　电梯控制逻辑关系 …… 236
9.2.2　输入/输出电缆信号与I/O分配 …… 237
9.3　课程实验任务 …… 238
9.3.1　基本实验 …… 238
9.3.2　应用实验 …… 242
9.4　课程设计、毕业设计指导 …… 243
小结 …… 245
附录 …… 246
附录A　我国现行电梯标准目录 …… 246
附录B　电梯控制自动运行实验参考程序 …… 249
参考文献 …… 259

第1章　绪　论

1.1　智能建筑中的电梯系统

智能建筑的概念始于1984年在美国康涅狄格州（Connecticut）哈特福德（Hartford）市建造的一座名叫都市大厦（City Place）的大楼，成为第一座智能大厦。我国在2007年实施的国家标准GB/T 50314—2015《智能建筑设计标准》中对智能建筑的定义为：以建筑物为平台，基于对各类智能化信息的综合应用，集架构、系统、应用、管理及优化组合为一体，具有感知传输、记忆、推理、判断和决策的综合智慧能力，形成以人、建筑、环境互为协调的整合体，为人们提供安全、高效、便利及可持续发展功能环境的建筑。

自第一座智能大厦诞生后，智能建筑便在国内外蓬勃发展起来。据有关估测，美国的智能大厦已超万幢，日本和泰国新建大厦中的60%为智能大厦。进入20世纪90年代以后，法国、瑞典、英国等欧洲国家以及香港、新加坡等地的智能大厦也如雨后春笋般地出现。我国智能建筑的建设始于1990年建成的北京发展大厦（18层），随后便在全国各地迅速发展，建成了上海金茂大厦、深圳地王大厦、广州中信大厦、香港国际金融中心、台北101大楼等一批具有较高智能化程度的智能大厦。截止2012年，国内已投运的10座最高的智能大厦的相关数据见表1-1。

表1-1　国内10座最高的智能大厦的相关数据

序　号	建筑名称	城　市	建成时间/年	楼　层	高度/m
1	台北101大厦	台北	2004	101	508
2	上海环球金融中心	上海	2008	101	492
3	环球贸易广场	香港	2010	108	484
4	南京紫峰大厦	南京	2010	89	450
5	京基100	深圳	2012	100	441.8
6	广州国际金融中心	广州	2010	103	437.5
7	金茂大厦	上海	1998	93	420.5
8	国际金融中心2期	香港	2003	90	412
9	广州中信大厦	广州	1997	80	391.1
10	深圳地王大厦	深圳	1996	69	384

智能建筑将成为21世纪建筑发展的主流，电梯是智能大厦中不可缺少的垂直运输设备，而电梯群控系统是楼宇自动化系统的重要子系统，是智能大厦垂直交通的重要支持系统。

以上海环球金融中心为例，这座101层的大楼安装了91部垂直电梯和34部自动扶梯，其中44台直梯采用了双层轿厢式电梯，最快的电梯速度达到10m/s，从地下1层到95层只需 1min 左右，另外还装备了能把汽车运送到高层区的电梯。

无疑，高品质的电梯及电梯系统配置与控制技术给智能建筑提供了更大的便捷与舒适性，在建筑业特别是高层建筑飞速发展的今天尤其是如此。

同时，现代建筑智能化向传统的电梯配置与控制方法提出了挑战，也就是说必须依靠有效的垂直运输系统才能提高现代高层智能建筑的服务质量和数量。其中，电梯的服务质量主要是指减少乘客候梯时间、增加舒适度、减少电梯行程时间、提高系统运行效率；电梯服务的数量则是指通过优化电梯配置和控制技术，提高电梯承载率。

高品质电梯驱动技术的应用满足了高层建筑对高速、舒适与低能耗的电梯的需求，而性能良好的电梯群控系统则能有效地调配电梯群中的轿厢，实现以最少的装置使交通人流最大化，达到交通系统的整体最优，即最短的候梯时间和运行时间、最高的乘客输送能力和最小范围的乘客聚群。

随着高层建筑日益增多和建筑设计档次提高，人们对电梯的要求已不仅仅限于搭乘快速、舒适，制造坚固，装潢考究等方面，对电梯安全可靠性及多功能性也提出了越来越高的要求。在一些发达国家的现代化智能建筑中，人们已把电梯归入楼宇自控管理系统的重要被控设备，并采用先进的弱电监控手段，对电梯运行状态、维修保养、安全防护进行全方位管理。在我国，具有先进控制技术的电梯系统也日趋普及，许多新建智能建筑中都选用了高档电梯，使电梯监控和弱电控制之间有机地结合在一起。

1.2 电梯概述

1.2.1 电梯发展史

电梯的发展大体上可分为五个阶段。

（1）13 世纪前的绞车阶段　很久之前，人们就使用一些原始的升降工具运送人和货物。公元前 1115 年至 1079 年间，我国劳动人民发明了辘轳。它采用卷筒的回转运动完成升降动作，因而增加了提升物品的高度。公元前 236 年，希腊数学家阿基米德设计制作了由绞车和滑轮组构成的起重装置。这些升降工具的驱动力一般是人力或畜力。

（2）19 世纪前半叶的升降机阶段　19 世纪初，在欧美开始用蒸汽机作为升降工具的动力。1835 年，在英国出现了以蒸汽为动力的升降机；1845 年，英国人汤姆逊研制出了以水为介质的液压驱动升降机。这个时期，升降机以液压或气压为动力，安全性和可靠性还无保障，较少用于载人。

（3）19 世纪后半叶的升降机阶段　1852 年，美国工程师奥的斯在总结前人经验的基础上制成了世界第一台安全升降机，1857 年，世界第一台客运电梯问世，为不断升高的高楼提供了重要的垂直运输工具。

（4）1889 年电梯出现之后的阶段　1889 年 12 月，奥的斯公司研制出电力拖动的升降机——真正的电梯，安装在美国纽约市 Demarest 大楼中，运行速度为 0.5m/s。它采用直流电动机为动力，通过蜗轮减速器带动卷筒上缠绕的绳索，悬挂并升降轿厢。以后，大量的电梯技术出现了，这一阶段一直持续到 20 世纪 70 年代中期。图 1-1 所示为早期的乘客电梯。

（5）现代电梯阶段　从 1975 年开始的阶段称为现代电梯阶段，这个阶段以计算机、群控和集成块为特征，配合超高层建筑的需要，向高速、双层轿厢、无机房等多方面的新技术方向迅猛发展，电梯系统成为楼宇自动化的一个重要子系统。

在拖动控制技术方面，电梯的发展经历了直流电动机拖动控制，交流单速电动机拖动控制，交流双速电动机拖动控制，直流有齿轮、无齿轮调速拖动控制，交流调压调速拖动控制，交流变压变频调速拖动控制，交流永磁同步电动机变频调速拖动控制等阶段。电梯拖动控制技术不断成熟，加之电子技术、计算机技术、自动控制技术在电梯中的广泛应用，使电梯在运行的可靠性、安全性、舒适感、平层精度、运行速度、节能降耗、减少噪声等方面都有了极大改善。目前，电梯拖动控制系统使用最广泛的、技术较为先进的是变压变频调速拖动控制系统，其最高运行速度可达到16m/s。

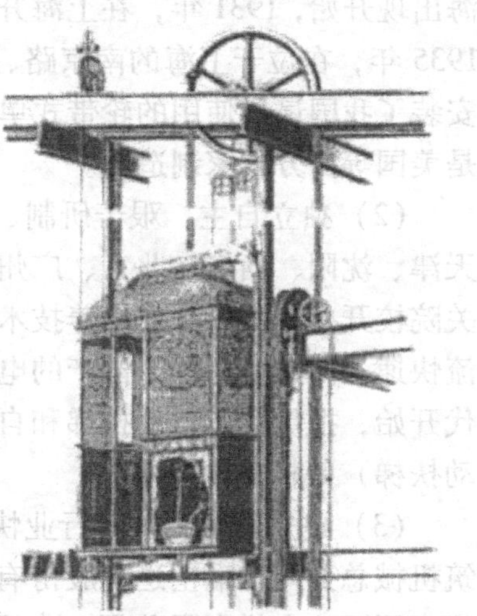

图 1-1 早期的乘客电梯

19 世纪末，直流电梯的出现，使电梯的运行性能明显改善。20 世纪初，开始出现交流感应电动机驱动的电梯，后来槽轮式（即曳引式）驱动的电梯代替了鼓轮卷筒式驱动的电梯，为长行程和具有高度安全性的现代电梯奠定了基础。早期的交流电动机拖动系统受技术所限，不能灵活调速，仅在对调速性能要求不高的场合才采用单速或双速交流电动机拖动。

20 世纪上半叶，直流调速系统在中、高速电梯中占有较大比例。1967 年，晶闸管用于电梯驱动，出现了交流调压调速驱动控制的电梯。1983 年，出现了变压变频控制的电梯。交流调压调速系统和交流变压变频调速系统使交流调速系统的性能得到明显改善，而交流感应电动机的结构简单、运行可靠、价格便宜，因此，高性能的交流调速系统得到越来越广泛的应用，出现了可调速的交流电动机拖动取代直流电动机拖动的趋势。目前，除了少数大容量电梯仍然采用直流电动机拖动系统以外，几乎都采用交流电动机拖动系统。

1996 年，交流永磁同步无齿轮曳引机驱动的无机房电梯出现，电梯技术又一次革新。由于曳引机和控制柜置于井道中，因此省去了独立机房，节约了建筑成本，增加了大楼的有效面积，提高了大楼建筑美学的设计自由度。这种电梯还具有节能、无油污染、免维护和安全性高等特点，目前已成为电梯技术发展的重要方向。

在操纵控制方式方面，电梯的发展经历了手柄开关操纵、按钮控制、信号控制、集选控制等过程，对于多台电梯，出现了并联控制、智能群控等。

1892 年，美国奥的斯公司开始采用按钮操纵装置，取代传统的轿厢内拉动绳索的操纵方式，为操纵方式现代化开了先河。1902 年，瑞士迅达电梯公司开发了自动按钮控制的乘客电梯；1915 年，制造出了微调节自动平层电梯。1924 年，奥的斯公司在纽约新建的标准石油公司大楼安装了第一台信号控制的电梯，这是一种自动化程度较高的有司机电梯；1928 年，开发并安装了集选控制电梯。1946 年，奥的斯公司设计了群控电梯；1949 年，首批群控电梯安装于纽约联合国大厦。

我国最早的一部电梯由美国奥的斯公司于 1901 年在上海安装。100 多年来，中国电梯行业的发展经历了以下几个阶段：

（1）对进口电梯的销售、安装、维护保养阶段（1900～1949 年） 自第一部电梯在上海出现开始，1931年，在上海开办了我国第一家从事电梯安装、维修业务的电梯工程企业；1935年，在位于上海的南京路、西藏路交口的9层高度的大新公司（今上海第一百货商店）安装了我国最早使用的轮带式单人自动扶梯。这一阶段我国电梯拥有量仅约1100台，全部是美国等西方国家制造的。

（2）独立自主，艰苦研制、生产阶段（1950～1979年） 这一阶段，我国先后在上海、天津、沈阳、西安、北京、广州建立了8家电梯制造厂，并先后成立有关的科研机构，在有关院校开办相关的专业培养技术人才，独立自主制造各类电梯产品，如交流货梯、客梯，直流快速、高速客梯等。国产的电梯产品装备了人民大会堂、北京饭店等场所。20世纪60年代开始，批量生产自动扶梯和自动人行道，装备了首都机场（自动人行道）、北京地铁（自动扶梯）等标志性建筑。

（3）建立三资企业，行业快速发展阶段（自1980年至今） 1980年7月4日，中国建筑机械总公司、瑞士迅达股份有限公司、香港怡和迅达（远东）股份有限公司三方合资组建中国迅达电梯有限公司。中国电梯行业相继掀起了引进外资的热潮，国外先进的电梯技术、电梯制造工艺与设备、先进的科学管理，使我国的电梯制造业迅速成长为集研发、生产、销售、安装、服务五位一体的高新科技产业。

据中国电梯协会统计，2014年全国电梯产销量约70.8万台（含扶梯4.5万台），较2010年增长约12%。截至2014年底，我国电梯保有量达到350万台，在电梯产量、电梯保有量、电梯增长率方面均为世界第一。随着科学技术的不断进步，中国人一定能够生产出更快、更安全、更舒适的电梯产品。

150年来，电梯的材质由黑白到彩色，样式由直式到斜式，在操纵控制方面更是步步出新——手柄开关操纵、按钮控制、信号控制、集选控制、人机对话等，多台电梯还出现了并联控制，智能群控；双层轿厢电梯展示出节省井道空间，提升运输能力的优势；变速式自动人行道扶梯的出现大大节省了行人的时间；不同外形——扇形、三角形、半菱形、半圆形、整圆形的观光电梯则使身处其中的乘客的视线不再封闭。如今，世界各国的电梯公司还在不断地进行电梯新品的研发工作，调频门控、智能远程监控、主机节能、控制柜低噪声耐用、复合钢带环保——一款款集纳了人类在机械、电子、光学等领域最新科研成果的新型电梯竞相问世，冷冰冰的建筑因此散射出人性的光辉，人们的生活因此变得更加美好。

1.2.2 电梯的种类

在GB/T 7024—2008《电梯、自动扶梯、自动人行道术语》中电梯的定义为“服务于建筑物内若干特定的楼层，其轿厢运行在至少两列垂直于水平面或与铅垂线倾斜角小于15°的刚性导轨运动的永久运输设备”。习惯上不论其驱动方式如何，都将电梯作为建筑物内垂直交通运输工具的总称。

电梯作为一种通用垂直运输机械，被广泛用于不同的场合，其控制、拖动、驱动方式也多种多样，因此电梯的分类方法也有下列几种。

1. 按用途分类

1）乘客电梯：为运送乘客而设计，外观一般较佳，或有不同装饰，主要用于宾馆、饭店、办公大楼及高层住宅，必须有十分可靠的安全装置。

2）载货电梯：主要为运送货物而设计，机门较宽阔，轿厢有效面积和载重量较大，可以有人随乘，要求有必备的安全保护装置，应用在工厂厂房和仓库中。

3）客货电梯：用于运送乘客，也可运送货物。与乘客电梯的区别主要在于轿厢内部的装饰结构和使用场合有所不同。

4）住宅电梯：供住宅楼使用，主要运送乘客，也可运送家用物件或其他生活物件。

5）病床电梯：为医院设计的运送病床（包括病人）、医疗器械和救护设备的电梯。轿厢窄而深，行机及开关门尽量快速，有较高运行稳定性，并有紧急召唤匙孔及后备电源，专职司机操纵，应用在医院和医疗中心中。

6）杂物电梯：供图书馆、办公楼、饭店等运送图书、文件、食品等物品。轿厢的有效面积和载重量均较小，不允许人员进入。

7）汽车电梯：用于多层、高层立体停车库中的各种客车、货车、轿车的垂直运输。轿厢面积大，载重量大，机内按钮多设于旁边，接近车辆司机位。

8）观光电梯：观光侧轿厢壁透明、装饰豪华、活泼，运行于大厅中央或高层大楼的外墙上，供游客、乘客观光使用。

9）自动扶梯：是安装在两个楼层之间，在一定方向上以较慢的速度运行的梯级连续运送乘客的倾斜式运输设备。倾斜角不大于35°。分为普通型和公共交通型，多用于机场、车站、商场、多功能大厦中，是具有一定装饰性的代步运输工具。

10）自动人行道：是安装在地面的水平或倾斜方向上连续客运设备，倾角不大于12°，用于大型车站、机场等处，是自动扶梯的变形。

11）特种电梯：应用在一些有特殊要求场合的电梯，包括消防电梯、防爆电梯、防腐电梯、船用电梯、矿井电梯以及用于维护高层楼宇的吊篮设备等。

2. 按速度分类

概括而言，电梯速度没有标准的定义，但大致可划分低速、中速、高速、超高速。

1）低速电梯：额定速度在1m/s以下，常用于低于10层的建筑物内。

2）中速电梯：额定速度在1～2m/s之间，常用于10层以上的建筑物内。

3）高速电梯：额定速度大于2m/s，常用于16层以上的建筑物内。

4）超高速电梯：额定速度超过5m/s，常用于楼高超过100m的建筑物内。

3. 按拖动方式分类

1）直流电梯：用直流电动机驱动的电梯，梯速一般在2m/s以上，提升高度不大于120m。

2）交流电梯：用交流电动机驱动的电梯，分如下几种：

① 单速：用单速交流电动机驱动，速度不大于0.5m/s，如用于杂物电梯。

② 双速：用双速（变极对数）交流电动机驱动，速度不大于1m/s，提升高度不大于35m。

③ 交流调速电梯，交流电动机配有调压调速装置，速度不大于2m/s，提升高度不大于50m。

④ 变压变频（VVVF）调速电梯，电动机配有变压变频调速装置时，一般为快速或高速电梯，速度大于2m/s，提升高度不大于120m。

3）液压电梯：依靠液压传动升降，具有对井道结构强度要求低、井道利用率高、提升载荷大、运行平稳、安全可靠、机房布置灵活等特点，用于提升高度低于30m，速度低于1.0m/s的电梯，特别适合于一些旧楼增设电梯的场合。液压电梯在欧美的使用量很大，但能耗高、泵站噪声大（浸油式泵站可以降低噪声）、运行状态易受油温影响、需处理油管安全与泄漏，近来受到无机房电梯的挑战。

4）齿轮齿条电梯：导轨加工成齿条，轿厢装上与齿条啮合的齿轮，由电动机带动齿轮旋转完成轿厢的升降运动。

5）螺杆式电梯：螺杆（矩形螺纹）与大螺母（带有推力轴承）组成，电动机经减速机（或传动带）带动大螺母旋转，使螺杆顶升轿厢上升或下降。

6）直线电动机驱动电梯：以直线电动机作为动力源，是目前具有最新驱动方式的电梯。

4. 按操纵控制方式分类

1）手柄开关操纵：电梯司机在轿厢内控制操纵盘手柄开关，实现电梯的起动、上升、下降、平层、停止的运行状态。

2）按钮控制电梯：是一种简单的自动控制电梯，具有自动平层功能，常见有轿外按钮控制、轿内按钮控制两种控制方式。

3）信号控制电梯：是一种自动控制程度较高的有司机电梯，除具有自动平层、自动开门功能外，尚具有轿厢命令登记、层站召唤登记、自动停层、顺向截停和自动换向等功能。

4）集选控制电梯：是一种在信号控制基础上发展起来的全自动控制的电梯，与信号控制的主要区别在于能实现无司机操纵。

5）并联控制电梯：2~3 台电梯的控制电路并联起来进行逻辑控制，共用层站外召唤按钮，电梯本身都具有集选功能。

6）群控电梯：用计算机控制和统一调度多台集中并列的电梯。群控有梯群的程序控制、梯群智能控制等形式。

5. 按电梯有无司机分类

1）有司机电梯：电梯的运行方式由专职司机操纵来完成。

2）无司机电梯：乘客进入电梯轿厢，按下操纵盘上所需要去的层楼按钮，电梯自动运行到达目的层楼，这类电梯一般具有集选功能。

3）有/无司机电梯：这类电梯可变换控制电路，平时由乘客操纵，如遇客流量大或必要时改由司机操纵。

6. 其他分类方式

1）按机房位置分类：机房在井道顶部的（上机房）电梯、机房在井道底部旁侧的（下机房）电梯，以及机房在井道内部的（无机房）电梯。

2）按轿厢尺寸分类：则经常使用“小型”、“超大型”等抽象词汇表示。

此外，还有双层轿厢电梯等。

7. 特殊电梯

1）斜行电梯：轿厢在倾斜的井道中沿着倾斜的导轨运行，是集观光和运输于一体的输送设备。特别是由于土地紧张而将住宅移至山区后，斜行电梯发展迅速。

2）立体停车场用电梯：根据不同的停车场可选配不同类型的电梯。

3）建筑施工电梯：一种采用齿轮齿条啮合方式或钢丝绳提升方式，使吊笼作垂直或倾斜运动的机械，用以输送人员或物料，主要应用于建筑施工与维修。它还可以作为仓库、码头、船坞、高塔、高烟囱的长期使用的垂直运输机械。

1.2.3　电梯的型号和参数

1. 电梯型号编制规定

1986 年我国城乡建设环境保护部颁布的 JJ45—1986《电梯、液压梯产品型号的编制方法》中，对电梯型号的编制方法作了如下规定：电梯、液压梯产品的型号由类、组、型以及主参数和控制方式等三部分组成。第二、第三部分之间用短线分开。电梯产品型号代号顺序如图 1-2 所示。

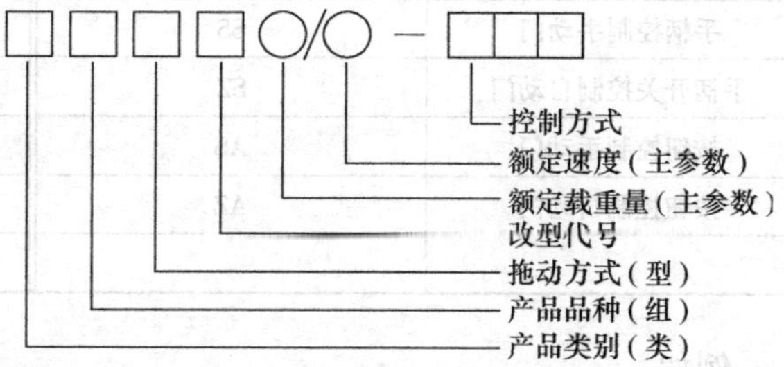

图 1-2　电梯产品型号代号顺序

第一部分是类、组、型和改型代号。类、组、型代号用具有代表意义的大写汉语拼音字母（字头）表示，产品的改型代号按顺序用小写汉语拼音字母表示，置于类、组、型代号的右下方，见表 1-2 ~ 表 1-4。

表 1-2　产品类别（类）代号

产品类别	采用代号
电梯	T
液压梯	

表 1-3　产品品种（组）代号

产品类别	采用代号	产品类别	采用代号
乘客电梯	K	杂物电梯	W
载货电梯	H	汽车电梯	Q
客货电梯	L	船用电梯	C
病床电梯	B	观光电梯	G
住宅电梯	Z		

表 1-4　拖动方式（型）代号

拖动方式	交　流	直　流	液　压
采用代号	J	Z	Y

第二部分是主参数代号，其左上方为电梯的额定载重量（kg），右下方为额定速度（m/s），中间用斜线分开，均用阿拉伯数字表示，见表 1-5。

表 1-5　主参数代号

额定载重量/kg	表　示	额定速度/(m/s)	表　示
400	400	0.63	0.63
630	630	1.0	1
800	800	1.6	1.6
1000	1000	2.5	2.5

第三部分是控制方式代号，用具有代表意义的大写汉语拼音字母表示，见表1-6。

表1-6 控制方式代号

控制方式	采用代号	控制方式	采用代号
手柄控制手动门	SS	信号控制	XH
手柄开关控制自动门	SZ	集选控制	JX
按钮控制手动门	AS	并联控制	BL
按钮控制自动门	AZ	梯群控制	QK
		微机集选控制	JXW

例如：

TKJ 1000/1.6—JX

表示：交流乘客电梯，额定载重量为1000kg，额定速度为1.6m/s，集选控制。

TKZ 800/2.5—JXW

表示：直流乘客电梯，额定载重量为800kg，额定速度为2.5m/s，计算机组成的集选控制。

THY 2000/0.63—AZ

表示：液压货梯，额定载重量为2000kg，额定速度为0.63m/s，按钮控制自动门。

改革开放后，众多国外电梯制造厂商产品涌入国内并兴办合资、独资电梯制造厂，由于每个国家都有自己的电梯型号表示方法，而且合资厂也沿用引进国命名型号的规定使用，因此表示方式无法一一列举。其型号总体分以下几类：

1）以电梯生产厂商名称及生产产品序号表示。例如TOEC—90，前面的字母是厂商名称的英文字头，为天津奥的斯电梯公司，90代表其产品类型号。

2）以英文字头代表电梯的种类，以产品类型序号区分。例如三菱电梯GPS—Ⅱ，前面字母为英文字头，代表产品种类，Ⅱ代表产品类型号。

3）以英文字头代表产品种类，配以数字表征电梯参数。例如“广日”牌电梯，YP—15—CO90，YP表示交流调速电梯，额定乘员15人，中分门，额定速度为90m/min。

除上述例举外，还有其他表示方法，因此，对这些电梯必须根据其产品说明书了解其参数。

2. 电梯的主要参数和基本规格

（1）电梯的主要参数

1）额定载重量（kg）：电梯设计所规定的轿内最大载荷。乘客电梯、客货电梯、病床电梯通常采用320kg、400kg、630kg、800kg、1000kg、1250kg、1600kg、2000kg、2500kg等系列，载货电梯通常采用630kg、1000kg、1600kg、2000kg、3000kg、5000kg等系列，杂物电梯通常采用40kg、100kg、250kg等系列。

2）额定速度：电梯设计所规定的轿厢速度。标准推荐乘客电梯、客货电梯、病床电梯采用0.63m/s、1.00m/s、1.60m/s、2.50m/s等系列，载货电梯采用0.25m/s、0.40m/s、0.63m/s、1.00m/s等系列，杂物电梯采用0.25m/s、0.40m/s等系列。而实际使用上则还有0.50m/s、1.50m/s、1.75m/s、2.00m/s、4.00m/s、6.00m/s等系列。

（2）电梯的基本规格　电梯的基本规格由以下参数组成：

1）电梯的类型：乘客电梯、载货电梯、病床电梯、自动扶梯等，表明电梯的服务对象。

2）电梯的主参数：包括电梯额定载重量、额定速度。

3）驱动方式：指电梯采用的动力驱动类型，有直流驱动、交流单速驱动、交流双速驱动、交流调压驱动、交流变压变频驱动、永磁同步电动机驱动、液压驱动等。

4）操纵控制方式：指对电梯运行实行操纵的方式，可分为手柄开关操纵、按钮控制、信号控制、单梯集选控制、并联控制、群控等。

5）轿厢形式与轿厢尺寸：轿厢形式包括轿厢有无双面开门的特殊要求，以及轿厢顶、轿厢壁、轿厢底的特殊要求。轿厢尺寸包括内部尺寸和外廓尺寸，以宽×深×高表示。内部尺寸根据电梯的类型和额定载重量确定；外廓尺寸关系到井道设计。

6）井道形式与尺寸：井道形式是指井道是封闭式还是空格式，井道尺寸以宽×深表示。

7）厅（层）轿门形式：指电梯门的结构形式。按开门方式可分为中分式、旁开式（侧开式）、直分式（上下开启）等；按控制方式可分为手动开关门、自动开关门等；按材质和功能可分为普通门、消防门、双折门等。

8）开门宽度与开门方向：开门宽度是指厅轿门完全开启时的净宽度。根据开门方向确定左开门或右开门。

9）层站数：电梯运行其中的建筑的层楼称为层，各层楼用以进出轿厢的地点称为站。若电梯实际行程 15 层，有 11 个出入轿厢的厅门，则为 15 层/11 站。

10）提升高度和井道高度。

11）顶层高度和底坑深度。

12）机房形式：上机房、下机房、无机房等。

1.2.4 电梯的基本结构

虽然电梯的品种繁多，但都是由以下各装置或部件组合而成的：

1）拖动装置：包括由曳引电动机、电磁制动器、齿轮减速器（无齿轮曳引机无此装置）、曳引轮、底座等组成的曳引机及机架、减速垫和人工盘车用的盘车手轮、松闸扳手等。

2）悬挂装置：主要是指曳引绳及其绳头组合部件，对于曳引比为 1∶1 的电梯，曳引绳绕过曳引轮、经过导向轮后，两个分支通过绳头组合分别固定在轿厢顶部的横梁上和对重装置的顶端。对于曳引比 2∶1 的电梯，曳引绳的两端分别经过导向轮或复绕轮及对重和轿厢上部的反绳轮后，通过绳头组合固定在机房承重梁上。

3）容载装置（轿厢）：是电梯直接用于载人或者装运货物的工作部件，它由轿厢架、轿厢体及自动门机构、轿箱内操纵箱、照明灯、电风扇、称重装置、轿顶检修操作箱等组成。安全钳和导靴均装在轿厢两侧。

4）重量平衡装置：包括对重平衡补偿装置，如补偿链或补偿绳等，与轿厢构成电梯的重量平衡系统。

5）导向装置：由导轨架、导轨和导靴等部件组成。导轨通过导轨架固定在井道壁上，形成支撑轿厢和对重装置的定位基准及导向机构，导靴安装在轿厢和对重装置的两侧，通过导靴靴衬或滚轮与导轨工作面配合，在曳引机驱动下，经传动系统，使轿厢和对重装置沿着各自的导向装置上下运动。

6）选层和平层装置：选层装置有多种形式，如机械选层器、电气选层器和微机选层器。其中，机械式选层器主要安装在机房内，由选层器机架、定滑板、动滑板及链轮、链条、钢带轮、钢带等传动机构组成。平层装置通常采用由轿厢导轨上支架安装的隔磁板和装在轿厢顶上的两个或三个干簧管式感应器组成（采用两个干簧感应器即为上、下层感应器，采用三个则为中间多设置一个门区感应器，用于提前开门）。也有的由轿厢导轨支架上安装的圆形永久磁铁和在轿厢顶的横梁上安装的双稳态磁性开关组成。

7）厅门及召唤装置：包括厅门、厅门地坎、门套、召唤按钮箱及厅门楼层指示或数码显示器等。为防止人为从厅门外随意将厅门打开，电梯每一厅门均装有只能从井道内或使用专用钥匙从厅门外开启的门锁装置。

8）安全装置：包括限速器、安全钳、缓冲器、终端限位保护装置、门联锁装置、安全触板、超载报警装置、过载短路及相序保护装置、主电路方向接触器联锁装置、接地保护系统、急停开关、报警装置或电话，以及安全窗、防护栏、护脚板等。

9）电气控制装置：包括电源配电盘及主开关、控制柜、井道中间接线盒、随行电缆等。有的电梯还配有电源稳压装置、断电自平层装置。机房常装有通风设备或空调设备。

从空间上划分，电梯可分为机房部分、井道底坑部分、层站部分和轿厢部分。

电梯的基本结构如图 1-3 所示。

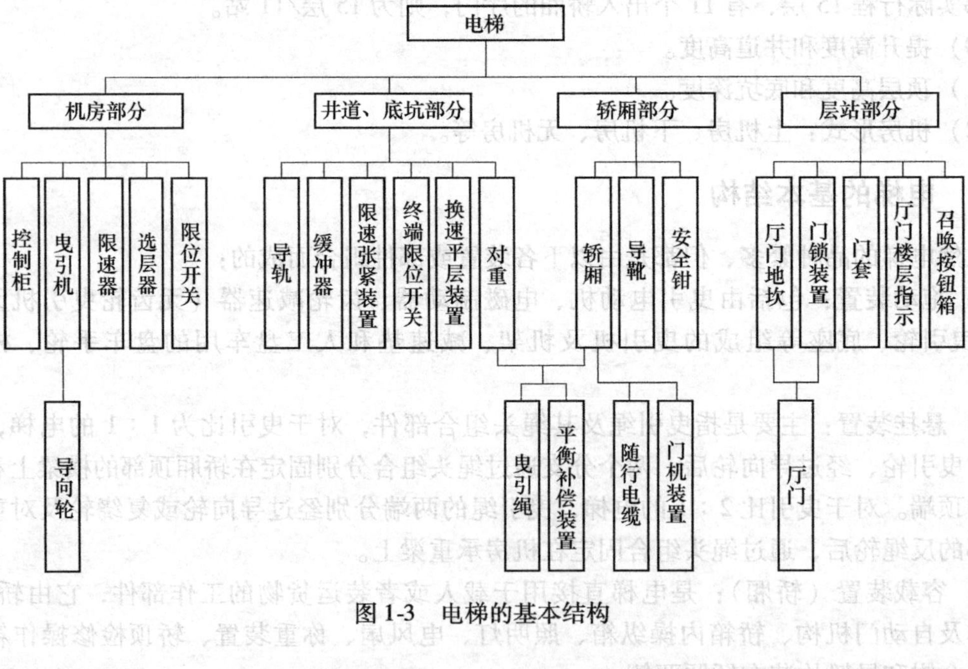

图 1-3　电梯的基本结构

1.3　电梯的控制功能和分类

现代电梯可以有下列基本功能，这些功能有的是厂商作为标准功能配置在电梯上，有的可按用户要求配置。此外电梯还有一些其他新功能。

1.3.1 单台电梯的控制功能

1）司机操作：由司机关门起动电梯运行，由轿内指令按钮选向，厅外召唤只能顺向截梯，自动平层。

2）集选控制：集选控制是将轿厢内指令与厅外召唤等各种信号集中进行综合分析处理的自动控制功能。它能对轿厢指令、厅外召唤登记，停站延时自动关门起动运行，同向逐一应答，自动平层自动开门，顺向截梯，自动换向反向应答，能自动应召服务。

3）下行集选：只在下行时具有集选功能，厅外只设下行召唤按钮，上行不能截梯。

4）独立操作：只通过轿内指令驶往特定楼层，专为特定楼层乘客提供服务，不应答其他层站和厅外召唤。

5）特别楼层优先控制：特别楼层有呼唤时，电梯以最短时间应答。应答前往时，不理会轿内指令和其他召唤。到达该特别楼层后，该功能自动取消。

6）停梯操作：在夜间、周末或假日，通过停梯开关使电梯停在指定楼层。停梯时，轿门关闭，照明、风扇断电，以利节电、安全。

7）编码安全系统：本功能用于限制乘客进出某些楼层，只有当用户通过键盘输入事先规定的代码，电梯才能驶往限制楼层。

8）满载控制：当轿内满载时，不响应厅外召唤。

9）防止恶作剧功能：本功能防止因恶作剧而按下过多的轿内指令按钮。该功能是自动将轿厢载重量（乘客人数）与轿内指令数进行比较，若乘客数过少，而指令数过多，则自动取消错误的多余轿内指令。

10）清除无效指令：清除所有与电梯运行方向不符的轿内指令。

11）开门时间自动控制：根据厅外召唤、轿内指令的种类以及轿内情况，自动调整开门时间。

12）按客流量控制开门时间：监视乘客的进出流量，使开门时间最短。

13）开门时间延长按钮：用于延长开门时间，使乘客顺利进出轿厢。

14）故障重开门：因故障使电梯门不能关闭时，使门重新打开再试关门。

15）强迫关门：当门被阻挡超过一定时间时，发出报警信号，并以一定力量强行关门。

16）光电装置：用来监视乘客或货物的进出情况。

17）光幕感应装置：利用光幕效应，如关门时仍有乘客进出，则轿门未触及人体就能自动重新开门。

18）副操纵箱：在轿厢内左边设置副操纵箱，上面设有各楼层轿内指令按钮，便于乘客较拥挤时使用。

19）灯光和风扇自动控制：在电梯无厅外召唤信号，且在一段时间内也没有轿内指令预置时，自动切断照明、风扇电源，以利于节能。

20）电子触钮：用手指轻触按钮便完成厅外召唤或轿内指令登记工作。

21）灯光报站：电梯将到达时，厅外灯光闪动，并有双音报站钟报站。

22）自动播音：利用大规模集成电路语音合成，播放温柔女声。有多种内容可供选择，包括报告楼层、问好等。

23）低速自救：当电梯在层间停止时，自动以低速驶向最近楼层停梯开门。在具有主、副 CPU 控制的电梯，虽有两个 CPU 的功能不同，但都同时具有低速自救功能。

24）停电时紧急操作：当市电电网停电时，用备用电源将电梯运行到指定楼层待机。

25）火灾时紧急操作：发生火灾时，使电梯自动运行到指定楼层待机。

26）消防操作：当消防开关闭合时，使电梯自动返回基站，此时只能由消防员进行轿内操作。

27）地震时紧急操作：通过地震仪对地震的测试，使轿厢停在最近楼层，让乘客迅速离开，以防由于地震使大楼摆动，损坏导轨，使电梯无法运行，危及人身安全。

28）初期微动地震紧急操作：检测出地震初期微动，即在主震发生前就使轿厢停在最近楼层。

29）故障检测：将故障记录在计算机内存（一般可存入 8～20 个故障），并以数码显示故障性质。当故障超过一定数量时，电梯便停止运行。只有排除故障，清除内存记录后，电梯才能运行。大多数计算机控制电梯都具有这种功能。

1.3.2 群控电梯的控制功能

群控电梯就是多台电梯集中排列，共有厅外召唤按钮，按规定程序集中调度和控制的电梯。群控电梯除了上述单梯控制功能外，还可以有下列功能：

1）最大最小功能：系统指定一台电梯应召时，使待梯时间最小，并预测可能的最大等候时间，可均衡待梯时间，防止长时间等候。

2）优先调度：在待梯时间不超过规定值时，对某楼层的厅召唤，由已接受该层内指令的电梯应召。

3）区域优先控制：当出现一连串召唤时，区域优先控制系统首先检出“长时间等候”的召唤信号，然后检查这些召唤附近是否有电梯。如果有，则由附近电梯应召，否则由“最大最小”原则控制。

4）特别层楼集中控制：① 将餐厅、表演厅等存入系统；② 根据轿厢负载情况和召唤频度确定是否拥挤；③ 在拥挤时，调派两台电梯专职为这些楼层服务；④ 拥挤时不取消这些层楼的召唤；⑤ 拥挤时自动延长开门时间；⑥ 拥挤恢复后，转由“最大最小”原则控制。

5）满载报告：统计召唤情况和负载情况，用以预测满载，避免已派往某一层的电梯在中途又换派一台。本功能只对同向信号起作用。

6）已起动电梯优先：本来对某一层的召唤，按应召时间最短原则应由停层待命的电梯负责。但此时系统先判断若不起动停层待命电梯，而由其他电梯应召时乘客待梯时间是否过长。如果不过长，就由其他电梯应召，而不起动待命电梯。

7）“长时间等候”召唤控制：若按“最大最小”原则控制时出现了乘客长时间等候情况，则转入“长时间等候”召唤控制，另派一台电梯前往应召。

8）特别楼层服务：当特别楼层有召唤时，将其中一台电梯解除群控，专为特别楼层服务。

9）特别服务：电梯优先为指定楼层提供服务。

10）高峰服务：当交通偏向上高峰或下高峰时，电梯自动加强需求较大一方的服务。

11）独立运行：按下轿厢内的独立运行开关，该电梯即从群控系统中脱离出来，此时只有轿厢内按钮指令起作用。

12）分散备用控制：大楼内根据电梯数量，设低、中、高基站，供无用电梯停靠。

13）主层停靠：在闲散时间，保证一台电梯停在主层。

14）几种运行模式：① 低峰模式：交通疏落时进入低峰模式；② 常规模式：电梯按“心理性等候时间”或“最大最小”原则运行；③ 上行高峰：早上高峰时间，所有电梯均驶向主层，避免拥挤；④ 午间服务：加强餐厅层服务；⑤ 下行高峰：晚间高峰期间，加强拥挤层服务。

15）节能运行：当交通需求量不大、系统又查出候梯时间低于预定值时，即表明服务已超过需求，则将闲置电梯停止运行，关闭照明和风扇，或实行限速运行，进入节能运行状态。如果需求量增大，则又陆续起动电梯。

16）近距避让：当两轿厢在同一井道的一定距离内，以高速接近时会产生气流噪声，此时通过检测，使电梯彼此保持一定的最低限度距离。

17）即时预报功能：按下厅召唤按钮，立即预报哪台电梯将先到达，到达时再报一次。

18）监视面板：在控制室装上监视面板，可通过灯光指示监视多台电梯运行情况，还可以选择最优运行方式。

19）群控备用电源运行：开启备用电源时，全部电梯依次返回指定层。然后使限定数量的电梯用备用电源继续运行。

20）群控消防运行：按下消防开关，全部电梯驶向应急层，使乘客逃离大楼。

21）不受控电梯处理：如果某一电梯失灵，则将原先的指定召唤转为其他电梯应召。

22）故障备份：当群控管理系统发生故障时，可执行简单的群控功能。

1.3.3 电梯控制的分类

电梯控制一般分为半自动控制电梯和自动控制电梯。

1. 半自动控制电梯

半自动控制电梯分三种类型：

1）手开自平电梯：由轿箱内手柄开关控制，具有自动平层的电梯，货梯多属于此类。

2）按钮自平电梯：由按钮控制，具有自动平层装置的电梯，多用于货梯及杂物电梯。

3）自平、自开门电梯：上述两种带有自动开关门装置的电梯。

2. 自动控制电梯

自动控制电梯分三种类型：

1）信号控制电梯：除具有自动平层自开门动作外，并具有内外选层、自动定向、顺向截车等性能。此种电梯需有司机操作。

2）集选控制电梯：除具有信号控制电梯的性能以外，也可以无司机操纵，所以需要增加厅外召唤、反向截车环节。

3）下集选控制电梯：用于无司机交、直流电梯，基本工作状态与集选同，所不同的是，厅外向下召唤信号才予以应答。

自动控制电梯中的集选控制电梯是一种在信号控制基础上发展起来的、高度自动控制的电梯，与信号控制的主要区别在于它能实现无司机操纵。它除了具有信号控制方面的功能外，还具有自动掌握停站时间、自动应召服务、自动换向应答、反向厅外召唤等功能。

1.4 电梯控制技术的发展趋势

1.4.1 超高层建筑电梯控制技术

1. 超高层建筑电梯配置

超高层建筑中，快速、高效、平稳的垂直交通服务是不可缺少的。电梯作为垂直交通工具，对其数量配置、控制方式及有关参数选定将直接影响建筑物一次投资（一般电梯投资约占建筑物总投资10%左右），还将影响建筑物使用安全和服务质量。建筑物内，恰当选用电梯的台数、容量、运行速度、控制方式非常重要，而建筑物内电梯一经选定和安装使用，以后若想增加或改型非常困难。因此，对电梯配置应予以充分重视。

现代超高层建筑大都为100层左右或更高，建筑内人员流动大，垂直交通主要依赖电梯。有效设计超高层建筑电梯的关键是运用各种局部电梯进行服务，并把局部区域电梯系统组织起来，由空中候梯厅将大楼分为几个局部区域，而空中候梯厅成为电梯换乘区。几组电梯在各局部区域运行，另外几组快速穿梭电梯在地面始发站至局部区域空中候梯厅之间进行服务，乘客到达空中候梯厅后再换乘局部区域电梯。同时，电梯尽量采用双层轿厢以节省建筑面积。为了能够将乘客以最快速度运送到达目的地，一般以建筑每30~35层为一局部区域。常规超高层大厦（100层）电梯配置如图1-4所示。

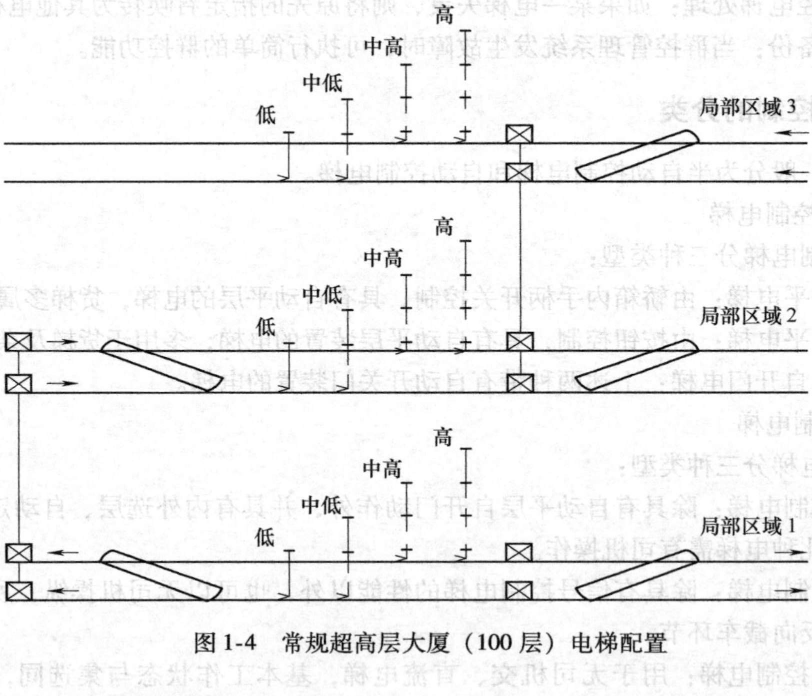

图1-4 常规超高层大厦（100层）电梯配置

配置超高层电梯应注意以下几点：

1）单组电梯可行电梯限制数是10台。

2）位于每一电梯楼层区域（办公楼）的上面楼层数不应超过15~16层（双层的是18~20层）。

3）典型办公楼电梯载重量，单层为1350kg、1600kg和1800kg；双层为1350/1350kg、1600/1600kg和1800/1800kg。

4）典型空中走廊/观光层电梯载重量为2040kg、2250kg、2500kg。

5）电梯垂直加速度为0.9～1.5m/s²。

6）电梯速度偏重于克服长行程；典型无减速器电梯速度为2.5m/s、3.5m/s、4.0m/s、5.0m/s、6.0m/s、7.0m/s、8.0m/s、9.0m/s、10.0m/s等。

7）牵引式电梯最长行程为600m。

2. 超高层建筑电梯控制技术

超高层建筑电梯控制技术包括以下几个方面：

（1）区域管理调度技术　一般超高层建筑均配备20多台以上的电梯群，多的超过50台电梯。目前普遍采用的区域管理调度技术，由空中候梯厅把整个电梯运行区间分成几个区域，设定地面始发站到空中大厅的高速穿梭电梯，再由空中候梯厅疏散乘客换乘区域电梯。超高层建筑中采用双层直达电梯和双重区间电梯，可以大大提高垂直输送效率。

（2）大容量电动机驱动技术　双逆变控制系统：当电梯速度超过1000m/min、采用双层轿厢结构时，需要设置1000kW的大容量电动机。选用双绕组大容量电动机，且双绕组各有独立的逆变器，并采用CPU、ASIC（专用集成电路）全数字化控制。

（3）振动抑制技术　随着电梯速度的增加，电梯振动对电梯乘坐舒适性的影响尤为突出。对电梯振动的机制和抑制的研究是在提高电梯速度之前必须解决的问题，是超高层建筑使用的超高速电梯的核心技术之一。

电梯振动问题主要分为垂直振动、水平振动及其耦合振动，抑制方法如下：

1）抑制垂直振动：电梯驱动系统的偏心、驱动系统齿轮的振动和电梯钢丝绳的弹性环节以及地震都将引起电梯垂直振动。目前主要的研究是利用现代控制理论进行电梯理想速度曲线的精确跟踪控制来抑制垂直振动，对象主要是对电梯拖动系统控制器，或者直接在轿厢上施加主动控制机构。

2）抑制水平振动：电梯水平振动主要由导轨弯曲不平、导轨接头处的不平整等因素引起，而且随着电梯运行速度越来越高和轻型材料的使用，使得水平振动问题越来越成为提高电梯速度的障碍。抑制水平振动的方式有电梯结构优化、对振动元件加阻尼元素（被动控制方式）、加机械结构来吸收振动（半主动控制方式）和加主动控制力（主动控制方式）来抑制电梯振动。

3）配备新型导靴：轿厢运动中，滚轮导靴会把因导轨弯曲引起的强迫振动传递给轿厢。为了使其有较好的效果，新型滚动导靴上安装了以杠杆为支点的相反滚轮侧的平衡配重，使滚轮导靴难以将冲击力传递给轿厢，从而减小了振动。另一种方法是采用电磁或磁悬浮式的动态振动控制导靴，以实现轿厢与导轨的非接触运行。还可以开发带有自学习功能的导靴，预存储导轨不平顺信息，在电梯运行过程中通过调整滚轮导靴位置加以补偿。

（4）新型安全钳　超高速电梯速度一般都超过6m/s，如果速度失控将会造成严重的人员伤亡和设备损失。当电梯在以10m/s或以上速度运行中被触发安全钳时，传统的铜钢制安全钳楔块会因与导轨的激烈摩擦产生的高温而熔化掉，导致安全钳失效。在安全钳导靴衬板上镶嵌耐摩擦高温的复合型陶瓷材料，使安全钳能承受1000℃以上的高温，从而保证电梯高速、安全行驶。

(5) 降低气压变化　电梯垂直行程达到600m、速度达到1000m/min时，轿厢内气压变化量为72hPa，最大变化率为2hPa/s，气压的急剧变化会使搭乘人员很难适应。因此，轿厢的设计必须是完全气密式的，并应在轿厢内安装气压控制阀门和控制设备，当轿门关闭时重新设定好轿厢内的气压，而在轿厢运行时按一定的比例控制气压加减，使气压变化率降到1.3hPa/s左右，搭乘人员就不容易发生因气压急剧变化引发的不适。同时，采用密封轿厢也可以在一定程度上抑制噪声的传入。

(6) 采用永磁同步电动机　超高速电梯一般要求在起动10s以内达到全速运行。永磁同步电动机结构简单、体积小、重量轻、损耗小、效率高。永磁同步电动机没有直流电动机的换向器和电刷等缺点；由于不需要无功励磁电流，因而比异步电动机效率高，功率因数高，力矩惯量比大，定子电流和定子电阻损耗减小，且转子参数可测、控制性能好；省去了普通同步电动机的励磁装置，简化了结构，提高了效率。另外，永磁同步电动机矢量控制系统能够实现高精度、高动态性能、大范围的调速或定位控制。目前永磁同步电动机正向大功率化（高转速、高转矩）、高功能化和微型化方向发展，单台稀土永磁同步电动机的容量已超过1000kW，最高转速已超过300000r/min，最低转速低于0.01r/min，可以满足超高速电梯起动时的500kW的功率要求。通过采用永磁同步电动机，电梯曳引主机一般能够降低20%的体积、减轻40%的重量，功率至少能提高15%，振动和噪声能降低10dB。

(7) 抑制轿厢内噪声　超高速电梯的运行噪声主要是空气阻力引发的噪声，称为风阻噪声。其引发主要原因是，当电梯在井道里超高速上下往复运行时，气体瞬时被急剧压缩，同时轿厢体与井道之间缝隙处的气体由于流动面积的急剧减少，相对于厢体的速度便会突然增加，因此产生很大的风阻，这些阻力与轿厢作用，就产生风阻噪声；另外，由于空气流速的急剧增加，气流在厢体尾部会产生很大分离和不连续的旋涡，这种非连续旋涡不断脱落和演化会使涡流场中的压力产生剧烈波动，并产生涡流噪声。

应根据超高速电梯运行噪声产生机理逐步采用措施，即在噪声产生之前采取措施防止噪声产生，在噪声产生之后在声源处降低噪声。依据技术作用原理，隔声降噪技术有吸声、隔声和消声三种类型。未做任何声学处理的厢体构件与空气的特性阻抗相差很大，因此采用能够吸收声能的材料或结构可以吸收声能，达到吸声降噪的效果，譬如在轿厢顶、轿厢底和轿厢壁上粘贴吸声材料和增加吸音孔等。可使用构件将噪声和轿厢分开，阻断空气中声波的传播，通过隔声达到降噪目的，或者为了有效地对高速电梯降噪，可以采用密封轿厢，轿厢壁用夹层防振和密封结构，从而降低噪声的传播。消声是采取一些构件或结构来降低空气动力性噪声，一方面为了有效改善由于高速气流对运行电梯影响，根据空气动力学原理和部分建模研究分析，在轿厢的顶部和底部加分流装置或流线型（椭圆形）整流罩，可对超高速电梯运行起到良好的降噪作用；另一方面也可采用迷宫型结构设计，有效阻止空气噪声传播。

3. 高速电梯气动特性研究

随着建筑物高度的增加，必须提高电梯垂直升降的运行速度，而电梯速度的提高，则带来了一系列需要解决的技术问题。对于普通电梯，厢体的运行速度较低，所产生的气动阻力相对较小，因此电梯的气动特性问题一向不被人重视，也可以不考虑气动力外形。高速电梯运行时，由于电梯轿厢在狭长的井道内高速运行，因此必将带来一系列的空气动力学问题，包括气动阻力和气动噪声，以及由此引起的拖曳电动机功率增加、电梯轿厢的振动、乘客的安全性和舒适性等问题。电梯运行时，井道内的气体在瞬时被急剧压缩，甚至会产生压力波，同时，厢体与井道之间的缝隙处的气体，由于流动面积的突然缩小，相对于厢体的流动速度便会突然增加，因此会产生很大的气动阻力，甚至在厢体上下游处可能会出现分离和旋涡，即所谓的隧道气动效应。这些都将直接影响到箱体的气动阻力并产生气动噪声，不但增加载荷，而且对电梯运行的安全性和乘客的舒适性也会产生影响。目前，国内外的研究机构和学者对这个问题已展开了深入研究，并获得了一些成果。

1.4.2 电梯拖动技术的发展

1. 电梯曳引技术的发展

1889年，升降机开始采用电力拖动，成为名符其实的电梯。电梯在驱动控制技术方面经历了直流电动机驱动控制，交流单速电动机驱动控制，交流双速电动机驱动控制，直流有齿轮、无齿轮调速驱动控制，交流调压调速驱动控制，交流变压变频调速驱动控制以及交流永磁同步电动机无齿轮变频调速驱动控制等阶段。

19世纪末，直流电梯出现，使电梯的运行性能明显改善。20世纪初，开始出现交流感应电动机驱动的电梯，后来槽轮式（即曳引式）驱动的电梯代替了鼓轮卷筒式驱动的电梯，为长行程和具有高度安全性的现代电梯奠定了基础。20世纪上半叶，直流调速系统在中、高速电梯中占有较大比例。

1967年，晶闸管用于电梯驱动，交流调压调速驱动控制的电梯出现。1983年，变压变频控制的电梯出现，由于其良好的调速性能、舒适感和节能等特点，迅速成为电梯的主流产品。

1996年，交流永磁同步无齿轮曳引机驱动的无机房电梯出现，电梯技术又一次革新。这种电梯的曳引机和控制柜置于井道中，省去了独立机房，节约了建筑成本，增加了大楼的有效面积，提高了大楼建筑美学的设计自由度。这种电梯还具有节能、无油污染、免维护和安全性高等特点。

电梯拖动技术不断成熟，加之电子技术、计算机技术、自动控制技术在电梯中的广泛应用，使电梯运行的可靠性、安全性、舒适感、平层精度、运行速度、节能降耗、减少噪声等方面都有了极大改善。低转矩、大容量逆变器和稀土永磁电动机是目前电梯拖动技术的重要发展方向。

2. 低转矩、大容量逆变器

超高层建筑使用的高速电梯提升高度大、提升速度高、普遍采用双层轿厢，需要使用低转矩、大容量逆变器。例如，提升高度为500m、额定速度为810m/min、额定载重量为1600kg的电梯所需逆变器容量大约为普通50层大楼高速电梯（540m/min）逆变器容量的2倍。开发大容量逆变器要充分利用冗余技术和低转矩脉动设计，采用两个逆变器组成复合逆变器控制系统和一个独立的双绕组串联机组组成大容量逆变器拖动系统。当两个电动机绕组电流相位相反时，逆变器电流波形畸变引起的转矩脉动将会导致时间的滞后和幅度的减半，即使将曳引机功率加倍，转矩脉动仍会限制在540m/min梯速相同的水平。

3. 稀土永磁电动机

19世纪20年代出现的世界上第一台电动机就是由永磁体产生励磁磁场的永磁电动机。但当时所用的永磁材料是天然磁铁矿石（Fe_3O_4），磁能密度很低，用它制成的电动机体积庞大，不久被电励磁电动机所取代。20世纪60年代和80年代，稀土钴永磁和钕铁硼永磁

（二者统称稀土永磁）相继问世，它们的高剩磁密度、高矫顽力、高磁能积和线性退磁曲线的优异磁性能特别适合于制造电机，从而使永磁电动机的发展进入一个新的历史时期。

曳引系统性能直接影响电梯起动、制动、加减速、平层精度和乘坐舒适性等指标。尽管蜗杆蜗轮传动曳引机的可靠性经过了100多年的使用得到验证，但其体积大（影响建筑物美观）、传动效率低（在67%～78%之间）、运行噪声大（一般不低于60dB）、齿轮易磨损、需要润滑油（难维护、易污染）等缺点也一一暴露，无法与人们生活水平的提高相适应。20世纪90年代提出的行星齿轮和斜齿轮传动曳引机，体积小、传动效率能达到90%，但要求齿轮加工精度高，成本也比较高，而且齿轮的磨损和噪声问题仍然未能很好解决；另一种多极低速电动机驱动无齿轮曳引机则体积过于庞大。

1998年，芬兰通力公司首次将永磁同步电动机引入电梯曳引传动领域。在2000年中国国际电梯展上，永磁同步曳引机成为新型曳引机的主流机型。由于永磁同步电动机易做到低转速、大功率，而且采用永磁同步电动机的电梯曳引系统，将曳引电动机、曳引轮、电磁制动器、光电编码器集于一体，不需要齿轮传动，结构紧凑，重量较普通曳引机减轻约40%，便于安装使用，既适用于超高速电梯，也适用于无机房电梯，因此随着国家节能环保力度的加大，永磁同步曳引机成为目前电梯的重要发展方向。

永磁同步电动机无齿轮曳引机的曳引电动机转子和曳引轮是一体的，当曳引机制动失灵或其它故障引起电梯向上行方向溜车乃至飞车时，电动机工作于发电制动状态，具有安全保护作用；在电梯失电时，永磁体和闭合的电枢绕组相互作用，产生停车自闭（类似于直流电动机的能耗制动）这种非接触双向保护，能够防止电梯坠落和飞车，大大地增加了电梯的安全性和可靠性。另外，同步电动机可以通过向电枢绕组供直流电来实现带负载零速停车，从而可以真正做到无须抱闸的机械制动，实现电气的零速停车。这样可防止由于抱闸失灵造成溜车的故障，进一步提高系统的可靠性。

4. 直线电动机电梯驱动技术

目前，超高层建筑的垂直输送是使用悬吊的绳式电梯，当提升高度增大时，在总垂直载荷中钢丝绳重量所占比例增加，如果要满足标准中规定的钢丝绳极限强度的安全系数为10倍以上的话，那么受现行钢丝绳材料和构造的限制，电梯提升高度的实用界限仅为700～800m。另外，绳式电梯一般在一个井道内只能运行一个轿厢，假如要限制候梯时间就得增加电梯台数，因而就得增加辅助建筑面积。可以测算，这样的超高层建筑其电梯中心区的面积占大厦总水平投影面积的比例将会超过50%，因此是非常不经济的建筑。而直线电动机驱动的无绳电梯将能改变这种状态，打破现行绳式电梯的界限。

国外从1983年开始将直线电动机应用于电梯驱动的研究，1990年4月，第一台使用直线电动机驱动的电梯被安装在日本东京都丰岛区万世大楼，它的载重量为600Kg，速度为105m/min。提升高度为22.9m。国内一些研究机构和生产厂商也在这方面进行了深入研究。

直线电动机驱动的电梯和传统的电梯相比，如果设计合理、使用合适，单从经济角度看，仅省去机房一项即可省去电梯工程费用约1/4。此外，它还有结构简单、占地面积小、节电等优点。从应用角度看，它噪声极低、智能化程度高、运行性能好、少维修、抗震等优点，非常适于高层建筑的高速电梯使用。直线电动机驱动的电梯是未来电梯的一个发展方向。

1.4.3　电梯新技术

1. 高效曳引机构

随着现代都市人对生活环境要求的提高和能源问题的与日俱增，电梯的环保节能特征越来越被重视，无机房、电磁兼容性好和节能高速曳引机等要素已成为电梯技术发展的方向。

1）2006 年，我国销售的节能电梯约 4.8 万台，占全年电梯产量的 28% 以上，环保节能电梯不仅仅是未来发展的方向，而且已经成为正在高速增长的传统电梯的替代品。高速曳引机的研发、生产是电梯行业的竞争焦点。

2）永磁同步无齿轮曳引机逐渐成熟，曳引系统的机械效率和运行效率都得到大幅提高。其能耗相应大大降低，与传统的交流异步有齿轮驱动电梯相比，可节能 30% 以上，其低碳节能的特点非常显著。另外，因为没有齿轮减速器，结构紧凑、便于布置，无（齿轮箱）油污染，运行时产生的振动和噪声也小得多，其绿色环保的特点非常明显，已发展成为新型曳引机的主流机型，并占据了市场主流地位。

3）行星齿轮曳引机的机械传动效率可达 98%，相对于同样提升力的蜗杆蜗轮曳引机节能 30% ~40%，体积仅仅是它的 1/2；其设计寿命超过 2 万 h，正常运行 15 年以上，免维护，可以做到全密封无渗漏、无污染；变速比范围大，可与各种电动机和变频器匹配，可用于低速、中速和高速各种电梯；起动电流小，只是额定电流的 1.4 倍，可大大降低供电系统容量。行星齿轮曳引机首先是蜗杆蜗轮曳引机的替代品，其次在中低速新装电梯中可望成为主选产品，在旧电梯改造中也得到了广泛应用。

2. 轿厢位置检测技术

轿厢位置检测装置用于检测电梯轿厢运行状态、所处位置和速度，及时向控制系统发出所需要的信号。轿厢位置检测装置通常分为三大类，即机械式、继电器式和微机控制方式。其中机械式与继电器式轿厢位置检测装置已逐渐被淘汰。微机轿厢位置检测主要采用绝对值旋转编码器、激光、超声波和磁栅等检测方法。微机轿厢位置检测与传统轿厢位置检测比较见表 1-7。

表 1-7　轿厢位置检测比较

传统轿厢位置检测	微机轿厢位置检测
只提供轿厢相对位置	提供轿厢绝对位置
手动调整	自动校准
不精确（绳的滑移和伸长）	为驱动控制提供准确位置信息
建筑物收缩后必须重新调整	自动补偿建筑物收缩
失电后需要重新学习	失电后立即恢复运行
涉及多种不同的零件	是一个模块化系统
到控制和驱动的接口复杂	到控制和驱动的接口简单统一
硬件和安装费用昂贵	安装快速简便

绝对值编码器直接将轿厢位置信号反馈给主控制器，使系统能够得到电梯运行中轿厢准确的实时位置值，与曳引机旋转编码器配合可检测钢丝绳滑移。运用绝对值编码器采集电梯

轿厢的位置信号进行速度优化控制，这样可以使电梯响应快、消除爬行停靠、高精度直接平层，从而可以极大地提高电梯的运行效率、舒适感和稳定性。

3. 上行超速保护技术

曳引式电梯依靠曳引机驱动，曳引轮和钢丝绳之间摩擦力带动轿厢运行，制动器有效闭合保证轿厢可靠制停。在对重侧重量大于轿厢侧重量的情况下，传动、曳引和制动的任何一个环节失效都可能导致电梯上行超速，严重时将导致冲顶。

GB 7588—2003《电梯制造与安装安全规范》强制要求制动器机械部件设计时必须有冗余，以便当某一部件工作失效时，制动器仍能使电梯可靠制停，该标准中明确要求新装电梯上必须采用上行超速保护装置。

轿厢上行超速保护装置是安装在曳引拖动电梯上，在电梯上行超速到一定程度时用来使轿厢制停或有效减速的一种安全保护装置。它一般由速度监控装置和减速装置两部分组成，通常采用双向限速器作为速度监控装置检测轿厢速度是否失控。减速装置则包括安全钳、夹绳器和安全制动器，分别作用于轿厢或对重、钢丝绳系统（悬挂绳或补偿绳、补偿链）和曳引轮（或与曳引轮同轴的较近部件）。

目前在无机房电梯永磁同步电动机上通常就是利用直接作用在曳引轮上的制动器作为上行超速保护。这种制动器机械结构设计冗余，符合安全制动器的要求，不必考虑其失效。同时，由于它直接作用在曳引轮上，曳引机主轴、轴承等机械部件损坏不会影响其有效抱闸制停。

双向安全钳由安全钳操纵机构和安全钳体两部分组成。安全钳动作时首先触动电器机构使电梯安全回路断开制停电梯，如果制动器无法制停时安全钳就会进一步动作，使电梯制停在导轨上。双向安全钳适用于批量生产的采用有齿轮曳引机的新梯，随着无齿轮曳引机的逐渐普及，双向安全钳市场份额不断降低。

夹绳器方案是在钢丝绳上加装制动器。这种制动器一般是独立作用的，只需几根线与电梯控制系统连接即可，但它的激发、制动使力与复位需用一个机电-液压（或气动）传动，因此结构复杂、成本偏高，目前多使用在旧电梯改造中。

4. 电梯救援通信技术

GB 7588—2003《电梯制造与安装安全规范》及 TSG T7001—2009《电梯监督检验和定期检验规则——曳引与强制驱动电梯》要求电梯必须安装五方通话系统。电梯五方通话指的是物业值班室、电梯机房（无电梯机房即顶楼控制柜，一般在电梯井道最上方）、轿厢顶（在轿厢的顶部）、轿厢、底坑（井道最底处）这五方之间的通话。当电梯发生乘客或者电梯维修人员被困在轿厢内时，通过报警或通信装置应能将情况及时通知管理人员，以实现紧急求救。

目前典型的电梯和救援中心双向通信系统由救援服务、场所、报警系统、标准范围、接收设备、通信网络、传感器、预警装置和电梯组成。

电梯救援通信设备主要功能如下：

1）可使用固定电话或者 GSM 移动通信方式。

2）多个警报设备可共用同一通信线路。

3）轿厢内、轿厢顶和底坑均可呼叫机房，反之亦然。

4）可以录制不同的语音信息。

5）可以发出多种不同的警报信息。

6）可以通过无线通信方式以短信或者电子邮件发出警报信息。

7）人员被困电梯中时，可放安抚音也可放轻音乐或视频对话。

5. 电梯开放总线技术

电梯是典型的分布式嵌入式系统，解决好电梯系统各单元间可靠、有效的通信关系到电梯运行的可靠性、安全性，特别是电梯的控制性能。目前国内大部分企业如上海三菱、奥的斯、日立等仍然沿用RS-485串行总线协议，但该总线性能较低、没有统一标准，使得电梯系统通信实时性差，现场抗干扰能力弱，系统可靠性低，电梯系统部件互换性差。

2002年德国的一些电梯企业使用CANopen来提升CAN技术在电梯中的应用，其目的是实现电梯部件的即插即用，提高产品的竞争性，降低产品垄断，由此诞生了电梯设备CANopen高层应用层协议CiA DSP 417。2003年，在德国奥克斯堡国际电梯展览会上，首款基于CiA DSP 417的电梯控制器样机被展出，它通过CANopen网络方便地将电梯控制各部件集成在一起。这种电梯控制器可以在很少的参数设置下工作运行。

电梯CANopen高层应用层协议是一个开放式的电梯专用协议。该协议由CiA（CAN in Automation）国际组织开发和维护。利用CAN总线的优点和CiA DSP 417电梯高层应用层协议的公开性和协议的高性能，可以克服RS-485总线的缺点，极大地提高电梯单梯系统和群控系统的性能。使用该标准协议，可使单台电梯的最高楼层达到254层，电梯群控数量最大达到8台。

在欧洲，有厂商已经研发出基于CiA DSP 417电梯设备子协议的电梯控制产品，例如德国奔克的BF306电梯控制系统，德国威特的WLC-4000电梯控制器，迅达公司的基于CANopen的系列电梯部件等。

CiA DSP 417电梯设备子协议文件总共由四个部分组成。

（1）DSP 417-1　术语定义和物理层内容说明。应用CiA DSP 417电梯设备子协议时应同时参考的其他CiA标准规范，以及协议文件中缩略语定义和物理层设备推荐要求等。

（2）DSP 417-2　电梯虚拟设备（virtual device）定义及其应用对象分配。CiA DSP 417电梯设备子协议定义了11个电梯虚拟设备，这是该子协议应用的基础，如呼叫控制虚拟设备、输入面板虚拟设备、输出面板虚拟设备、轿厢位置单元虚拟设备和轿厢驱动虚拟设备和称重虚拟设备，这些虚拟设备为电梯硬件支持。每个虚拟设备支持若干应用对象，应用对象在协议的对象字典（OD）中得到定义，并作为电梯的通信内容。

（3）DSP 417-3　预定义电梯虚拟设备PDO（过程数据对象）、SDO（服务数据对象）等通信对象（Communication Object）。

PDO是CAN的一种通信对象，对电梯控制而言，它主要传输电梯运行中的实时控制数据。DSP 417-3定义了所有电梯虚拟设备的TPDO（Transmit PDO）和RPDO（Receive PDO），定义的电梯台数达8台。PDO通信对象定义包括PDO通信参数和PDO映射参数两个方面。PDO通信参数是接收或发送PDO对象时的通信控制参数，包括该PDO发送时的COB-ID、发送该PDO时是否有禁止时间、PDO发送方式是异步还是同步等。PDO映射参数是指发送该PDO的应用对象值，因此PDO映射直接映射对象字典。

（4）DSP 417-4　电梯虚拟设备应用对象定义集——对象字典（OD）。在DSP417-4子文件中描述了8台电梯的应用对象，对象索引号从6000H ~ 9FFFH，所有虚拟设备涉及的应用对象都被详细说明。对象字典是 CiA DSP 417 电梯设备子协议的核心，电梯控制用的应用参数都反映在对象字典中。

电梯 CANopen 高层应用层协议仍然遵循 CAN2. 0B 技术规范，其基础是 CAN 总线。基于电梯 CANopen 高层应用层协议的电梯群控系统，单梯楼层可达 254 层，电梯群控数量最大达到 8 台。基于 CiA DSP 417 电梯设备子协议的电梯群控通信模型如图 1-5 所示。

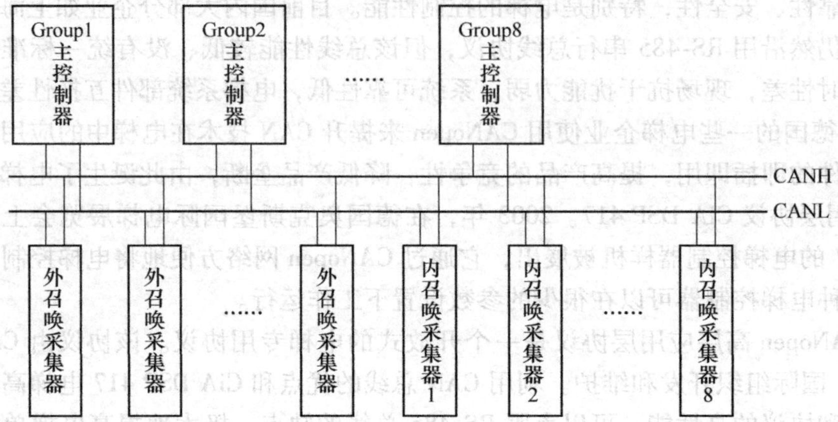

图 1-5 基于 CiA DSP 417 电梯设备子协议的电梯群控通信模型

1.4.4 数字电梯和节能技术

1. 数字电梯技术

数字电梯技术是使电梯的各环节元件数字化的技术。过去电梯元件使用模拟电路，现在转变成使用数字电路。数字电路比模拟电路更灵活，可以由软件代替硬件来控制，更有利于对系统功能进行增减和修改，而且只需要修改控制芯片中的程序代码就能实现其不同要求，更加人性化。数字技术产品具有如下优点：

1）数字系统抗干扰能力强，没有信号失真、衰变等缺陷。

2）数字系统便于存储，使用方便。

3）数字系统通用性强，可以采用标准的数字逻辑部件和可编程逻辑器件来设计各种各样的数字系统，且设计简便，使用灵活。

4）信息传递采用二进制逻辑关系，便于纠错，能进行数字压缩，实现多媒体传输。

5）数字系统既适于数值信息处理，也适于非数值信息处理。

6）采用数字技术可以将模拟信号通过模/数转换（A/D）转换成数字信号；需要时，还可通过数/模转换（D/A）还原成模拟信号。

7）随着超大规模集成电路技术发展，数字系统体积越来越小，可靠性不断提高，成本逐渐降低，自动化程度越来越高。

2. 电梯节能和环保技术

电梯耗电量巨大，是高层建筑最大能耗设备之一。据统计，2011 年底，全国在用电梯为 201 万台，若以平均每部电梯每天耗电量 40kW · h 计算，则全国在用电梯每天耗电近 1 亿 kW · h，因此，电梯节能降耗的研究已引起社会各界的关注。

永磁同步无齿轮曳引机、变压变频驱动控制技术和能量回馈技术是目前主流的电梯节能技术。永磁同步无齿轮曳引机比蜗杆蜗轮曳引机效率提高约 30%，还具有节省空间、节能环保、噪声低、振动小等优点。

目前变压变频电梯已成为主流产品。变压变频曳引机结构简单，维修方便；传动效率高，节能效果显著，比交流调压调速电梯（ACVV）节能约 40%，并可使用户电源容量也大大减小；节省机房空间，比传统的机房控制系统体积减少 1/2 以上，重量大大减轻。

能量回馈技术是将电梯轻载上行、重载下行时的势能转换为电能，返回电网，再转供同一建筑中其他用电设备使用，从而达到能源再生的目的。电梯安装电能回馈装置，可大大降低电梯能耗，节电率可达 15% ~45%，且楼层越高，电梯功率越大，使用越频繁，节能的效果越好，非常适合高层、高速电梯使用。

现在市面上的节能电梯大多具有先进的管理调配和节能功能，其特点如下：

1）小机房电梯机房的面积与井道截面相等，约为传统的电梯机房面积的 1/3 ~1/2，节省了建筑面积。

2）采用了微机网络控制的、变压变频空间矢量控制的交流调速技术。各个子系统 CPU 相互间通过 CAN 总线连接，故障率低，高效可靠。

3）应用专家系统、模糊逻辑和神经网络控制的电梯群控调配技术，提高了电梯输送效率，缩短了乘客候梯时间 30% 以上，减少了电梯起动和运行次数。

4）轿厢照明自动熄灭和轿厢风扇自动停止的功能，节省大量电能。

5）电梯的层站及操纵箱显示在电梯不服务时，能自动变暗或熄灭，节省电能。

6）具有防捣乱功能，如果有人按下了许多电梯指令按钮，则电梯会根据称重值，自动取消恶意指令，或可以由乘客将无效指令按压消除，避免电梯无目的地运行，消耗大量能量。

7）采用具有高抗干扰性能的 DC3.3V 低内核电压 CPU，降低了控制主板的功率损耗。

8）使用了大规模 ASIC 电路和表面贴装技术，缩小了印制电路板面积（约为原来的 1/3），节约了材料，降低了元器件的功率损耗。

小　　结

电梯是现代智能建筑中不可缺少的垂直运输设备，本章阐述了对智能建筑中电梯系统的要求，介绍了电梯发展史，电梯的种类、型号及参数和基本结构，对单台电梯和群控电梯的控制功能进行了说明，提出了电梯自动控制系统的基本分类，同时对现代电梯控制技术的主要发展趋势进行了介绍。

思考与练习

1-1　现代智能建筑要求电梯具有何种特点？

1-2　早期电梯以什么方式驱动？

1-3　根据国家标准，简述电梯的定义。

1-4　电梯有几种分类方法？各根据什么分类？

1-5　电梯按用途分类有哪几种？

1-6 电梯的驱动方式有哪些?

1-7 电梯的控制方式有哪几种?

1-8 简述按速度分类的电梯类型。

1-9 以下电梯型号表示的是什么电梯?

(1) TBZ1000/0.63—XH

(2) TGJ750/1.5—JXW

(3) TZJ1000/1.0—BL

(4) TWJ300/0.75—AS

1-10 电梯系统的主要组成有哪些?

1-11 若从空间考虑，电梯可划分为几个部分？各部分由哪些装置组成?

1-12 电梯控制如何分类?

1-13 电梯拖动技术的发展主要体现在哪些方面?

第 2 章　电梯系统的组成

2.1　电梯系统组成概述

通常，电梯系统由机械系统、电气系统和安全保护系统三大部分组成。其中，机械系统是电梯的骨架；电气系统是拖动和控制，是电梯赖以运行的保障；安全保护系统有机地和机、电系统组为一体，互相制约，以保证电梯可靠、安全地运行。常见的有机房交流乘客电梯的结构如图 2-1 所示。

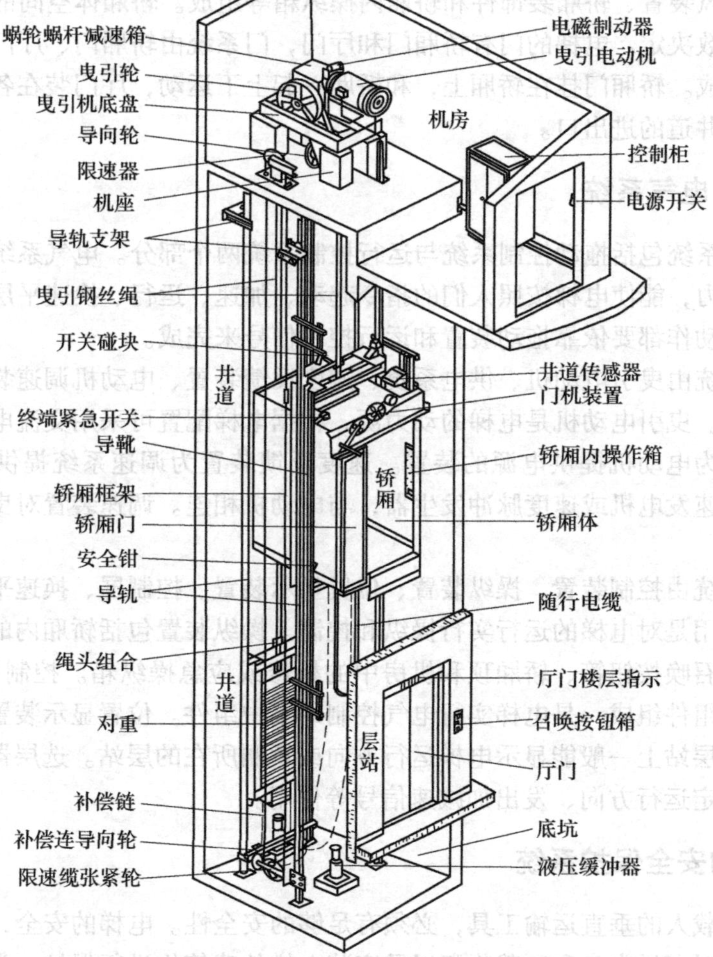

图 2-1　常见的有机房交流乘客电梯的结构

2.1.1 电梯的机械系统

电梯的机械系统由曳引系统、轿厢与门系统、重量平衡与导向系统、机械安全保护系统等部分组成。

曳引系统是输出和传递动力、实现电梯上下运行的驱动装置。它由曳引机、曳引钢丝绳及绳头组合的均衡装置等组成。

电梯的重量平衡系统包括对重和平衡补偿装置，如补偿链、补偿绳等。对重由对重架和对重块组成，对重将平衡轿厢自重和部分的额定载重量。平衡补偿装置是补偿高层电梯中轿厢与对重侧曳引钢丝绳长度变化对电梯平衡设计影响的装置。导向系统包括轿厢引导系统和对重引导系统两种，是保证轿厢和对重在电梯井道中沿着固定的滑道——导轨运行的装置，由导轨与支架、导靴、导向轮和复绕轮等部件组成。

轿厢是用来运送乘客或货物的容载装置。轿厢由轿厢架和轿厢体两大部分组成。轿厢架是轿厢体的承重构架，由横梁、立柱、底梁和斜拉杆等组成。轿厢体由轿厢底、轿厢壁、轿厢顶及照明、通风装置、轿厢装饰件和轿厢内操纵箱等组成。轿厢体空间的大小由额定载重量或额定载客人数决定。电梯的门有轿厢门和厅门，门系统由轿厢门、厅门、门机装置、门锁装置等部件组成。轿厢门挂在轿厢上，和轿厢一起上下运动，厅门装在各楼层的井道进出口处，用以封住井道的进出口。

2.1.2 电梯的电气系统

电梯的电气系统包括拖动控制系统与运行控制系统两个部分。电气系统是电梯按照人们的意愿做功的动力，能使电梯按照人们的指令起动、加速、运行、换速平层、停车制动、开门关门等。这些动作都要依靠拖动装置和运行控制信号来完成。

拖动控制系统由曳引电动机、供电系统、速度反馈装置、电动机调速装置等组成，对电梯实行速度控制。曳引电动机是电梯的动力源，根据电梯配置可采用交流电动机或直流电动机。供电系统是为电动机提供电源的装置。速度反馈装置为调速系统提供电梯运行速度信号，一般采用测速发电机或速度脉冲发生器，与电动机相连。调速装置对曳引电动机实行调速控制。

运行控制系统由控制装置、操纵装置、位置显示装置、控制屏、换速平层装置、选层器等组成，它的作用是对电梯的运行实行操纵和控制。操纵装置包括轿厢内的按钮操纵箱或手柄操纵箱、层站召唤按钮箱、轿厢顶和机房中的检修或应急操纵箱。控制屏安装在机房中，由各类电气控制组件组成，是电梯实行电气控制的集中组件。位置显示装置是指轿内和层站的的楼层指示，层站上一般能显示电梯运行方向或轿厢所在的层站。选层器能起到指示和反馈轿厢位置、决定运行方向、发出加减速信号等作用。

2.1.3 电梯的安全保护系统

电梯是频繁载人的垂直运输工具，必须有足够的安全性。电梯的安全，首先是对人员的保护，同时也要对电梯本身和所载物资以及安装电梯的建筑物进行保护。为了确保电梯运行的安全，防止一切危及人身安全的事故发生，设置了多种机械保护、电气保护和安全防护装置。

机械保护主要包括：超速保护装置——限速器、安全钳；超越行程保护装置——强迫减速开关、终端限位开关；冲顶（撞底）保护装置——缓冲器；门安全保护装置——厅门门锁与轿门电气联锁及门防夹人的装置；轿厢超载保护装置及各种装置的状态检测保护装置（如限速器断绳开关、钢带断带开关）。

电气保护首先要充分考虑电气拖动和运行控制的可靠性，还针对各种可能发生的危险，设置专门的安全装置。电气保护一般设有如下保护环节：超速保护开关、厅门锁闭装置的电气联锁保护、门入口的安全保护、上下端站的超越保护、缺相断相保护、电梯控制系统中的短路保护、曳引电动机的过载和过电流保护等。另外还必须对电梯的电气装置和线路采取安全保护措施，以防止发生人员触电和设备损毁事故。

安全防护主要有机械设备的防护，如曳引轮、导向轮、吊轮、滑轮、链轮等机械运动部件防护，以及各种护栏、罩、盖等的安全防护。

这些装置共同组成了电梯的安全保护系统，以防止任何不安全的情况发生。

2.2　电梯的曳引系统

电梯的曳引系统由曳引机、曳引钢丝绳及绳头组合等组成。安装在机房的电动机与减速器、制动器等组成曳引机，是曳引驱动的动力。曳引钢丝绳通过曳引轮一端连接轿厢，一端连接对重。为使井道中的轿厢与对重各自沿井道中导轨运行而不相蹭，曳引机上放置一导向轮使二者分开。轿厢与对重装置的重力使曳引钢丝绳压紧在曳引轮槽内产生摩擦力。这样，电动机转动带动曳引轮转动，驱动钢丝绳，拖动轿厢和对重在井道中沿导轨上、下往复运行，执行垂直运送任务。

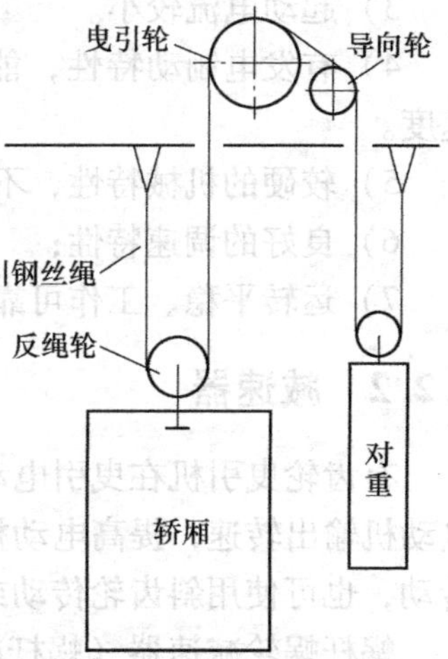

图 2-2　电梯的曳引传动

电梯的曳引传动示意如图 2-2 所示。

2.2.1　曳引机

曳引机是电梯的动力设备，又称电梯主机。曳引机的功能是输送与传递动力，使电梯运行，它由电动机、制动器、联轴器、减速器、曳引轮、机架和导向轮及附属盘车手轮等组成。

拖动装置的动力通过中间减速器传递到曳引轮上的曳引机称为有齿轮曳引机，如图 2-3a

a）有齿轮曳引机　　b）无齿轮曳引机

图 2-3　曳引机实物

所示，它由电动机、制动器、减速器和曳引轮组成并固定在底座上。有齿轮曳引机用的电动机有交流电动机也有直流电动机，广泛应用于速度小于或等于2.5m/s的低中速电梯。

拖动装置的动力不用中间减速器而直接传到曳引轮上的曳引机称为无齿轮曳引机，如图2-3b所示。无齿轮曳引机的电动机转子同制动轮和曳引轮同轴直接相连。由于没有减速器这一中间传动环节，所以传动效率高、噪声小、传动平稳。但是，无齿轮曳引机存在能耗大、造价高、维修不便等缺点。无齿轮曳引机的电动机大多是直流电动机或者交流永磁同步电动机，一般用于2.5m/s以上的高速电梯和6m/s以上的超高速电梯。

曳引电动机是拖动电梯上下运行的动力源。电梯是典型的位能性负载，在运行中每小时起制动次数常超过100次，最高可达到每小时180～240次。根据电梯的工作性质，电梯曳引电动机应具有以下特点：

1）能够频繁起、制动，其工作方式为断续周期性工作制。

2）能够适应一定电源电压波动，有足够的起动力矩。

3）起动电流较小。

4）有发电制动特性，能由电动机本身性质来控制电梯在满载下行和空载上行时的速度。

5）较硬的机械特性，不会因为电梯负载变化造成运行速度变化。

6）良好的调速特性；

7）运转平稳、工作可靠、噪声小、维护简单。

2.2.2 减速器

有齿轮曳引机在曳引电动机转轴和曳引轮转轴之间安装有减速器（箱），其作用是降低电动机输出转速，提高电动机的输出转矩，以适应电梯的运行要求。减速器常采用蜗杆蜗轮传动，也可使用斜齿轮传动或行星齿轮传动。

蜗杆蜗轮减速器（蜗杆减速器）是由带主动轴的蜗杆与安装在壳体轴承上带从动轴的蜗轮组成，如图2-4所示。蜗轮和曳引轮同轴，电动机能通过蜗杆驱动蜗轮和曳引轮做正反向运动，从而通过曳引绳和曳引轮之间的摩擦力驱动轿厢和对重上下运动。蜗杆蜗轮减速器传动比大，噪声小、传动平稳，而且当由蜗轮传动蜗杆时，反效率低，有一定的自锁能力；可以增加电梯制动力矩，增加电梯停车时的安全性。凡蜗杆安装在蜗轮上面的称为蜗杆上置式，其特点是减速器内蜗杆、蜗轮齿的啮合面不易进入杂物，安装维修方便，但润滑性较差；凡蜗杆安装在蜗轮下面的称为蜗杆下置式，其特点是润滑性能好，但对减速器的密封要求高，否则很容易向外渗油。

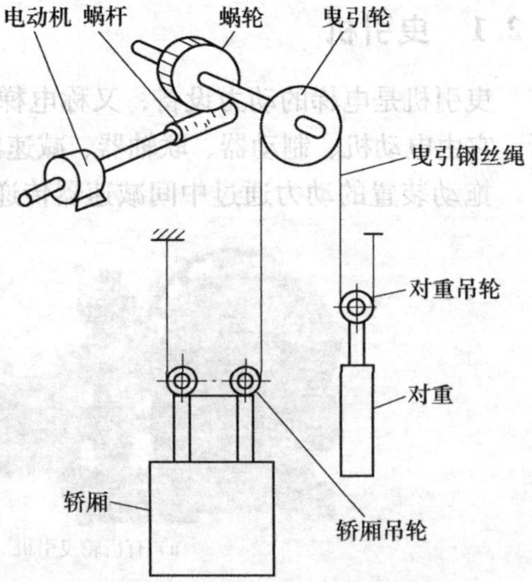

图2-4 蜗杆蜗轮传动

斜齿轮减速器于20世纪70年代应用于电梯传动。斜齿轮减速器相比蜗杆蜗轮减速器传动效率可提高约15%，可降低电能消耗15%，但是对机件的疲劳强度、可靠性和质量的稳定性要求较高。

行星齿轮减速器具有效率高（可达98%）、体积小、重量轻、精度高、无污染、使用寿命长的特点，额定输出转矩可以做得很大，但价格较贵。

2.2.3 曳引轮

曳引轮是嵌挂曳引钢丝绳的轮子，也称曳引绳轮或驱绳轮，绳的两端分别连接轿厢和对重装置。当曳引轮转动时，通过曳引钢丝绳和曳引轮之间的摩擦力（也叫曳引力），驱动轿厢和对重上下运动。因此，曳引轮是电梯赖以运行的主要部件之一。

有齿轮曳引机的曳引轮装在减速器中的蜗轮轴上，无齿轮曳引机的曳引轮装在制动器的旁侧，与电动机轴、制动器轴在同一轴线上。

曳引轮由两部分构成，中间为轮筒（鼓），外面是在轮缘上开有绳槽的轮圈。外轮圈与内轮筒套装，并用铰制螺栓连接在一起成为一个曳引轮整体，其曳引轮的轴就是减速器内的蜗轮轴。

由于曳引轮要承受轿厢、载重量、对重等装置的全部动静载荷，因此要求曳引轮强度大、韧性好、耐磨损、耐冲击，其材料多用球墨铸铁。为了减少曳引钢丝绳在曳引轮绳槽内的磨损，除了选择合适的绳槽槽形外，对绳槽的工作表面的粗糙度、硬度也有要求。

曳引轮靠曳引钢丝绳与绳槽之间的摩擦力来传递动力，当曳引轮两侧的钢丝绳有一定拉力差时，应保证曳引钢丝绳与绳槽之间不打滑。摩擦力（即曳引力）的大小以及曳引钢丝绳的寿命与曳引轮绳槽的形状有直接关系。在电梯中，常用的曳引轮绳槽的形状有半圆槽、带切口半圆槽（又称凹形槽）、V形槽，如图2-5所示。

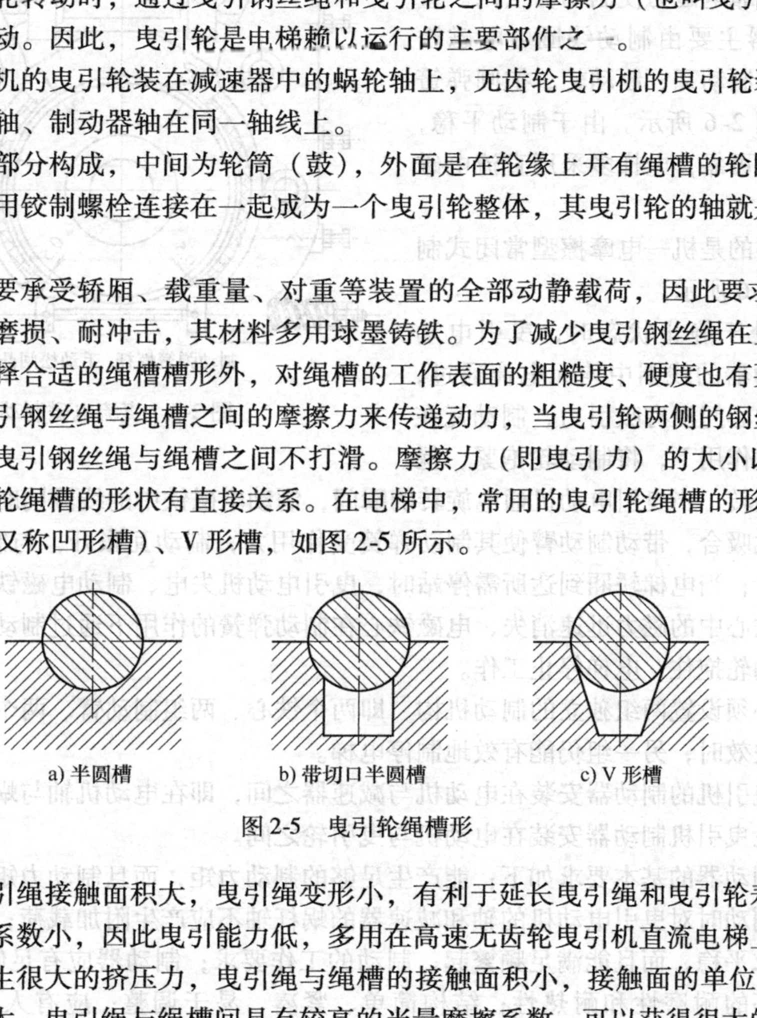

a) 半圆槽　b) 带切口半圆槽　c) V形槽

图2-5　曳引轮绳槽形

半圆槽与曳引绳接触面积大，曳引绳变形小，有利于延长曳引绳和曳引轮寿命，但这种绳槽的当量摩擦系数小，因此曳引能力低，多用在高速无齿轮曳引机直流电梯上。V形槽的两侧对曳引绳产生很大的挤压力，曳引绳与绳槽的接触面积小，接触面的单位压力（比压）大，曳引绳变形大，曳引绳与绳槽间具有较高的当量摩擦系数，可以获得很大的驱动力，但这种绳槽的槽形和曳引绳的磨损都较快，只在轻载、低速电梯上应用。凹形槽（带切口的半圆槽）是在半圆槽的底部切制一条凹槽，曳引绳与绳槽接触面积减小，比压增大，曳引绳在凹槽处发生弹性变形，部分楔入沟槽中，当量摩擦系数大为增加，使曳引能力增加。这种槽形既使当量摩擦系数大，又使曳引钢丝绳磨损小，广泛应用在各类电梯中。

2.2.4 制动器

为了提高电梯的安全可靠性和平层准确度，电梯上必须设置制动器。当电梯的动力电源失电或者控制电路电源失电时，制动器应自动动作，制停电梯。电梯不工作时制动器抱闸制动，电梯运转时松闸。

根据制动器产生电磁力的线圈工作电流，分为交流电磁制动器和直流电磁制动器。电梯制动时，依靠机械力的作用，使制动瓦与制动轮摩擦而产生制动力矩；电梯运行时，依靠电磁力使制动器松闸。直流电磁制动器主要由制动线圈、电磁铁心、制动臂、制动瓦、制动轮、抱闸弹簧等构成，如图2-6所示。由于制动平稳，体积小，工作可靠，电梯多采用直流电磁制动器。

电梯采用的是机—电摩擦型常闭式制动器，如图2-6所示。

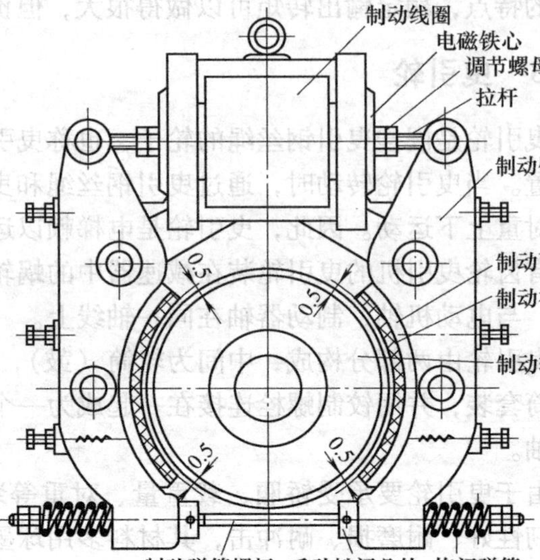

图2-6 直流电磁制动器

当电梯处于静止状态时，曳引电动机、电磁制动器的线圈中均无电流通过，这时因电磁铁心间没有吸引力、制动瓦在制动弹簧压力作用下，将制动轮抱紧，保证电动机不旋转；当曳引电动机通电旋转的瞬间，制动电磁铁中的线圈同时通上电流，电磁铁心迅速磁化吸合，带动制动臂使其制动弹簧受作用力，制动瓦张开，与制动轮完全脱离，电梯得以运行；当电梯轿厢到达所需停站时，曳引电动机失电、制动电磁铁中的线圈也同时失电，电磁铁心中的磁力迅速消失，电磁铁心在制动弹簧的作用下通过制动臂复位，使制动瓦再次将制动轮抱住，电梯停止工作。

制动器必须设置两组独立的制动机构，即两个铁心、两组制动臂、两个制动弹簧，若一组制动机构失效时，另一组仍能有效地制停电梯。

有齿轮曳引机的制动器安装在电动机与减速器之间，即在电动机轴与蜗轮轴相连的制动轮处；无齿轮曳引机制动器安装在电动机与曳引轮之间。

对电梯制动器的基本要求如下：能产生足够的制动力矩，而且制动力矩大小应与曳引机转向无关；制动时对曳引电动机的轴和减速器的蜗杆轴不应产生附加载荷；当制动器松闸或制动时，要求平稳，而且能满足频繁起、制动的工作要求；制动器应有足够的刚性和强度；制动带有较高的耐磨性和耐热性；结构简单、紧凑、易于调整；应有人工松闸装置；噪声小。

另外，制动器还应具备以下功能：

1）当电梯动力电源失电或控制电路电源失电时，制动器能立即进行制动。

2）当轿厢载有125%额定载重量并以额定速度运行时，制动器应能使曳引机停止运转。

3）电梯正常运行时，制动器应在持续通电情况下保持松开状态；断开制动器的释放电路后，电梯应无附加延迟地被有效制动。

4）切断制动器的电流，至少应用两个独立的电气装置来实现。电梯停止时，如果其中一个接触器的主触点未打开，最迟到下一次运行方向改变时，应防止电梯再运行。

5）装有手动盘车手轮的电梯曳引机，应能用手动松开制动器并需要一持续力去保持其松开状态。

2.2.5　曳引绳及曳引形式

1. 曳引绳

曳引钢丝绳也称曳引绳，电梯专用钢丝绳连接轿厢和对重，并靠曳引机驱动使轿厢升降。曳引绳承载着轿厢、对重、额定载重量等重量总和。曳引绳在机房穿绕曳引轮、导向轮，一端连接轿厢，另一端连接对重（曳引比为 1∶1）。

由于曳引绳在工作中受反复的弯曲，且在绳槽中承受很高的比压，并频繁承受电梯起、制动时的冲击，因此在强度、挠性及耐磨性方面，均有很高要求。

曳引绳一般为圆形股状结构，主要由钢丝、绳股和绳芯组成，如图 2-7 所示。

钢丝是曳引绳的基本强度单元，要求钢丝有很高的强度和韧性（含挠性）。绳股由若干根钢丝捻成，每股绳直径相同。钢丝绳的股数多，疲劳强度就高。电梯用钢丝绳一般是6 股和8 股。绳芯是被绳股缠绕的挠性芯棒，通常由纤维剑麻或聚烯烃类（聚丙烯或聚乙烯）的合成纤维制成，能起到支承和固定绳的作用，且能储存润滑剂。

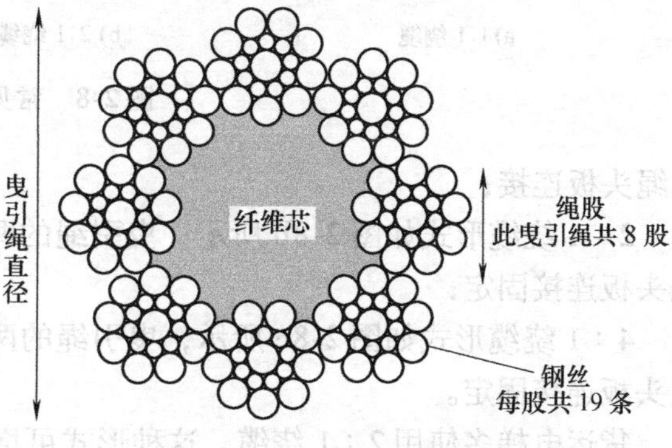

图 2-7　曳引绳结构

曳引绳中钢丝的材料由含碳量（质量分数）为 0.4% ~1% 的优质钢制成，为了防止脆性，材料中的硫、磷等杂质的含量（质量分数）不应大于 0.035%。

随着电梯技术的不断发展，为了配合小机房电梯或者无机房电梯曳引系统的应用，出现了一种与传统的电梯用曳引绳不同的新型复合钢带。它是将柔韧的聚氨酯外套包在钢丝外面而形成的扁平钢带，一般尺寸为 30mm 宽，仅 3mm 厚。与传统的曳引绳相比，钢带更加灵活耐用，且重量轻 20%，寿命延长 2 ~3 倍，且每条钢带所含的钢丝比传统的曳引绳所含的要多，能承受 3600kg 的重量。由于这种钢带具有良好的柔韧性，能围绕直径更小的驱动轮弯曲，使得主机仅占传统曳引机 30% 的空间成为可能，这使得更小型的电梯系统容易实现。由于钢带的聚氨酯外层具有比传统的曳引绳更好的牵引力，因此，能更有效地传送动力。同时，因扁平钢带接触面积大，也就减少了驱动轮的磨损。

2. 曳引形式

曳引绳线速度与轿厢运行速度的比值称为曳引绳传动比。曳引轮带动曳引绳所行走的距离，未必与轿厢运动的距离一样。通过在机箱、对重或井道位置加设不同缆轮，改变曳引绳的绕法，便可以改变曳引比。

计算曳引比最简单的方法，就是数出曳引轮和其中一端绳头之间能被曳引轮带动长度伸缩变化的钢缆段数 n，则曳引比就是 n∶1。常见的曳引比为 1∶1 或 2∶1。常见曳引形式如图 2-8 所示。

1∶1 绕缆形式如图 2-8a 所示，曳引绳的一端与轿厢上的绳头板连接，另一端与对重上

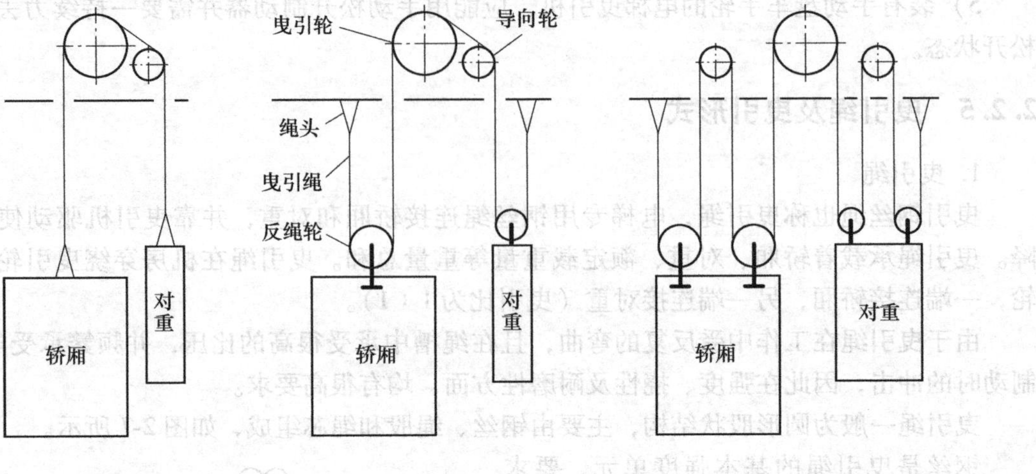

图 2-8　常见曳引形式

的绳头板连接；

2：1 绕缆形式如图 2-8b 所示，曳引绳的两端都必须引到机房，与机房上的固定支架的绳头板连接固定；

4：1 绕缆形式如图 2-8c 所示，曳引绳的两端都必须引到机房，与机房上的固定支架的绳头板连接固定。

货运电梯多使用 2：1 绕缆，这种形式可增加曳引比使负载能力提高，但速度则会减慢，部分更是采用 4：1 甚至 6：1 的绕缆方式；客用电梯短行程的多用 1：1 绕缆，中高行程的电梯，由于多数用无齿轮曳引机，其转速较高，所以也会用 2：1 绕缆；无机房电梯普遍用 2：1 绕缆，而原置于轿厢顶的反绳轮则放到轿厢底，钢缆横过轿厢底，以使轿厢处于最高层，能比曳引电动机高，如图 2-9 所示。

曳引绳在曳引轮上缠绕方式主要有半绕式和全绕式。半绕式传动曳引绳在曳引轮上的最大包角不超过 180°；全绕式传动将曳引绳绕曳引轮和导向轮一周后再引向轿厢和对重，以提高摩擦力。

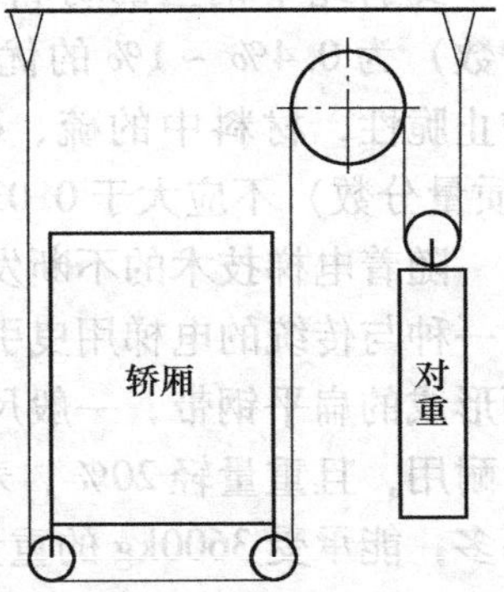

图 2-9　无机房电梯曳引形式

2.3　电梯的轿厢和门系统

2.3.1　轿厢的组成和作用

1. 轿厢结构

曳引电梯的轿厢和对重悬挂于曳引轮两侧。轿厢是运送乘客和货物的承载部件，它是由轿厢架和轿厢体以及若干其他构件和有关的装置构成，结构如图 2-10 所示。

轿厢架是轿厢体的承重构架，由上、下立梁和拉条等组成，框架的材质选用槽钢或按要求压成的钢板，上、下、立梁之间一般采用螺栓连接，可以拆装，以便进入井道组装。在上、下梁的四角有供安装轿厢导靴和安全钳的平板，在上梁中部下方有供安装轿厢顶轮或绳头组合装置的安装板，在立梁上（也称侧立柱）留有安装轿厢开关板的支架。

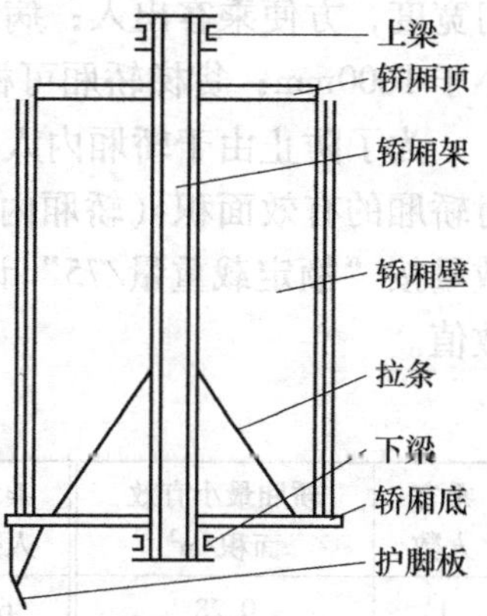

图 2-10　轿厢结构

设置拉条的目的在于增强轿厢架刚度，防止轿厢底负荷偏心导致地板倾斜。载重量小、轿厢较浅的电梯，可以不设拉条；轿厢底面积较大的电梯，就特别需要拉条；一些大轿厢结构还需设双拉条。

轿厢架钢材的强度和构架的结构，要求都很高，牢固性要好，要保证电梯运行过程中，万一产生超速而导致安全钳扎住导轨掣停轿厢，或轿厢下坠与底坑内缓冲器相撞时，不至发生损坏情况。对轿厢架的上梁、下梁还要求在受载时发生的最大挠度应小于其跨度的 1/1000。

轿厢体形态像一个大箱子，轿厢体由轿厢底、轿厢壁、轿厢顶、轿厢门及照明、通风装置、轿厢装饰件和轿内操纵按钮箱等组成。

轿厢底框架采用规定型号及尺寸的槽钢和角钢焊成，在轿厢底框架上面铺设一层钢板或木板，常在其上再粘贴一层塑料地板。在轿厢底的前沿应设有轿厢门地坎及护脚板（挡板），以防人在层站将脚插入轿厢底部造成挤压。

轿厢壁由几块薄钢板拼合而成，内部有特殊形状的纵向筋以增强轿厢壁强度，并在拼合接缝处加装饰嵌条。轿厢内壁板面上通常贴有一层防火塑料板或不锈钢薄板或把轿厢壁填灰磨平后喷漆。轿厢壁间以及轿厢壁与轿厢顶、轿厢底之间一般采用螺钉连接、紧固。当两台以上电梯共设在一个井道时，为了应急的需要，可在轿厢内侧壁上开设安全门。安全门只能向内开启，并装有限位开关，当门开启时，切断电路。

轿厢顶的结构与轿厢壁相似，由于安装、检修和营救的需要，轿厢顶有时需要站人，我国有关技术标准规定，轿厢顶在承受三个携带工具的检修人员（每人以 100kg 计）时，其弯曲挠度应不大于跨度的 1/1000。

轿厢顶上应有一块不小于 0.12m^2 的站人用的净面积，其小边长度至少应为 0.25m。对于轿厢内操作的轿厢，轿厢顶应设置尺寸不小于 0.35m × 0.5m 的安全窗。安全窗应有手动锁紧装置，可向轿厢外打开，打开后，电梯的电气联锁装置就断开控制电路，使轿厢无法开动，以保证安全。同时轿厢顶还应设置排气风扇以及检修开关、急停开关和电源插座，以供检修人员在轿厢顶上工作时使用的需要。轿厢顶靠近对重的一面应设置防护拦杆，其高度不超过轿厢的高度。有的轿厢顶下面装有装饰板（一般货梯没有），在装饰板的上面安装照明装置及风扇。

2. 轿厢尺寸设定

为保证轿厢的功能满足各种使用要求，轿厢的几何尺寸有相应的要求。各类轿厢除杂物梯外内部净高度至少为 2000mm。通常，载货电梯内部净高度为 2000mm。乘客电梯因顶部装饰需要净高度为 2400mm。住宅电梯为满足家具的搬运内部高度一般为 2400mm。轿厢门净高度至少为 2000mm。轿厢的宽深比一般是，客梯轿厢宽度大而深度较小，以利于增加开门宽度，方便乘客出入；病床梯轿厢为满足搬运病床的需要，深度不小于2500mm，宽度不小于1600mm；货梯轿厢可根据运载对象确定不同的宽深度尺寸。

为了防止由于轿厢内人员过多引起超载，GB 7588—2003《电梯制造与安装安全规范》对轿厢的有效面积（轿厢内的实用面积）与额定载重量、乘客人数都做了具体规定。乘客数量按“额定载重量/75”计算，计算结果向下取整到最近的整数或按表2-1取其较小的数值。

表2-1 乘客人数与轿厢最小有效面积

乘客人数	轿厢最小有效面积/m^2	乘客人数	轿厢最小有效面积/m^2	乘客人数	轿厢最小有效面积/m^2	乘客人数	轿厢最小有效面积/m^2
1	0.28	6	1.17	11	1.87	16	2.57
2	0.49	7	1.31	12	2.01	17	2.71
3	0.60	8	1.45	13	2.15	18	2.85
4	0.79	9	1.59	14	2.29	19	2.99
5	0.98	10	1.73	15	2.43	20	3.13

注：超过20位乘客时对超出的每一乘客增加0.115m^2。

额定载重量与轿厢最大有效面积之间的关系见表2-2。

表2-2 额定载重量与轿厢最大有效面积

额定载重量/kg	轿厢最大有效面积/m^2	额定载重量/kg	轿厢最大有效面积/m^2	额定载重量/kg	轿厢最大有效面积/m^2	额定载重量/kg	轿厢最大有效面积/m^2
100①	0.37	525	1.45	900	2.20	1275	2.95
180②	0.53	600	1.60	975	2.35	1350	3.10
225	0.70	630	1.66	1000	2.40	1425	3.25
300	0.90	675	1.75	1059	2.50	1500	3.40
375	1.10	750	1.90	1125	2.55	1600	3.56
400	1.17	800	2.00	1200	2.80	2000	4.20
450	1.30	825	2.05	1250	2.90	2500③	5.00

① 一人电梯的最小值。

② 二人电梯的最小值。

③ 超过2500kg每增加100kg面积增加0.16m^2，中间的载重量其面积由线性插入法确定。

3. 轿厢超载保护装置

乘客从厅门、轿厢门进入到轿厢后，轿厢里的乘客人数（或货物）所达到的载重量如果超过电梯的额定载重量，就可能造成电梯超载后所产生的不安全后果或超载失控，造成电梯超速降落的事故。为防止电梯超载运行，多数电梯在轿厢上设置了超载装置。

当轿厢超过额定载荷时，超载装置能发出警告信号并使轿厢不关门且不能运行。按照超载装置安装的位置，可分为轿厢底称重式（超载装置安在轿厢底部）及轿厢顶称重式（超载装置安在轿厢上梁）等。

一般轿厢底是活动的，轿厢底称重式超载装置也称为活动轿厢式。这种形式的超载装置，采用橡胶块作为称量组件。橡胶块均布在轿底框上，有6~8个，整个轿厢支承在橡胶块上，橡胶块的压缩量能直接反映轿厢的重量，如图 2-11 所示。

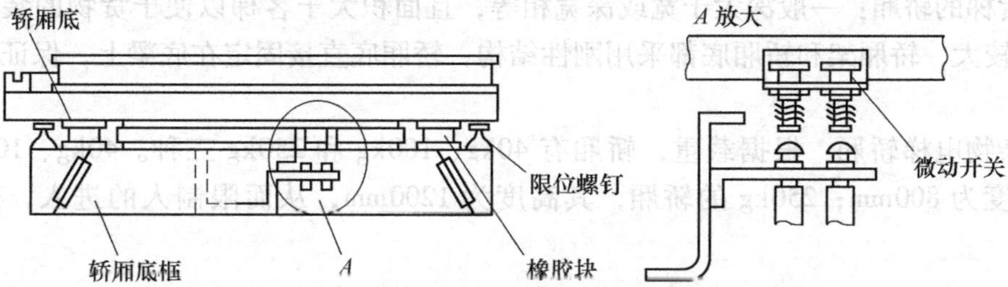

图 2-11　橡胶块式活动轿厢超载装置

在轿厢底框中间装有两个微动开关，一个在 80% 负重时起作用，切断电梯外呼电路，另一个在 110% 负重时起作用，切断电梯控制电路。碰触开关的螺钉直接装在轿厢底上，只要调节螺钉的高度，就可调节对超载量的控制范围。

这种结构的超载装置有结构简单、动作灵敏等优点，橡胶块既是称量组件，又是减振组件，大大简化了轿底结构，调节和维护都比较容易。

轿厢顶称量式超载装置分为机械式、橡胶块式和负重传感器式等几种。

机械式轿厢顶称量式超载装置以压缩弹簧组作为称量组件，负载变化时，机械秤杆会上下摆动，当轿厢负重达到超载控制范围时，秤杆头部碰压微动开关触头，切断电梯控制电路。

橡胶块式轿厢顶称量式超载装置的四个橡胶块装在上梁下面，绳头装置承支在橡胶块上，轿厢负重时，橡胶块会产生形变，从而导致微动开关动作，达到超载控制的目的。橡胶块式称量装置结构简单，灵敏度高，但橡胶易老化变形，当出现较大称量误差时，需要换橡胶块。

机械式和橡胶块式装置，只能设定一个或两个称量限值，不能给出载荷变化的连续信号。为了适应其他的控制要求，特别是计算机应用于群控后，为了使电梯运行达到最佳的调度状态，需对每台电梯的客流量或承载情况作统计分析，然后选择合适的群控调度方式。因此可采用负重式传感器作为称量组件，它可以输出载荷变化的连续信号。

当轿底和轿顶都不能安装超载装置时，可将其移至机房之中。此时电梯的曳引绳绕法应采用 2∶1（曳引比非 1∶1）。由于安装在机房之中，它具有调节、维护方面的优点。

4. 各类电梯轿厢的具体结构及外形差异

1）客梯的轿厢：一般宽深比为 10∶7 或 10∶8，宽大于深以方便人员进出，提高效率。为保证安全，客梯轿厢只设一个门。客梯轿厢分为可乘 8 人、10 人、13 人、16 人和 21 人五种。客梯应有一定的装饰，使乘客有舒适安全感。如轿厢顶装有柔和的照明、通风设备、护手栏、整容镜等，轿厢底铺设橡胶和地毯等。

2）住宅梯轿厢：用于居民住宅，除乘人外，还需装载居民日常生活物资。轿厢不必考究装饰，喷涂油漆或喷塑即可。载客容量分为 5 人、8 人、10 人三种。

3）病床梯轿厢：多载病床和医疗器具，因此轿厢窄而深。轿顶照明采用间接式，以适应病人仰卧的特点。有些轿厢设有穿堂门，方便病床的出入。轿厢的装饰一般化。

4）观光梯的轿厢：多采用菱形或圆形，轿厢壁用强化玻璃做成，轿厢内外装饰豪华。

5）超高速电梯轿厢：多采用流线型轿厢，以减小空气的阻力以及运行时噪声。

6）货梯的轿厢：一般深大于宽或深宽相等，且面积大于客梯以便于货物的装卸。由于货梯承重较大，轿厢架和轿厢底都采用刚性结构，轿厢底直接固定在底梁上，保证载重时不会变形。

7）杂物电梯轿厢：根据载重，轿厢有 40kg、100kg 和 250kg 三种。40kg、100kg 的轿厢，其高度为 800mm；250kg 的轿厢，其高度为 1200mm，从而限制人的进入，确保人身安全。

2.3.2 门系统的组成和作用

1. 电梯门系统组成

电梯门系统主要包括轿厢门（轿门）、厅门（层门）与开门关门等装置及其附属的零部件。厅门和轿厢门是为了防止人员和物品坠入井道或轿内乘客和物品与井道相撞而发生危险，都是电梯的重要安全保护设施。

轿厢门是设置在轿厢入口的门，其设在轿厢靠近厅门的一侧，供司机、乘客和货物的进出，由门扇、门导轨架、门靴和门刀等组成。厅门设在层站入口，由门扇、门导轨架、门靴、门锁装置及应急开锁装置组成。

简易电梯开关门是用手动操作的，称为手动门。一般的电梯都装有自动开门机。自动开门机设在轿厢上，是轿厢门和厅门启闭的动力源。为了将轿厢门的运动传递给厅门，轿厢门上设有系合装置（如门刀）。系合装置通过与厅门门锁的配合，使轿厢门能带动厅门运动。只有轿厢门开启才能带动厅门的开启。所以轿厢门称为主动门，厅门称为被动门。

为保证电梯的安全运行，只有轿厢门、厅门完全关闭后，电梯才能起动运行。为此，在厅门上装设有具有电气联锁功能的自动门锁，在轿厢外只有用钥匙才能打开厅门，门锁上的微动开关控制电梯控制回路的通断，允许电梯起动或者停运。为了防止电梯在关门时将人夹住，在轿门上常设有关门安全装置（防夹保护装置），常见的是装有机械结构和微动开关的安全触板或者是非接触的光电式、电磁感应式或者超声波式等门安全装置。

2. 电梯门形式及结构

为了方便乘客和货物进出厅门和轿厢，电梯门的形式和结构要不仅能进出方便，而且要结构简单、构造科学。电梯门主要有两类，即滑动门和旋转门，目前普遍采用的是滑动门。滑动门按其开门方向又可分为中分式、旁开式和直分式三种。厅门必须和轿厢门是同一类型的。

中分式门也称对开门，门由中间分开。开门时，左右门扇以相同的速度向两侧滑动；关门时，则以相同的速度向中间合拢。常见的中分式门有两扇中分式和四扇中分式，如图 2-12 所示。

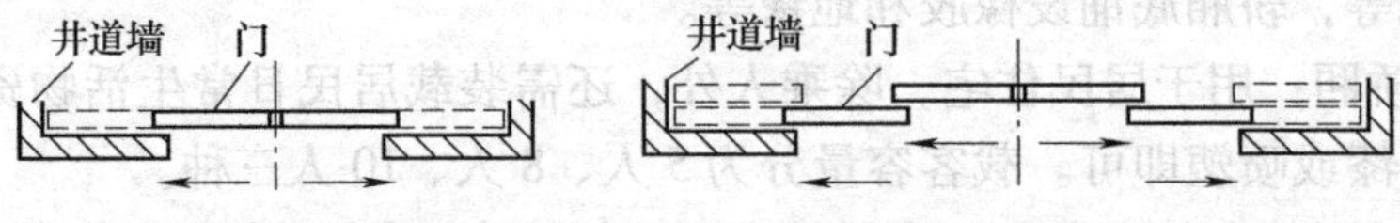

a) 两扇中分式　　b) 四扇中分式

图 2-12　中分式门平面图

中分式门运行效率高，比较美观，但是门口阔度不能尽用。两扇门使用最广泛；四扇门或以上的多为货运、汽车电梯等使用，此时单侧两个门扇的运动方式与两扇旁开式门相同，但门板越多也越易出故障。

旁开式门开关时门扇由一侧向另一侧推开或由一侧向另一侧合拢，各块门扇的移动速度成比例关系。按照门扇的数量，常见的有单扇、双扇和三扇旁开门，如图2-13所示。

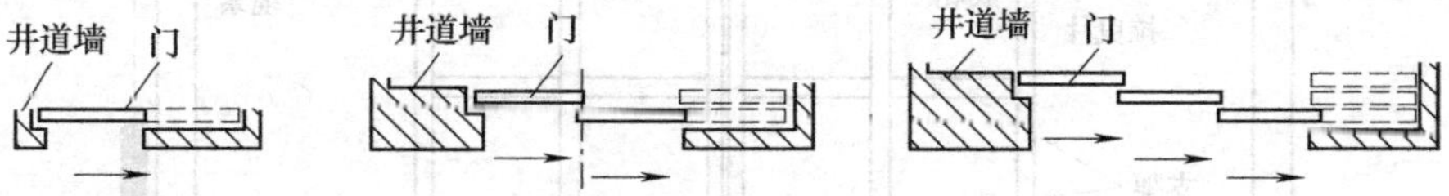

a) 单扇旁开式　b) 两扇旁开式　c) 三扇旁开式

图2-13　旁开式门平面图

旁开式门的机门阔度比对开式门大（除单门机），但是开关门时间较长，而且机门移动速度较快，较易被夹，在货梯上广泛应用。

单扇旁开式门也称为单门机，只出现在少量早期的乘客电梯中，其构造非常简单，缺点是出入口较窄，一般只有轿厢阔度的一半。两扇旁开式门的两块门扇在开门和关门时各自的行程不相同，但运动的时间却必须相同，因此两扇门的速度有快慢之分。速度快的称快门，反之称慢门，所以又称双速门或快慢门。由于门在打开后是折叠在一起的，因而又称双折式门。两扇旁开式门常见于较小的载客及载货升降机。当旁开式门为三扇时，称为三速门和三折式门。

旁开式门按开门方向，又可分为左开式门和右开式门。人站在轿厢内，面向外，门向右开的称右开式门；反之，为左开式门。图2-13所示均为左开式门。

直分式门的门扇由下向上推开，又称闸门式门。直分式门按门扇的数量，可分为单扇、双扇和三扇等。与旁开式门同理，双扇门称双速门，三扇门称三速门，如图2-14所示。

直分式门的门扇不占用井道及轿厢的宽度，能使电梯具有最大的开门宽度，常用在杂物梯和大吨位货梯上。

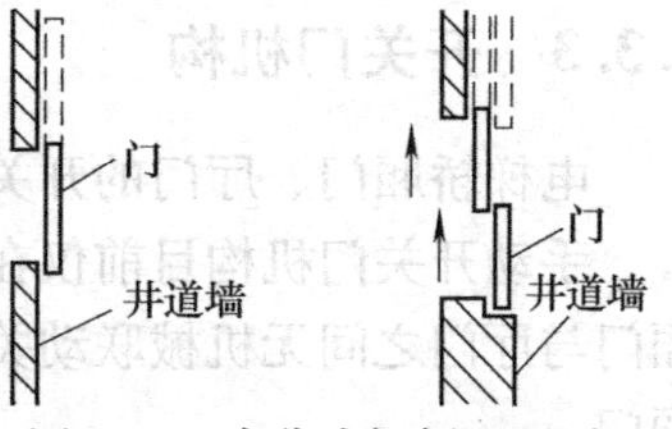

图2-14　直分式门侧立面图

3. 门的结构与组成

电梯的门一般由门扇、门滑轮、门靴、门地坎、门导轨等组成。轿厢门由滑轮悬挂在轿厢门导轨上，下部通过门靴（滑块）与轿厢门地坎配合；厅门由门滑轮悬挂在厅门导轨上，下部通过门滑块与厅门地坎配合。门的结构如图2-15所示。

1）门扇：电梯的门扇有封闭、空格式及非全高式之分。客梯和医用电梯均采用封闭式门扇；空格式门扇只能用于货梯轿厢厢门；非全高式门扇常见于汽车梯和货物不会有倒塌危险的专门用途货梯。用于汽车梯，其高度一般不应低于1.4m；专门用途货梯，一般不应低于1.8m。

2）门导轨：对门扇起导向作用。轿门导轨安装在轿厢顶部前沿，厅门导轨架安装在厅门框架上部。门滑轮安装在门扇上部，把门扇吊在门导轨上。对全封闭式门扇以两个为一组，每个门扇一般装一组；空格式门扇，由于门的伸缩需要，在每个门挡上部均装有一个滑轮。

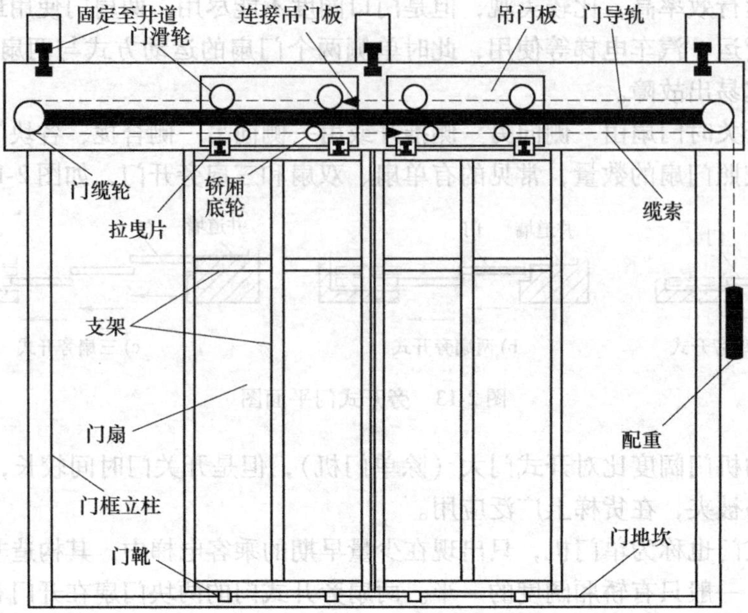

图 2-15 门的结构

3）门地坎和门滑块：门的辅助导向组件，与门导轨和门滑轮配合，使门的上、下两端均受导向和限位。门在运动时，滑块顺着门地坎槽滑动。厅门地坎安装在厅门口的井道牛腿上；轿厢门地坎安装在轿厢门口。门地坎一般用铝型材制成，门滑块一般用尼龙制造，在正常情况，门滑块与门地坎槽的侧面和底部均有间隙。

2.3.3 开关门机构

电梯轿厢门、厅门的开关门操纵有手动与自动两种，开关门机构也分手动和自动两种。

手动开关门机构目前仅在少数的货梯中使用，门的开、闭完全由司机手动进行。由于轿厢门与厅门之间无机械联动关系，因而司机必须先开轿厢门后开厅门，或者先关厅门再关轿厢门。

自动开关门操作方便、效率高，得到了广泛应用，目前生产的电梯大多数采用自动开关门机构（自动开门机）。自动开门机可以使轿厢门（含厅门）自动开启或关闭（厅门的开闭是由轿厢门通过门刀带动的），一般装设在轿厢门的上方及轿厢门的连接处，根据不同的门结构形式，也可位于轿顶厢前沿中部或旁侧。

除了能自动启、闭轿厢门，自动开门机还应具有自动调速的功能，以避免在起端与终端发生冲击。根据使用要求，一般关门的平均速度要低于开门平均速度，这样可以防止关门时将人夹住，而且客梯的门还设有安全触板。GB 7588—2003《电梯制造与安装安全规范》规定，当门的动能超过 10J 时，最快门扇的平均关闭速度要限制在 0.3m/s。

自动开门机采用交流电动机或直流电动机驱动，通过曲柄连杆和摇杆滑块机构等，将电动机旋转运动转换为开、关门的直线运动，带动轿门上拨杆、门刀等动作而完成开、关门。传动方式可以采用齿轮、链式、带式或蜗杆蜗轮传动。

根据门的形式不同，自动开门机有适合于两扇中分式的门、两扇旁分式的门和交栅式的门使用的。以双臂式中分门开门机为例，这种自动开门机以直流电动机为动力，电动机不带减速器，而以两级皮带传动减速，以第二级的大皮带轮作为曲柄轮，如图 2-16 所示。

这种自动开门机可同时驱动左、右门，且以相同的速度，作相反方向的运动。这种自动开门机的开门机构一般为曲柄摇杆和摇杆滑块的组合。当曲柄轮顺时针转动 180°时，左右摇杆同时推动左右门扇，完成一次开门行程。之后，曲柄轮再逆时针转动 180°，就能使左右门扇同时合拢，完成一次关门行程。门电动机采用串电阻调速，用于速度控制的行程开关装在曲柄轮背面的开关架上，一般为 3～5 个，可由安装在曲柄轮转动轴上的凸轮来控制行程开关，也可由安装在门扇上的撞弓来控制行程开关，实现调速功能。改变开关在架上的位置，就能改变运动阶段的行程。

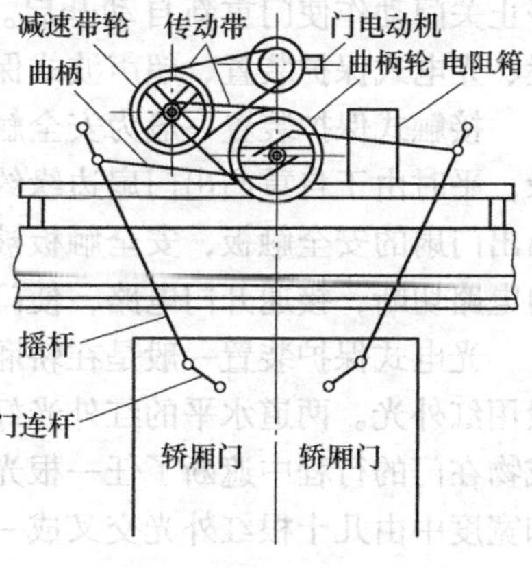

图 2-16　双臂式中分门开门机

新型自动开门机也有采用圆弧同步带或者齿轮、齿条组合的，直接驱动门机，传动效率更高。近些年出现的变频门机，由于采用了变频电动机，同步传动带，不但省掉了复杂的减速和调速装置，使门机结构简单化，而且采用变频调速方式控制自动开门机，可以实现门机平稳动作，噪声小，还减少了能耗。目前，乘客电梯已较多的采用变频门机机构。

2.3.4　门系统安全保护装置

门系统的安全保护装置包括门锁和门入口保护装置，如安全触板等。

门锁一般装在厅门内侧，厅门关闭后由门锁锁住，使人在层站外不用开锁装置无法将厅门打开；同时保证电梯在厅门和轿厢门完全闭合后才能运行。

门锁是机电联锁装置，正常情况下，只要电梯的轿厢没到位（到达本层站），本层站的厅门都是紧紧地关闭着，只有轿厢到位（到达本层站）后，厅门随着轿厢的门打开后才能跟随着打开。厅门上的锁闭装置（门锁）的启闭是由轿厢门通过门刀来带动的。由于厅门是被动的，轿厢门是主动门，因此厅门的开闭是由轿厢门上的门刀插入（夹住）厅门锁滚轮使锁臂脱钩后，跟着轿厢门一起运动的。

门锁常分为手动开关门的拉杆门锁和自动开关门的自动门锁（钩子锁）。因为钩子锁只装在厅门上，所以又称为厅门锁。自动门锁有多种结构，常用的有门刀式自动门锁（与门刀配合使用）和压板式自动门锁（与压板机构配合使用）。

为了在必要时（如救援）能从层站外打开厅门，标准规定每个层站的厅门均应设人工紧急开锁装置。工作人员可用三角形的专用钥匙从厅门上部的锁孔中插入，通过门后的装置将门锁打开。在无开锁动作时，开锁装置应自动复位，不能仍保持开锁状态。

当轿厢不在层站时，厅门无论什么原因开启时，必须有强迫关门装置使该厅门自动关闭。常见的强迫关门装置可以利用重锤的重力，通过钢丝绳、滑轮将门关闭，也有利用弹簧来实施关门的。

为了尽量减少在关门过程中发生人和物被撞击或夹住的事故，对门的运动提出了保护性的要求。首先门扇朝向乘员的一面要光滑，不得有可能钩挂人员和衣服的大于 3mm 的凹凸。

同时阻止关门的力（实际上也就是关门的力）不大于150N，以免对被夹持的人造成伤害。还应设置一种保护装置，当乘客在门的关闭过程中被门撞击或可能会被撞击时，保护装置将停止关门动作使门重新自动开启。保护装置一般安装在轿厢门上，常见的有接触式保护装置、光电式保护装置、超声波式保护装置和感应式保护装置。

接触式保护装置一般为安全触板。两块铝制的触板由控制杆连接，悬挂在轿厢门开口边缘，平时由于自重凸出门扇边缘约30mm，关门时还未完全进入轿厢的人和物必然会先碰到凸出门扇的安全触板，安全触板被推入门扇，控制杆便会转动，控制杆触动微动开关，将关门电路切断，接通开门电路，使门重新开启。

光电式保护装置一般是在轿厢门边上设两组水平的光电装置，为防止可见光的干扰，一般用红外光。两道水平的红外光好似在整个开门宽度上设了两排看不见的“栏杆”，当有人或物在门的行程中遮断了任一根光线都会使门重开。还有的光电保护装置是在开门整个高度和宽度中由几十根红外光交叉成一个红外光幕，就像一个无形的门帘，遮断其中的一部分，门就会重新开启。

超声波式保护装置一般安装在门的上方。门正在关闭时，若超声波监控装置检测到厅门前有乘客欲进轿厢，则门重新打开，待乘客进入轿厢后，门再关闭。

感应式保护装置是借助磁感应的原理，在保护区域设置三组电磁场。当三组磁场相同时，表明门区内无障碍物，门将正常关闭；当人和物进入保护区造成电磁场的变化，三组磁场不相同时，表明门区内有障碍物，探测器断开关门电路。

另外，为保证电梯的安全运行，厅门和轿厢门与周边结构如门框、上门楣等的缝隙只要不妨碍门的运动应尽量小。标准要求：客梯门的周边缝隙不大于6mm，货梯不大于8mm；在中分门厅门下部用人力向两边拉开门扇时，其缝隙不得大于30mm；从安全角度考虑电梯轿厢门地坎与厅门地坎的距离不得大于35mm；轿厢门地坎与所对的井道壁的距离不得大于150mm。

电梯的门刀与门锁轮的位置要调整精确，在电梯运行中，门刀经过门锁轮时，门刀与门锁轮两侧的距离要均等；通过层站时，门刀与厅门地坎的距离和门锁轮与轿厢门地坎的距离均应为5~10mm。距离太小容易碰擦地坎，太大则会影响门刀在门锁轮上的啮合深度，一般门刀在工作时应与门锁轮在全部厚度上接触。

当电梯在开锁区内切断门电机电源或停电时，应能从轿厢内部用手将门拉开，开门力应不大于300N，但应大于50N。要能从轿厢内将门拉开，要求开门机构在关门状态时曲柄（见图2-16）不能在“死点”。而要求开门力大于50N是为了防止电梯运行过程中门自动开启，一般采用运行中不切断门电动机励磁电流或门机上设平衡锤等方法防止门在电梯运行中关不严或自动开启。

电梯开门后若没有运行指令，电梯门应在一段必要的时间后自动关闭，不应该出现电梯开着门在层站等待的现象。

厅门外的候梯部位应有不低于50lux的照明，在厅门开启时应能看清厅门内的情况。

2.4 电梯的重量平衡与导向系统

重量平衡系统是使对重与轿厢达到相对平衡，在电梯工作中使轿厢与对重间的重量差保持在某一个限额之内，保证电梯的曳引传动平稳、正常。导向系统限制轿厢和对重的活动自由度，使轿厢和对重只沿着各自的导轨作升降运动，使两者在运行中平稳，不会偏摆。轿厢和对重通过曳引钢丝绳分别挂在曳引机的两侧，两边形成平衡体，起到相对重量平衡的作用。重量平衡系统由对重和平衡补偿装置两部分构成，如图 2-17 所示。导向系统的主体构件是导轨和导靴。

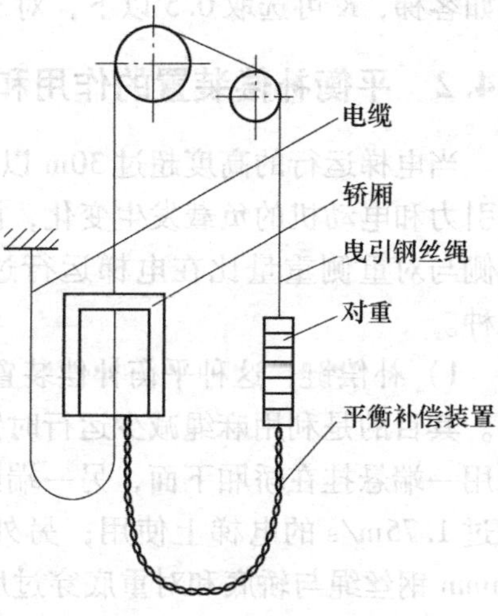

图 2-17　重量平衡系统构成

2.4.1　对重的组成和作用

对重起到平衡轿厢重量及载重的作用，它与轿厢相对悬挂在曳引绳的另一端，可以平衡（相对平衡）轿厢的重量和部分电梯负载重量，减少电动机功率的损耗。当电梯负载与对重十分匹配时，还可以减小曳引钢丝绳与绳轮之间的曳引力，延长曳引钢丝绳的寿命。

由于曳引式电梯有对重，因此轿厢或对重撞在缓冲器上后，电梯将失去曳引条件，可避免冲顶事故的发生。同时，由于曳引式电梯设置了对重，使电梯的提升不像强制式拖动电梯那样受到卷筒的限制，因而提升高度也大大提高。

对重一般分为无对重轮式（曳引比为 1∶1 的电梯）和有对重轮（反绳轮）式（曳引比为 2∶1 的电梯）两种。不论是有对重轮式还是无对重轮式的对重装置，其结构组成是基本相同的。对重一般由对重架、对重块、导靴、缓冲器撞块，以及与轿厢相连的曳引钢丝绳和对重反绳轮（指 2∶1 曳引比的电梯）组成，如图 2-18 所示。

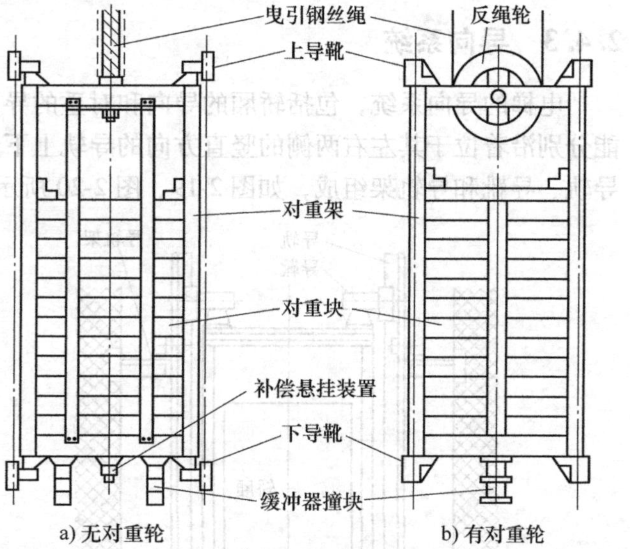

图 2-18　对重的组成

图 2-18 中，对重架是用槽钢制成，其高度一般不宜超出轿厢高度，对重块由铸铁制作或钢筋混凝土填充，每个对重块不宜超过 60kg，且应易于装卸；对重块安放在对重架上后，要用压板压紧，以防运行中移位和运行中振动产生声响。对重架也可以制成双栏，以减小对重块的尺寸，如图 2-18b 所示。对重两侧装有导靴，电梯运行中对重在导轨上滑动。对重的重量值与电梯轿厢本身的净重和轿厢的额定载重量有关，通常以下面基本公式计算：

$$W = G + KQ$$

式中，W 为对重的总重量（kg）；G 为轿厢自重（kg）；Q 为轿厢额定载重量（kg）；K 为电梯平衡系数，为 0.45～0.55。

平衡系数选值原则是尽量使电梯接近最佳工作状态，即对重侧和轿厢侧平衡，此时电梯只需克服各部分摩擦力就能运行，且电梯运行平稳，平层准确度高。对于经常处于轻载的电梯如客梯，K 可选取 0.5 以下，对于经常处于重载的电梯如货梯，K 可取 0.5 以上。

2.4.2 平衡补偿装置的作用和补偿方法

当电梯运行的高度超过 30m 以上时，由于曳引钢丝绳和电缆的自重，会使得曳引轮的曳引力和电动机的负载发生变化，因此，需加装平衡补偿装置弥补重量的不平衡，以保证轿厢侧与对重侧重量比在电梯运行过程中不变。平衡补偿装置有补偿链、补偿绳和补偿缆几种。

1）补偿链：这种平衡补偿装置以铁链为主体，链环一个扣一个，并用麻绳穿在铁链环中。其目的是利用麻绳减少运行时铁链相互碰撞引起的噪声。补偿链与电梯设备连接，通常采用一端悬挂在轿厢下面，另一端则挂在对重装置的下部。补偿链结构简单，但不适于梯速超过 1.75m/s 的电梯上使用；另外，为防止铁链掉落，应在铁链两个终端分别穿套一根 ϕ6mm 钢丝绳与轿底和对重底穿过后紧固，这样也能减少运行时铁链互相碰撞引起的噪声。

2）补偿绳：这种平衡补偿装置以钢丝绳为主体，补偿绳是把数根钢丝绳经过钢丝绳卡钳和挂绳架，一端悬挂在轿厢底梁上，另一端悬挂在对重架上。采用补偿绳的电梯运行稳定、噪声小，故常用在额定速度超过 1.75m/s 的电梯上；缺点是装置比较复杂，除了补偿绳外，还需张紧装置等附件。电梯运行时，张紧轮能沿导轮上下自由移动，并能张紧补偿绳。正常运行时，张紧轮处于垂直浮动状态，本身可以转动。

3）补偿缆：补偿缆是最近几年发展起来的新型的、高密度的平衡补偿装置。补偿缆中间有低碳钢制成的环链，中间填塞物为金属颗粒以及聚乙烯与氯化物混合物，形成圆形保护层，链套采用具有防火、防氧化的聚乙烯护套。这种补偿缆质量密度高，可达 6kg/m，最大悬挂长度可达 200m，运行噪声小，可适用于各种中、高速电梯。

2.4.3 导向系统

电梯的导向系统，包括轿厢的导向和对重的导向两部分。有了导向系统，轿厢和对重只能分别沿着位于其左右两侧的竖直方向的导轨上下运行。不论是轿厢导向和对重导向，均由导轨、导靴和导轨架组成，如图 2-19、图 2-20 所示。

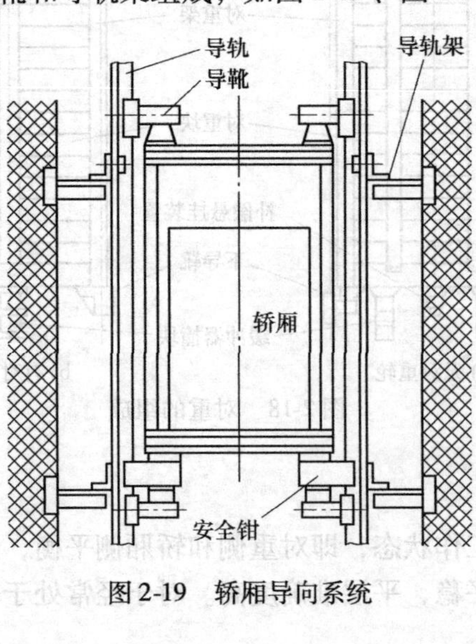

图 2-19 轿厢导向系统

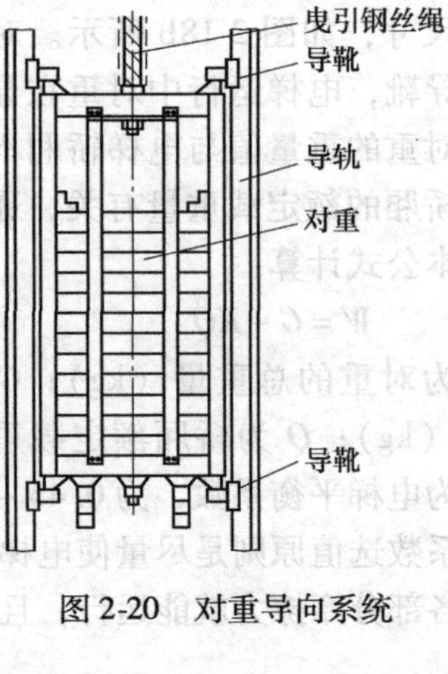

图 2-20 对重导向系统

1. 导轨

导轨对电梯的升降起导向作用，限制轿厢和对重的水平位移，还要承受轿厢的偏重力、制动的冲击力、安全钳紧急制动时的冲击力等。

一般钢导轨常采用机械加工方式或冷轧加工方式制作。常见的导轨横截面形状如图 2-21 所示。

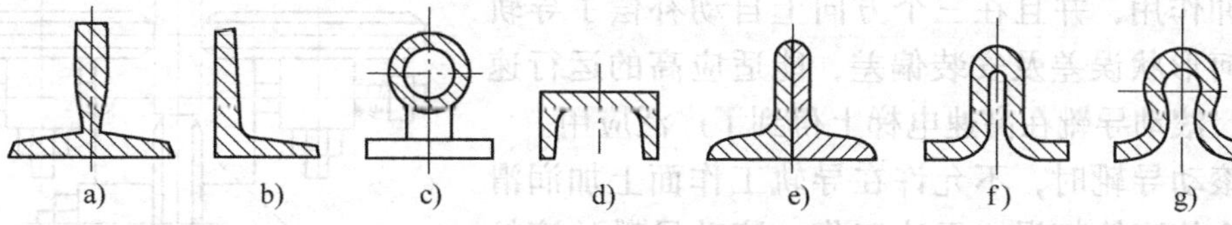

图 2-21 常见的导轨横截面形状

电梯中大量使用图 2-21a 所示的 T 形导轨，但对于货梯对重导轨和速度为 1m/s 以下的客梯对重导轨，一般多采用图 2-21b 所示的 L 形导轨。图 2-21c、d、e 所示导轨常用于速度低于 0.63m/s 的电梯，导轨表面一般不作机械加工。图 2-21f、g 所示为一次冷轧成形的导轨。

由于一根导轨的长度一般为 3～5m，架设在井道空间的导轨是从下而上，因此必须把两根导轨的端部加工成凹凸形插槽，互相对接好，并在底部用连接板将两根导轨固定在导轨架上。连接板长约 250mm，宽与导轨相适应，厚 10mm 以上。每根导轨端头至少需要四个螺栓与连接板固定。

2. 导靴

导靴的作用是，凹形槽（靴头）与导轨的凸形工作面配合，使轿厢和对重装置沿着导轨上下运动，防止轿厢和对重运行过程中偏斜或摆动。导靴可分轿厢导靴和对重导靴两种。轿厢导靴安装在轿厢上梁和轿厢底部安全钳座（嘴）的下面，共四个。对重导靴安装在对重架的上部和底部，共四个。

按照在导轨工作面上的运动方式，导靴也可以分为固定滑动导靴、弹性滑动导靴和滚动导靴三种：

1）固定滑动导靴：靴头是固死的，没有调节的机构，导靴与导轨的配合存在一定的间隙。由于随着运行时间的增长，其间隙会越来越大，这样轿厢在运行中就会产生一定的晃动，甚至会出现冲击，因此固定式导靴只用于额定速度低于 1m/s 的电梯。

2）弹性滑动导靴：由靴座、靴头、靴衬、靴轴、压缩弹簧或橡胶弹簧、调节套或调节螺母组成。弹性滑动导靴与固定滑动导靴的不同之处就在于靴头是浮动的，在弹簧力的作用下，靴衬的底部始终压贴在导轨端面上，因此能使轿厢保持较稳定的水平位置，同时在运行中具有吸收振动与冲击的作用，可用于额定速度低于 1～2m/s 的电梯。

固定滑动导靴和弹性滑动导靴的靴衬无论是铁的、钢的或尼龙的，在电梯运行过程中，靴衬与导轨之间总有摩擦力存在。这个摩擦力不但增加曳引机的负荷，而且会引起轿厢运行时的振动和噪声。

为了减少导靴与导轨之间的摩擦力，节省能量，提高乘坐舒适感，在运行速度大于 2m/s的高速电梯中，常采用滚轮导靴取代弹性滑动导靴。

3）滚动导靴：由滚轮、弹簧、靴座、摇臂等组成。滚动导靴以三个滚轮代替了滑动导靴的三个工作面，这三个滚轮在弹簧的作用下，压贴在导轨三个工作面上，电梯运行时，滚轮在导轨面上作滚动，如图 2-22 所示。

滚动导靴以滚动摩擦代替了滑动摩擦，大大减少了摩擦损耗，节省了能量；同时还在导轨的三个工作面方向都实现了弹性支承，从而在纵向和横向都具有良好的缓冲作用，并且在三个方向上自动补偿了导轨的各种几何形状误差及安装偏差，能适应高的运行速度。因此，滚动导靴在高速电梯上得到了广泛应用。

使用滚动导靴时，不允许在导轨工作面上加润滑油，否则会使滚轮打滑，无法工作。滚动导靴的滚轮常用硬质橡胶制成。

对于重载高速电梯，为了提高导靴的承载能力，有时也采用六个滚轮的滚动导靴。滚动导靴可以在干燥的不加润滑的导轨上作，因此不存在油污染，减少了火灾的危险。

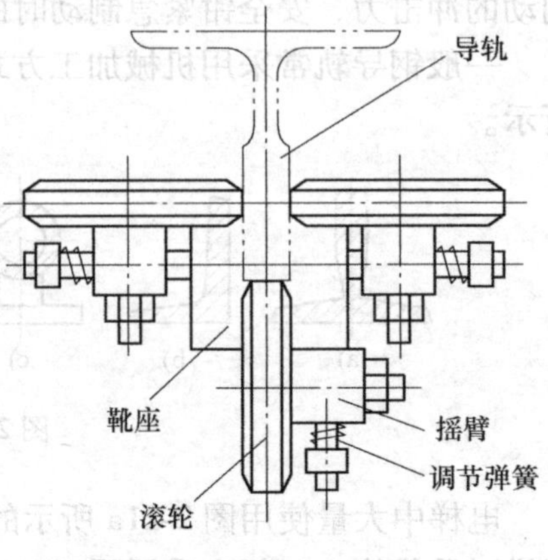

图 2-22　滚动导靴

3. 导轨架

导轨架作为导轨的支承件，被安装在井道壁上。它固定了导轨的空间位置，并承受来自导轨的各种作用力。导轨架有各种形状，常见的有山形导轨架（轿厢导轨架）、L 形导轨架（对重导轨架）、框形导轨架（轿厢、对重导轨共享架）等三种，如图 2-23 所示。

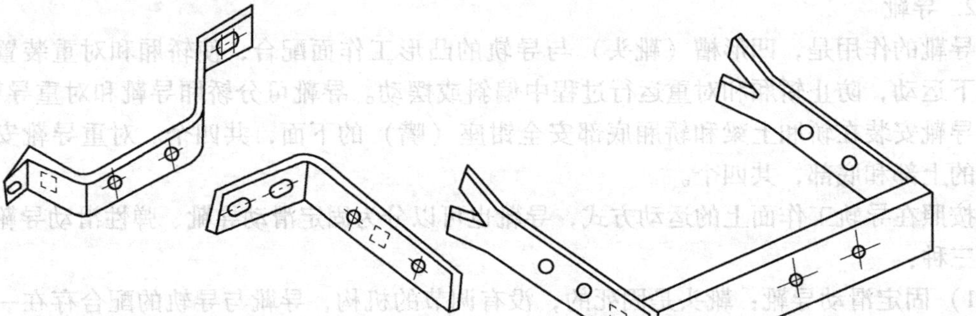

a)山形导轨架　　b) L形导轨架　　c) 框形导轨架

图 2-23　导轨架的种类

2.5　电梯的安全保护系统

2.5.1　电梯的不安全状态

每台电梯都有一整套安全保护系统，当其安全保护系统任何一个环节出现故障或失灵时，电梯就处于不安全状态，如得不到及时有效的维护保养，随时都可能出现事故或故障。

常见的电梯不安全状态的种类、现象有以下几个方面。

1. 超速状态

电梯向上或向下运行速度超过额定速度的 115%，包括：

1）电梯轿厢空载或轻载向上运行时在途中紧急停驶。

2）电梯轿厢以额定载质量向下运行时在途中紧急制动。

2. 越层、冲顶、撞底状态

电梯运行超越应停层站的正常位置而继续运行，包括：

1）越层状态：电梯在中间层站上下运行时，出现超越应停层站正常位置而继续运行，并在非要求停层位置停止。

2）冲顶状态：电梯向上运行至端站，超越正常停站位置而继续运行直至极限开关动作，强迫失电而停驶，或者当对重碰撞缓冲器后停驶。

3）撞底状态：电梯向下运行至底站，超越正常停站位置直至强迫极限开关动作失电使电梯停驶或者当轿厢碰撞缓冲器后停驶。

3. 失控状态

电梯在运行中，正常的制动手段和安全保护系统失灵，已无法使电梯停止运行，包括：

1）曳引钢丝绳严重打滑或曳引轮轮槽落底，使轿厢停站后仍滑行一段距离，或曳引钢丝绳断裂，使轿厢失控坠落。

2）限速器钢丝绳断裂或限速装置失灵，使电梯无法立即停止，如限速器限位开关失灵、张紧轮断绳开关失灵、安全钳楔块或传动杠杆失灵或安全钳限位开关失灵等。

3）制动器制动失灵，使电梯无法可靠平层停站。

4）轿厢超载 110% 以上时，向下运行使轿厢撞底。

4. 带故障状态

电梯有关的部件带故障运行，包括：

1）电梯门故障状态：常见有开门故障、关门故障、厅门关闭后轿厢运行时突然失电停驶等故障，使电梯不能正常运行。

2）轿厢故障状态：人站于轿厢内，发觉有严重的连续不断的机械性振动，有不安全感和晃动感觉。

3）电梯不正常的停止运行：电梯因主电路、控制电路、安全装置的故障等使电梯在运行中突然停车。

5. 其他不安全状态

1）超载运行。

2）在厅、轿厢门未关闭状态下运行。

3）在限速器失灵状态下运行。

4）在选层器失灵状态下运行。

5）在电动机错相、断相状态下运行。

6）在带病状态下运行。

2.5.2　电气安全保护装置

电气安全保护装置包括曳引电动机的过载保护、电梯控制系统中的短路保护、供电系统错相和断（缺）相保护、主电路方向接触器联锁装置和电气设备的接地保护等。

1. 曳引电动机的过载保护

电梯使用的电动机容量一般比较大，从几千瓦至十几千瓦。为了防止电动机过载后被烧毁而设置了热继电器过载保护装置。电梯电路中常采用的 JRO 系列热继电器是一种双金属片热继电器。两只热继电器热组件分别接在曳引电动机快速和慢速的主电路中，当电动机过载超过一定时间，即电动机的电流大于额定电流时，热继电器中的双金属片经过一定时间后变形，从而断开串接在安全保护回路中的触点，保护电动机不因长期过载而烧毁。

也有将热敏电阻埋藏在电动机的绕组中，即当过载发热引起阻值变化时，经放大器放大使微型继电器吸合，断开其接在安全回路中的触点，从而切断控制电路，强制电梯停止运行。

2. 电梯控制系统中的短路保护

一般短路保护是用空气断路器或不同容量的熔断器来进行。熔断器是利用低熔点、高电阻金属不能承受过大电流的特点，使它熔断，就切断了电源，从而对电气设备起到保护作用。极限开关的熔断器为 RCIA 型插入式，熔体为软铅丝，片状或棍状。电梯电路中还采用了 RLI 系列螺旋式熔断器和 RLS 系列螺旋式快速熔断器，用以保护半导体整流组件。

3. 供电系统错相和断（缺）相保护

当供电系统因某种原因造成三相动力线的相序与原相序有所不同，有可能使电梯原定的运行方向变为相反的方向，它给电梯运行造成极大的危险性。同时为了防止电动机在电源断相下不正常运转而导致烧损。

电梯电气线路中采用相序继电器，当线路错相或断相时，相序继电器切断控制电路，使电梯不能运行。

如果电梯的主拖动系统采用了晶闸管直接供电的直流曳引电动机，或者采用大功率器件 IGBT 为主体的交-直-交变频调速系统，则电梯系统的工作是与电源的相序无关的。

4. 主电路方向接触器联锁装置

交流双速及交流调速电梯运行方向的改变是通过主电路中的两只方向接触器改变供电相序来实现的。如果两只接触器同时吸合，则会造成电气线路的短路。为防止短路故障，在方向接触器上设置了电气联锁，即上方向接触器的控制电路是受下方向接触器的辅助常闭触点控制的，而下方向接触器的控制电路也受到上方向接触器辅助常闭触点的控制，只有下方向接触器处于失电状态时，上方向接触器才能吸合，而下方向接触器的吸合必须是上方向接触器处于失电状态，这样上下方向接触器就形成了电气联锁。

为防止上下方向接触器电气联锁失灵，造成短路事故，在上下方向接触器之间，还设有机械互锁装置。当上方向接触器吸合时，由于机械作用，限制住下方向接触器的机械部分不能动作，使接触器触点不能闭合。当下方向接触器吸合时，上方向接触器的触点也不能闭合，从而达到机械联锁的目的。

5. 电气设备的接地保护

我国供电系统过去一般采用中性点直接接地的三相四线制，从安全防护方面考虑，电梯的电气设备应采用接零保护。在中性点接地系统中，当一相接地时，接地电流会成为很大的单相短路电流，保护设备能准确而迅速的动作切断电流，保障人身和设备安全。

6. 触电保护

绝缘是防止发生直接触电和电气短路的基本措施。在电源中性点直接接地的供电系统中，防止间接触电最常用的防护措施是将故障时可能带电的电气设备外露可导电部分与供电变压器的中性点进行电气连接。

同时，接地线还要在规定的地点采取重复接地。重复接地是将接地线的一点或多点通过接地体与大地再次连接。目前，在电梯安全供电现实情况中还存在一些问题，例如，有的引入电源为三相四线，到电梯机房后，将中性线与保护接地线混合使用；有的用敷设的金属管外皮作中性线使用，这是很危险的，容易造成触电或损害电气设备。正确的方法是，采用三相五线制的 TN-S 系统，直接将保护接地线引入机房，如图 2-24a 所示，如果采用三相四线制供电的接零保护 TN-C-S 系统，严禁电梯电气设备单独接地；电源进入机房后保护接地线与中性线应始终分开，该分离点（A 点）的接地电阻值不应大于 4Ω，如图 2-24b 所示。

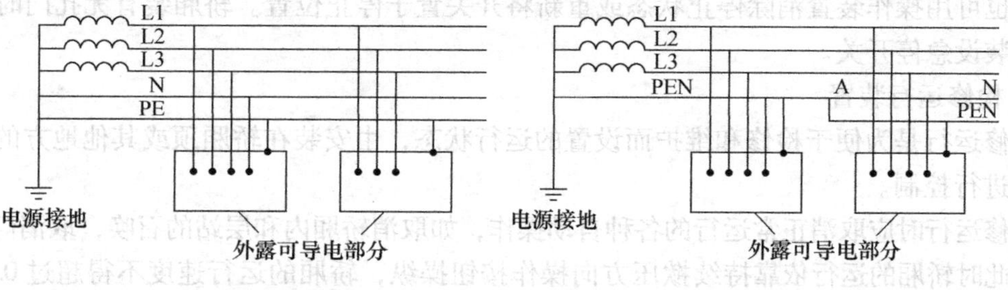

a) TN-S系统　b) TN-C-S系统

图 2-24　供电系统接地形式

图 2-24 中，L1、L2、L3 为电源相序，N 为中性线，PE 为保护接地线，PEN 为保护中性线（接地线与中性线共享）。

电梯电气设备如电动机、控制柜、接线盒、布线管、布线槽等外露的金属件与可导电部分，均应进行保护接地。

保护接地线应采用截面积不小于 $4mm^2$ 有绝缘层的铜线。线槽或金属管相互应连成一体并接地，连接可采用金属焊接，在跨接管路线槽时可用直径 ϕ4mm ~ ϕ6mm 的铁丝或钢筋，用金属焊接方式焊牢。接地线连接方法如图 2-25 所示。

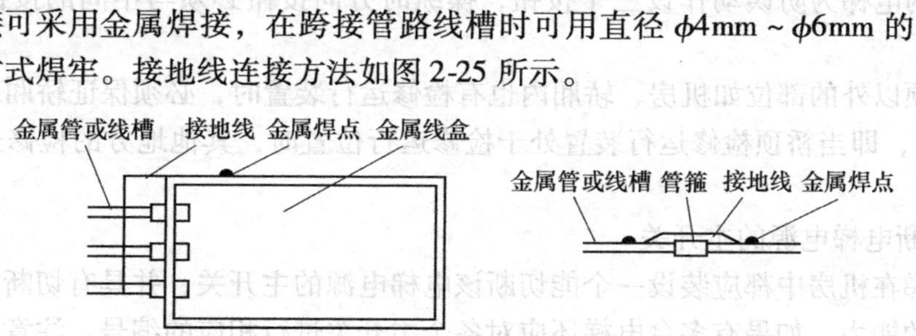

图 2-25　保护接地线连接方法

当使用螺栓压接保护接地线时，应使用 ϕ8mm 螺栓，并加平垫圈和弹簧垫圈压紧。保护接地线应为黄绿双色。当采用随行电缆芯线作保护接地线时不得少于 2 根。

在电梯采用的三相四线制供电线路的中性线上不准装设熔丝，以防人身和设备的安全受到损害。对于各种用电设备的接地电阻应不大于 4Ω。电梯生产厂商有特殊抗干扰要求的，应按照厂商要求安装。对接地电阻应定期检测，动力电路和安全装置电路接地电阻应不少于0.5MΩ，照明、信号等其他电路应不小于0.25MΩ。

7. 电梯急停开关

急停开关是串接在电梯控制电路中的一种不能自动复位的手动开关，当遇到紧急情况或检修电梯时，为防止电梯的起动、运行，应将急停开关关闭，切断控制电源以保证安全。

急停开关分别设置在轿厢顶操纵盒上、底坑内和机房控制柜壁上及滑轮间。急停开关应有明显的标志，按钮应为红色，旁边标以“通”、“断”或“停止”、“运行”字样，扳动开关，向上为接通，向下为断开。

轿厢顶的急停开关应面向轿厢门，离轿厢门距离不大于1m。底坑的急停开关应安装在进入底坑可立即触及的地方。当底坑较深时可以在下底坑梯子旁和底坑下部各设一个串联的停止开关，最好是能联动操作的开关。在开始下底坑时即可将上部开关置于停止的位置，到底坑后也可用操作装置消除停止状态或重新将开关置于停止位置。轿厢装有无孔门时，轿厢内严禁装设急停开关。

8. 检修运行装置

检修运行是为便于检修和维护而设置的运行状态，由安装在轿厢顶或其他地方的检修运行装置进行控制。

检修运行时应取消正常运行的各种自动操作，如取消轿厢内和层站的召唤，取消门的自动操作。此时轿厢的运行依靠持续揿压方向操作按钮操纵，轿厢的运行速度不得超过0.63m/s，门的开关也由持续揿压开关门按钮控制。检修运行时所有的安全装置如限位和极限、门的电气安全触点和其他的电气安全开关及限速器、安全钳均有效，因此是不能开着门走梯的。

检修运行装置包括运行状态转换开关、操纵运行的方向按钮和停止开关。该装置也可以与能防止误动作的特殊开关一起从轿厢顶控制门机构的动作。

检修运行状态转换开关应是不能自动复位的手动开关，开关的检修和正常运行位置应有标示，若用刀开关或拨杆开关则向下应是检修运行状态。轿厢内的检修运行状态转换开关应用钥匙动作，或设在有锁的控制盒中。检修操纵运行的方向按钮应有防误动作的保护，并标明方向。有的电梯为防误动作设三个按钮，操纵时方向按钮必须与中间的按钮同时按下才有效。

当轿厢顶以外的部位如机房、轿厢内也有检修运行装置时，必须保证轿厢顶的检修运行装置“优先”，即当轿顶检修运行装置处于检修运行位置时，其他地方的检修运行装置全部失效。

9. 可切断电梯电源的主开关

每台电梯在机房中都应装设一个能切断该电梯电源的主开关，并具有切断电梯正常行驶的最大电流的能力，如果有多台电梯还应对各个主开关进行相应的编号。注意，主开关切断电源时不包括轿厢内、轿厢顶、机房和井道的照明、通风以及必须设置的电源插座等的供电电路。

2.5.3 机械安全保护装置

1. 终端超越保护装置

为防止电梯由于控制方面的故障，轿厢超越顶层或底层端站继续运行，必须设置终端超越保护装置以防止发生严重的后果和结构损坏。

终端超越保护装置是一组防止电梯超越下端站或上端站的行程开关，能在轿厢或对重撞底、冲顶之前，通过轿厢打板直接触碰这些开关来切断控制电路或总电源，在电磁制动器的制动抱闸作用下，迫使电梯停止运行。这些开关由设在井道内上下端站附近的强迫换速开关、限位开关和极限开关组成，其开关或碰轮都安装在固定于导轨的支架上，由安装在轿厢上的打板（撞杆）触动而动作。终端超越保护装置如图 2-26 所示。

图 2-26 中，强迫换速开关是防止电梯终端超越的第一道保护，一般设在端站正常换速开关之后。它由上、下两个开关组成，装在井道的顶部和底部。当开关撞动时，轿厢立即强制转为低速运行。在速度比较高的电梯中，可设几个强迫换速开关，分别用于短行程和长行程的强迫换速。

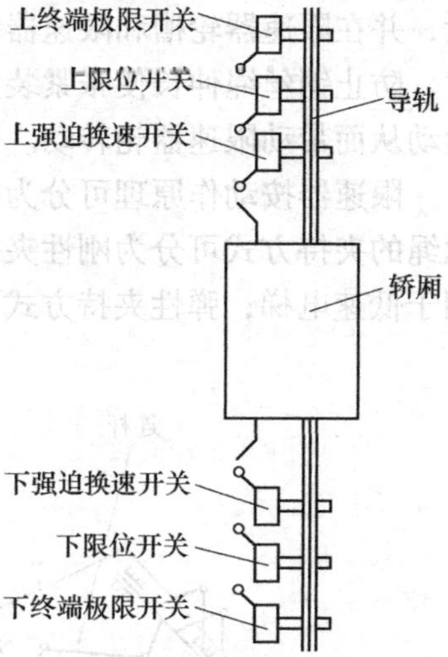

图 2-26　终端超越保护装置

限位开关是防止电梯终端超越的第二道保护，当轿厢在端站没有停层而触动限位开关时，立即切断方向控制电路使电梯停止运行。此时仅仅是防止向危险方向运行，电梯仍能向安全方向运行。

终端极限开关是防止电梯终端超越的第三道保护，当终端极限开关动作后电梯仍不能停止运行时，则触动终端极限开关切断电梯总电源，使驱动主机迅速停止运转，但保留照明电源。对于交流调压调速电梯和变频调速电梯，终端极限开关动作后，应能使驱动主机迅速停止运转，对单速或双速电梯，应切断主电路或主接触器线圈电路。终端极限开关动作应能防止电梯在两个方向的运行，且电梯不能自动恢复运行。

终端极限开关安装的位置应尽量接近端站，但必须确保与限位开关不联动，而且必须在对重（或轿厢）接触缓冲之前动作，并在缓冲器被压缩期间保持终端极限开关的保护作用。

限位开关和终端极限开关必须符合电气安全触点要求，不能使用普通的行程开关和磁开关以及干簧管开关等传感装置。

终端超越保护装置的开关都是由安装在轿厢上的打板（撞杆）触动的，打板必须保证有足够的长度，在轿厢整个越程的范围内都能压住开关，而且开关的控制电路要保证开关被压住（断开）时，电路始终不能接通。

终端超越保护装置只能防止在运行中控制故障造成的越程，若是由于曳引钢丝绳打滑、制动器失效或制动力不足造成轿厢越程，上述保护装置是无能为力的。

2. 限速器和安全钳

限速器和安全钳是防止电梯超速和失控的保护装置。当电梯在运行中无论何种原因使轿厢发生超速、甚至坠落的危险状况而所有其他安全保护装置均未起作用时，则依靠限速器、安全钳（轿厢在运行途中起作用）和缓冲器的作用使轿厢停住而不至使乘客和设备受到伤害。

限速器是速度反应和操作安全钳的装置，是当轿厢运行速度达到限定值时（一般为额定速度的115%以上），能发出电信号并产生机械动作，以引起安全钳工作的安全装置。所以，限速器应在电梯超速并在超速达到临界值时起检测及操纵的作用。安全钳是由于限速器的作用而引起动作，并迫使轿厢或对重制停在导轨上，同时切断电梯和动力电源的安全装置。

(1) 限速器 限速器通常安装在电梯机房或隔音层的地面，它的平面位置一般在轿厢的左后角或右前角处。限速器装置由限速器、钢丝绳和张紧装置组成。限速器钢丝绳的张紧轮安装在井道底坑，限速器钢丝绳绕经限速器轮和张紧轮形成一全封闭的环路，其两端通过绳头连接架安装在轿厢架上操纵安全钳的杠杆系统。张紧轮的重量使限速器钢丝绳保持张紧，并在限速器轮槽和限速器钢丝绳之间形成摩擦力。张紧装置底部距离底坑应有适当的高度，防止钢丝绳伸长使张紧装置碰到地面而失效。轿厢上、下运行同步地带动限速器钢丝绳运动从而带动限速器轮转动。电梯限速器与安全钳联动原理如图 2-27 所示。

限速器按动作原理可分为摆锤式和离心式两种。离心式限速器较为常用。按对限速器钢丝绳的夹持方式可分为刚性夹持型、弹性夹持型。刚性夹持方式对钢丝绳的损伤较大，只适用于低速电梯；弹性夹持方式更为常用。弹性夹持离心甩块式电梯限速器如图 2-28 所示。

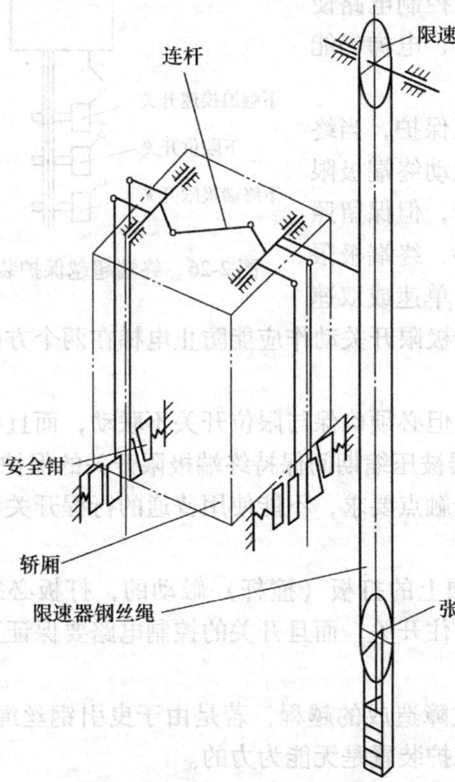

图 2-27 电梯限速器与安全钳联动原理

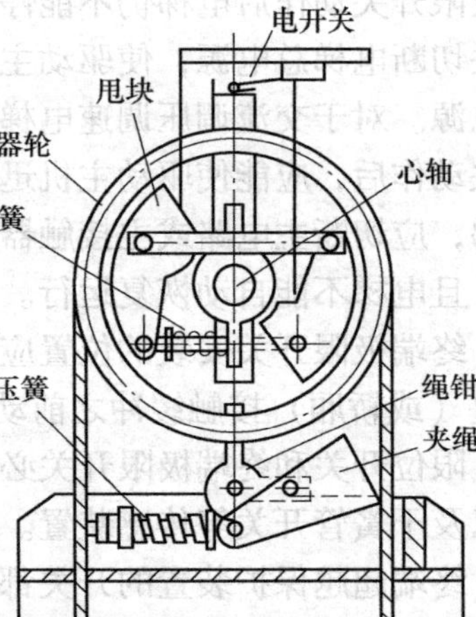

图 2-28 弹性夹持离心甩块式电梯限速器

图 2-28 中，限速器轮盘上有两个离心甩块，用弹簧将其拉向限速器轮轴。轿厢驱动限速器钢丝绳来带动限速器轮旋转时，两个甩块在离心力作用下克服弹簧拉力向外摆动，速度越高，摆角越大。某个速度对应的摆角大小，与弹簧拉力有关，弹簧拉力可以调整。轿厢正常运行时，离心甩块的摆角不足以使开关和限速器钢丝绳夹持机构动作。

当电梯速度达到额定速度的 115% 时，甩块向外摆角增大到断开电开关，切断急停回路，促使电梯停止运行。当电气控制系统失灵，没能使电梯减速停车，继续加速，甩块向外摆角继续增大，当达到额定速度的120%～140%时，绳夹持机构动作，夹绳钳将绳夹持在绳槽中。因为夹绳钳由一弹簧支承，这种夹持方式是弹性的，因此夹持力大小取决于弹簧压力，该压力可以调整。限速器钢丝绳被夹持后，拉动安全钳拉杆，使安全钳动作，将轿厢制停在导轨上。

限速器钢丝绳应选柔性良好的钢丝绳，其绳径不小于6mm，安全系数不小于8。限速器钢丝绳由安装于底坑的张紧装置予以张紧，张紧装置的重量应使正常运行时钢丝绳在限速器轮的槽内不打滑，且悬挂的限速器钢丝绳不摆动。张紧装置应有上下活动的导向装置。限速器轮和张紧轮的节圆直径应不小于所用限速器钢丝绳直径的30倍。为了防止限速器钢丝绳断裂或过度松驰而使张紧装置丧失作用，在张紧装置上应设置电气安全触点，当发生上述情况时能切断安全电路使电梯停止运行。

限速器动作时，限速器对限速器钢丝绳的最大制动力应不小于300N，同时不小于安全钳动作所需提拉力的2倍。若达不到这个要求，则很可能发生限速器动作时限速器钢丝绳在限速器轮上打滑提不动安全钳，而轿厢继续超速向下运动的现象。为了提高制动力，没有夹绳、压绳装置的限速器绳轮应采用V形绳槽，且绳槽应硬化处理。

限速器必须有非自动复位的电气安全装置，在轿厢上行或下行达到动作速度以前或同时动作，使电梯主机停止运转。过去曾用过的没有电气安全开关的摆锤式和离心压杆式限速器，现都应停止使用。

限速器上的调节甩块或摆锤动作幅度（也是限速器动作速度）的弹簧，在调整后必须有防止螺母松动的措施，并予以铅封。压绳机构、电气触点触动机构等调整后，也要有防止松动的措施和明显的封记。

限速器上的铭牌应标明使用的工作速度和整定的动作速度，最好还应标明限速器钢丝绳的最大张力。

操纵轿厢安全钳的限速器的动作应发生在速度至少等于额定速度的115%。但应小于下列各值：

1）对于除了不可脱落滚柱式以外的瞬时式安全钳为0.8m/s。

2）对于不可脱落滚柱式瞬时式安全钳为1m/s。

3）对于额定速度小于或等于1m/s的渐进式安全钳为1.5m/s。

4）对于额定速度大于1m/s的电梯，建议选用接近$1.25v+0.25/v$(m/s)的动作速度值（v为电梯额定速度）。

对于额定载重量大、额定速度低的电梯，应专门设计限速器，并采用接近下限的动作速度。若对重也设安全钳，则对重限速器的动作速度应大于轿厢限速器的动作速度，但不得超过10%。

（2）安全钳　安全钳是与限速器配套使用的超速保护装置。

根据电梯安全规程的规定，载人轿厢都必须设有安全钳，并且规定此安全钳必须由限速器来操纵，禁止使用由电气、液压或气压装置来操作安全钳。当电梯底坑的下方有人通行或能进入的过道或空间时，则对重也应设有安全钳。

轿厢安全钳需要有两组，对应地安装在与两根导轨接触的轿厢外两侧下方处，常见的是把安全钳安装在轿厢架下梁的上面，如图2-27所示。对重安全钳安装在对重架上。当轿厢或对重超速运行时，限速器操纵安全钳，利用自锁夹紧原理，以机械动作将电梯轿厢紧急制停并夹持在导轨上，为电梯运行提供最后的综合性安全保证。

安全钳由制停机构（钳块和钳座等）和操纵机构（连杆和钳块拉杆系统）组成。限速器钢丝绳与安全钳的驱动连杆相连，并通过此连杆系统操纵安全钳起作用。制停机构使轿厢或对重制停，夹持在导轨上。操纵机构一般都安装在轿厢顶，也有电梯安装在轿底的。电气安全开关一般设在从轿厢顶可以恢复的位置。

电梯正常运行时，限速器钢丝绳拉力小于连杆弹簧作用力，安全钳不动作，钳块与导轨面保持1~3mm间隙。当轿厢超速达到限定值时限速器动作，使限速器钢丝绳被夹持不动，但轿厢继续下行，牵动安全钳拉杆系统，将钳块上提，使其与导轨接触，依靠自锁夹紧作用夹住导轨，将轿厢强行制停在导轨上。安全钳动作时，限速器的安全开关或安全钳提拉杆操纵的安全开关，都会断开电梯控制电路，使制动器失电制动。轿厢制停后，只有当所有安全开关复位（安全开关一般是非自动复位的），轿厢向上提起时，才能释放安全钳。安全钳不恢复到正常状态，电梯不能重新使用。

安全钳按结构和工作原理可分为瞬时式安全钳和渐进式安全钳。

瞬时式（急停型或刚性）安全钳的承载结构是刚性的，其夹紧元件与导轨工作面的接触应力较大，容易损伤导轨工作面，制停距离很短，一般不超过30mm；动作时产生过大的减速度和很大的冲击力，危及人体安全，只适用于额定速度不大于0.63m/s的低速电梯。

图2-29所示是使用最广泛的楔块瞬时式安全钳，钳座一般由铸钢制成，安装在轿厢的下梁上。每根导轨由两个楔（钳）块（动作组件）夹持，也有只用一个楔块单边动作的。安全钳的楔块一旦被拉起与导轨接触则自锁，安全钳的动作就与限速器无关，并在轿厢继续下行时，楔块将越来越紧。

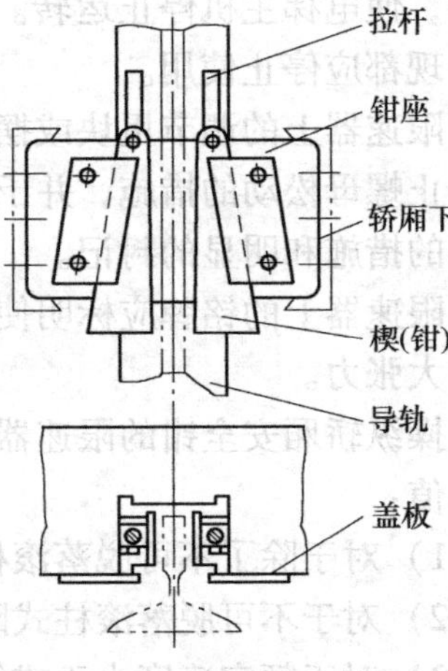

图2-29　楔块瞬时式安全钳

渐进式安全钳的承载结构是弹性的（强力弹簧承载），其锲块被提起并在钳座斜面上滑动，靠与导轨的摩擦消耗轿厢的动能和势能。锲块与导轨接触后，依靠自锁夹紧作用压缩弹簧，将导轨夹紧，直到最后制停。渐进式安全钳动作时，轿厢必须有一定的制停距离，但在制停过程中冲击力大为减小，被广泛采用。一般额定速度大于0.63m/s或轿厢装设数套安全钳装置，都应采用渐进式安全钳。对重安全钳若速度大于1.0m/s，也应采用渐进式安全钳。

图2-30所示是楔块渐进式安全钳，其动作组件为两个楔块，但与导轨接触的表面没有加工成花纹而是开了一些槽，背面有滚轮组以减少楔块与钳座的摩擦。当限速器动作楔块被拉起夹在导轨上时，由于轿厢仍在下行，楔块就继续在钳座的斜槽内上滑，同时将钳座向两边挤开。当上滑到限位停止时，楔块的夹紧力达到预定的最大值，形成一个不变的制动力，使轿厢的动能与势能消耗在楔块与导轨的摩擦上，轿厢以较低的减速度平滑制动。最大的夹持力由钳尾部的弹簧调定。

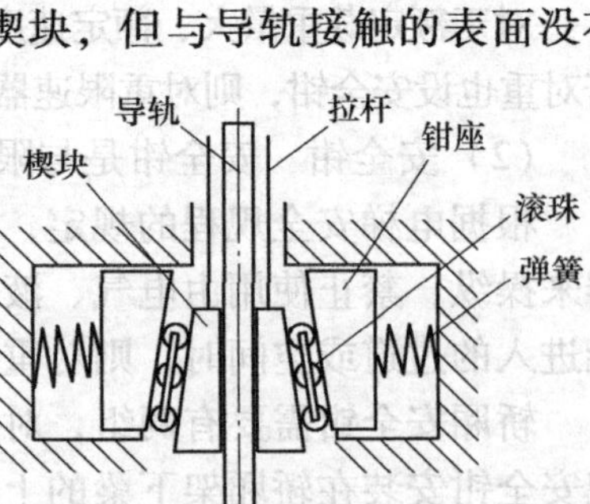

图2-30　楔块渐进式安全钳

当电梯曳引钢丝绳为两根时，应设保护装置，当有一根断裂或过度松驰时，安全触点动作使电梯停止运行，这也是防止发生断绳轿厢坠落的保护装置。

3. 防止人员剪切和坠落的保护和要求

在电梯事故中人员被运动的轿厢剪切或坠入井道的事故占的比例较大，而且这些事故后果都十分严重，所以防止人员剪切和坠落的保护十分重要。

防止人员坠落和剪切的保护主要由门、门锁和门的电气安全触点联合承担，标准要求如下：

1）当轿厢门和厅门中任一门扇未关好和门锁啮合 7mm 以上时，电梯不能起动。

2）当电梯运行时轿厢门和厅门中任一门扇被打开时，电梯应立即停止运行。

3）当轿厢不在层站时，在站厅门外不能将厅门打开。

4）紧急开锁的钥匙只能交给一个负责人员，有紧急情况才能由称职人员使用。

轿厢门、厅门必须按规定装设验证门紧闭状态的电气安全触点并保持有效。门关闭后门扇之间、门与周边结构之间的缝隙不得大于规定值。尤其厅门滑轮下的挡轮要经常调整，以防中分门下部的缝隙过大。

门锁必须符合安全规范要求，并经型式试验合格，锁紧组件的强度和啮合深度必须保证。

电气安全触点必须符合安全规范要求，绝不能使用普通电气开关。接线和安装必须可靠，而且要防止由于电气干扰而误动作。

在电梯操作中严禁开门“应急”运行。在一些电梯中为了方便检修常设有开门运行的“应急”运行功能，有的是设专门的应紧运行开关，有的是用检修状态下按着开门按钮来实现开门运行。GB7588—2003 规定，只有在进行平层和再平层及采取特殊措施的货梯在进行对接操作时，轿厢可在不关门的情况下短距离移动，其他情况，包括检修运行均不能开门运行。

装有停电应急装置和故障应急装置的电梯，在轿厢厅门未关好或被开启的情况下，应不能自动投入应急运行移动轿厢。

4. 缓冲装置

电梯由于控制失灵、曳引力不足或制动失灵等发生轿厢或对重撞底时，缓冲器将吸收轿厢或对重的动能，提供最后的保护，以保证人员和电梯结构的安全。缓冲器安装在电梯井道的底坑内，位于轿厢和对重的正下方，如图 2-31 所示。

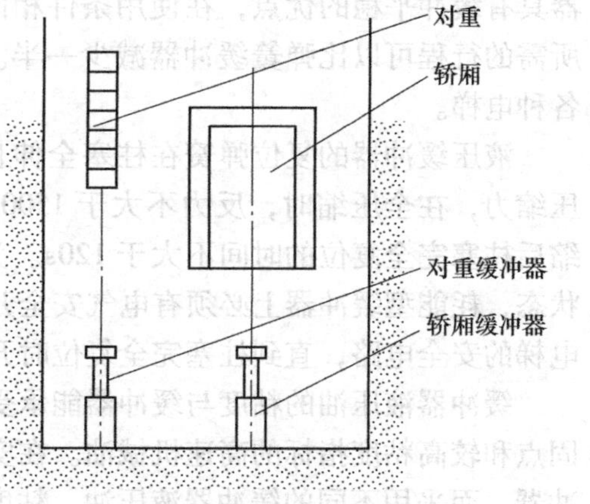

图 2-31　缓冲器安装

缓冲器分蓄能型缓冲器和耗能型缓冲器。前者主要以弹簧和聚氨酯材料等为缓冲组件，后者主要是液压缓冲器。

当电梯额定速度很低时（如小于 0.4m/s），轿厢和对重底下的缓冲器也可以使用实体式缓冲块来代替，其材料可用橡胶、木材或其他具有适当弹性的材料制成。但使用实体式缓冲器也应有足够的强度，能承受具有额定载重量的轿厢（或对重），并以限速器动作时的规定下降速度冲击而无损坏。

弹簧缓冲器一般由缓冲橡胶垫、缓冲座、弹簧、弹簧座等组成，用地脚螺栓固定在底坑基座上，如图2-32所示。

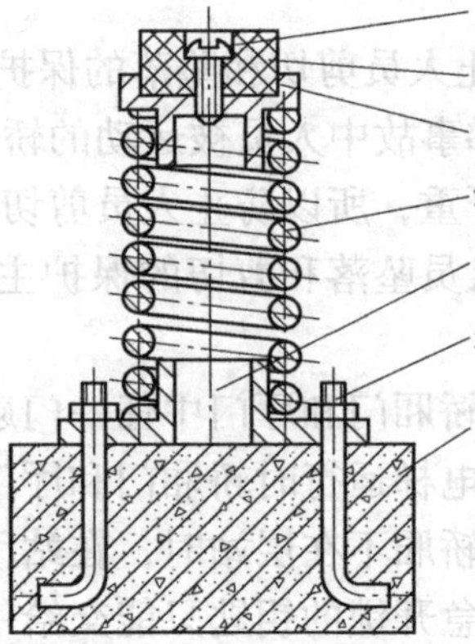

图2-32 弹簧缓冲器

弹簧缓冲器是一种蓄能型缓冲器，因为弹簧缓冲器在受到冲击后，能将轿厢或对重的动能和势能转化为弹簧的弹性变形能（弹性势能）。由于弹簧的反力作用，使轿厢或对重得到缓冲、减速。但当弹簧压缩到极限位置后，弹簧要释放缓冲过程中的弹性变形能使轿厢反弹上升，撞击速度越高，反弹速度越大，并反复进行，直至弹力消失、能量耗尽，电梯才完全静止。弹簧缓冲器的缓冲后存在回弹现象，存在着缓冲不平稳的缺点，所以弹簧缓冲器仅适用于1m/s以下的低速电梯。

液压缓冲器的结构的基本构件是缸体、柱塞、缓冲橡胶垫和复位弹簧等，缸体内注有缓冲器液压油，如图2-33所示。

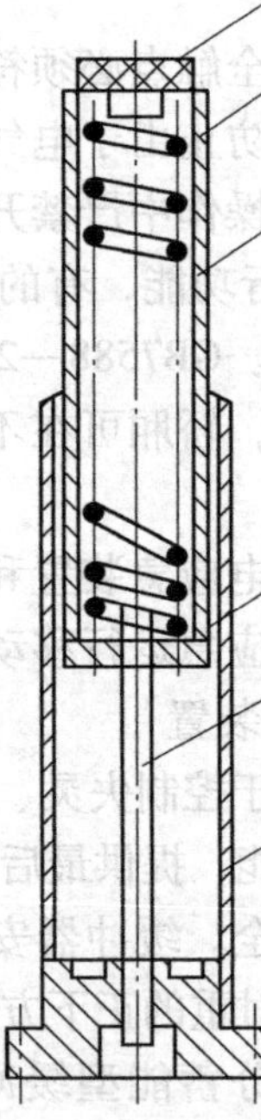

图2-33 液压缓冲器

液压缓冲器是一种耗能型缓冲器，它是利用液体流动的阻尼作用，缓冲轿厢或对重的冲击。当液压缓冲器受到轿厢和对重的冲击时，柱塞向下运动，压缩缸体内的液压油，液压油通过环形节流孔喷向柱塞腔。当液压油通过环形节流孔时，由于流动截面积突然减小，就会形成涡流，使液体内的质点相互撞击、摩擦，将动能转化为热量散发掉，从而消耗了电梯的动能，使轿厢或对重逐渐缓慢地停下来。当轿厢或对重离开缓冲器时，柱塞在复位弹簧的作用下，向上复位，液压油重新流回液压缸体，恢复正常状态。

液压缓冲器是以消耗能量的方式实行缓冲的，因此无回弹作用。同时，由于变量棒的作用，柱塞在下压时，环形节流孔的截面积逐步变小，能使电梯的缓冲接近匀速运动。因而，液压缓冲器具有缓冲平稳的优点，在使用条件相同的情况下，液压缓冲器所需的行程可以比弹簧缓冲器减少一半。所以液压缓冲器适用于各种电梯。

液压缓冲器的复位弹簧在柱塞全伸长位置时应具有一定的预压缩力，在全压缩时，反力不大于1500N，并应保证缓冲器受压缩后柱塞完全复位的时间不大于120s。为了验证柱塞完全复位的状态，耗能型缓冲器上必须有电气安全开关。安全开关在柱塞开始向下运动时即被触动切断电梯的安全电路，直到柱塞完全复位时开关才接通。

缓冲器液压油的粘度与缓冲器能承受的工作载荷有直接关系，一般要求采用有较低的凝固点和较高粘度指标的高速机械油。在实际应用中不同载重量的电梯可以使用相同的液压缓冲器，而采用不同的缓冲器液压油，粘度较大的液压油用于载重量较大的电梯。

缓冲器一般安装在底坑的缓冲器座上。若底坑下是人能进入的空间，则对重在不设安全钳时，对重缓冲器的支座应一直延伸到底坑下的坚实地面上。

轿厢底下梁碰板、对重架底的碰板至缓冲器顶面的距离称缓冲距离，对蓄能型缓冲器应为200～350mm；对耗能型缓冲器应为150～400mm。液压缓冲器的柱塞铅垂度偏差应不大于0.5%。缓冲器中心与轿厢和对重相应碰板中心的偏差应不超过20mm。在同一基础上安装的两个缓冲器的顶面高差应不超过2mm。

5. 报警和救援装置

当发生人员被困在电梯轿厢内时，通过报警或通信装置应能将情况及时通知管理人员并通过救援装置将人员安全救出轿厢。

（1）报警装置 电梯必须安装应急照明和报警装置，并由应急电源供电。低层站的电梯一般是安设警铃，警铃安装在轿厢顶或井道内。操作警铃的按钮应设在轿厢内操纵箱的醒目处，上有黄色的报警标志。警铃的声音要急促响亮，不会与其他声响混淆。

提升高度大于30m的电梯，轿厢内与机房或值班室应有对讲装置，也由操纵箱面板上的按钮控制。因为目前大部分对讲装置是接在机房而机房又大多无人看守，这样在紧急情况时，管理人员不能及时知晓，所以凡机房无人值守的电梯，对讲装置必须接到管理部门的值班处。

除了警铃和对讲装置外，轿厢内也可设内部直线报警电话或与电话网连接的电话，此时轿厢内必须有清楚易懂的使用说明，告诉乘员如何使用和应拨的号码。

轿厢内的应急照明必须有适当的亮度，在紧急情况时，能看清报警装置和有关文字说明。

（2）救援装置 电梯困人的救援以往主要采用自救的方法，即轿厢内的操纵人员从上部安全窗爬上轿厢顶将厅门打开。随着电梯的发展和无人员操纵电梯的广泛使用，再采用自救的方法不但十分危险而且几乎不可能，因为作为公共交通工具的电梯，乘员十分复杂，电梯故障时乘员不可能从安全窗爬出，就是爬上了轿顶也打不开厅门，反而会发生其他的事故。因此，现在电梯从设计上就决定了救援必须从外部进行。

救援装置包括曳引机的紧急手动操纵装置和厅门的人工开锁装置。在有层站不设门时还可在轿顶设安全窗，当两层站地坎距离超过11m时还应设井道安全门，若同井道相邻电梯轿厢间的水平距离不大于0.75m时，也可设轿厢安全门。

机房内的紧急手工操纵装置，应放在拿取方便的地方，盘车手轮应漆成黄色，制动器扳手应漆成红色。为使操作时知道轿厢的位置，机房内必须有层站指示。最简单的方法就是在曳引钢丝绳上用油漆做上标记，同时将标记对应的层站写在机房操作地点的附近。

若轿厢顶设有安全窗，安全窗的尺寸应不小于0.35m×0.5m、强度应不低于轿厢壁的强度。窗应向外开启，但开启后不得超过轿厢的边缘。窗应有锁，在轿厢内，要用三角钥匙才能开启，在轿厢外，则不用钥匙也能打开。窗开启后不用钥匙也能将其半闭和锁住，窗上应设验证锁紧状态的电气安全触点，当窗打开或未锁紧时，触点断开切断安全电路，使电梯停止运行或不能起动。

井道安全门的位置应保证至上下层站地坎的距离不大于11m。要求门的高度不小于1.8m，宽度不小于0.35m，门的强度不低于轿厢壁的强度。门不得向井道内开启，门上应有锁和电气安全触点，其要求与安全窗一样。

轿厢安全门设置在相邻轿厢的相对位置上。

现在，一部分电梯已安装了电动的停电（故障）应急装置，在停电或电梯故障时能自动接入。装置动作时用蓄电池为电源向电动机送入低频交流电（一般为5Hz），并通过制动器释放。在判断负载力矩后按力矩小的方向避速将轿厢移动至最近的层站，自动开门将人放出。应急装置在停电、中途停梯、冲顶蹲底和限速器安全钳动作时均能自动接入，但若是门未关或门的安全电路发生故障则不能自动接入移动轿厢。

6. 消防功能

由于发生火灾时井道往往是烟气和火焰蔓延的通道，而且一般厅门在70℃以上时也不能正常工作，因此为了乘员的安全，在火灾发生时必须使所有电梯停止应答召唤信号，直接返回撤离层站，即电梯应具有火灾自动返基站功能。

自动返基站的控制，可以在基站处设消防开关，火灾时将其接通，或由集中监控室发出指令，也可由火灾检测装置在测到厅门外温度超过70℃时自动向电梯发出指令，使电梯迫降。返基站后电梯不可在火灾中继续使用。此类电梯仅具有“消防功能”，即消防迫降停梯功能。

另一种为消防员用电梯（一般称消防电梯），除具备火灾自动返基站功能外，还要供消防队员灭火的抢救人员使用。

消防电梯的布置应能在火灾时避免暴露于高温的火焰下，还能避免消防水流入井道。一般电梯层站宜与楼梯平台相邻并包含楼梯平台，层站外有防火门将层站隔离，层站内还有防火门将楼梯平台隔离，这样在电梯不能使用时，消防员还可以利用楼梯通道返回。其结构防火，电源专用。

消防电梯额定载重量不应小于630kg，入口宽度不得小于0.8m，运行速度应按全程运行时间不大于60s来决定。电梯应是单独井道，并能停靠所有层站。

消防员操作功能应取消所有的自动运行和自动门的功能。消防员操作时外呼全部失效，轿厢内选层一次只能选一个层站，门的开关由持续揿压开关门按钮进行。有的电梯在开门时只要停止揿压按钮，门立即关闭，在关门时停止揿压按钮门会重新开启，这种控制方式是更为合理的。

7. 制动器扳手与盘车手轮

当电梯运行当中遇到突然停电造成电梯停止运行，电梯又没有停电自投运行设备，且轿厢又停在两厅门之间，乘客无法走出轿厢时，就需要由维修人员到机房用制动器扳手和盘车手轮两件工具人工操纵使轿厢就近停靠，以便疏导乘客。制动器扳手的式样因电梯抱闸装置的不同而不同，作用都是用它使制动器的抱闸脱开。盘车手轮是用来转动电动机主轴的轮状工具（有的电梯装有惯性轮，也可操纵电动机转动）。操作时首先应切断电源，由两人操作，即一人操作制动器扳手，一人盘动手轮。两人需配合好，以免因制动器的抱闸被打开而未能把住手轮致使电梯因对重的重量而造成轿厢快速行驶。一人打开抱闸，一人慢速转动手轮使轿厢向上移动，当轿厢移到接近平层位置时即可。制动器扳手和盘车手轮平时应放在明显位置并应涂以红、黄漆以醒目。

8. 超速保护开关

在速度大于1m/s的电梯限速器上都设有超速保护开关，在限速器的机械动作之前，此开关就得动作，切断控制电路，使电梯停止运行。有的限速器上安装两个超速保护开关，第一个开关动作使电梯自动减速，第二个开关才切断控制电路。对速度不大于1m/s的电梯，其限速器上的电气安全开关最迟应在限速器达到其动作速度时起作用。

2.5.4　安全防护装置

1. 轿厢顶护栏

轿厢顶护栏是电梯维修人员在轿厢顶作业时的安全保护栏，可以防止维修人员不慎坠落井道。不过，也有发生维修人员因扶、倚护栏造成人身伤害事故的情况。GB 7588—2003 中规定，在轿厢顶边缘与井道壁水平距离超过 0.3m 时，应在轿顶设护栏，设置护栏时应注意使护栏外围与井道内的其他设施（特别是对重）保持一定的安全距离，且护栏的安设应不影响人员安全和方便地通过入口进入轿厢顶。同时，在护栏上应有俯伏或者斜靠护栏危险的警示标志或须知。

2. 底坑对重侧护栅

为防止人员进入底坑对重下侧而发生危险，在底坑对重侧两导轨间应设防护栅。防护栅应自电梯底坑地面上不大于 0.3m 向上延伸至少 2.5m，宽度不小于对重宽度两边各加 0.1m。如果是网孔型的，网孔尺寸，无论水平方向或垂直方向测量，均不得大于 75mm。

3. 轿厢护脚板

轿厢不平层，当轿厢地面（地坎）的位置高于层站地面时，会使轿厢与厅门地坎之间产生间隙，这个间隙会使乘客的脚踏入井道，发生人身伤害的可能。GB 7588—2003 中规定，每一轿厢地坎上均需装设护脚板，其宽度是层站入口处的整个净宽。护脚板的垂直部分的高度应不少于 0.75m。垂直部分以下部分成斜面向下延伸，斜面与水平面的夹角大于 60°，该斜面在水平面上的投影深度不小于 20mm。护脚板一般用厚变为 2mm 的铁板制成，装于轿厢地坎下侧且用扁铁支撑，以加强机械强度。

4. 共享井道的防护

在几台电梯共享的井道中，为防止检修人员在井道内被相邻电梯的运动部件所伤害，不同电梯的运行部件之间应设置隔障。此隔障应从轿厢、对重行程的最低点延伸到最底层站楼面以上 2.5m 处。如果电梯轿厢顶边缘与相邻电梯运行部件之间的水平距离小于 0.5m，这种隔障应贯穿整个井道，其宽度为运动部件宽度每边各加 0.1m。

5. 机械设备安全防护

当人接近电梯的运动部分时可能会产生撞击、挤压、绞碾等危险，在工作场地由于地面的高低差也可能会产生摔跌等危险，所以必须采取防护措施。

人在操作、维护中可以接近的旋转部件，尤其是传动轴上突出的锁销和螺钉，钢带、链条、传动带，齿轮、链轮，电动机的外伸轴，甩球式限速器等，必须有安全网罩或栅栏，以防无意中触及。曳引轮、盘车手轮、飞轮等光滑圆形部件可不加防护，但应部分或全部涂成黄色以示提醒。

轿厢顶和对重的反绳轮，必须安装防护罩。防护罩要能防止人员的肢体或衣服被绞入，还要能防止异物落入和钢丝绳脱出。

机房地面高差大于 0.5m 时，在高处应设栏杆并安设梯子。

2.6　电梯拖动控制系统

早期的升降机的拖动方式包括柴油、蒸汽机、水力或人力等。现代电梯除少量使用液压拖动方式之外，几乎全部使用电力拖动。

1. 电梯拖动系统组成

电梯的电力拖动系统为电梯的运行提供动力，并控制电梯的起动加速、稳速运行、制动减速等。其组成包括：曳引电动机、供电系统、速度反馈装置、电动机调速装置等。

曳引电动机是电梯的动力源，根据电梯动力需求的不同，交流电梯用交流电动机，直流电梯用直流电动机。供电系统为电梯的电动机提供所需要的电源。速度反馈装置为调速装置提供电梯的运行速度实测信号，一般采用与电动机同轴旋转的测速发电机或光电脉冲发生器。电动机调速装置是根据电梯起动、运行和制动平层等要求，对曳引电动机进行转速调节的电路系统。

电梯在垂直升降运行过程中，其运行区间较短，经常要频繁地进行起动和制动，处于过渡过程运行状态。因此，曳引电动机的工作方式属于断续周期性工作制。此外，电梯的负载经常在空载与满载之间随机变化。考虑到乘坐电梯的舒适性，需要限制最大运行加速度和加速度变化率。总之，电梯的运行对电力拖动系统提出了特殊要求。

根据使用的电动机的不同，电梯拖动系统主要有直流拖动和交流拖动两种方式。

2. 直流电动机拖动系统

直流电动机由于其调速性能好，很早就用于电梯拖动上。直流电梯拖动系统有两种方式：一是用三相交流电动机带动直流发电机输出直流电给电动机，只需调节直流发电机的励磁就可改变直流发电机的输出电压（即直流电动机的进线端电压）进行调速，被称为晶闸管励磁的发电机-电动机拖动系统；二是用三相晶闸管整流器把电网交流电整流为直流直接供给直流电动机，只需控制三相晶闸管整流器的触发阈值就可改变直流电动机的进线端电压进行调速，被称为晶闸管直接供电的晶闸管-电动机拖动系统。

采用发电机-电动机形式拖动，可用于高速电梯，但其体积大、耗电大、效率低、造价高、维护量大。晶闸管直接供电的直流电动机拖动系统较三相晶闸管励磁发电机-电动机拖动系统机房占地节省35%、重量减轻40%、节能25%~35%，且系统简单、控制方便、干扰低，从而成为直流电梯拖动系统的主流方式。目前世界上最高速度的10m/s电梯就是采用晶闸管整流器直接供电系统，其调速比达1∶1200。

直流电动机拖动系统具有调速范围宽、可连续平稳地调速以及控制方便、灵活、快捷、准确等优点。但是直流电动机结构较复杂、电机体积大、成本较高、可靠性差、控制方式不够灵活、维护工作量大、能耗大，常用于对电梯运行速度、乘坐舒适感要求较高的某些特定场合中，正逐步被大力发展和日益成熟的交流电动机拖动系统所取代。

3. 交流电动机拖动系统

交流电动机拖动系统可分为异步和同步两类，异步电动机可分为单速、双速、调速三种形式，调速方式又可分为变极调速、调压调速和变压变频调速三种。交流永磁同步电动机变频调速拖动系统以及直线电动机直接拖动系统则是目前电梯拖动系统发展的重要方向。

交流双速电动机具有两种或三种不同极对数的定子绕组，极数少的绕组称为快速绕组，极数多的称为慢速绕组。双速电动机的速度调节是一种变极调速，通过快速绕组和慢速绕组之间的切换来实现调速目的。

交流双速拖动系统是电梯拖动系统中较为简单、经济的一种。它多采用开环方式控制，电路简单、成本低、故障率低，但其舒适感差、平层准确度低、速度慢，可应用在运行速度较低（小于 1m/s）、要求不高的场合，如工厂里的货梯等。由于变极调速是一种有级调速，调速范围不大，因此随着高性能、新技术的元器件成本的降低，将逐步被淘汰和取代。

交流调压调速系统就是在恒定交流电源与电动机之间接入晶闸管作为交流电压控制器，用相位控制方式来控制改变输出电压的有效值以达到改变和调节转速的目的。这种调速系统多采用带测速反馈的闭环控制。按制动方式，交流调压调速系统可分为能耗制动型、涡流制动型和反接制动型三种常用的形式。

交流调压调速系统的调速方法简单，但是它属于不改变电动机同步转速的调速方式，而且在用晶闸管调压时定子所加电压为非正弦电压，因此存在电机发热较厉害、效率较低、负载能力下降、低速时电机输出转矩有脉动和噪声较大等问题。这些问题不仅限制了系统调速范围的扩大，影响电梯乘坐舒适感和平层精度的提高，而且存在易产生故障等缺点，目前仅在一些老旧电梯中还有使用。

交流变压变频系统就是在恒定交流电源与电动机之间接入变频装置，同时改变供电电源的电压和频率以达到改变和调节转速的目的。交流异步电动机转速与电源频率有关，连续均匀地改变供电电源的频率，就可平滑调节异步电动机的同步转速，从而实现无级调速。

交流变压变频系统的调速性能远远优于前两种交流拖动系统，可以和直流拖动系统相媲美，而且节能效果显著，体积小、重量轻。随着变压变频控制技术的发展和控制用元器件日益完善，使得具有多种优点的变压变频调速系统越来越多地应用于电梯领域。现在，不仅电梯主驱动系统中采用变压变频调速系统，而且在电梯其他部分（如门机系统）也都普遍应用了这一技术，成为电梯拖动技术发展的主要方向。

永磁同步电动机替代变压变频调速系统中的异步电动机即成为交流永磁同步电动机变频调速系统，将其应用在电梯中可以实现无齿轮曳引功能，即永磁同步电动机直接带动曳引轮曳引电梯运行，无需机械减速机构，使得无齿轮曳引机的机械结构变得非常简单。永磁同步电动机拖动电梯调速范围一般为 1∶1000，远宽于异步电动机的 1∶100 的调速范围。电机可固定在井道顶部（或下部）侧面轨道上，而变频器则可置于顶层的电梯门内，可实现无机房或小机房。

永磁同步电动机曳引电梯，机械结构简单紧凑，少维护；安全可靠性高；对环境的噪声污染低、无油脂污染，并能提高电力功率因素；提高机械传动效率，使用节能、经济，具有较高的性价比；与交流无齿轮异步电动机驱动系统相比，低速性、快速性、硬机械特性和停车自闭等优点，是异步电动机所无法相比的；与直流无齿轮电动机拖动系统相比，具有更高的低速性能、调速精度、快速响应性能，且寿命长、耗电少、维护简单；此外，还易于实现低转速、大转矩的电梯理想拖动模型。

直线电动机直接拖动系统是 1996 年后发展起来的一种新型电梯拖动方式。直线电动机是一种将电能直接转换成直线运动机械能、而不需要任何中间转换机构的传动装置，具有起动推力大、传动刚度高、动态响应快、定位精度高、行程长度不受限制等优点。特别是由于直线电动机无离心力作用，故直线移动速度可以不受限制；而且其加速度非常大，能实现起动时瞬间达到高速，高速运行时又能瞬间准停，因此，直线电动机特别适合应用于高速电梯的拖动系统。

直线电动机直接拖动系统主要有两大类，直线感应电动机拖动形式（包括圆筒形电动机和扁平形电动机的拖动方式）和直线同步电动机拖动形式（包括永磁直线同步电动机和超导直线电动机的拖动形式）。

随着现代高层建筑的不断涌现，对高层及超高层建筑物，通过悬吊钢丝绳牵引轿厢越来越限制电梯的提升高度和效率，所以采用直线电动机直接驱动高层及超高层电梯成为现实的可能性会越来越大。直线电动机拖动的电梯和传统的电梯相比，具有结构简单，占地面积少，高速、高层，节能，可靠性高及抗震等优点。

2.7 电梯运行控制系统

电梯运行控制系统的作用是通过各种控制电路完成各种电气动作功能，对电梯的运行实行操纵和控制，保证电梯的安全运行。电气控制系统组成通常包括控制装置、操纵装置、位置显示装置、换速平层装置、选层器以及开关门控制装置、电气安全保护装置等。

1. 控制装置

控制装置根据电梯的运行逻辑功能要求控制电梯的运行，设置在机房中的控制柜（屏）上。控制柜（屏）是对电梯实行电气控制的集中组件，包括各类电气控制板、变频装置或组件。控制柜（屏）中装配的组件，其数量规格主要与速度、控制方式、曳引电动机大小等参数有关。目前交流电梯主要有三个品种，每种因参数不同略有区别：交流双速电梯，控制系统一般由微机组成，动力输出由接触器完成，接触器较多；交流调压调速电梯的动力输出由交流调压调速器完成，配以相对较少的接触器组成；变压变频调速电梯目前较多，由变频器配以很少的接触器完成电梯的动力输出，由微机控制，故障率较低，结构紧凑、美观。

控制柜（屏）一般安装在机房中，在无机房电梯系统中，控制柜（屏）可以安装在井道里或者安装在顶层厅门旁边。

2. 操纵装置

操纵装置是轿厢内操纵箱和厅门门口的召唤按钮箱，用来操纵电梯的运行。操纵装置布置的电气元器件与控制方式、停站层数有关。轿厢内操纵箱包括三种形式：

1）手柄操纵箱：由司机操纵使电梯门开启或关闭、起动或制停轿厢的手柄开关装置。扳手有向上、向下、停车三个位置。板面上一般设有安全开关、指示灯开关、信号灯开关、照明开关、风扇开关、应急开关等。常用在货梯上。

2）按钮操纵箱：由乘客或司机通过按钮操纵电梯上、下、急停等的装置，并设有钥匙开关，用以选择司机操纵或自动操纵方式。另外还备有与电梯停站数相对应的指令按钮、记忆呼梯信号的指示灯、上下行方向指示灯、超载指示灯、警铃等。

3）轿厢外操纵箱：一般装在每层层楼的厅门旁侧井道墙上，按钮数量不多，形式比较简单。常用于不载人的货梯。

召唤按钮箱是设置在电梯停靠站厅门外侧，提供给厅外乘用人员用于召唤电梯的装置。一般根据层站位置不同，在上下端站装设单钮召唤箱，上端站只装设一只下行召唤按钮，下端站只装设一只上行召唤按钮；其他层站则装设双钮召唤箱，即同时装设一只上行召唤按钮和一只下行召唤按钮。当厅外候梯人员按下向上或向下按钮时（只允许按一个按钮），相应的指示灯亮，于是司机和乘客便知某层楼有人在召唤电梯。

3. 换速平层装置

换速平层装置是指发出平层控制信号，使电梯轿厢准确平层的控制装置。平层，是指轿厢在接近某一楼层的停靠站时，欲使轿厢地坎与厅门地坎达到同一平面的控制操作。换速，是为使电梯实现到达预定的停靠站时，提前一定的距离，把快速运行切换为平层前的慢速运行，并使平层时能自动停靠的控制操作。这种装置通常分别装在轿厢顶支架和轿厢导轨支架上，所装的平层部件，配合动作，完成平层功能。

4. 位置显示装置

位置显示装置（指层灯箱）显示电梯轿厢所在楼层位置，厅门楼层指示还用箭头显示电梯运行方向。

指层灯箱是给司机、轿厢内、外乘用人员提供电梯运行方向和所在位置指示灯信号的装置。位于厅门上方的指层灯箱称厅外指层灯箱，位于轿厢门上方的指层灯箱称轿内指层灯箱。同一台电梯的厅外指层灯箱和轿内指层灯箱在结构上是完全一样的。

指层灯箱内装置的电器组件一般包括电梯上下运行方向灯和电梯所在层楼指示灯。除杂物电梯外，一般电梯都在各停靠站的厅门上方设置有指层灯箱。但是，当电梯的轿厢门为封闭门，而且轿厢门没有开设监视窗时，在轿厢内的轿厢门上方也必须设置指层灯箱。指层灯箱上的层数指示灯，一般采用信号灯和数码管两种。

有的电梯，除一层厅门设置有层灯的层楼指示外，其他楼层厅门仅有无层灯的层楼指示，它只有上、下方向指示灯和到站钟。

5. 选层器

选层器一般设置在机房或隔层内，是模拟电梯运行状态，向电气控制系统发出轿厢位置信号的装置。选层器主要有机械式、电气式和电子式三种形式。机械式的选层器靠与轿厢联动的旋转触头组来判断轿厢的位置，现在已经淘汰不用了。电气式的选层器多用磁性元件来反映位置信号。电子式选层器在电梯井道中没有设置专门的感应装置，完全靠对电子脉冲计数和运算来分析得出电梯的位置信息。通常，在电动机轴端、与轿厢硬连接在一起的钢带的钢带轮上、限速器旋转轮上均可以设置旋转编码器来产生电子脉冲。通过以上的一个或多个（可以相互参照和校核）旋转编码器所产生的脉冲，送由控制系统内部（软件）进行运算分析，不但可以得到准确的电梯位置信息，还可以方便地进行各种“智能”控制（如减速点实时选取等）。

6. 开关门机

电梯的开、关门动作是由电动机带动轿厢门和厅门动作而实现的。因此自动开关门的控制也就是对电动机（门机）正反转、减速、停止的动作控制。随着变频技术的发展，越来越多的变频门机也成为开关门控制的一种新方式。变频门机由小型（容量）变频器、位置感应器和三相异步电动机组成的。当电梯停站需开门时，主控制系统发出“开门”控制信号给变频器，使其带动门电动机，通过位置检测装置发出加速（减速）信号反馈回机房主控制系统，再由其控制变频器进行调频调速来控制开（关）门动作的实现。使用变频控制门机系统，不仅降低了开关门时的噪声和运行的故障率，而且使开关门的速度变化控制更加灵活和平滑。

7. 检修运行控制装置

检修运行控制装置是为电梯检修和维护的安全和方便而设置的一种运行控制装置，因此它的速度不应太快。国家规范规定，检修速度不应大于 0.63m/s。在机房电气控制柜上及轿厢顶上，设有供电梯检修运行的检修开关箱。检修运行控制装置应包括一个红色双稳态、能防止误操作的停止开关，该开关距检修人员进入位置应不大于1m。其他电器组件一般包括电梯慢上、慢下的按钮，点动开关门按钮，急停按钮，轿顶检修转换开关，轿顶检修灯开关等。如果在机房、轿厢也设有检修装置，为了确保轿厢顶检修维护人员的安全，轿厢顶检修运行控制装置应有优先权，也就是说，当轿厢顶置于检修位置时，其他地方的检修运行控制装置应失效。

8. 电气安全保护装置

电梯，特别是客梯是一种人员出入频繁的运输工具，因此对它的安全性能有更高的要求。为此，电梯中设计了许多机械和电气方式的安全装置。

小 结

本章首先对电梯系统的组成进行了介绍，并比较详细地介绍了电梯的基本结构和组成部分，以及各组成部分的作用，特别是对电梯安全保护系统的工作原理、基本要求进行了深入的分析。最后，对电梯的拖动控制系统与运行控制系统进行了综合的说明。

思考与练习

2-1 电梯的基本结构包括哪些？

2-2 电梯曳引系统的作用是什么？指出其主要组成部分。

2-3 作为电梯用曳引电动机应主要考虑哪些技术指标？

2-4 对电梯用制动器的基本要求是什么？简述制动器的工作原理。

2-5 电梯的导轨起什么作用？有几种结构？

2-6 简述电梯门系统的组成及作用。

2-7 常见的电梯门入口处的保护装置有哪几种？简述各工作原理。

2-8 电梯井道允许有哪些开口？

2-9 何种情况下应设安全门，安全门有哪些要求？

2-10 常见的电梯不安全状态有哪些？

2-11 限速器由什么组成？其工作原理如何？

2-12 终端超越保护装置的作用是什么？

2-13 井道的隔障设置有何要求？

2-14 电梯的拖动控制系统主要有哪些类型？

2-15 电梯的运行控制系统主要包括哪些？

第3章　电梯拖动控制系统

3.1　电梯运动动力学分析

3.1.1　电梯拖动控制系统简介

1. 电梯拖动控制系统

电梯拖动控制系统的作用是为电梯提供动力，控制电梯的起动加速、稳速运行、制动等动作。

在电梯运行过程中有两个主要运动：

1）轿厢的升降运动。轿厢的运动由曳引电动机产生动力，经曳引传动系统进行减速、改变运动形式（将旋转运动改变为直线运动）来实现驱动，其功率在几千瓦到几十千瓦，是电梯的主驱动。为防止轿厢停止时由于重力而溜车，还必须装设制动器（俗称抱闸）。

2）轿厢门与厅门的开关运动。轿厢门及厅门的开与关由开门电动机产生动力，经开门机构进行减速、改变运动形式来实现驱动，其驱动功率较小（通常在200W以下），是电梯的辅助驱动。

2. 电梯拖动控制系统应具有的功能

电梯拖动控制系统的作用是输出动力和传递动力，曳引电动机是电梯的动力源。

电梯的拖动控制系统应具有以下功能：

1）有足够的驱动力和制动力，能够驱动轿厢、轿厢门及厅门完成必要的运动并可靠地静止。

2）在运动中有正确的速度控制，有良好的舒适性和平层准确度。

3）动作灵活、反应迅速，在特殊情况下能迅速制停。

4）系统工作效率高，节省能量。

5）运行平稳、安静，噪声小于国家标准要求。

6）动作可靠，维修量小，寿命长。

3. 电梯拖动控制系统的分类

随着科学技术的发展，电梯的电力拖动方式也有了很大发展，通常，最先进的电力拖动技术一出现，便很快会在电梯中实际应用。电梯作为与人们生活最贴近的建筑设备，不断地向人们展示最新的科技成果，让人们享受科学技术带来的方便与舒适。

目前国内生产的电梯主要采用如下电力拖动方式：

1）直流调速拖动系统：自从19世纪末美国奥的斯公司制造出世界上第一台电梯，直至20世纪50年代，电梯几乎都是由直流电动机拖动。直流调速拖动系统具有调速范围宽、可连续平稳地调速以及控制方便、灵活、快捷、准确等优点。

2）交流变极调速拖动系统：通过调节定子绕组的磁极对数就可以改变电动机的转速，

常用的为交流双速电动机拖动系统（AC-2）。这种系统结构简单、价格较低，但是磁极数只能成倍变化，转速也只能成倍变化，级差特别大，无法实现平稳运行，加上该电动机的效率低，只限于货梯上使用，现已趋于淘汰。

3）交流调压调速（ACVV）拖动系统：通过改变交流异步电动机定子电压可实现调压调速。常用反并联晶闸管或双向晶闸管组成变压电路，通过改变晶闸管的导通角来改变输出电压的有效值，从而改变转速。这种系统结构简单、效率较高、运行较平稳，但是当电压较低时，最大转矩锐减，低速运行可靠性差，电压不能高于额定电压，限制了调速范围；而且供电电源含有高次谐波时，电动机损耗和电磁噪声加大，功率因数降低。

4）交流变压变频调速（VVVF）拖动系统：交流异步电动机转速与电源频率有关，连续均匀地改变供电电源的频率，可平滑地改变电动机的转速。变压变频调速拖动系统的调速性能远远优于前两种交流拖动控制系统，可以和直流拖动控制系统相媲美，目前是电梯工业中应用最多的拖动方式。

4. 电梯拖动控制系统的性能指标

评价调速方法的好坏，主要看这种调速方法的调速指标如何。电梯的调速指标分为技术指标和经济指标，选择调速方式时要在满足技术指标要求的前提下考虑经济指标。

（1）技术指标　分为静态性能指标和动态性能指标。

1）静态性能指标：指系统稳定运行时的性能指标，对电梯系统来说比较重要的静态性能指标有静差率、调速范围、平滑性和调速时的输出等。

① 静差率（转速变化率）：电动机由理想空载转速到额定负载时转速的变化率。静差率与电动机机械特性曲线硬度及理想空载转速有关。理想空载转速一定时，机械特性越硬，静差率越小，表明电动机相对稳定性就越高；机械特性硬度相同，理想空载转速越高，静差率越小。

② 调速范围：在额定负载时，电动机能运行的最高转速和最低转速之比。不同生产机械对调速范围 D 要求不同，但都要求调速范围 D 大。对于电梯而言，最高转速 n_{max} 越大，意味着电梯运行速度越快；最低转速 n_{min} 越小，意味着电梯平层准确度越高。要想提高调速范围必须设法提高 n_{max} 或降低 n_{min}。n_{max} 受机械强度、换向及人体承受能力等方面的限制，n_{min} 受低速时相对稳定性和静差率限制。静差率和调速范围这两个指标是互相制约的。

③ 平滑性：用平滑系数 φ 来衡量，表示调速时相邻两级转速的接近程度，它等于相邻两级转速之比。平滑系数 φ 越接近 1，相邻两级速度就越接近，调速的平滑性就越好，对于电梯来说表现为乘坐舒适感越好。无级调速时 $\varphi=1$，即表示转速连续可调，此时调速的平滑性最好。电动机调速的方法不同，得到的调速级数和平滑性也不同。

④ 调速时的输出：保证在额定电流的前提下调速时电动机允许输出的功率和转矩。按电动机调速时输出的功率和转矩不同，调速可分为恒转矩调速和恒功率调速。电梯是恒转矩负载特性的机械，所以要选择恒转矩调速方案。

2）动态性能指标：用来衡量系统调节过程中的性能，主要包括跟随性能指标和抗扰性能指标两种。跟随性能指标主要反映系统动态过渡的快速性和平稳性，常用上升时间、超调量和调节时间来衡量。

（2）经济指标　包括调速装置的初投资、维护保养费用和调速时的电能损耗等。

上述几种电梯拖动控制系统相比，直流调速拖动系统技术指标非常好，但是需要直流供电装置，初投资和维护费用远远高于交流电梯；交流变极和调压调速拖动系统的结构简单，造价低，便于维护，具有较好的经济指标，但技术指标相对较差；交流变压变频调速拖动系统拥有良好经济指标和调速性能。所以，目前变压变频调速拖动系统在电梯拖动系统中占主导地位。

3.1.2　电梯的运动方程式

电梯轿厢沿垂直的井道作升降运动，每一运动都包括起动、制动的工作状况，即经常工作在过渡状态，所以必须对其动力学予以基本的了解。电梯的运动系统结构如图 3-1 所示。

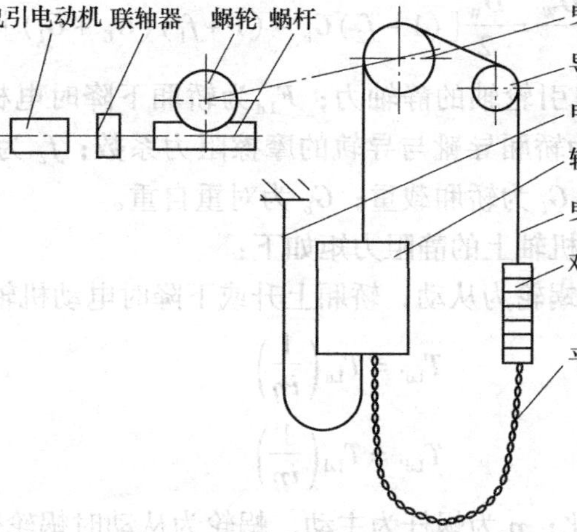

图 3-1　电梯的运动系统结构

假设电梯运动系统为单轴拖动系统，当电梯电动机在旋转运动时，原动力矩既需用来克服机械系统所产生的阻转矩，又需克服其动态转矩。电机电磁转矩 T_M 是驱动转矩，正方向与转速 n 正方向相同；静阴力矩 T_L 是阻转矩，正方向与 n 正方向相反，如图 3-2 所示。

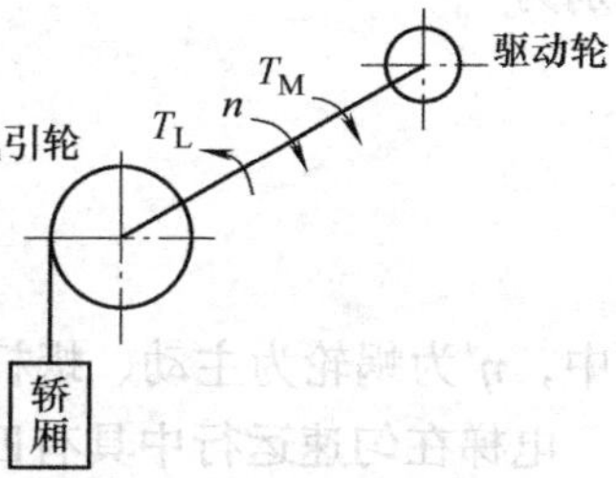

图 3-2　电梯单轴拖动系统

根据旋转定律可写出该系统运动方程如下：

$$T_M - T_L = J\frac{d\omega}{dt} \tag{3-1}$$

式中，T_M 为原动力矩（N · m）；T_L 为静阻力矩（N · m）；$J=\frac{d\omega}{dt}$为动态转矩（N · m），J 为系统惯性力矩（N · m/s²）；$\frac{d\omega}{dt}$为角加速度（rad/s²）。

1）$T_M - T_L > 0$ 时：角加速度为正值，驱动转矩超过静阻力矩的剩余力矩用来克服系统的动态转矩，系统处于加速运动状态。

2）$T_M - T_L < 0$ 时：角加速度为负值，即产生减速运动，其结果最终使系统的运动停止。

3）$T_M = T_L$ 时：角加速度等于零，系统处于静止或者匀速运动状态。若在起动时，系统不能起动。

3.1.3 电梯的静阻力矩

在无齿轮传动装置的电梯中，因曳引电动机与曳引轮同轴，所以曳引轮轴上的静阻力矩就是曳引电动机轴上的静阻力矩。

当轿厢上升运行时，无齿轮减速传动的电梯曳引轮轴上的静阻力矩为：

$$T_{\mathrm{Lu}}=\frac{F_{\mathrm{Lu}}D_{\mathrm{W}}}{2}=\frac{D_{\mathrm{W}}}{2}[(1+f_1)(G_{\mathrm{C}}+G_l)-(1-f_2)G_{\mathrm{b}}] \tag{3-2}$$

当轿厢下降运行时

$$T_{\mathrm{Ld}}=\frac{F_{\mathrm{Ld}}D_{\mathrm{W}}}{2}=\frac{D_{\mathrm{W}}}{2}[(1-f_2)G_{\mathrm{b}}-(1+f_1)(G_{\mathrm{C}}+G_l)] \tag{3-3}$$

式中，F_{Lu}为桥厢上升时电梯曳引轮轴的静轴力；F_{Ld}为轿厢下降时电梯曳引轮轴的静阻力；D_{W} 为电梯曳引轮轴直径；f_1 为轿厢导靴与导轨的摩擦阻力系数；f_2 为对重导靴与导轨的摩擦阻力系数；G_{C} 为轿厢自重；G_l 为轿厢载重；G_{b} 为对重自重。

有齿轮传动电梯曳引电动机轴上的静阻力矩如下：

当变速器的蜗杆为主动、蜗轮为从动，轿厢上升或下降时电动机轴上的静阻力矩分别为

$$T_{\mathrm{Lu'}}=T_{\mathrm{Lu}}\left(\frac{1}{i\eta}\right) \tag{3-4}$$

$$T_{\mathrm{Ld'}}=T_{\mathrm{Ld}}\left(\frac{1}{i\eta}\right) \tag{3-5}$$

式中，i 为蜗轮变速器的减速比；η 为蜗杆为主动、蜗轮为从动时蜗轮变速器的总传动效率。

当变速器的蜗轮为主动、蜗杆为从动，轿厢上升或下降运行时，电动机轴上的静阻力矩分别为

$$T_{\mathrm{Lu'}}=T_{\mathrm{Lu}}\left(\frac{\eta'}{i}\right) \tag{3-6}$$

$$T_{\mathrm{Ld'}}=T_{\mathrm{Ld}}\left(\frac{\eta'}{i}\right) \tag{3-7}$$

式中，η'为蜗轮为主动、蜗杆为从动时蜗轮变速器的总传动效率。

电梯在匀速运行中具有四种极限状态，即轿厢满载上升、满载下降、空载上升、空载下降。如果式（3-2）~式（3-7）之值为正值，则曳引电动机处于电动运行状态；如果为负值，则由于势能负载的作用使曳引电动机处于发电制动状态。

3.1.4 电梯的动态转矩

电梯的动态转矩为

$$T_{\mathrm{d}}=J\frac{\mathrm{d}\omega}{\mathrm{d}t}$$

$$\omega=\frac{2\pi pn}{60},\ \frac{\mathrm{d}\omega}{\mathrm{d}t}=\frac{\pi p}{30}\frac{\mathrm{d}n}{\mathrm{d}t}$$

$$J=mr^2=\left(\frac{G}{g}\right)\left(\frac{D}{2}\right)^2=\frac{GD^2}{4g}$$

所以

$$T_d = \left(\frac{GD^2}{375}\right)\frac{dn}{dt} \tag{3-8}$$

式中，n 为电动机转速；G 为运动系统的重量。

设电梯轿厢的运行速度为 v，起动过程中的平均加速度为

$$a = \frac{v}{t} \tag{3-9}$$

而速度为

$$v = \frac{\pi D_w n_w}{60} = \frac{\pi D_w n}{60i} \tag{3-10}$$

式中，D_w 为曳引轮直径；n_w 为曳引轮转速（r/min）；n 为电动机转速（r/min）；i 为曳引比。

于是加速度

$$a = \frac{\pi D_w n}{60it} \tag{3-11}$$

将式（3-11）代入式（3-8），得电梯起动、制动过程中的平均动态转矩为

$$T_d = \frac{60iGD^2 a}{375\pi D_w} = \frac{iGD^2 a}{2D_w g} \tag{3-12}$$

电梯在起动和制动过程中的动态转矩并不是恒定值，而是随加速度变化的变值。

3.2 电梯运行过程特性分析

3.2.1 电梯运行需要考虑的因素

对电梯运行性能的要求主要是满足安全性、快速性和舒适性。

（1）安全性　电梯是一种以人为主要承载对象，涉及人们生命安全，危险性比较大，是容易造成人身伤害的机电类特种设备。因此，保证乘客基本人身安全是最基本，也是最主要的要求。

（2）快速性　电梯的快速性，主要是指从乘客走进电梯至目的楼层走出电梯这段时间的长短。时间越短，说明电梯的运行效率越高，即电梯的快速性越好。因此，提高电梯的运行速度，缩短电梯的运行时间，可提高电梯的快速性。

（3）舒适性　电梯的舒适性主要是体现在电梯加速起动和减速制动两个过程中，电梯轿厢在加速下降或减速上升时会产生失重感，而在加速上升或减速下降时会产生超重感，这都会使乘客感觉不舒适，直接反应如头晕目眩、恶心或心脏剧烈跳动等，加、减速度越大，反应越强烈。因此，国家标准中对电梯的加速度及加速度变化率都作了严格限制：GB/T 10058—2009《电梯技术条件》第 3.3.2 条规定“乘客电梯起动加速度和制动减速度不应大于 1.5m/s²”，第 3.3.3 条规定“当电梯额定速度为 1.0m/s < v_N < 2.0m/s 时，其平均加、减速度不应小于 0.5m/s²；当电梯额定速度为 2m/s < v_N < 6m/s 时，其平均加、减速度不应小于 0.7m/s²”。加速度变化率要求：加速度变化率较大时，人的大脑会感到晕眩、痛苦，其影响比加速度还大，电梯行业一般限制加速度变化率系数不超过 1.3m/s³。

3.2.2 三角形和梯形速度曲线的特点分析

图3-3所示为梯形速度曲线。由图可以看出，梯形速度曲线在起始点、终了点和转弯处拐硬弯，因而造成在速度曲线转折点加速度 a 发生突跳，使该点的加速度变化率 ρ 为无穷大。这对于没有感官的机床和工件来说不成问题，而对于电梯或者车辆，其中的乘客就会感到头晕脑涨、严重不适。

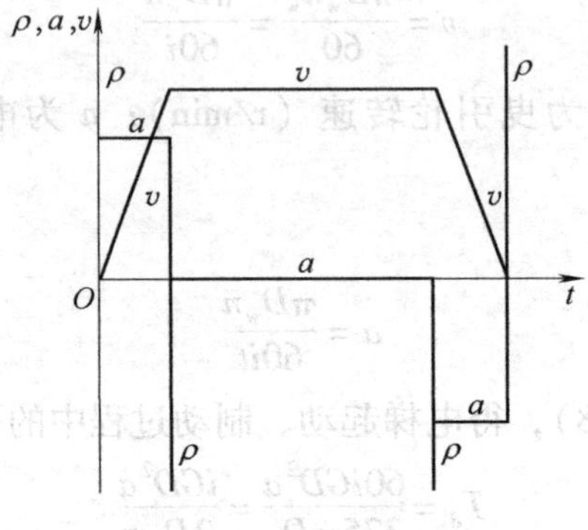

图3-3 梯形速度曲线

3.2.3 抛物线—直线形速度曲线的构成及特点

图3-4所示为抛物线—直线形速度曲线。其中，*OABC* 段是由静止起动到匀速运行的加速段速度曲线；*CD* 段是匀速运行段，其为电梯的额定速度；*DEFG* 段是由匀速运行制动到静止的减速段速度曲线，通常是一条与起动段对称的曲线。

加速段速度曲线 *OABC* 段的 *OA* 段是一条抛物线，*AB* 段是一条在 *A* 点与抛物线 *OA* 相切的直线，而 *BC* 段则是一条反抛物线，它与 *OA* 段抛物线以 *AB* 段直线的中点相对称。设计电梯的速度曲线，主要就是设计起动加速段 *OABC* 段曲线，而 *DEFG* 段曲线与 *OABC* 段曲线镜像对称，很容易由 *OABC* 段的数据推出，*CD* 段为恒速段，其速度为额定速度，无需计算。

速度曲线的加速度、加速度变化率曲线也示于图3-4。各小段的速度曲线、加速度曲线、加速度变化率曲线的函数表达式分别如下：

OA 段速度曲线（抛物线段）

$$v = kt^2$$

其加速度曲线（斜线段）

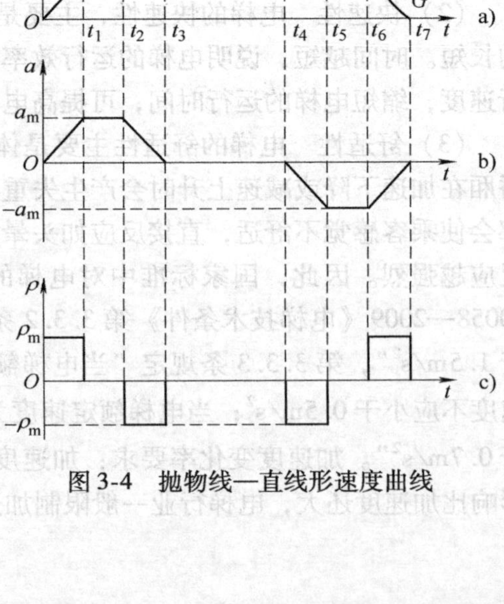

图3-4 抛物线—直线形速度曲线

$$a=\frac{\mathrm{d}v}{\mathrm{d}t}=2kt$$

其加速度变化率曲线（水平直线段）

$$\rho=\frac{\mathrm{d}a}{\mathrm{d}t}=2k=\rho_m$$

AB 段速度曲线（直线段）

$$v=v_A+a_A(t-t_A)$$

其加速度曲线（水平直线段）

$$a=\frac{\mathrm{d}v}{\mathrm{d}t}=a_A$$

其加速度变化率曲线（与横轴重合直线段）

$$\rho=\frac{\mathrm{d}a}{\mathrm{d}t}=0$$

BC 段速度曲线（反抛物线）

$$v=v_N-k\ (t_C-t)^2$$

其加速度曲线（斜线段）

$$a=\frac{\mathrm{d}v}{\mathrm{d}t}=2k(t_C-t)$$

其加速度变化率曲线（水平直线段）

$$\rho=\frac{\mathrm{d}a}{\mathrm{d}t}=-2k$$

式中，k 为常数，具体数值根据设计的电梯速度曲线确定。

3.2.4　正弦波一直线形速度曲线的特点

正弦波一直线形速度曲线如图 3-5 所示。

从图 3-5 可以看出，该曲线是一条带有直线加速段的正弦函数速度曲线，起动段各曲线的方程式列写如下：

$$\begin{cases} v=\dfrac{1}{2}v_N\left[1+\sin\left(\omega t-\dfrac{\pi}{2}\right)\right] \\ a=\dfrac{1}{2}\omega v_N\sin\omega t \\ \rho=\dfrac{1}{2}\omega^2 v_N\cos\omega t \end{cases} \quad (0\leqslant\omega t\leqslant\pi) \tag{3-13}$$

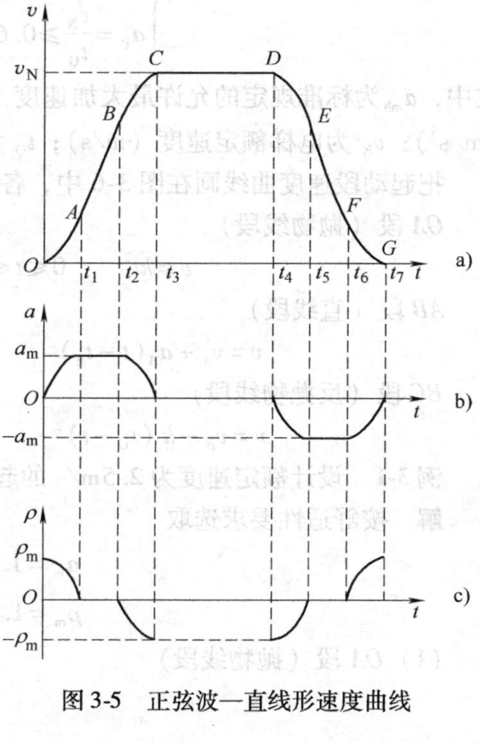

图 3-5　正弦波一直线形速度曲线

图 3-5a、b、c 所示分别是对应的速度曲线、加速度曲线和加速度变化率曲线。在图 3-5a 所示速度曲线中，由开始起到点 O 到速度转换点 A 之间为变加速运行正弦段，加速度由零线性上升，当到达 A 点时，加速度值达到最大值；此后，电梯以 A 点的加速度值，进入匀加速线性运行段；

到达 B 点时，速度的变化开始减小；直到 C 点，电梯开始进入匀速运行段。从 D 点到 G 点为制动减速段，其运行过程与起动加速段对称。

通过进一步对图 3-4 和图 3-5 的分析可以看出，抛物线—直线形速度曲线在由抛物线向直线和直线向抛物线过渡及电梯起动和制停时，虽然加速度曲线是连续的，但是其加速度变化率却产生了跳变，影响了电梯运行的舒适性。而正弦波—直线形速度曲线由于其函数本身的特性，在正弦曲线与直线过渡时，不但加速度曲线是连续的，其加速度变化率曲线也是连续的，仅在电梯起动和制停时加速度变化率有一次跳变，舒适性明显好于抛物线—直线形速度曲线。

3.2.5 电梯速度曲线设计举例

从前面的分析可以看出，设计电梯的速度曲线重点是设计电梯起动阶段的速度曲线 $OABC$ 段，CD 段是匀速运行段，速度为常值，无需设计；减速阶段的速度曲线 $DEFG$ 段与 $CBAO$ 段对称，可按对称原则轻松得到。

将相关标准对电梯的舒适性、快速性要求列写如下：

1）舒适性要求：

加速度
$$a=\frac{dv}{dt}\leqslant 1.5\text{m/s}^2=a_{mb}$$

加速度变化率
$$\rho=\frac{da}{dt}=\frac{d^2v}{dt^2}\leqslant 1.3\text{m/s}^3=\rho_{mb} \tag{3-14}$$

2）快速性要求：起动段的平均加速度

$$\begin{cases} a_P=\dfrac{v_N}{t_Q}\geqslant 0.48\text{m/s}^2 & v_N\leqslant 2\text{m/s 时} \\ a_P=\dfrac{v_N}{t_Q}\geqslant 0.65\text{m/s}^2 & v_N\geqslant 2\text{m/s 时} \end{cases} \tag{3-15}$$

式中，a_{mb} 为标准规定的允许最大加速度（m/s^3）；ρ_{mb} 为标准规定的允许最大加速度变化率（m/s^3）；v_N 为电梯额定速度（m/s）；t_Q 为起动段所用时间（s）。

把起动段速度曲线画在图 3-6 中，各段曲线的方程列写如下：

OA 段（抛物线段）

$$v=kt^2 \qquad 0\leqslant t\leqslant t_A$$

AB 段（直线段）

$$v=v_A+a_A(t-t_A) \qquad t_A\leqslant t\leqslant t_B \tag{3-16}$$

BC 段（反抛物线段）

$$v=v_N-k(t_C-t)^2 \qquad t_B\leqslant t\leqslant t_C$$

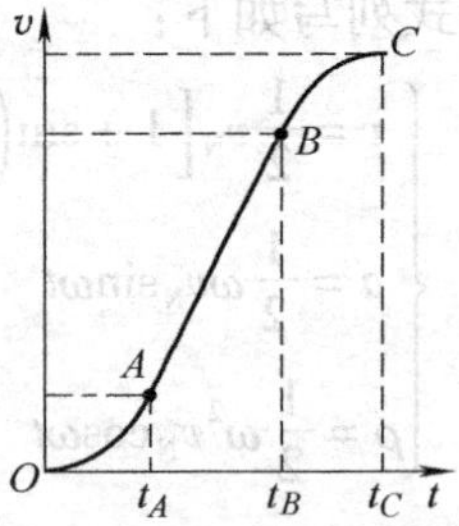

图 3-6　起动段速度曲线

例 3-1　设计额定速度为 2.5m/s 的起动段速度曲线。

解　按舒适性要求选取

$$a_m=1.2\text{m/s}^2<1.5\text{m/s}^2$$
$$\rho_m=1.0\text{m/s}^3<1.3\text{m/s}^3$$

（1）*OA* 段（抛物线段）

$$v = kt^2$$

$$a = \frac{\mathrm{d}v}{\mathrm{d}t} = 2kt$$

$$\rho = \frac{\mathrm{d}a}{\mathrm{d}t} = 2k = \rho_{\mathrm{m}}$$

$$k = \rho_{\mathrm{m}}/2 = (1.0/2)\,\mathrm{m/s^3} = 0.5\mathrm{m/s^3}$$

对于 A 点

$$t_A = \frac{a_A}{2k} = \frac{a_{\mathrm{m}}}{\rho_{\mathrm{m}}} = \frac{1.2}{1.0}\mathrm{s} = 1.2\mathrm{s}$$

$$v_A = kt_A{}^2 = 0.5 \times 1.2^2\mathrm{m/s} = 0.72\mathrm{m/s}$$

$$a_A = a_{\mathrm{m}} = 1.2\mathrm{m/s^2}$$

代入数据后得 OA 段方程

$$v = 0.5t^2 \qquad 0 \leqslant t \leqslant 1.2\mathrm{s}$$

（2）AB 段（直线段）

$$v = v_A + a_A(t - t_A) \qquad t_A \leqslant t \leqslant t_B$$

因为 BC 段与 OA 段对称，所以

$$\Delta v_{OA} = \Delta v_{BC} = v_A$$

AB 段的速度变化为

$$\Delta v_{AB} = v_{\mathrm{N}} - 2v_A = (2.5 - 2 \times 0.72)\,\mathrm{m/s} = 1.06\mathrm{m/s}$$

AB 段所需时间

$$\Delta t_{AB} = \frac{\Delta v_{AB}}{a_A} = (1.06/1.2)\,\mathrm{s} = 0.883\mathrm{s}$$

$$t_B = t_A + \Delta t_{AB} = (1.2 + 0.883)\,\mathrm{s} = 2.883\mathrm{s}$$

$$v_B = v_A + \Delta v_{AB} = (0.72 + 1.06)\,\mathrm{m/s} = 1.78\mathrm{m/s}$$

代入数据后得 AB 段方程

$$v = 0.72 + 1.2(t - 1.2) \qquad 1.2\mathrm{s} \leqslant t \leqslant 2.083\mathrm{s}$$

（3）BC 段（反抛物线段）

$$v = v_{\mathrm{N}} - k\,(t_C - t)^2 \qquad t_B \leqslant t \leqslant t_C$$

$$t_C = t_A + t_B = (1.2 + 2.083)\,\mathrm{s} = 3.283\mathrm{s}$$

$$v_C = v_{\mathrm{N}} = 2.5\mathrm{m/s}$$

代入数据后得 BC 段方程

$$v = 2.5 - 0.5\,(3.283 - t)^2 \qquad 2.083\mathrm{s} \leqslant t \leqslant 3.283\mathrm{s}$$

将计算结果归纳如下：

OA 段（抛物线段）

$$v = 0.5t^2$$

$$a = t \qquad 0 \leqslant t \leqslant 1.2\mathrm{s}$$

$$\rho = 1.0\mathrm{m/s^3}$$

AB 段（直线段）

$$v=0.72+1.2(t-1.2)$$
$$a=1.2\text{m/s}^2 \qquad 1.2\text{s}\leqslant t\leqslant 2.083\text{s}$$
$$\rho=0\text{m/s}^3$$

BC 段（反抛物线段）

$$v=2.5-0.5\ (3.283-t)^2$$
$$a=3.283-t \qquad 2.083\text{s}\leqslant t\leqslant 3.283\text{s}$$
$$\rho=-1.0\text{m/s}^3$$

由于选取的 $a=1.2\text{m/s}^2$，$\rho=-1.0\text{m/s}^3$ 均小于标准规定值，只要控制系统工作正常，使轿厢准确地按此速度曲线运行，舒适性便可以满足要求。下面需要校验快速性是否满足要求：

起动期间的平均加速度为

$$a_P=\frac{v_N}{t_Q}=\frac{v_C}{t_C}=\frac{2.5}{3.283}\text{m/s}^2=0.76\text{m/s}^2\geqslant 0.65\text{m/s}^2$$

满足快速性要求。

3.3 交流双速电梯拖动控制

3.3.1 交流双速电梯拖动系统的特点

我国在20世纪60~70年代生产的电梯，绝大部分是交流双速电梯，80年代生产的电梯也有相当数量的双速电梯。在当前运行的电梯中有一定数量是属于这种拖动方式的。交流双速电梯的拖动系统结构简单，技术简单，运行舒适感较差，额定梯速一般在1m/s以下。这种电梯通常采用继电器-接触器控制，故障率较高，越来越不适应现代社会的需求，目前产量逐年降低，被交流调速电梯替代。今后，交流双速拖动方式将主要用于货梯或客货两用梯中，控制部分也将由有触点控制改为无触点控制，提高其运行可靠性。前几年掀起的一股电梯改造热，其主要对象就是这一批交流双速电梯，将其继电器-接触器控制部分改造成PLC控制，以提高其可靠性，将其双速拖动方式改造为调压调速或变频调速拖动方式，以提高其运行舒适感和平层准确度。交流双速电梯采用变极调速电动机作为曳引电动机，其变极比通常为6/24极，也有4/6/24极和4/6/18极的。从电动机结构看，有采用单绕组改变接线方式实现变极的，也有采用两组绕组的，它们各自具有不同的级数，通过接通不同的绕组来实现不同的转速。

3.3.2 交流双速电梯的工作原理及实现方式

交流双速电动机拖动是电梯拖动系统中较为简单经济的一种。所谓双速，是为了提高电梯减速时的舒适感，通常采用双速笼型异步电动机，减速时速度有两级变化。

电梯起动过程中，为了限制起动电流、减小电网电压的波动及减小起动时的加速度，改善乘坐的舒适感和防止机械冲击，一般在电动机定子中串入电阻、电抗或电阻和电抗组合，进行减压起动。随着电动机转速升高，逐级切除电阻或电抗，使电梯逐步加速，进入稳定运行。起动时，常采用一级或两级切除电阻、电抗；减速时，电动机由高速绕组转换到低速绕组，为了限制其制动电流及减速速度，防止冲击过大，通常按二级或三级切除电阻、电抗。

3.3.3　交流双速电梯速度曲线的特点

交流双速电梯速度曲线如图 3-7 所示。它的特点是，在停车前有一个短时间的低速运行，这是为了提高平层准确度，因为在双速电梯中不采用速度闭环控制，如果由高速直接停车，轿厢就将冲过一段较大的距离，而这段距离又因电梯的负载情况、运行方向等原因而差距很大，这样就会造成平层准确度超差。设置一个低速运行段后，停车前的运行速度大约是额定速度的 1/4，而运动部分的动能与速度的二次方成正比，速度减小到 1/4，动能将减少到 1/16，这时再抱闸停车，轿厢冲过的距离大大减小，不同工况的差别也将减小，可以保证需要的平层准确度。

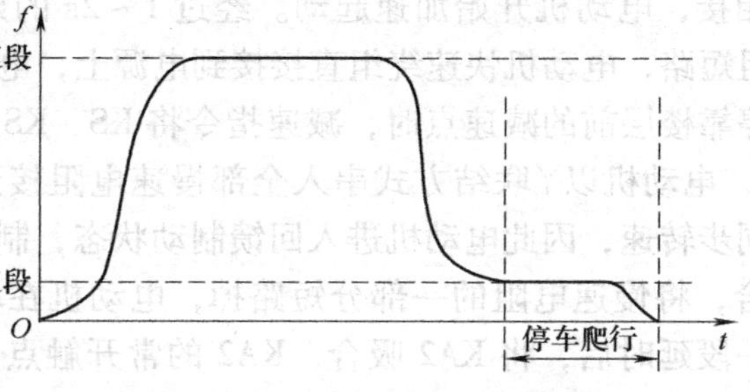

图 3-7　交流双速电梯速度曲线

3.3.4　起动过程和减速过程的主电路及机械特性分析

图 3-8 所示为采用单绕组变极电动机作为电梯曳引电动机的双速电梯主电路。图中，采用一个快速接触器 KS1，当快速（6 极）运行时，通过 KS1 的常开触点将电动机端子 1、2、3 短接到一起构成另一个星形点，使电动机接成双星形（YY）联结。当快速接触器 KS、

图 3-8　采用单绕组变极电动机的双速电梯主电路

KS1 吸合时，电动机以六极YY联结快速运转。KM1 是慢速接触器，当 KS1、KS 断开，而 KM1 接通时，电动机被接成Y联结形成 24 极，同步转速为 250r/min。KMF 是上升接触器，KMR 是下降接触器，当 KMF 接通时，电动机正转，带动轿厢上升；当 KMR 接通时，电源相序被改变，电动机反转，拖动轿厢下降。KA 是快速运行接触器，它接通后短路掉快速电阻 R_K，使快速绕组直接接到电源上，电动机在固有特性上转入稳速运行。KA1、KA2、KA3 是慢速运行接触器，KA1、KA2 是逐段切除慢速电阻用的，而 KA3 则使 R_M 全部被切除掉，使电动机进入慢速固有特性并转入稳定低速运行。

当电梯的控制系统通过对外呼、内选信号的分析判断出上升运动指令后，首先将接触器 KMF 吸合，准备好正转，并将抱闸线圈 YB 通电，松开电动机轴。随后，将快速接触器 KS1 吸合，把电动机接成YY联结，做好快速运行的准备。接着 KS 接触器吸合，将电动机串入快速起动电阻后与电源相接，电动机开始加速起动。经过 1～2s 的延时后，将 KA 吸合，KA 的触点将快速起动电阻短路，电动机快速绕组直接接到电源上，电动机在固有特性上快速运行。当轿厢运行到欲停靠楼层前的减速点时，减速指令将 KS、KS1、KA 切断，随后将慢速接触器 KM1 接通吸合，电动机以Y联结方式串入全部慢速电阻接到电源上。由于此时电动机的实际转速远高于同步转速，因此电动机进入回馈制动状态，制动转矩使电动机减速。经一段延时后，KA1 吸合，将慢速电阻的一部分短路掉，电动机在增大了制动转矩后，继续做回馈制动。又经过一段延时后，将 KA2 吸合，KA2 的常开触点又将慢速电阻的大部分短路，电动机串入的电阻更小了，制动转矩又再次增大，电动机继续减速。再经过一段延时后，将 KA3 吸合，慢速电阻被全部短路，电动机绕组直接接到三相电源上，在 24 极的固有特性曲线上继续减速到稳定的低速。

3.4 交流调压调速电梯拖动控制

3.4.1 交流调压调速电梯的特点及优势

交流调压调速电梯的特点及优势主要表现在两个方面：一个是对电梯稳速运行时实行闭环控制，通过闭环调压，使电梯不论负载轻重、不论运行方向，均在额定梯速下运行。这样做一方面可以克服摩擦阻力的波动造成的速度不均和振动，提高稳速运行阶段的舒适感，另一方面可以保证任何运行工况下减速停车前的初始速度都是同一个确定的值（即额定速度），从而提高减速阶段的控制精度，最终提高平层准确度。另一个是对电梯加速、减速过程实行闭环控制，通过调压或辅以其他制动手段，使电梯按预定的速度曲线升速或减速，从而获取加减速阶段的良好舒适感，并提高轿厢平层准确度。

后一点对加、减速阶段的过渡过程实行速度闭环控制是电梯控制与一般生产机械的速度控制所不同的。一般生产机械主要对稳速运行阶段实行速度的闭环控制，而在加速、减速阶段通常采用电流截止反馈使电动机在最大允许电流下加速或减速，这样电动机及其拖动的生产机械可以得到最大的加、减速度，从而提高劳动生产率。而电梯在加、减速阶段则要进行严格的速度闭环控制，这也就增加了电梯控制的难度。

3.4.2　交流调压电路分析

图 3-9 所示三相调压电路是目前普遍采用的调压方法。它采用三对彼此反并联的晶闸管为星形联结的电动机供电。在这种接线方式下，只有一个晶闸管被触发是不能构成回路的，也就是说，当一相的正向晶闸管被触发时，在另两相中至少得有一个反向的晶闸管被触发才能将电源电压加到电动机绕组上。六个晶闸管的六个触发脉冲彼此间隔 60°电角度。规定三相电源 U_{u0}、U_{v0}、U_{w0} 中的 U_{u0} 的正向过零点为 $\alpha=0°$ 点，则 1 号脉冲的前沿与该点的间隔就被称作晶闸管的触发延迟角。当触发延迟角 $\alpha<0°$ 或 $\alpha>180°$ 时，晶闸管承受反向电压，不具备导通条件；当 $150°<\alpha<180°$ 时，没有任何两个晶闸管可以同时导通，因此不会有输出电压，也就不会有电流。可见，实际可用的 α 角范围在 $0°<\alpha<150°$ 之间（当 $\alpha>90°$ 时，应采用宽脉冲触发或双脉冲触发）。

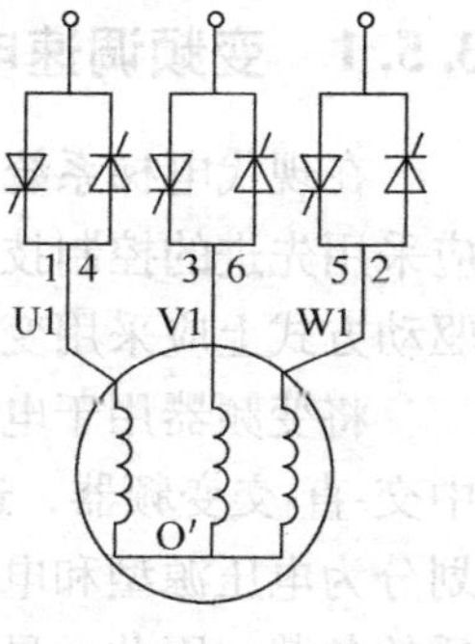

图 3-9　三相调压电路

3.4.3　交流调压调速电梯拖动控制系统的组成及工作过程

交流调压调速电梯往往采用带转速负反馈的闭环控制系统，如图 3-10 所示。引入转速负反馈，显然使系统静特性的硬度大大提高了。

它的工作过程可以通过机械特性分析，如图 3-11 所示。开始时，负载转矩为 T_L，系统工作在特性曲线①的 a 点上，如果负载转矩增至 T'_L，这时电动机转速必然下降，闭环系统进行调节，使电动机工作在新的特性曲线②的 b 点。调节过程如下：$T_L\uparrow$ 至 $T'_L\rightarrow n\downarrow\rightarrow U_n\downarrow\rightarrow\Delta U_n\uparrow\rightarrow U_c\uparrow\rightarrow$定子电压$\uparrow\rightarrow$工作点移至特性曲线②的 b 点$\rightarrow$电磁转矩$\uparrow\rightarrow T_e=T'_L\rightarrow$电动机稳定运行于 b 点。

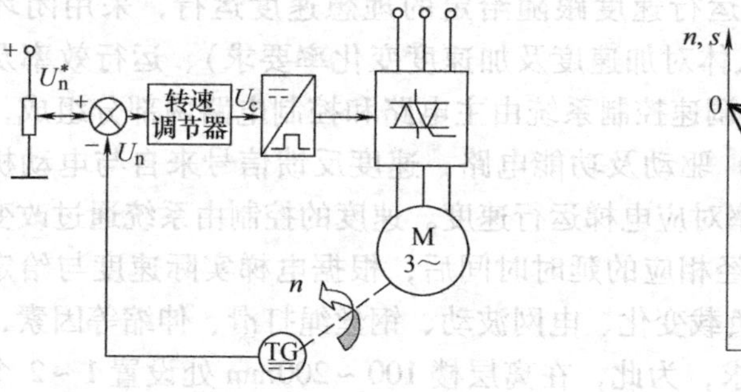

图 3-10　带转速负反馈闭环控制的交流调压调速系统

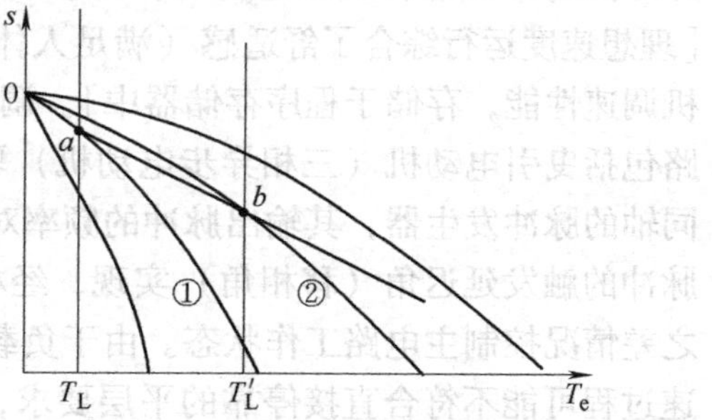

图 3-11　调压调速机械特性

3.5　变频（VVVF）调速电梯拖动控制

电梯性能的好坏对人们生活的影响越来越显著，因此必须努力提高电梯系统的性能，保证电梯的运行既高效节能又安全可靠。我国电梯控制系统主要有三种：继电器控制系统、微机控制系统和 PLC 控制系统。其中，PLC 控制系统以其显著的优点成为电梯控制系统的主流。PLC 控制系统主要有双速电梯系统和变压变频调速系统，后者通过改变电动机供电的电压和频率，平滑调节电梯速度，平层准确度高，具有显著的节能效果，保障了电梯的可靠性，并成功地解决了电梯运行的舒适感问题。

3.5.1 变频调速电梯系统的控制技术

在现代电梯系统中，要处理的信号多而复杂，必须对信号快速准确地进行处理，因此，应采用先进的控制技术，比如矢量变换控制技术、高速 CPU 技术、DSP 技术等；同时，在驱动方式上应采用变频调速，比如采用新型大功率器件 IGBT 的高性能变频调速器等。

将变频器用于电梯时，常称为 VVVF 电梯。一般变频器有交-交、交-直-交两种类型，其中交-直-交变频器，还可以按直流环节电压、电流的特点（由滤波的电容量和电感量决定）划分为电压源型和电流源型变频器。电梯一般采用电压源型变频器。由于电梯属于恒转矩性质的负载，因此，虽然改变电动机定子的电源频率就可实现对异步电动机的调速，但为了保持调速时电动机最大转矩不变，变频器需维持电动机磁通恒定、满足压频比为常数的条件，即变频调速时必须协调地变压。

VVVF 电梯拖动调速系统的实质就是采用交流异步电动机驱动及矢量变换控制技术。VVVF 电梯调速系统的特点是，电梯起动采用降频软起动，电动机起动电流很小，不超过额定电流。在电梯的制动阶段，电梯调速系统工作在发电制动状态，不需从供电网中取得电能，从而降低了电能的消耗，避免了电机过热，调速系统的功率因数比较高（接近 1）。

电梯系统的控制主要可分为拖动系统的调速控制与选层系统的逻辑控制。电梯系统的调速控制是指对电梯从起动到平层整个过程中速度的变化规律进行的控制，目的是减轻人在乘坐电梯时由于起、制动过程中加、减速产生的不舒适感（上浮、下沉感），并保证平层准确可靠。可以说调速控制的控制性能的优劣在很大程度上决定着电梯的性能和质量。电梯的运行可分为起动、稳速、制动三个阶段。稳速运行时，考虑到节能和对电网的干扰，系统采用开环控制；而起、制动运行时，为使运行速度跟随给定的理想速度运行，采用闭环控制［理想速度运行综合了舒适感（满足人体对加速度及加速度变化率要求）、运行效率及电动机调速性能，存储于程序存储器中］。调速控制系统由主电路和控制电路两部分组成，主电路包括曳引电动机（三相异步电动机）驱动及功能电路，速度反馈信号来自与电动机转子同轴的脉冲发生器，其输出脉冲的频率对应电梯运行速度。速度的控制由系统通过改变触发脉冲的触发延迟角（移相角）实现，经相应的延时时间后，根据电梯实际速度与给定速度之差情况控制主电路工作状态。由于负载变化、电网波动、钢丝绳打滑、伸缩等因素，使减速过程可能不符合直接停靠的平层要求，为此，在离层楼 100～200mm 处设置 1～2 个平层校正器，当轿厢运行到此校正点时，将实际速度与该点由平层校正器发出的平层速度给定值进行比较，若无差，则按原减速曲线运行；若有差，则用差值校正原速度给定曲线斜率，使之保证准确平层。

3.5.2 变频器的分类、特点及工作原理

目前，虽有电梯专用变频器，但其价格昂贵，因此也可以采用通用变频器，通过合理设计，使其达到专用变频器的控制效果。当然，为满足电梯控制上的要求，采用通用变频器时，参数设置比专用变频器要复杂得多。例如，为减少起动冲击及增加调速的舒适感，其速度环的比例系数宜小些（3s），而积分时间常数宜大些（5s）；为了提高运行效率，快车频

率应选为工频（50Hz），而爬行频率要尽可能低些（4Hz），以减少停车冲击，检修慢车频率可选10Hz；为了保证平层准确度及运行的可靠性，曳引电动机的转速宜采用闭环控制，其转速由旋转编码器检测；为使变频器工作在最佳状态，需使变频器对所驱动的电动机进行自学习，其方法是，将曳引机制动轮与电动机轴脱离，使电动机处于空载状态，然后起动电动机，变频器便可自动识别并存储电动机有关参数，并能对该电动机进行最佳控制。

1. 变频器分类

异步电动机变频调速用的变频器有四种基本类型：

1）交-直-交电压源型。

2）交-直-交电流源型。

3）交-交电压源型。

4）交-交电流源型。

在电梯传动系统中广泛采用的是交-直-交电压源型变频器。20世纪70年代后期，变频器的开发与应用已经取得十分可喜的成果，各种新颖、高性能、大容量的变频器先后投入市场。脉宽调制（PWM）变频器就是其中一个典型例子。

目前，PWM变频器已进入广泛应用阶段，尤其是在VVVF电梯拖动系统中更是起到了决定性作用。

2. 变频器基本特点

变频器的基本特点表现在变频器输出电压的幅值与频率的调节方式上，有以下四种：

1）变频器由负责调压的可控整流器、中间直流滤波环节和负责调频的逆变器组成，主电路如图3-12所示。

这种电路就是通常采用的交-直-交电压源型变频器，输出电压的幅值与频率可分别进行调节。

2）变频器由负责整流的二极管整流器、负责直流调压的斩波器及负责调频的逆变器组成，如图3-13所示。

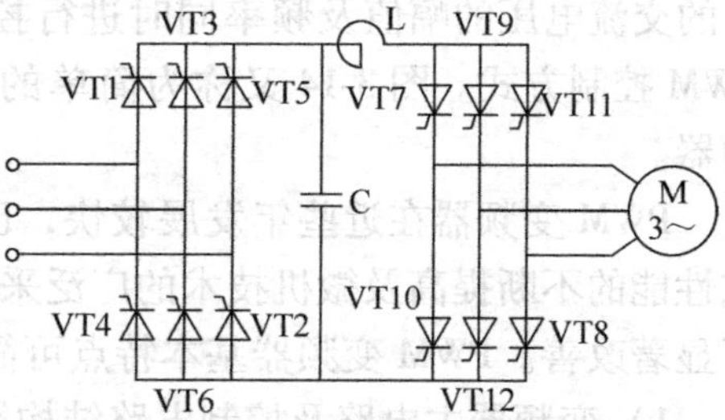

图3-12 交-直-交电压源型变频器主电路

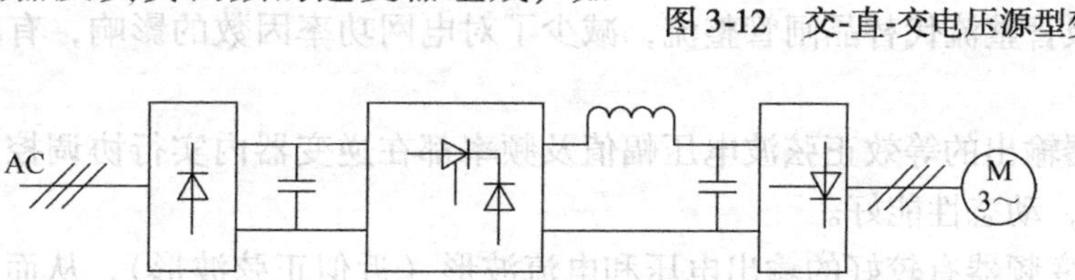

图3-13 斩波器调压的变频器

这种电路由于采用了二极管整流，因此提高了电网的功率因数。由于斩波器的开关频率较高、斩波器输出端直流滤波环节的时间常数较小，故电压响应较快，系统动态品质较好。

3）变频器由负责整流的二极管整流器、负责调频与调压的两个并联逆变器（采用两个逆变器相对移相的方法实现调压）和负责两逆变器输出波形叠加的输出变压器组成，如图3-14所示。

4）变频器由负责整流二极管整流器和负责直-交变换及调压调频的脉宽调制（PWM）

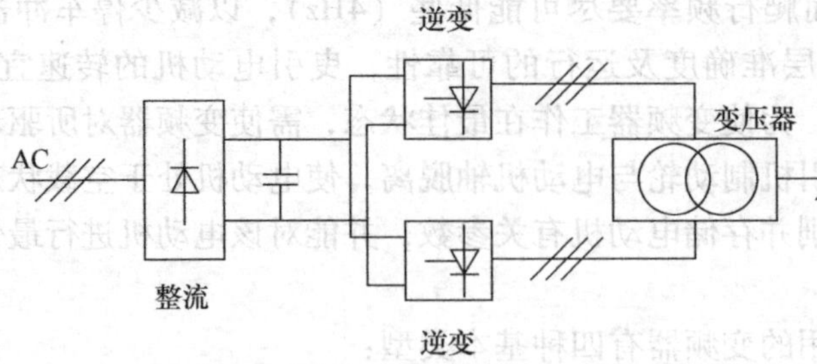

图 3-14 采用两个逆变器并联调压调频的变频器

逆变器组成，如图 3-15 所示。

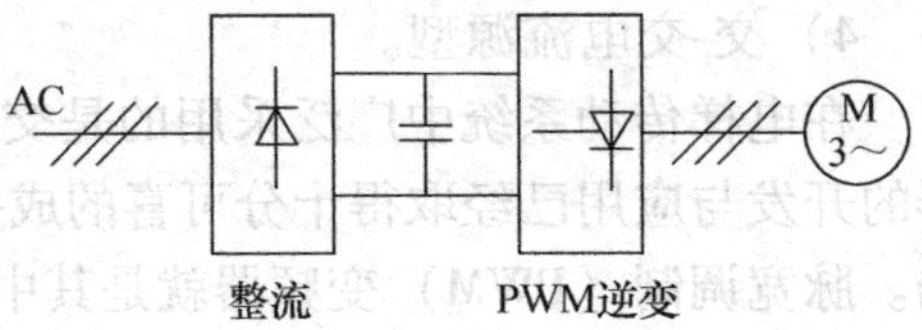

图 3-15 PWM 变频器

以上四种交流变频器，从输出电压的幅值与频率的调节方法来分，又可归纳成两类：

1）图 3-12 和图 3-13 中，由逆变器输入端直流电压控制逆变器输出交流电压的幅值，而输出交流电压的频率则是在逆变器内部进行控制的。这种控制方式称为脉冲幅度调制方式，简称为 PAM 控制方式。

2）图 3-14 和图 3-15 中，逆变器输入端的直流电压是恒定的，而在逆变器内部对其输出的交流电压的幅值及频率同时进行控制。这种控制方式又称为脉冲宽度调制方式，简称 PWM 控制方式。图 3-14 又称为简单的（或多重）脉宽调制变频器，习惯上称作 PWM 变频器。

PWM 变频器在近些年发展较快，已经研制出多种 PWM 控制方式。电力半导体器件工艺性能的不断提高及微机技术的广泛采用，使 PWM 变频器无论在结构上还是在性能上都有了显著改善。PWM 变频器基本特点可简述如下：

1）变频器主电路及控制电路结构简单，体积小、重量轻、可靠性高、使用方便。

2）由二极管整流代替晶闸管整流，减少了对电网功率因数的影响，有利于提高电网供电质量。

3）变频器输出的等效正弦波电压幅值及频率都在逆变器内实行协调控制，因此调节速度快、精度高，动态性能好。

4）PWM 变频器有较好的输出电压和电流波形（近似正弦波形），从而克制了由矩形波电压供电的异步电动机的发热及转矩降低的弊病，提高了异步电动机的运行性能。

PWM 变频器输出电压波形如图 3-16 所示。

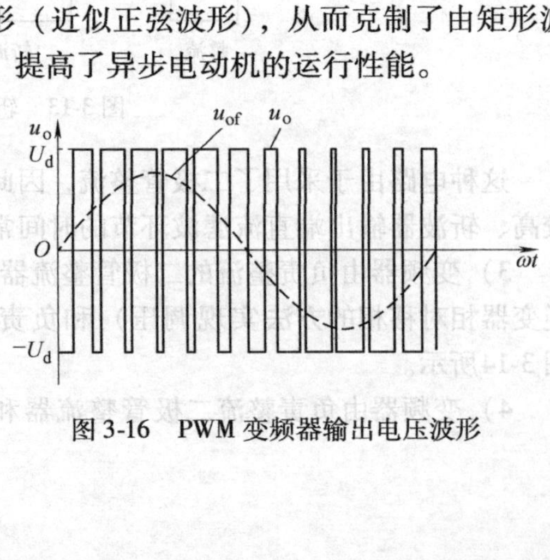

图 3-16 PWM 变频器输出电压波形

由图 3-16 可见，PWM 变频器输出电压波形为等幅不等宽的矩形脉冲列，脉冲宽度变化正比于输出等效正弦波电压幅值变化，脉冲包围的面积近似等于正弦波包围的面积。因此，矩形脉冲电压等效于正弦波电压。

3. PWM 变频器工作原理

PWM 变频器靠脉冲宽度的调制实现输出电

压幅值的调节，并靠改变调制周期实现输出电压频率的调节，其输出电压的幅值及频率的调节都在变频器中的逆变器内完成。

逆变器中的开关器件，由控制电路按一定规律控制其通断，从而在逆变器输出端获得一组等幅而不等宽的矩形脉冲波形。

逆变器中的控制电路可以设计成多种形式，其控制信号的产生方法也各有不同。控制电路的根本作用在于严格准确地计算出各分段矩形脉冲宽度，以此作为控制逆变器开关器件通断的依据。控制电路的实现一般可有两种方式，即模拟电路方式及数字电路方式。为说明PWM变频器工作原理，下面以三角波与正弦波相交方法来确定各分段矩形脉冲的宽度。

参考信号为正弦波的脉宽调制称为正弦波脉宽调制（SPWM）。这种方式利用三角波与正弦波相交点发出开关器件的触发脉冲，也即由频率及幅值可变的正弦波与幅值、频率均固定不变的三角波进行比较，由两个波形的交点得到一系列幅值相等、宽度不相等的矩形脉冲列。当正弦波幅值大于三角波幅值时，输出正脉冲，使逆变器中的开关器件导通；当正弦波幅值小于三角波的幅值时，输出负脉冲，使逆变器中的开关器件截止。图3-17所示为单相正弦波脉宽调制波形。

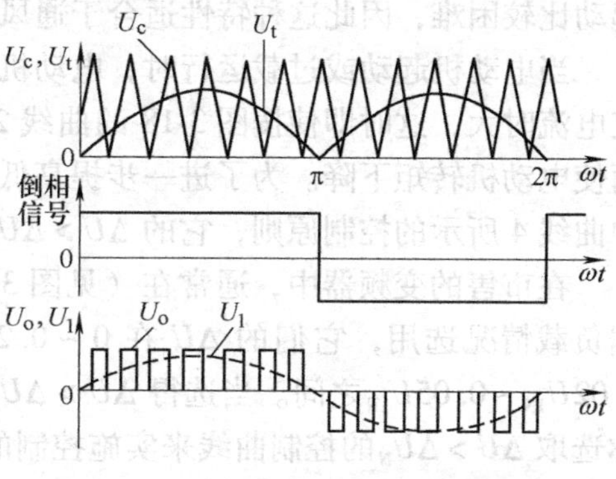

图3-17 单相正弦波脉宽调制波形

对于三相逆变器，必须产生互差120°的三相调制波，三角波可以共用，但必须有一个三相可变频、变幅的正弦波发生器，产生可变频、变幅的三相正弦波参考信号，然后分别与三角波相比较产生三相脉冲调制波。

由上述分析可见，PWM变频器依靠恰当的调制方法，使其逆变器的输出电压的大小与频率可调。因此，PWM变频器实际上就是一种新型的交流电源，而且是电压大小与频率均可调的等效正弦波交流电源。

3.5.3 交流异步电动机变频调速的机械特性

变频调速控制原则如图3-18所示。图3-19所示为异步电动机VVVF变频调速机械特性。

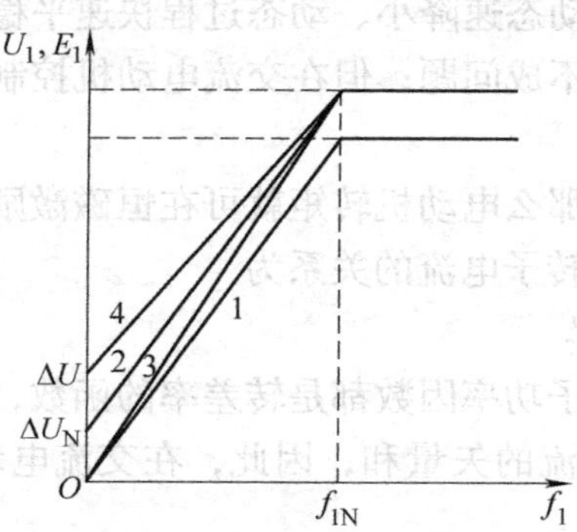

图3-18 变频调速控制原则

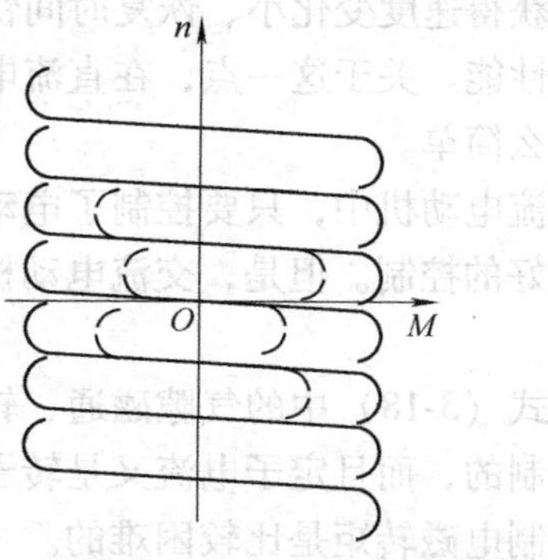

图3-19 异步电动机VVVF变频调速机械特性

当频率高于额定频率时，由于保持$U_1 = U_{1N}$不变，因而磁通Φ将下降，这时异步电动机的机械特性类似于直流电动机的弱磁调速，频率升高，转速加快，但转矩减小，功率近似不变，接近于恒功率调速。由于电梯属于恒转矩负载，因此变频调速电梯是不使用这部分机械特性的。

当频率低于额定频率时，电动机的磁通 $\Phi=\Phi_N$ 保持不变，类似于直流电动机的恒磁通调压调速，属于恒转矩调速类型，它的机械特性是一组相平行的曲线。

当频率低于额定频率并按图 3-18 中曲线 3 来控制频率和电压，且在频率较低时，由于电动机定子漏电抗压降 ΔU 在 U_1 中占有较大比重，使电动机的电动势 E_1 减小得低于应有的大小，因而电动机磁通减小，造成转矩下降，这时，电动机的机械特性过载能力减弱，其机械特性曲线如图 3-19 中虚线那样。这时，电动机在低频时的转矩下降，有时带恒转矩负载起动比较困难，因此这种特性适合于通风机类型负载。

当电动机起动或过载运行时，电动机电流超过额定电流，定子漏电抗压降 ΔU 也将比额定电流时大，这时即使按图 3-18 的曲线 2 进行控制，也将造成低频时电动机磁通减弱，从而使电动机转矩下降。为了进一步提高低速起动、过载运行时的电磁转矩，可以采用图 3-18 中曲线 4 所示的控制原则，它的 $\Delta U>\Delta U_N$。

在市售的变频器中，通常在（见图 3-18）曲线 3 和曲线 4 之间有数条曲线供使用者根据负载情况选用，它们的 ΔU 在 $0\sim0.2U_{1N}$之间，对于普通异步电动机，其 ΔU_N大约在 $0.02U_{1N}\sim0.05U_{1N}$之间。当选得 $\Delta U>\Delta U_N$时，电动机低速运行时的转矩将得以增大，因此称选取 $\Delta U>\Delta U_N$的控制曲线来实施控制的作法为“转矩提升”。

3.5.4 变频调速矢量控制原理

矢量变换技术是一种新的控制技术。在 VVVF 电梯中，PWM 变换技术与矢量变换技术的应用，大大地改善了传动系统的动态品质，同时也明显地提高了运行指标。

1. 矢量变换基本概念

在电机学中描绘异步电动机旋转运动的基本方程为

$$T-T_Z=\frac{GD^2}{375}\frac{dn}{dt} \tag{3-17}$$

由式（3-17）可见，在恒转矩负载的起动、制动及调速过程中，只要能有效地控制，使异步电动机的电磁转矩恒定，就可使电动机恒加、减速运行，即使在突加负载扰动时，也能使电动机获得速度变化小、恢复时间快，也即电动机动态速降小、动态过程快速平稳的较理想的运行性能。关于这一点，在直流电动机控制中已不成问题；但在交流电动机控制中，问题就没那么简单。

在直流电动机中，只要控制了电动机电枢电流，那么电动机转矩就可在恒磁激励的情况下得到较好的控制。但是，交流电动机的电磁转矩与转子电流的关系为

$$T=C_m\Phi_m I'_2\cos\varphi'_2 \tag{3-18}$$

由于式（3-18）中的气隙磁通、转子电流以及转子功率因数都是转差率的函数，都是难以直接控制的，而且定子电流又是转子电流与励磁电流的矢量和，因此，在交流电动机中，有效地控制电磁转矩是比较困难的。

矢量变换的基本思想就是在普通的三相交流异步电动机上设法模拟直流电动机转矩的控制规律，其具体方法是根据旋转磁场等效的原则建立的。

三相对称绕组 A、B、C 通以三相平衡交变电流时，即可产生转速为 ω_0 的旋转磁场，如

图 3-20a 所示。

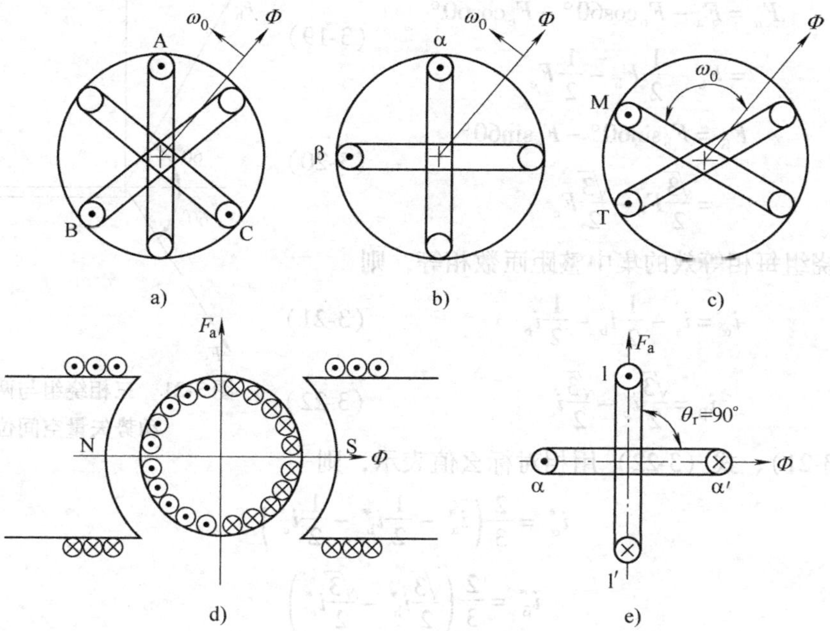

图 3-20　旋转磁场等效原理

对于两相固定绕组 α 与 β（空间位置相差 90°），通以两相平衡交流电流时，同样可产生旋转磁场，如图 3-20b 所示。若两相固定绕组的旋转磁场与三相固定绕组的旋转磁场大小与转速都相同时，则图 3-20a 与 b 等效。

图 3-20c 中的固定绕组 M 和 T，若通以直流电流后产生的磁场也为旋转磁场，且旋转磁场大小与转速都与图 3-20b 相同时，则图 3-20c 与 b 等效。

图 3-20d 中的两个垂直的固定绕组，设想通以直流电流产生的固定磁场随同绕组与铁心一起旋转，便可得到旋转的磁场与磁动势，若旋转磁场大小与转速与图 3-20c 相同，则图 3-20d 与 c 等效。

将图 3-20d 和 e 比较可以看出，产生磁动势的绕组相当于直流电动机的电枢绕组，产生磁场的绕组相当于直流电动机的励磁绕组。图 3-20e 中，l-l′是励磁绕组的轴向，α-α′是电枢绕组的轴向。

上述分析表明，以产生相同旋转磁场为准则，图 3-20a 所示三相绕组和图 3-20c 所示直流绕组等效，也即 i_a、i_b 及 i_c 之间存在着确定关系，即所谓的矢量变换关系。因此，只要按照这个关系去控制三相绕组中的电流就可等效地控制 i_m 和 i_T，达到控制电动机转矩的目的，获得如同直流电动机一样的控制性能。

矢量变换技术提供了控制交流电动机转矩的具体理论及其实现方法。

2. 矢量变换的实现

矢量变换通常包括三相-两相变换（3/2 变换）、矢量旋转变换（VR）及坐标变换（K/P）三部分。

（1）3/2 变换或 2/3 变换　画出三相绕组 A、B、C 和与其等效的两相绕组 α、β 的各相脉动磁动势矢量的空间位置，如图 3-21 所示。

由图 3-21 可知

$$F_{\alpha}=F_{a}-F_{b}\cos60°-F_{c}\cos60° \tag{3-19}$$
$$=F_{a}-\frac{1}{2}F_{b}-\frac{1}{2}F_{c}$$

$$F_{\beta}=F_{b}\sin60°-F_{c}\sin60° \tag{3-20}$$
$$=\frac{\sqrt{3}}{2}F_{b}-\frac{\sqrt{3}}{2}F_{c}$$

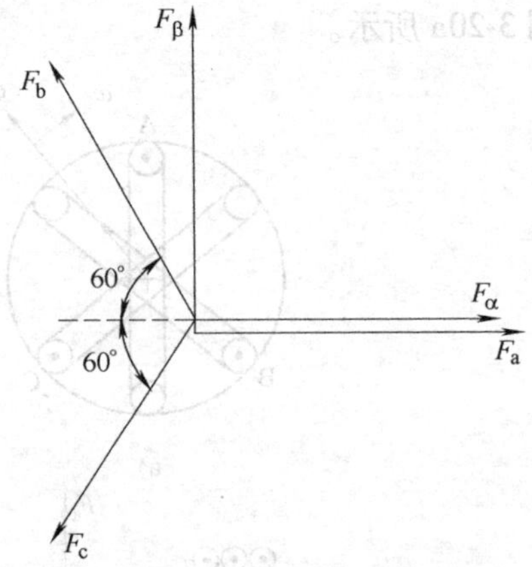

图 3-21　三相绕组与两相绕组磁动势矢量空间位置

设两套绕组每相等效的集中整距匝数相等，则

$$i_{\alpha}=i_{a}-\frac{1}{2}i_{b}-\frac{1}{2}i_{c} \tag{3-21}$$

$$i_{\beta}=\frac{\sqrt{3}}{2}i_{b}-\frac{\sqrt{3}}{2}i_{c} \tag{3-22}$$

将式（3-21）、式（3-22）用相对标幺值表示，则

$$i_{\alpha}^{*}=\frac{2}{3}\left(i_{a}^{*}-\frac{1}{2}i_{b}^{*}-\frac{1}{2}i_{c}^{*}\right) \tag{3-23}$$

$$i_{\beta}^{*}=\frac{2}{3}\left(\frac{\sqrt{3}}{2}i_{b}^{*}-\frac{\sqrt{3}}{2}i_{c}^{*}\right) \tag{3-24}$$

再将式（3-23）、式（3-24）表示成矩阵形式

$$\begin{pmatrix}i_{\alpha}^{*}\\ i_{\beta}^{*}\end{pmatrix}=\frac{2}{3}\begin{pmatrix}1 & -\frac{1}{2} & -\frac{1}{2}\\ 0 & -\frac{\sqrt{3}}{2} & -\frac{\sqrt{3}}{2}\end{pmatrix}\begin{pmatrix}i_{a}^{*}\\ i_{b}^{*}\\ i_{c}^{*}\end{pmatrix} \tag{3-25}$$

对于三相交流异步电动机，$i_{a}+i_{b}+i_{c}=0$，也即 $i_{c}=-i_{a}-i_{b}$，据此，式（3-25）又可写成

$$\begin{pmatrix}i_{\alpha}^{*}\\ i_{\beta}^{*}\end{pmatrix}=\begin{pmatrix}1 & 0\\ \frac{1}{\sqrt{3}} & \frac{2}{\sqrt{3}}\end{pmatrix}\begin{pmatrix}i_{a}^{*}\\ i_{b}^{*}\end{pmatrix} \tag{3-26}$$

由此可画出 3/2 变换电路，如图 3-22 所示。

（2）矢量旋转变换（VR）　它是指在两相 α、β 绕组和直流 M、T 绕组之间的变换，如图 3-23 所示。图中表示了 Φ 与 F_1 之间的关系，两者均以 ω_0 旋转，彼此相位差为 θ_1。以 Φ 为基准，即将 Φ 方向为直角坐标，将 i_1 分解成 i_M 和 i_T，i_M、i_T 相当于等效直流绕组 M、T 中的电流。

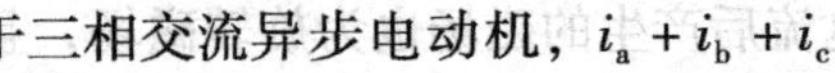

图 3-22　3/2 变换电路

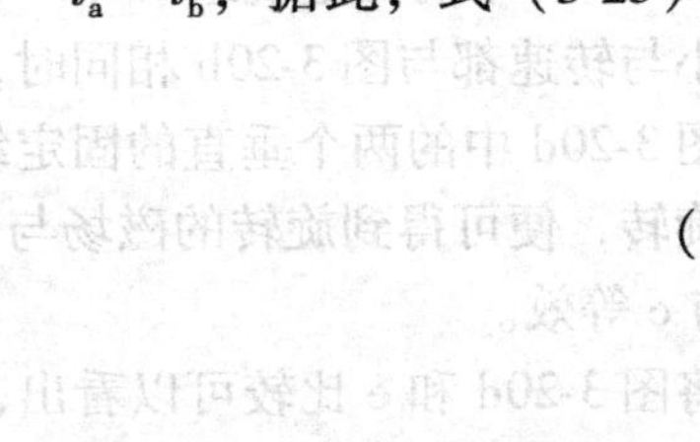

图 3-23　矢量旋转变换

由图 3-23 可写出下述关系：

$$i_\alpha = i_M\cos\varphi - i_T\sin\varphi \tag{3-27}$$

$$i_\beta = i_M\sin\varphi + i_T\cos\varphi \tag{3-28}$$

或写成下列矩阵形式：

$$\begin{pmatrix} i_\alpha \\ i_\beta \end{pmatrix} = \begin{pmatrix} \cos\varphi & -\sin\varphi \\ \sin\varphi & \cos\varphi \end{pmatrix}\begin{pmatrix} i_M \\ i_T \end{pmatrix} \tag{3-29}$$

式（3-29）即为矢量旋转变换（VR），这种变换也可叫作旋转坐标变换到静止坐标的矢量旋转变换。矢量旋转变换电路如图 3-24 所示。

（3）直角坐标与极坐标变换　由图 3-23 知

$$i_1 = \sqrt{i_M^2 + i_T^2},\ \tan\theta_1 = \frac{i_T}{i_M}$$

或

$$\tan\frac{\theta_1}{2} = \frac{\sin\theta_1}{1+\cos\theta_1} = \frac{i_T}{i_1 + i_M} \tag{3-30}$$

由此得出相应的直角坐标与极坐标变换电路如图 3-25 所示。

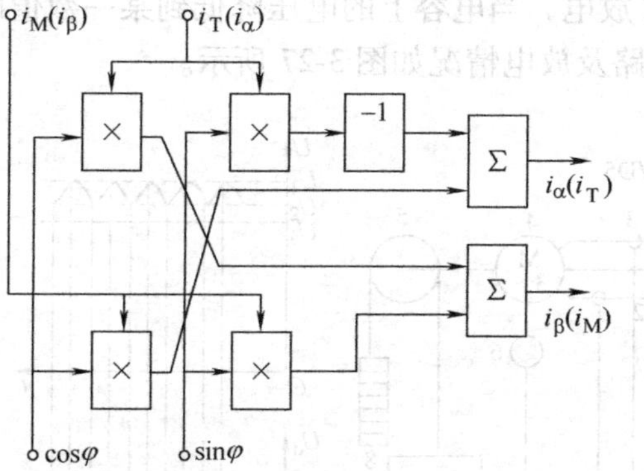

图 3-24　矢量旋转变换电路

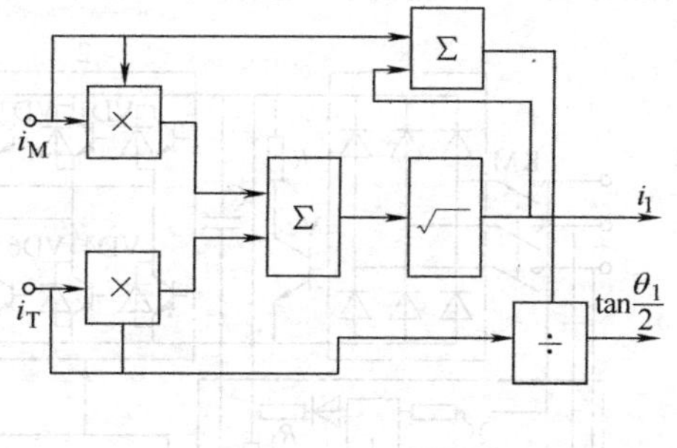

图 3-25　直角坐标与极坐标变换电路

3. 矢量变换技术在 VVVF 电梯中的应用

PWM 矢量控制调速系统结构框图如图 3-26 所示。

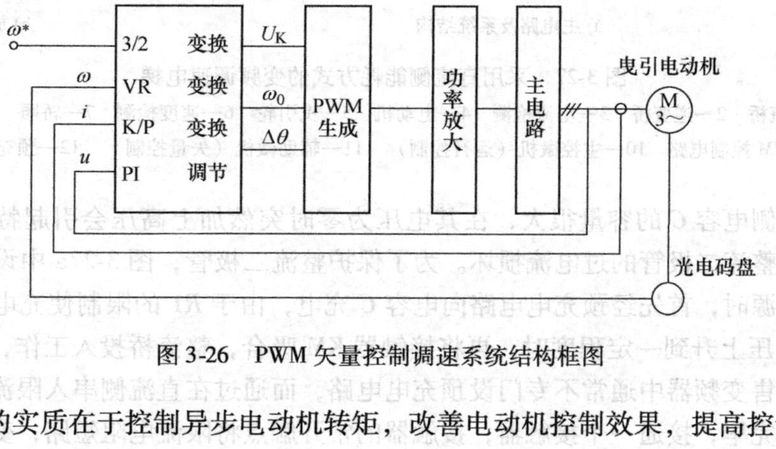

图 3-26　PWM 矢量控制调速系统结构框图

矢量变换的实质在于控制异步电动机转矩，改善电动机控制效果，提高控制质量。矢量变换的物理实现需要经过相当复杂的控制、变换与运算过程。近年来，将微处理器同电力电子技术结合起来实现交流调速的矢量变换，对于提高系统调速性能、控制灵敏度、简化系统结构、降低成本等都起着决定性的作用。

微机实现的矢量变换已在 VVVF 电梯中获得广泛应用，与 PWM 控制技术相结合，使 VVVF 电梯具有十分优越的运行特性，尤其是高速或超高速电梯，其运行性能完全可以和直流电梯相媲美。

4. 矢量控制的变频调速电梯主电路

在变频调速中，对电动机回馈能量的处理基本上有两种方法：一是在直流侧设置能耗电路，当直流侧电压上升到某一数值以上时，接通能耗电路，将回馈的多余能量消耗掉；另一种方法是在电源与直流侧之间设置逆变电路，当电动机回馈能量时，起动该逆变电路，将回馈的能量送给电网。两种方法相比较，显然后者节能效果好，运行效率提高。

在梯速低于 2m/s 的变频调速电梯中，由于可回馈的能量相对较少，因此多采用上述第一种方法，在直流侧设置了由晶体管 VT 与能耗电阻 R 构成的能耗电路。当轿厢轻载上升或重载下降运行时或者在减速过程中，由于电动机的转速高于同步转速，电动机的感应电动势高于电压，该电动势经二极管 VD1 ~ VD6 整流向直流侧电容 C 充电，当电容上的电压上升到一定程度时，令晶体管 VT 导通，向电阻 R 放电，当电容上的电压降低到某一数值时，则关断晶体管 VT，停止放电。这时电梯的主电路及放电情况如图 3-27 所示。

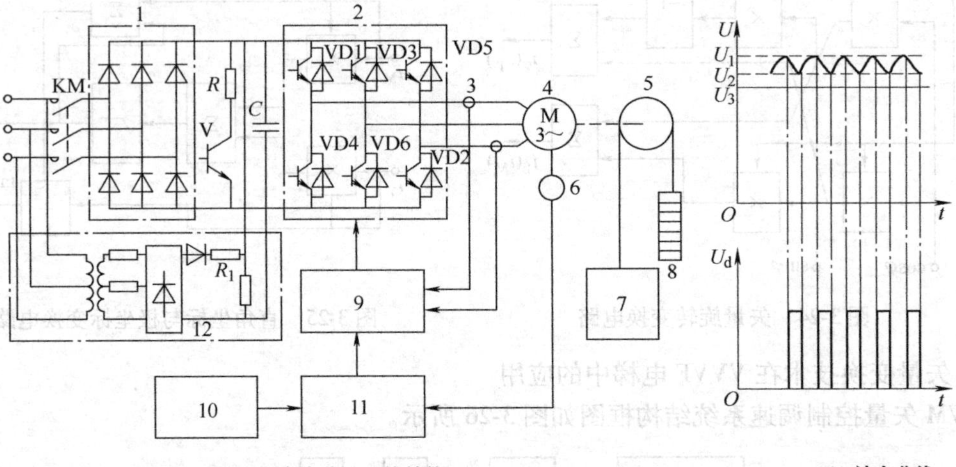

a) 主电路及系统结构　　b) 放电曲线

图 3-27　采用直流侧能耗方式的变频调速电梯

1—整流桥　2—逆变桥　3—电流检测　4—电动机　5—曳引轮　6—速度检测　7—轿厢　8—对重　9—PWM 控制电路　10—主控微机（运行控制）　11—辅助微机（矢量控制）　12—预充电电路

由于直流侧电容 C 的容量很大，在其电压为零时突然加上高压会引起特别大的充电电流，这将造成整流二极管的过电流损坏。为了保护整流二极管，图 3-27a 中设置了预充电电路。当接通电源时，首先经预充电电路向电容 C 充电，由于 $R1$ 的限制使充电电流不至于过大，当 C 上电压上升到一定程度时，再将接触器 KM 吸合，整流桥投入工作，电梯可以正常运行。目前市售变频器中通常不专门设预充电电路，而通过在直流侧串入限流电阻来实现预充电，预充电完毕，接通一个接触器，接触器的常开触点将限流电阻短路，变频器转入正常运行状态。

图 3-27b 中，曲线表示了电动机在回馈制动状态下运行时能耗电路的放电情况。当电容 C 上的电压上升到超过 U_1 时使晶体管导通开始能耗放电，C 上电压随之下降；当电压低于 U_2 时，关断晶体管，停止放电，电容 C 转向充电，电压又上升；超过 U_1 时又控制晶体管，使之导通放电……，如此保持 C 上电压不超过 U_1。图 3-27b 中，U_3 是电源经整流桥整流后输出直流电压的最大值，其值为电源线电压的 1.35 倍，U_d 曲线为晶体管 VT 的基极控制信号。

3.5.5　变频调速电梯拖动控制系统设计

变频调速系统可选方案很多，图 3-28 所示为一种高速、超高速电梯变频调速电梯拖动控制系统的原理框图。整流器采用晶闸管可逆 PWM 控制方式，起到了将负载端产生的再生功率送回电源的作用。对于中、低速电梯，其系统的整流器部分使用的是二极管，而变频器部分使用晶闸管，整流器的整流效果不如使用晶闸管，容易产生转矩波动，使电动机电流波形不太接近正弦波，会产生电动机噪声。而且从电梯的电动机侧看，包括绳索在内的机械系统具有 5 ~ 10Hz 的固有振荡频率，如果电动机产生的转矩波动与该固有频率一致，就会产生谐振，影响乘坐的舒适性。

图 3-28 所示系统采用了转速反馈，抑制了转矩波动；同时有电流反馈、电压反馈，提高了控制精度；还有位置反馈，适应电梯位置判断的需要。

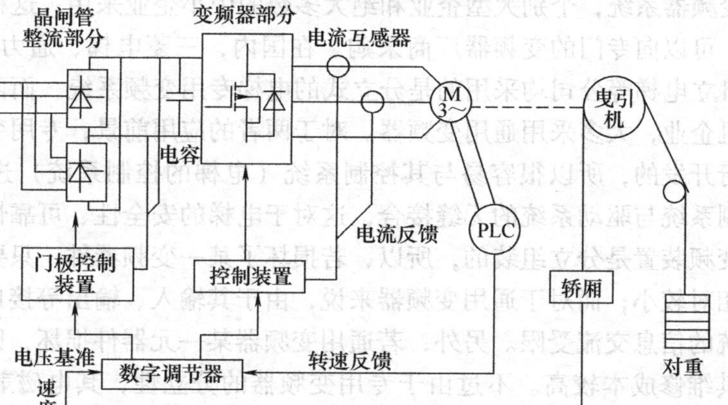

图 3-28　一种高速、超高速电梯变频调速电梯拖动控制系统的原理框图

由于必须使电梯从零速到最高速平滑变化，变频器的输出频率几乎从零频率开始到额定频率为止平滑地变化。

对于中、低速电梯，变频方式与通常的电子电压控制相比较，耗电量减少 1/2 以上，且平均功率因数显著改善，电源设备容量也下降了 1/2 以上。

对于高速、超高速电梯（现在已经发展到用低噪声的 IGBT 逆变器来进行矢量控制），就节能而言，由于电动机效率提高，功率因数改善，因此输入电流减少，整流器损耗相应减少，与通常的晶闸管直流供电方式相比，可预期有 5% ~ 10% 的节能改善。另外，由于平均功率因数提高，电梯的电源设备容量可能减少 20% ~ 30%。

3.5.6 常用电梯专用变频器

电梯专用变频器是根据电梯控制系统的要求生产的专用矢量控制型变频器，可以驱动异步电动机和永磁同步电动机，具有结构紧凑、安装方便的特点，可以满足不同的电梯厂商对各种电梯控制系统不同的功能需求。

目前，国际电梯业多采用自行研发的电梯专用控制器，采用距离控制的直接停靠方式，而采用 PLC 控制及通用变频器则会因 PLC 自身编程指令及程序扫描时间的限制，很难编制距离控制的程序。电梯专用变频器，不仅具备通用变频器的调速功能及普通的电梯专用功能，且其独有的层高数据寄存器，通过参数设置即可实现距离控制。

变频器在现代电气设备中是一种很常见的设备，而电梯专用变频器则是一种专门用于电梯控制的设备。电梯专用变频器对电梯的控制是 S 形曲线，即起动和停止的加速度都比较缓和，而中间过程，加速度比较快，这种性能主要是为了乘坐舒适，节能也是一方面，这是其通用特点。

在国内外的电梯业中，仅在杂梯、自动扶梯、自动人行道还大量采用非变频技术，其他电梯产品几乎都采用了 VVVF 变频技术。在业内一般讨论的电梯“变频系统”有两大类型：一类是电梯专用变频系统，大型企业基本采用分立元器件组装，即在控制柜的一定空间内相对分立地安装功率模块、大电容、驱动用控制印制电路板，使其与整个控制系统融为一体；另一类是通用变频器系统，个别大型企业和绝大多数的中小企业采用，这种变频器是一个完全独立的装置，可以向专门的变频器厂商采购。在国内，三菱电梯、通力电梯、东芝电梯、奥的斯电梯、日立电梯等公司均采用的是分立式的电梯专用变频系统，而西子奥的斯与一些中小型电梯整机企业，大多采用通用变频器。对于两者的应用前景，专用变频器由于大多是由电梯厂商自行开发的，所以很容易与其控制系统（电梯的控制系统）进行信息交流，可以做到电梯控制系统与驱动系统的无缝接合，这对于电梯的安全性、可靠性有重要意义。另外，由于专用变频装置是分立组装的，所以，若损坏了某一变频器件，只要更换该元器件即可，维修成本相对较小；而对于通用变频器来说，由于其输入、输出等接口资源有限，所以与电梯控制系统的信息交流受限。另外，若通用变频器某一元器件损坏，则基本上要去更换整个变频器，其维修成本较高。不过由于专用变频器的分立性，其电磁兼容性能可能比较差，而通用变频器由于采用整体化设计，可以做到较好的电磁兼容性。

常用电梯专用变频器有以下几种：

日本安川公司生产的 VS676-VGI 系列变频器，是一种电梯专用变频器，其主电路采用 IGBT 为开关器件，最高调制频率达 12.08kHz。控制上采用磁通闭环、转速闭环、磁场定向矢量控制。为了使矢量控制系统能达到直流调速系统同样的动态性能，转子磁通在动态过程中必须确保真正恒定。系统中采用了实际转子磁通的定向控制，即磁通闭环控制。磁通调节器和磁通观测器保证了转子磁通在动态中恒定。通过坐标变换将定子电流分解成转矩电流分量 I_q 和励磁电流分量 I_d 分别加以控制。其中，矢量控制器完成三相-两相变换、坐标旋转变换及电动机的磁通观测，其运算结果直接驱动正弦波 PWM 逆变器产生三相定子电流。该系统的调速范围为 1∶1 000，在接近零速时能产生150%的额定转矩。根据变频器的容量，配以相应制动单元和制动电阻，能在四个象限内准确地进行转速控制，完全满足电梯对调速的要求。

Astar系列电梯专用变频器，采用高性能闭环矢量控制技术，适用于电梯、升降机、提升机等位能性负载驱动。采用32位DSP+32位ARM+CPLD硬件控制电路，高效地完成电梯电动机实时控制算法。采用了智能功率模块（IPM）硬件设计配以先进的控制技术，使变频器的工作更加稳定可靠。优化的矢量控制技术，输出谐波少，电压输出能力强。可方便地获得电动机在位能性负载下四象限运行的连续控制。优化的PID调节功能，以及针对电梯特殊情况所做的各种特殊设计使控制精度更高，操作更方便，电梯运行更加平稳。标准的RS-485和CAN总线接口，丰富的编码器接口，多功能的输入、输出接口，使变频驱动更加简单方便。具有多种保护模式，整机可靠性高，使电梯运行更加安全。

艾默生TD3100系列电梯专用变频器，采用DSP+MCU结构和先进模块化设计，适用功率等级在7.5~30kW范围、最高速度为4m/s、最高楼层为50层的电梯驱动场合。增加了平层的调整参数，通过该参数可以精确修正因为平层插板长度引起的平层误差，大大提高了平层准确度；其在运行中完全根据目的楼层的距离，自动选择电梯的最高运行速度，既安全舒适，又提高了电梯的运行效率；此外，可根据控制器等实际系统配置选择两种距离控制方式，实现了调试的智能化。除具有通用变频器的一般保护功能外，还具备了电梯专用变频器的保护功能特性，符合国标及安全规范。其内置接触器抱闸控制、停电应急运行、完善的保护及连锁功能等，均为用户提供了可靠、高效的安全保护。强大的联网通信功能和丰富的对话式操作面板，专业化调试、监控软件可以实现随机读取、保存、修改变频器运行参数，监控运行状态并且能进行全套参数备份和参数复制。此外，具有参数上传下载功能，可与变频器间方便进行参数的复制，有三级功能码菜单结构，方便用户设置。

KEB F5电梯专用变频器，是德国科比公司于2004年向中国用户推出的新一代电梯专用变频器，适用于控制同步电动机有齿或无齿曳引机，其优良特性如下：

1）全新设计的硬件结构，体积小，过载能力强。

2）全新设计的软件，采用先进的前馈控制技术，控制精度高，响应快，无需称重补偿装置，即可实现对无齿轮同步曳引机电梯实现精准的控制。

3）简单友好的用户界面，只用36个参数就能完成电梯的调试和监测。

4）引进用户编程面板概念，可根据用户的要求设计个性化的参数界面。

5）具有示波器仿真功能，可以连接在计算机上用软件显示和记录电梯的速度、电流、力矩等各种数值曲线，便于调试、维修和检测。

6）先进的停电应急运行功能，只用普通的UPS电源就可实现断电紧急运行，无需停电应急装置；成本低且安全可靠。

7）可适配多种控制总线和编码器。

8）先进的开发平台，配合高速总线技术，可实现全数字控制的电梯直接停靠。

3.6 永磁同步电梯拖动控制

永磁同步电动机的基本原理是建立在反装式直流电动机基础上的。与直流电动机相比，永磁同步电动机用受转子位置控制的电力电子开关装置（变频器）来代替由换向器和电刷组成的机械式整流、逆变器；采用永磁材料做磁极，省去了励磁电路，不必像普通同步电动机那样用电刷-集电环装置向转子励磁绕组送励磁电流；去除了机械接触易损部件后，使电路实现无触点。由于转子采用了高磁能积的稀土材料，控制装置都由大功率晶体管组成，因此，永磁同步电动机的力矩惯性比大，动态性能好，具有更高的低速性能、调速精度、快速响应性能，且具有寿命长、耗电省、维护简单、可运用于易燃易爆场合等优点。所以三相永磁同步无齿轮拖动技术是同时具有交、直流电动机拖动的优点的想理拖动技术。

3.6.1 永磁同步电动机

1. 永磁电机的发展

利用永久磁铁制造电机，已有很久的历史，世界上第一台电机就是永磁电机。但是早期的永磁材料磁性能很低，永磁电机非常笨重，因而很快被电流励磁的电机所取代。到了20世纪30年代以后，具有较高剩磁密度 B_r 的铝镍钴永磁材料和具有较高矫顽力 H_c 的铁氧体永磁材料先后出现，永磁电机又开始发展。但是这两种永磁材料都存在弱点：铝镍钴永磁材料的矫顽力很低，容易去磁；铁氧体的剩余磁通密度较低，性能还不够理想。因而，永磁电机的体积比较大，还不能和电流励磁电机相比，主要用于微特电机领域。

20世纪60年代后期出现的稀土永磁以及其他各种永磁材料性能的不断改善，推动了永磁电机的迅速发展。稀土永磁兼有铝镍钴和铁氧体两种永磁材料的优点，B_r 和 H_c 值都很高，具有很高的最大磁能积（$(BH)_{max}$），退磁曲线基本上是一条直线，回复线与退磁曲线基本重合，不怕丢磁，性能稳定，而且热稳定性也比较好，剩磁温度系数小。例如，20世纪60年代出现的第一代稀土永磁材料钐钴5（$SmCo_5$），其最大磁能积已超过240 kJ/m^3，而20世纪70年代初出现的第二代稀土永磁材料 Sm_2Co_{17}（2：17型稀土永磁）又把最大磁能积提高到330 kJ/m^3。但是钐钴族稀土永磁材料含钴量高，价格昂贵，影响了它在一般电机中的应用。1983年出现的钕铁硼（Nd-Fe-B）永磁材料性能十分优越，其最大磁能积高达380 kJ/m^3，成为第三代稀土永磁材料，它把稀土永磁材料的性能提高到了一个崭新的阶段。到20世纪90年代，钕铁硼永磁材料的最大磁能积已超过500kJ/m^3。钕铁硼永磁材料不含比较昂贵的钴，其可加工性能也比较好，价格比钐钴材料便宜得多。我国是稀土大国，储量为世界第一，在钕铁硼永磁材料的研制方面也取得了很大的进展，小批量生产的钕铁硼永磁材料的磁能积也已达到400kJ/m^3。特别是在解决这种材料在电机行业中应用的主要障碍——使用温度低、温度系数大的方面，我国也取得了显著进展，现在国产钕铁硼材料的温度系数已由一般的 -0.126%/℃降低到 -0.06%/℃ ~0.08%/℃，使用温度可以提高到200℃，其磁性能和热稳定性已能满足一般电机的要求。所以，钕铁硼永磁同步电动机已逐渐成为变频调速系统中一种重要的机型。与此同时，由于铁氧体永磁材料价格低廉，单位重量的价格只有稀土永磁材料的几十分之一，性能也在提高，最大磁能积（$(BH)_{max}$）可达36~40kJ/m^3，矫顽力 H_c 可达300kA/m，剩余磁通密度可达0.4T，因此，铁氧体的永磁小功率同步电动机还是应用较多的，仍应予以足够的重视。

目前，在永磁同步电动机中实际采用的钕铁硼永磁体，剩余磁通密度高达1.06T，矫顽力达 -720kA/m，磁能积达286kJ/m^3。

2. 永磁同步电动机的磁极结构

永磁同步电动机的磁极结构形式随着永磁材料性能的不同应用领域的差异，具有多种方案。在采用铁氧体永磁体的永磁电机中，铁氧体永磁体的矫顽力 H_c 比较大，剩余磁通密度

B_r 比较小，磁极形状需做成扁平式，这种磁极的截面积大，而长度比较短。为了便于把永磁体固定在转子上，铁氧体永磁同步电动机的转子常采用图 3-29a 所示的结构。在采用稀土永磁体的电机中，由于稀土永磁材料的磁能积很大，矫顽力 H_c 和剩余磁通密度 B_r 都很高，往往只要一片磁体即能满足产生电机磁场的要求，因此，永磁体常做成瓦片式（薄片式）贴在转子的表面，或嵌在转子铁心中。图 3-29b 所示为内转子式永磁同步电动机磁极结构，永磁体嵌在铁心中，而图 3-29c 所示为外转子式，永磁体贴在转子的内表面上。

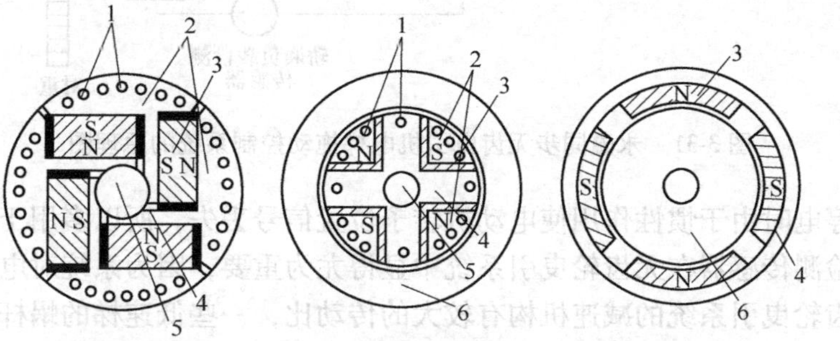

图 3-29　新型永磁同步电动机转子结构

1—起动笼　2—极靴　3—永磁体　4—转子轭　5—转轴　6—定子

3.6.2　永磁同步无齿轮曳引电梯的特点

采用永磁同步电动机的电梯曳引系统通常为无齿轮曳引方式，这样可以充分发挥永磁同步电动机易于做成低转速、大功率的优点。图 3-30 所示为国内新开发的永磁同步无齿曳引机，其结构紧凑，功能齐全，集曳引电动机、曳引轮、电磁制动器、光电编码器于一身，易于安装，便于使用。

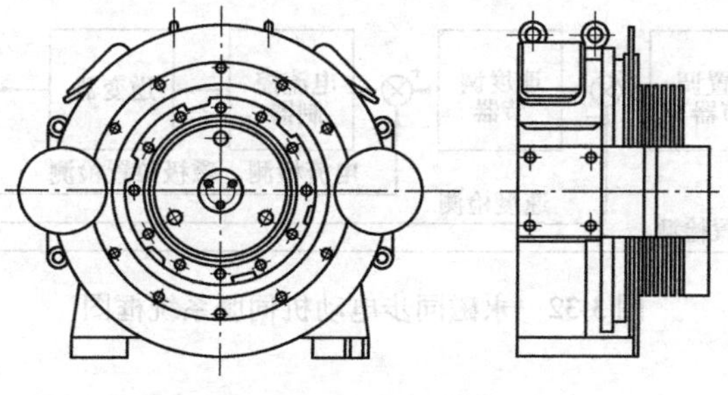

图 3-30　永磁同步无齿曳引机

永磁同步无齿曳引机电梯拖动控制系统的原理框图如图 3-31 所示。与异步电动机变频调速系统相比，当负载变化时，异步电动机通过调整转差来适应，而同步电动机则只是调节功角 δ，因此同步电动机响应速度更快，也因此其控制系统需要有精确的转子位置检测装置和电压电流检测装置，以便随时确定磁场的大小、方向。转子位置的精确控制是永磁同步无齿轮曳引系统的重要部分之一，它将直接关系到电梯起动、制动的舒适性和平层精确度。

永磁同步电动机转子位置传感器常使用光电编码器和旋转变压器等。光电编码器有增量式和绝对码式两种。增量式光电编码器具有结构简单、使用方便等优点，但长期使用容易造

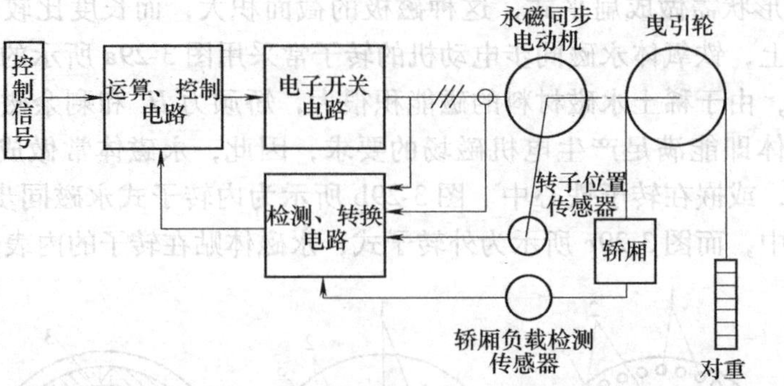

图 3-31　永磁同步无齿曳引机电梯拖动控制系统的原理图

成积累误差，停电时由于惯性作用使电动机转子位置信号丢失，所以多用于中、低速电梯。

轿厢负载检测传感器在无齿轮曳引系统中显得尤为重要，因为系统对电动机的起动力矩要求更高。有齿轮曳引系统的减速机构有较大的传动比，一些低速梯的蜗杆蜗轮还具有自锁功能。无齿轮曳引系统中电动机和曳引轮同轴，曳引起动力矩的输出应该力求精确，因此系统需采用具有线性变化规律的轿厢负载检测传感器来预先测量并计算，从而解决起动瞬间由于不同负载引起轿厢起动过慢（倒溜）或起动过猛的问题；同时，系统可预先测量计算并给出恰当方向和大小的力矩，使系统运行全过程由被动控制变为主动控制。

3.6.3　永磁同步电动机直接驱动伺服系统

永磁同步电动机伺服系统由控制系统、变频器和电动机组成，它与其他交流伺服系统的区别主要体现在电动机上。由于交流永磁同步电动机运行时转矩平稳，故在高精度、宽调速范围伺服驱动中，伺服系统执行元件基本选取这种类型电动机。永磁同步电动机伺服系统框图如图 3-32 所示。该系统是一种典型的位置、速度、电流三环调节系统。

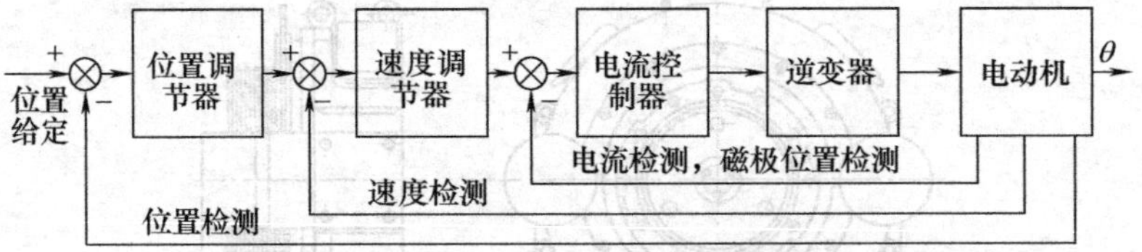

图 3-32　永磁同步电动机伺服系统框图

3.6.4　永磁同步电梯拖动控制注意事项

永磁同步电梯拖动控制注意事项如下：

1）安装环境：一般情况下，要求环境温度不超过 55°，湿度在 90% RH 以下（不结露）。

2）布线：在电梯控制系统中，变频器和速度调节单元的所有控制信号和模拟屏蔽电缆线应尽量远离动力线，尽量减少与动力线平行，尤其是制动放电电阻的动力线，应特别注意。

3）减少干扰：为了确保变频器和速度调节单元能正常工作，应尽量减少外界对变频器和速度调节单元的干扰信号。对于控制柜内所有交流接触器应有灭弧装置，所有直流继电器、接触器、电磁闸线圈采用续流二极管续流。对于外界的强磁场干扰应采取适当的屏蔽措施。另外，对于井道电缆而言，强电和弱电应各走各的电缆。

4）编码器的连接：当变频器采用闭环控制时，应连接旋转编码器，在速度闭环控制方式时，绝对不允许连接旋转编码器使变频器拖动电动机运行。因为在这种情况下，变频器是在极限状态工作，易使变频器损坏。

3.7 无机房电梯拖动控制

3.7.1 无机房电梯的要求

无机房电梯省去了传统的电梯机房，一般情况下是将电梯的主机和控制系统以及其他部件都放到了井道中。因此，相应的，这种方式对电梯的主机和控制系统提出了一些特殊的要求。

1. 对主机的要求

1）结构紧凑，功率密度高，适于安装在井道内。

2）噪声低，振动小，运行平稳舒适。

3）高效率，维护费用少，运行成本低。

4）平均无故障时间长。

5）价格低。

2. 对电梯控制系统的要求

1）结构紧凑，体积小，便于安装。

2）抗干扰，安全裕量大。

3）检修方便。

4）省电，高效。

3.7.2 无机房电梯系列产品的特点

无机房电梯的特点如下：

1）无机房电梯的主机、驱动柜和控制柜安装在井道上部，不需要专用的机房，与传统电梯相比在外形美观方面有很大的优势。

2）无机房电梯运行的高度可靠性和它的豪华配置，使其适用于各种高档写字楼、星级宾馆、酒店、医院、会展中心、时尚住宅小区等场合。

其突出的优点表现如下：

1）绿色环保，无需电梯专用机房，节省空间，节约成本。

2）低振动，低噪声，稳定可靠。

3）高效，节能。

4）方便安装和维护保养。

3.7.3 无机房电梯的布置方式和设计事项

无机房电梯的首要难题是在不设机房的条件下，如何将轿厢、对重、主机、控制柜、限速器等关键部件布置在一般电梯井道内。如果取消机房后，通过加大井道截面积尺寸或者增加井道顶层高度来解决这一问题，那将得不偿失。解决机房井道布置这个难题的主要途径是巧妙利用井道空间，研制特殊电梯部件和开发新型驱动方式。

无机房电梯常见的井道布置形式如下：

1）主机上置式：这一方案是采用专门设计制造的扁形盘式主机，使其能安放在井道顶层轿厢和井道壁之间，而把控制柜与顶层层门装成一体。其主要优点是，主机和限速器与有机房电梯受力工况相同以及控制柜调试维修方便；其主要缺点是，电梯额定载重量、额定速度和最大提升高度受主机外形尺寸制约，紧急盘车操作复杂困难。

2）主机下置式：这一方案是将驱动主机安放在底坑内，而把控制柜挂在底坑的轿厢和井道壁之间。其最大优点是，增加电梯额定载重量、额定速度和最大提升高度不受主机外形尺寸限制，紧急盘车操作方便容易；其主要缺点是，由于主机和限速器受力工况与普通电梯不同，因此必须进行改进设计。

3）主机放在轿厢上：这一方案将主机放在轿厢的顶部，控制柜放在轿厢侧面，这种布置方式随行电缆的数量比较多。

4）主机和控制柜放在井道侧壁开孔空间内：这一方案是将主机和控制柜安放在顶层井道侧壁预留开孔之内。其最大优点是，可以增加电梯额定载重量、额定速度和最大提升高度，能够选配普通电梯使用的主机和限速器，而且安装维修和紧急盘车操作也较方便；其主要缺点是，需要适当增加顶层预留开孔井道侧壁的厚度，在井道壁开孔外侧需装设检修门。

下面对我国目前无机房产品的状况，提出无机房电梯设计应该注意的事项。

1. 无机房电梯设计方法

电梯类产品，无论是哪种类型，即使是新型机种，都必须遵循保护乘员、载运的货物、所附依的建筑物以及电梯本身的安全，这些安全的准则即是强制性国家标准 GB 7588—2003 中的 0.5 条至 0.7 条的规定，对无机房电梯也不例外。因此，首先要明确设计无机房电梯时应做好方案设计，如应先考虑满足上述安全准则，然后才可以进行具体设计。方案设计时应充分作正常运行、维修、检查、试验、救援以及其他特殊状况情况下“风险评价”，应进行技术安全评审，必要时可聘请专家进行评定。

2. 设计无机房电梯基本要求

应该熟悉 GB 7588—2003 安全规范有关规定，因为该标准涉及到电梯每一部分的安全设计，无机房电梯应该充分遵照标准的要求去执行。虽然上述安全规范中没有具体提及无机房这种特例的产品，但具体条款已给无机房电梯设计规定了允许条件，如规范中 6.1.2.1.1 条“导向滑轮可以安装在井道的顶部空间，其条件是它们位于轿顶凸出部分的外面，并且检查和测试、维修工作能够完全地从轿顶或井道外面进行”等。上述条款说明，相对于现有机房来说，机房内除控制柜与主开关（含照明等开关）外，曳引机及导向轮与限速器是可以设置在井道内的。剩下是如何安置控制柜与主开关问题，以及有关能在机房内完成的工作。请注意下列条款要求：13.4.1 条“在机房中，每台电梯都应单独设一只能切断该电梯所以供电电路的主开关”；13.4.2 条“在 13.4.1 中规定的主开关应具有稳定的断开和闭合位置。应能从机房入口处方便、迅速地接近主开关的操作机构”等。针对有机房电梯的条款，无机房电梯在取消机房后必须解决相应的问题，这些也是无机房电梯设计的关键条款要求。

3. 设计无机房电梯应注意到现有的专利

国外在无机房电梯方面先行了一步，而且好多设计内容报了专利，例如通力电梯有限公司在中国从 1994 年起申报了 30 多项专利，其中包括了无机房设计的专利。例如，安装在导轨上蝶式电动机曳引轿厢；驱动装置上或下置式的曳引式电梯，以及曳引绳多种曳引方式等。

3.8　直线电动机电梯拖动控制

3.8.1　直线电动机驱动原理

直线电动机是一种将电能直接转换成直线运动的机械能的动力装置，它一改以往以链条、钢丝绳、传送带、齿条丝杠和蜗杆蜗轮等传统的中间转换体系，克服了传统机械转换机构的传动链长、体积大、效率低、精度差等缺陷。

1. 直线电动机的基本结构

（1）扁平形　直线电动机可以认为是旋转电动机在结构方面的一种演变，它可以看作是将一台旋转电动机沿径向剖开，然后将电动机的圆周展开成直线，如图 3-33 所示。由定子演变而来的一侧称为初级，由转子演变而来的一侧称为次级。

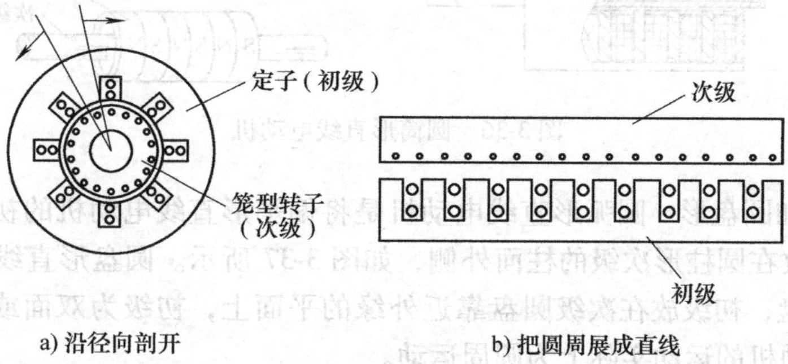

图 3-33　旋转电动机变为直线电动机的过程

在图 3-33 中，演变而来的直线电动机，其初级和次级长度是相等的，如果在运动开始时，初级与次级正巧对齐，那么在运动中，初级与次级之间互相耦合的部分会越来越少，进而不能正常运动。所以在实际应用时需将初级与次级制造成不同的长度。在直线电动机制造时，既可以是初级短、次级长，也可以是初级长、次级短。前者称为短初级长次级，后者称为长初级短次级。由于短初级均比短次级成本低得多，因此一般均采用短初级，如图 3-34 所示。

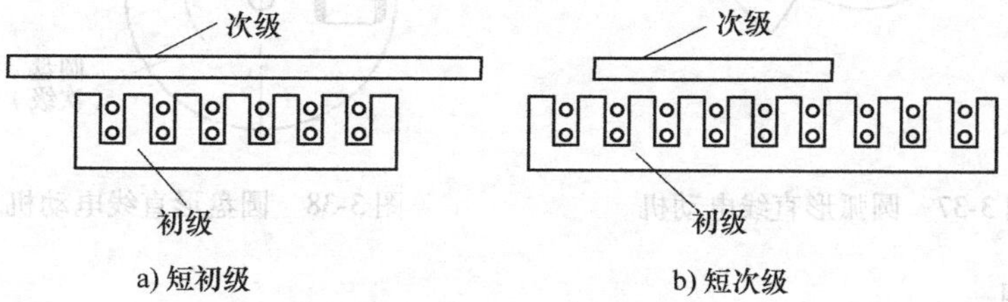

图 3-34　单边型直线电动机

图 3-34 所示的直线电动机仅在一边安放初级，这样的结构形式称为单边型直线电动机。这种结构的电动机在初级与次级之间存在一个很大的法向吸力，这种法向吸力是不希望存在的。如果在次级的两边都装上初级，那么这个法向吸力可以相互抵消，这种结构形式称为双边型直线电动机，如图 3-35 所示。

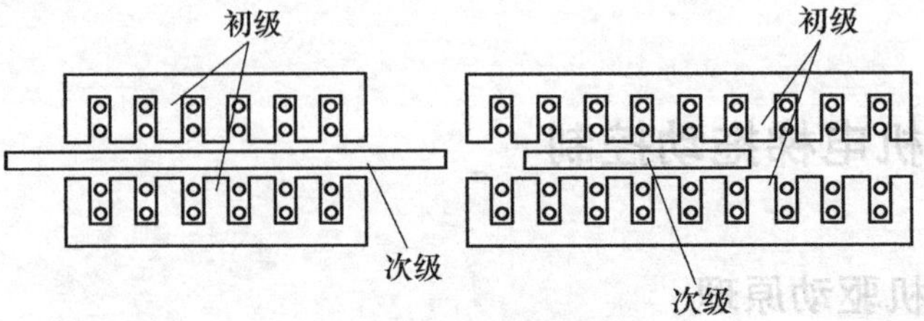

图 3-35 双边型直线电动机

（2）圆筒形 通常可以认为直线电动机是从普通旋转电动机演变而来，将旋转电动机的圆筒形定、转子沿轴向剖开拉直，就形成了扁平形结构的直线电动机，再将扁平形直线电动机的初级、次级卷绕在一根与磁场运动方向平行的轴上，即可得到圆筒形直线电动机，如图 3-36 所示。

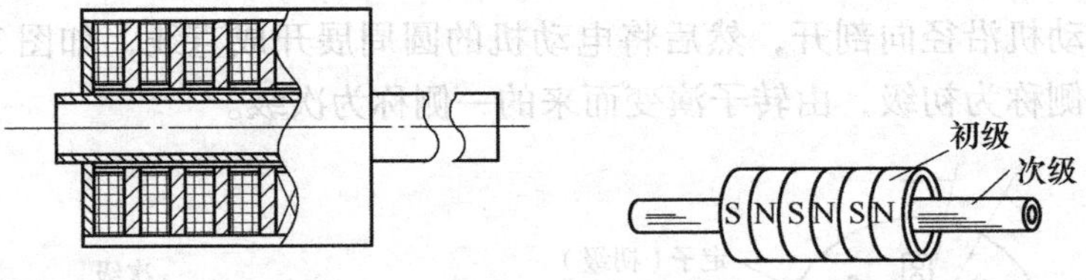

图 3-36 圆筒形直线电动机

（3）圆弧形和圆盘形 圆弧形直线电动机是将偏平形直线电动机的初级沿着运动方向改成圆弧形，安放在圆柱形次级的柱面外侧，如图 3-37 所示。圆盘形直线电动机（见图 3-38）的次级为圆盘，初级放在次级圆盘靠近外缘的平面上，初级为双面或单面的。圆盘形和圆弧形直线电动机的运动实际上为圆周运动。

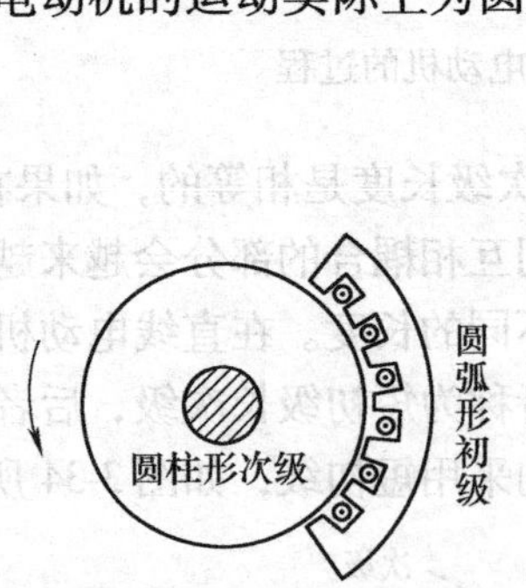

图 3-37 圆弧形直线电动机

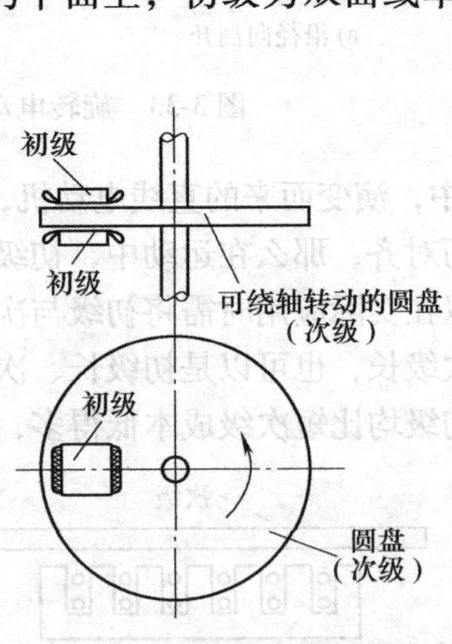

图 3-38 圆盘形直线电动机

2. 工作原理

直线电动机有直线感应电动机、永磁直线同步电动机和超导直线电动机。直线感应电动机按其功能可分为力电机、功电机和能电机。力电机指单位输入功率所能产生的推力，或单位体积所能产生的推力，主要用于在静止物体上或低速的设备上施加一定的推力的直线电动机。功电机主要用于长期连续运行的直线电动机。能电机是在短时间、短距离内能提供极高的直线运动能量的直线电动机。

直线电动机通入三相对称正弦电流，产生平移的气隙磁场，三相电流随时间变化时，气隙磁场按照A、B、C相序沿直线移动，该气隙磁场称为行波磁场。该行波磁场的平移速度称为同步速度v_s(m/s)，次级在行波磁场切割下，产生感应电动势并产生电流，从而产生电磁推力。在电磁推力作用下，初级不动，次级沿着行波磁场运动的方向做直线运动，次级移动的速度用v(m/s)表示；反之，则初级作直线运动。直线电动机可以把电能直接转变为直线运动的机械能而无中间变换装置。

与旋转电动机类似，当初级上通入交流电流时，在初级和次级之间的气隙中就会产生一个移动磁场。由旋转磁场的理论可知，当绕组中的电流交变一次，绕组产生的合成磁场在空间将移动过一对极距，若电动机的极距为τ(m)，电源的频率为f(Hz)，则移动磁场的速度为

$$v_s = 2f\tau \tag{3-31}$$

在移动磁场的作用下，次级中会产生感应电动势，如果次级是由整块钢板或铜（铝）板制成，那么在导电板中会产生感应电流，这个感应电流和移动磁场相互作用，就会产生电磁推力，使次级和初级之间产生相对运动。如果初级固定，则次级将会跟随着磁场移动的方向运动；反之，若将次级固定，则初级将会向磁场移动的相反方向运动。与旋转电动机一样，运动部分的稳定速度v总是低于移动磁场的同步速度v_s。它们之间的关系也可以用转差率s表示

$$s = \frac{v_s - v}{v_s} \tag{3-32}$$

直线电动机的三相绕组任意对换两相的电源线后，平移方向反向，直线电动机作往复直线运动。

3.8.2 直线电梯的拖动控制系统

1. 驱动电梯的特点

直线感应电动机的控制基本延用传统旋转感应电动机的控制方法，应用较频繁的是V/F控制、转差率控制、矢量控制和直接转矩控制。

1）磁链非闭合，会引起纵、横向边端效应，使直线电动机的参数和等效电路等与旋转电动机有较大的区别。因此，它的控制较多地着眼于不均匀磁场对电动机速度、位置及推力的影响。

2）在电压-推力特性中，电压对推力的影响较大，特性较复杂。

3）整个直线感应电动机动力系统不需要普通旋转电动机的机械传动机构，简化了设备，更容易达到高速、高精度的性能要求。但从另一方面来说，机械传动机构作为中间转换环节，可以起到缓冲的作用，减少力矩的波动以及不确定因素的影响，而直接产生推力的直线感应电动机对负载变化等不确定因素更敏感，更易产生推力波动等现象，因此对控制方法的要求更高。

2. 驱动电梯的方式

直线电动机驱动的电梯，主要有以下几种驱动方式：

1）圆筒形直线感应电动机驱动方式。

2）扁平形直线感应电动机驱动方式。

3）永磁直线同步电动机驱动方式。

4）超导直线同步电动机驱动方式。

目前，认为可以实用化的主要是1）、3）两种。

对于第1种圆筒形直线感应电动机，如图3-39所示，它的优点主要表现在：

1）与传统曳引式有些类似，易被人们接受。

2）圆筒形直线感应电动机无单边磁拉力，圆柱定位方便。

3）无机房，占地少，结构简单，成本低。

4）可高速运行，控制方便。

5）节能，可靠性高，维修方便。

它的缺点主要为以下两点：

1）仍然摆脱不了曳引钢丝绳，所以在超高建筑的同一井道内，从技术上讲很难安装多台独立轿厢。

2）运行性能不及永磁直线同步电动机，如次级导体的发热问题等。

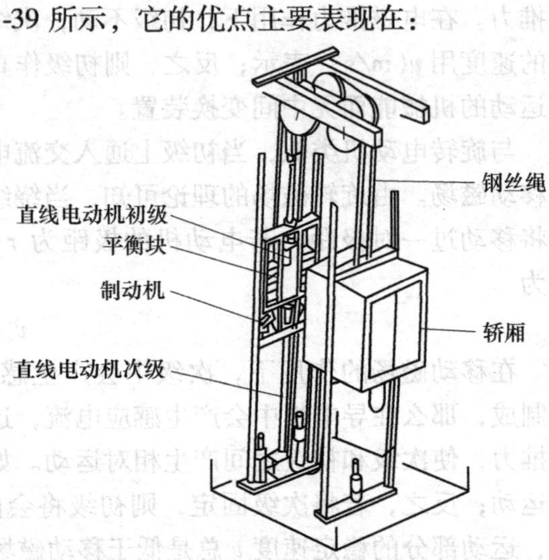

图3-39　圆筒形直线感应电动机电梯

对于第3种永磁直线同步电动机，如图3-40所示，它的突出优点主要有以下三点：

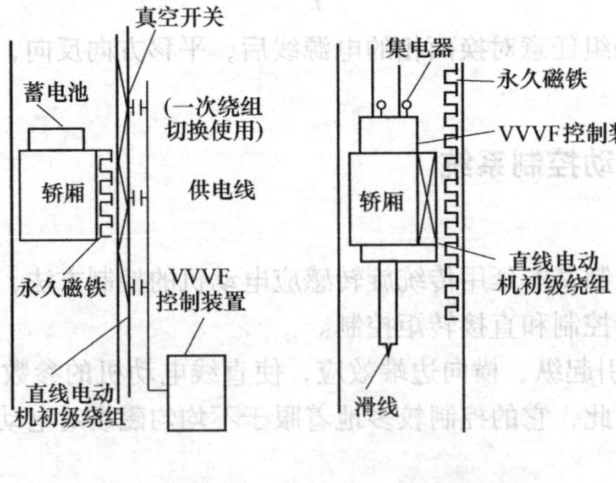

a)井道初级式　　b)轿厢初级式

图3-40　永磁直线同步电动机电梯

1）永磁直线同步电动机完全实现了无绳驱动，因此，两台或多台轿厢可在同一井道内运行。

2）空间利用率高，结构简单。

3）运行性能好，可靠性高。

永磁直线同步电动机驱动方式的最突出缺点是电动机造价高。

小　　结

本章从电力拖动方程式入手，结合电梯运动规律，分析了电梯运行特性，给出了电梯速度曲线的设计方法以保证电梯在整个运行过程中具有良好的舒适性、必要的快速性和平层准确性。

本章介绍了电梯中常见的电力拖动方式，主要有交流双速电梯拖动方式、交流调压调速电梯拖动方式、异步电动机变频调速电梯拖动方式、永磁同步电动机拖动方式和直线电动机拖动方式。结合其中部分拖动方式的主电路，讨论了各种拖动方式的工作原理。

本章简单分析了交流双速电梯和交流调压调速电梯运行过程中的状态。

对异步电动机变频调速的控制原则——VVVF 进行了分析，介绍了变频器改善波形常用的脉冲宽度调制（PWM）方法，给出了变频器各种主电路的结构。在控制策略方面，对矢量控制的基本原理和实现方法做了简单介绍。

永磁同步电动机曳引方式是近几年出现的新型电梯曳引方式，由于永磁同步电动机易于做成多磁极结构，电动机额定转速降低，可以在额定梯速 2m/s 左右的电梯中方便地实现无齿轮曳引，因此永磁同步电动机是无机房电梯的首选曳引机。本章对永磁同步电动机转子结构及永磁同步电动机的数学模型、控制方式做了简单介绍。本章还简单地介绍了直线电动机的原理和电梯的直线电动机拖动方式。

思考与练习

3-1　在电梯中主要有哪两个运动？电梯的电力拖动系统应具有哪些功能？

3-2　如何提高电梯的快速性？如何提高电梯的舒适性？如何解决电梯的快速性要求与舒适性要求之间的矛盾？

3-3　抛物线形速度曲线由哪几个阶段组成？写出各阶段的数学表达式。

3-4　电梯的速度曲线与机床设备的速度曲线有何不同？为什么要有这些不同？

3-5　设计一段额定速度为 2.5m/s 的起动段速度曲线。

3-6　简述变极双速电梯的调速原理。

3-7　简述调压调速的工作原理。

3-8　简述变频调速的工作原理和控制原则。

3-9　变频调速有哪些类型？它们各有何特点？

3-10　异步电动机 VVVF 调速的机械特性如何？

3-11　矢量控制的异步电动机变频调速基本思想是什么？有何优越性？

3-12　永磁同步电动机有哪些控制方式？它们各有何特点？

3-13　画出永磁同步无齿曳引机驱动控制系统原理框图，简述其工作原理。

3-14　简述直线电动机的工作原理。

3-15　简述直线电动机电梯的类型和优点。

第4章　电梯运行控制系统

在电梯的运行控制系统中，逻辑判断和程序模式有着非常重要的作用。无论哪种电梯，无论其速度有多快，自动化程度有多高，其运行控制系统所要达到的目标都是相同的。也就是说，运行控制系统应能根据轿厢内指令信号和各层厅外信号进行自动逻辑判断，决定出哪一台电梯接受信号，自动定出哪一台电梯的运行方向，并按照程序模式的要求通过电气自动控制系统来完成预定的控制目标。

在逻辑判断和程序模式中，逻辑运算和程序编配是十分重要的；而电梯的运行控制系统必须借助各种控制元器件，如接触器、继电器、显示器、晶闸管、功率晶体管、调速器、交流装置和电动机等去完成运行过程和目的。因此，就电梯的运行工艺过程而言，要达到控制目标有如下三种方法：

（1）继电器-接触器控制系统　这种控制系统是过去许多电梯厂商经常使用的一种电梯运行控制系统。该系统与其他控制系统相比，结构简单，易于理解和掌握。但是从使用观点来看，该系统有以下缺点：① 触点易磨损，电接触不好；② 触点闭合缓慢；③ 体积大，控制柜占用机房面积大；④ 控制系统的能量损耗大；⑤ 维护保养的工作量大，费用高。

由于有上述弊端，继电器-接触器控制系统仅仅应用于电梯速度不高（速度小于1m/s）的场合。

（2）半导体逻辑控制系统　20世纪60年代末，随着半导体技术及其器件的发展和广泛使用，晶闸管、晶体管、二极管等电子器件代替了继电器-接触器有触点控制系统。这种控制系统避免了上述继电器-接触器控制系统的缺点，从其可靠性来说可谓是“半永久性”的，因其没有触点的磨损或接触不良的问题，所以也不存在触点的使用寿命问题。

但是该系统是以所谓“硬件”逻辑运算为基础的，即根据控制算法和要求进行布线，而各控制元器件的布线必须单独进行，当需要对原定的控制要求进行更改时，往往必须改变布线。

（3）微机控制　自20世纪70年代开始，随着大规模集成电路的出现和发展，尤其是20世纪80年代开始，微机在各个领域内广泛应用，国外先进的工业国家已经成功地把微机技术应用于动态控制系统中，并取得了相当惊人的成就。同时，国内的电梯企业也推出了不同领域的微机控制系统。

电梯的微机控制系统，实质上是使控制算法不再由“硬件”逻辑所固定，而是通过所谓的“程序存储器”中的程序（软件）而固定下来的控制系统。因此，该系统一方面对于有不同功能要求的电梯控制，只要修改“程序存储器”中的程序指令——软件即可，无需变更布线，因而十分方便；另一方面，也缩小了控制系统的体积，降低了能耗，减轻了维护保养的工作量及费用。

4.1 电梯运行过程

4.1.1 各类电梯安全可靠运行的充分与必要条件

电梯安全可靠运行的充分与必要条件如下：

1）必须把电梯的轿厢门和各个楼层的电梯厅门全部关闭好——这是电梯安全运行的关键，是保证乘客和司机等人员的人身安全的重要保证之一。

2）必须要有确定的电梯运行方向（上行或下行）——这是电梯的最基本的任务，即把乘客（或货物）送到所需要到达的层楼。

3）电梯系统的所有机械及电气机械安全保护必须有效而可靠——这是确保电梯设备和乘客人身安全的基本保证。

4.1.2 电梯的正常运行过程

当乘客进入轿厢后，如果该电梯是由经过专门训练的，并经有关部门认可的受权操纵的人即电梯司机操纵，则由司机根据乘客欲前往的层站，逐一按下相应层站的选层按钮，完成运行指令的预先登记，并由电梯自动决定运行方向。司机再按起动按钮，电梯自动关门。当门完全关闭后，门锁微动开关闭合，使门锁继电器吸合，电梯开始起动、加速，直至稳速运行。当电梯到达欲停靠的目的层站前方某一距离位置时，由井道传感器向电梯控制系统发出换速信号，电梯便自动减速准备停靠。当轿厢进入到平层区（即停靠层站上方或下方的一段有限距离）时，井道平层传感器动作，发出平层信号控制轿厢准确平层，并自动消号，自动开门。对某类电梯，如果在平层时平层精度超出标准要求，则电梯进行校正运行，电梯以很低的速度慢行到准确平层位置。如果继续同向运行，司机只需按下起动按钮，电梯按照预定的楼层逐一自动停靠，自动开门。在电梯运行过程中，如果厅外有人按下召唤按钮，只有符合电梯运行方向的才能被顺向截留。当同向登记指令被执行以后，司机只要按下起动按钮，电梯便自动换向运行，执行另一方向的运行登记指令。如果电梯在某一层站关门时，有人或物触碰了安全触板，电梯便停止关门并立即改为开门。如果欲乘电梯的乘客正逢电梯关门时，可按下厅外顺向召唤按钮，电梯便立即开门，此种操作称为本层开门。如果由于乘客过多而超载，则电梯超载检测装置发出超载信号，在声光提示的同时，阻止电梯运行并开门，直到满足限载要求，电梯才能恢复正常运行。

如果是无司机操纵的电梯，当乘客进入轿厢后，只需按下欲前往的层站按钮，电梯在到达规定的6~8s停站延迟时间后，便自动关门、起动、加速，直至稳速运行。在运行过程中，可逐一登记各楼层厅外召唤信号，对符合运行方向的召唤信号，将逐一应答，自动停靠，自动开门，自动消号。在完成同向全部登记指令以后，如有反向厅外召唤信号，则电梯自动换向运行，应答反向厅外召唤信号。如果没有召唤信号时，电梯便自动关门停机。如果某一楼层再有召唤信号，电梯就自动起动前往应召。

4.1.3 产生井道控制信号的装置及作用

根据上述的电梯安全可靠运行的充分与必要条件，以及电梯的正常运行过程的工艺要求，电梯井道信号一般应包括：外呼信号、门锁信号、上下强制减速信号、限位信号、极限信号等。外呼信号是收集外界指令来控制电梯运行的信号；其他信号都是开关信号，利用开关的通断来控制电梯的运行，主要是保障电梯的使用安全。

电梯运行控制系统是由各种电器和电子元器件组成。根据元器件的作用分为若干个基本电路，如指层电路、定向选层电路等。电梯的运行控制系统主要由下述控制环节组成。

1. 操纵盘

操纵盘是操纵电梯运行的控制中心，通常安装在电梯轿厢靠门的轿厢壁上，外面仅露出操纵盘面。盘面上装有根据电梯运行功能设置的按钮和开关，常有按钮操作形式或手柄开关形式。操纵盘的结构形式与电梯的控制方式与层站数有关。现简要介绍一般客梯操纵盘上安装的按钮和开关，以及实现的主要功能：

1）运行方式开关：电梯的主要运行方式有自动（无司机）运行方式、有司机操纵运行方式、检修运行方式以及消防运行方式。操纵盘上（或操纵盘内）装有用于选择运行方式的开关（或钥匙开关），可分别选择自动、有司机操纵、检修运行方式（供电梯检修时使用）。

2）选层按钮及指示灯：操纵盘上装有与电梯停站层数相对应的选层按钮，通常按钮内装有指示灯。在按下欲去层楼的按钮后，该指令被登记，相应的指示灯亮；当电梯到达所选的楼层时，相应的指令被消除，指示灯也就熄灭；未停靠在预选层楼时选层按钮内的指示灯一直亮，直到完成指令之后方熄灭。

3）召唤楼层指示灯：在选层按钮旁边或在操纵盘上方，装有召唤楼层指示灯。当有人按下召唤按钮，运行控制系统使相应召唤楼层指示灯亮，提示轿内司机。目前，电梯通常选用轿厢内选层指示灯同时作为召唤楼层指示，轿内选层时指示灯长亮，而厅外召唤时指示灯闪烁。当电梯轿厢应答到达召唤楼层时，指示灯熄灭；有的新型的自动电梯轿厢内不再设置召唤楼层指示灯。

4）开门与关门按钮：其作用是控制电梯轿厢门开启和关闭（轿厢所停靠层的厅门由相相应的机械装置带动随之开启和关闭）。

5）上方向与下方向起动按钮：也称方向起动按钮，电梯在有司机操纵状态下，该按钮的作用是确定运行方向及起动电梯运行。当司机按下欲去楼层的选层按钮后，再按下所要去的方向起动按钮，电梯轿厢就会关门并起动驶向欲去的楼层。在检修运行方式下，可操纵电梯慢速运行。

6）方向指示灯：显示电梯目前的运行方向或选层定向后电梯将要起动运行的方向。

7）直驶按钮（或开关）：在司机操纵状态下，按下这个按钮，电梯只按照轿内指令停层而不响应外呼信号。当满载时，通过轿厢超载装置，可自动地将电梯转入直驶状态，也只响应轿厢内指令。

8）警铃按钮（电话）：当电梯在运行中突然发生故障停车，而电梯司机或乘客又无法从轿厢内出来时可以按下该按钮，通知维修人员及时援救轿厢内的电梯司机及乘客。现在的电梯更多装的是电话。

9）召唤蜂鸣器：电梯在有司机状态下，当有人按下厅外召唤按钮，操纵盘上的蜂鸣器发出声响提醒司机及时应答。

10）风扇开关：控制轿厢通风设备的开关。

11）照明开关：用于控制轿厢内照明设施。其电源不受电梯动力电源的控制，当电梯故障或检修停电时，轿厢内仍有正常照明。

12）急停开关：当出现紧急状态时按下急停开关，电梯立即停止运行。

2. 层楼指示器

层楼指示器（指层灯）用于指示电梯目前所在的位置及运行方向。通常层楼指示器有电梯上下运行方向指示灯和层楼指示灯以及到站钟等。

（1）层楼指示灯的种类

1）指示灯层楼指示器：上装有和电梯运行层楼相对应的信号灯，每个信号灯外都有数字表示。当电梯轿厢运行到达某层时，该层的层楼指示灯就亮；离开某层后，则该层的层楼指示灯就灭，指示轿厢目前所在的位置。根据电梯选定方向，上下方向指示灯一般为白炽灯和上、下行三角指示，通常用“▲”表示上行、“▼”表示下行。

2）数码管层楼指示器：一般在微机或 PLC 控制的电梯上使用。层楼指示器上有译码器和驱动电路，用数码管显示轿厢到达层楼位置。若电梯运行楼层超过 9 层时，则每层指示用的数码管需两个，可显示 −9 ~ 99 共 108 个不同的层楼数。数码管外形和显示原理如图 4-1 所示。

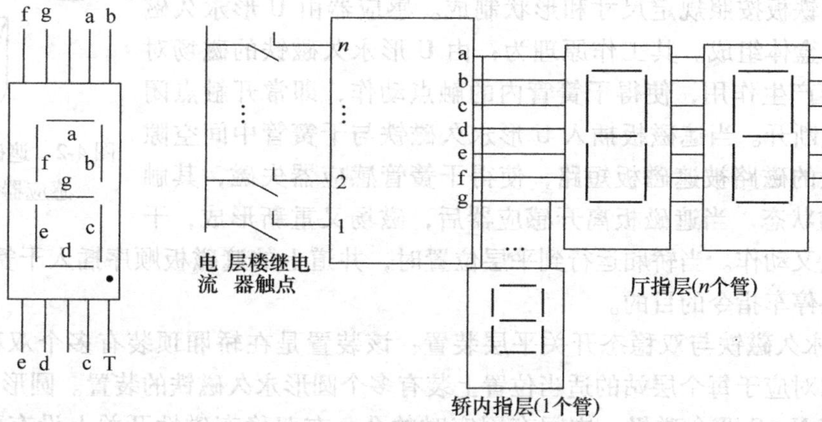

图 4-1　数码管外形和显示原理

有的电梯为提醒乘客和厅外候梯人员电梯已到达本层，设有到站钟，以声响来传送到站信息。

3）无层楼指示灯的层楼指示器：有的电梯除一层（基站）厅门用装有数码管的层楼指示器外，其他层楼厅门用只有上、下方向指示灯和到站钟。

（2）指层信息获得方法

1）通过装在井道中的干簧管感应器获得：其原理是当电梯运行时，安装在轿厢上的遮磁板插入某层的感应器时，干簧管触点状态发生变化，触点动作，发出一个开关信号，指示相应的楼层。其特点是当电梯运行在两层楼之间时，没有指层信号。若想改成连续信号，可通过采用继电器触点自锁等方法来解决。

2）通过微机选层器取得：微机与 PLC 控制的电梯，通过对旋转编码器或光电开关的脉冲计数，可以计算出电梯的运行距离，结合层楼数据，就可获得电梯所在的位置信号。

3. 呼梯按钮盒

呼梯按钮盒是给厅外乘用人员提供的召唤电梯的装置。在下端站只装一个上行呼梯按钮，上端站只装一个下行呼梯按钮，其余的层楼安装上呼和下呼两个按钮（全集选），当按下向上或向下呼梯按钮时，相应的呼梯指示灯立即亮。当电梯到达某一层站时，该层顺向呼梯指示灯熄灭。

另外，在下端站（基站）的呼梯按钮盒内，通常装有钥匙开关和消防开关。钥匙开关用来开启和闭锁电梯，消防开关用于发生火灾时切换到消防运行方式。

4. 平层装置及动作原理

为保证电梯轿厢在各层楼停靠时准确平层，通常在轿厢顶与井道相应位置安装有平层装置。

（1）平层装置

1）遮磁板与干簧管感应器平层装置：遮磁板与干簧管感应器平层装置如图4-2所示。该装置是在轿厢顶部装有2~3个干簧管感应器（两个的为上下平层感应器，三个的中间多加一个开门区感应器）。遮磁板装在轿厢导轨支架上。

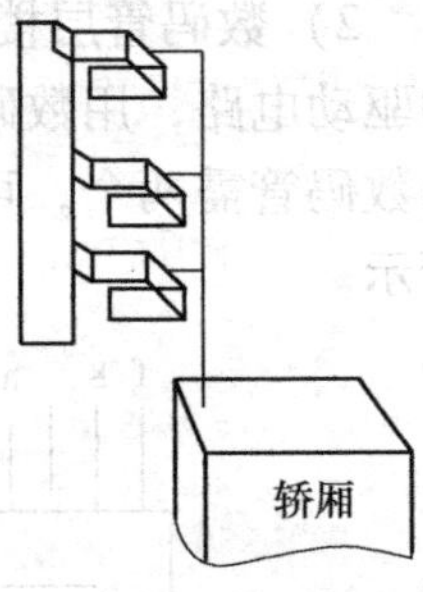

图4-2　遮磁板与干簧管感应器平层装置

遮磁板由铁板按照规定尺寸和形状制成。感应器由U形永久磁铁、干簧管、盒体组成。其工作原理为：由U形永久磁铁的磁场对干簧管感应器产生作用，使得干簧管内的触点动作，即常开触点闭合，常闭触点断开。当遮磁板插入U形永久磁铁与干簧管中间空隙时，永久磁铁的磁路被遮磁板短路，使得干簧管感应器失磁，其触点恢复原来的状态。当遮磁板离开感应器后，磁场又重新形成，干簧管内的触点又动作。当轿厢运行到平层位置时，井道上的遮磁板顺序插入干簧管感应器，达到发出平层停车指令的目的。

2）圆形永久磁铁与双稳态开关平层装置：该装置是在轿厢顶装有多个双稳态磁性开关，在井道内对应于每个层站的适当位置上装有多个圆形永久磁铁的装置。圆形永久磁铁的磁性较强，有N、S两个磁极，中间有固定时的孔。在双稳态磁性开关上设有两个极性相反、磁性较小的磁铁，它使得双稳态磁性开关中的触点维持现有状态，只有受到外界同极性的磁场作用时触点才能吸合，受到异极性磁场作用时触点才断开。

（2）平层装置动作原理　以遮磁板和干簧管感应器平层装置为例来说明，其动作原理如下：

1）只具有平层功能的平层器：当电梯轿厢上行，接近预选的楼层时，电梯运行速度由快速变为慢速继续运行，装在轿厢顶上的上平层感应器先进入遮磁板，此时电梯仍继续慢速上行，当下平层感应器进入遮磁板时，这时下平层感应器内干簧管触点位置转换，说明此时已经平层，使上行接触器线圈失电释放，制动器抱闸停车。

2）具有提前开门功能的平层器：它与只具有平层功能的平层器相比，多了一个提前开门功能。当轿厢慢速向上运行，上平层感应器首先进入遮磁板，轿厢继续慢速向上运行，接着开门区感应器进入遮磁板，使干簧管触点位置转换，提前使得开门继电器吸合，轿厢门、厅门提前打开；这时轿厢仍然继续慢速运行，当遮磁板插入下平层感应器时，干簧管触点位置转换，上行接触器线圈失电释放，轿厢停在预选楼层。

3）具有自动再平层功能的平层器：当电梯轿厢上行，接近预选的楼层时，电梯由快速变为慢速运行，当上平层感应器进入遮磁板时，使得本已慢速运行的电梯进一步减速；当中间开门区感应器进入遮磁板时，电路就准备延时断电，当下平层感应器进入遮磁板时，电梯停止，此时已经完全平好层。若电梯因某种原因超过平层位置时，上平层感应器离开了遮磁板，将使相应的继电器动作，电梯反向平层，最后获得较好的平层精度。

5. 选层器

选层器模拟电梯轿厢运行状态，及时向运行控制系统发出所需要的信号。其功能主要如下：根据登记的内选与外呼信号和轿厢的位置关系，确定运行方向；当电梯将要到达所需停靠的楼层时，给曳引电动机减速信号，使其换速；当平层停车后，消去已经应答的呼梯信号并显示轿厢位置。

（1）选层器的种类　选层器种类繁多，但是大致分为三种，即机械选层器、继电选层器和微机选层器。其中机械选层器和继电选层器将随着继电器控制电梯逐步被淘汰而淘汰。这里主要讲述微机选层器。

（2）微机选层器　微机选层器由专门的选层信息传送装置与接收装置组成，并经过微机处理与运算，来完成选层任务。

1）格雷码编码微机选层器：轿厢所在的位置信号，由轿厢导轨支架上的圆形永久磁铁吸合轿厢顶上的双稳态开关的触点，用格雷码编码来表示。格雷码编码微机选层器主要由格雷码二进制转换电路、轿厢位置信息电路、扫描器、步进逻辑电路、并行装入逻辑电路、选层器的输出电路等组成。

这种选层器，当轿厢停止时，直接提供当时轿厢的位置；当轿厢运行时，提供即将到达的楼层位置。因微机使用二进制数，所以由井道传来的格雷码信息，必须经过格雷码二进制转换电路，转化为微机应用的二进制数。

扫描器是一个步进式开关装置，在微机每执行的一个程序循环中，扫描器对所有楼层的上召唤和下召唤以及轿厢内选层信号各扫描一次。例如，先由第一层逐层向上扫描到最高层，而后再由最高层逐层向下扫描，确定已经登记的呼梯信号和轿厢位置，并形成一组脉冲。当电梯处于某一位置时，由选层器给出相应的信号，同时，扫描器不断扫描，发出脉冲信号，两种信号在比较器中比较，结果由微机发出最终信号。

当电梯处于停止状态时，只要电路一工作，必须把电梯现在的位置告诉微机系统，电梯一旦运行起来，该电路就停止工作，该电路叫做并行装入逻辑电路。

电梯在运行时，选层器应步进到它的前一层。如果电梯向上运行，则步进为加 1 方式；相反，则为减 1 方式。因为轿厢每次停层，用并行装入逻辑电路装入当时的轿厢位置信号，轿厢一运行，就应选定方向步进。实现该过程的电路叫步进逻辑电路。

选层器输出信号，直接送到微机中，由微机对电梯进行选层等控制。

2）光电码盘微机选层器：在曳引电动机的轴端安装一个与曳引电动机一起转动的光电码盘。光电码盘在同一圆周上，均匀地打着许多小圆孔。圆盘的一侧是发光器，另一侧为接收器。

当曳引电动机旋转时，光电码盘跟着旋转，这时发光器发光，每当圆盘上的小孔经过发光器时，光线穿过，使得接收器收到光脉冲信号，并将它转换为电脉冲输入微机系统。根据该脉冲数及对应时间，可以计算出电梯运行速度和距离。当有了脉冲计数和层楼数据后，配合登记的呼梯信号、内选信号，微机就可以对电梯进行定向、选层、指层、消号、减速等控制。

有的电梯采用脉冲编码器来测距离，当曳引电动机旋转时，脉冲编码器随之旋转，输出脉冲数正比于电梯的运行距离。

除了光电码盘方式外，有的运行控制系统采用测速发电机与微机组合的微机选层器。光电码盘方式脉冲计数比较准确，低速时不会丢失脉冲，而测速发电机方式在低速时，输出幅值较低，容易丢失脉冲。

虽然微机选层器先进、可靠，但是在电梯运行中若发生曳引绳打滑或其他原因，也会引起误差。所以，通常在井道中顶层和基站设置校正装置。例如，在电梯到达基站校正点时，将脉冲清零或是置一个固定数。另外，一般在轿厢顶部还设置有平层感应器，以保证电梯的平层准确度。电梯平层时，也可将计数器置该层脉冲数，避免多层运行时的误差累计。

4.2 电梯的继电器控制

为了便于分析电梯的运行过程，下面以继电器控制为例将电梯的信号控制系统分为以下几个控制环节，分析其工作原理。

4.2.1 电梯门控制电路

自动门机安装于轿厢顶上，它在带动轿厢门启闭的同时，通过机械联动机构带动厅门与轿厢门同步启闭。为了使电梯门在启闭过程中达到快、稳的要求，必须对自动门机系统进行速度调节。当采用小型直流伺服电动机时，可用电阻的串、并联方式进行调速；当采用小型交流转矩电动机时，常用涡流制动器的调速方法。直流门机调速方法简单，低速时发热较少；交流门机在低速时发热厉害，对三相电动机的堵转性能及绝缘要求较高。现代电梯的门机系统大多采用交流变压变频调速，它具有节能、调速性能好等优点。

图 4-3 所示为小型直流伺服电动机的自动门机主电路。

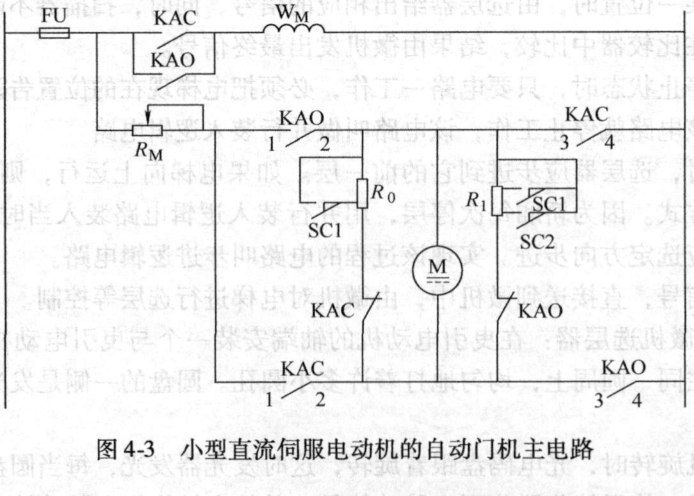

图 4-3 小型直流伺服电动机的自动门机主电路

当关门继电器 KAC 吸合后，直流 110V 电源正极经熔断器 FU，首先提供给直流伺服电

动机的励磁绕组 W_M，同时经可调电阻 R_M→KAC（1，2）触点→电动机的电枢绕组→KAC（3，4）触点→电源的负极。另一方面，电源还经过开门继电器 KAO 的常闭触点和电阻 R_1 对电枢进行分流。

当门关至约门宽的 2/3 时，限位开关 SC1 动作，使电阻 R_1 被短接掉一部分，流经此部分的电流增大，则总电流增大，在电阻 R_M 上的压降增大，从而使电动机的电枢电压降低，门电动机 M 转速下降，关门速度减慢。当门关至还剩 100～150mm 时，限位开关 SC2 动作，又短接了电阻 R_1 的很大一部分，关门速度再降低，直至门完全关闭，线圈 KAC 失电，关门过程结束。类似地可实现整个开门过程。

当开关门继电器 KAC、KAO 线圈失电后，门电动机所具有的动能将全部消耗在电阻 R_0 和 R_1 上，进入能耗制动状态。由于门完全关闭后，R_1 的电阻非常小，这样能耗制动很强烈而且时间很短，迫使电动机很快停车。在直流电动机的开关门系统中，不需要机械制动来迫使电动机停车。

图 4-4 所示为三相交流异步电动机加涡流制动器驱动的自动开关门机电路。

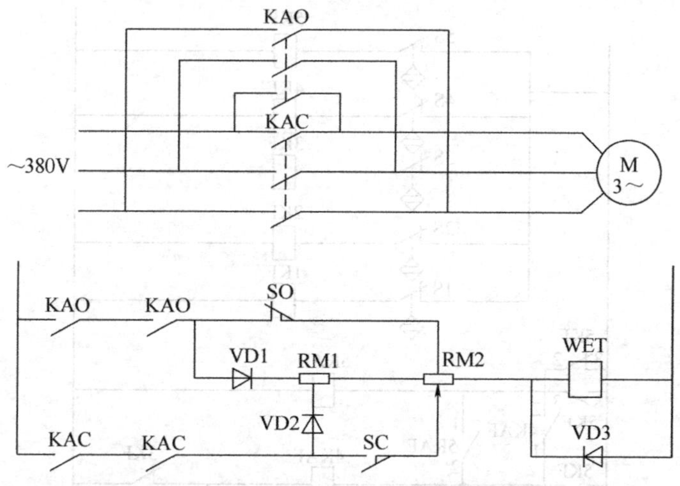

图 4-4　三相交流异步电动机加涡流制动器驱动的自动开关门机主电路

在开关门过程中，为了降低门的撞击、保证运行的平稳性需要调节门机速度，只要改变与电动机同轴的涡流制动器绕组 WET 中的电流的大小，就可达到改变速度的目的。

在无司机操作时，电梯到达某层站开门后一定的时间（事先设定）则自动关门，也可以按关门按钮使得电梯自动关门。当没有轿厢内指令和厅外召唤时，轿厢应当“闭门候客”，当有乘客需用电梯时，电梯能响应就行。

4.2.2　指层电路

指层电路的功能主要是指示电梯所在的位置。

1. 电梯轿厢层楼信号的获取

1）由机械选层器获得，利用机械选层器的动、静触点的通、断取得或者消除楼层位置信号，如图 4-5 所示。

2）对于无机械选层器的电梯，采用安装在轿厢上的遮磁板经过装在井道上的每一层都有一个的感应器获得。轿厢经过某层时，遮磁板使得该感应器动作，相应的层楼感应继电器 1KF～5KF 吸合，发出层楼信号，但是 1KF～5KF 不能发出连续信号，必须附加层楼继电器 1KAF～5KAF 才能获得连续的层楼信号，如图 4-6 所示。

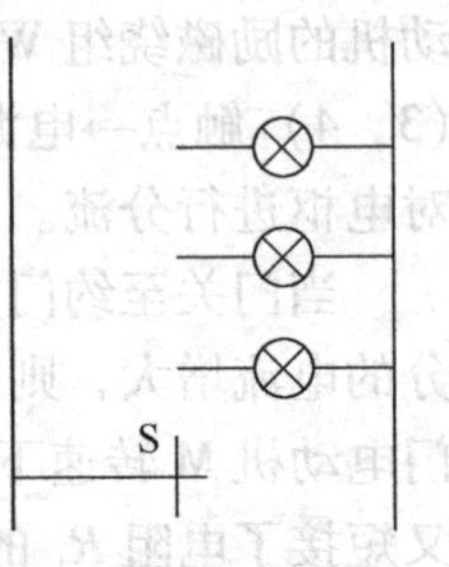

图 4-5　选层器触点指层

其工作原理如下：当电梯在第 1 层时，层楼感应器 1S 触点闭合使 1KF 吸合，其常开触点 1KF（8、3）闭合使得 1KAF 吸合，并由 1KAF（1、2）自保持。当电梯上到第 2 层时，2S 触点闭合使得 2KF 吸合，其常开触点 2KF（3、8）闭合使得 2KAF 吸合，并由 2KAF（1、2）自保持，同时 2KF 的常闭触点 2KF（2、8）断开，使 1KAF 释放。当电梯上到 3 层楼时，3S 触点闭合使 3KF 吸合，其常开触点 3KF（3、8）闭合使得 3KAF 吸合，并由 3KAF（1、2）自保持，同时 3KF 的常闭触点 3KF（2、8）断开，使 2KAF 释放，电梯上行。其余依次类推。此电路具有一定的规律性，电梯下行的工作原理与此类同。

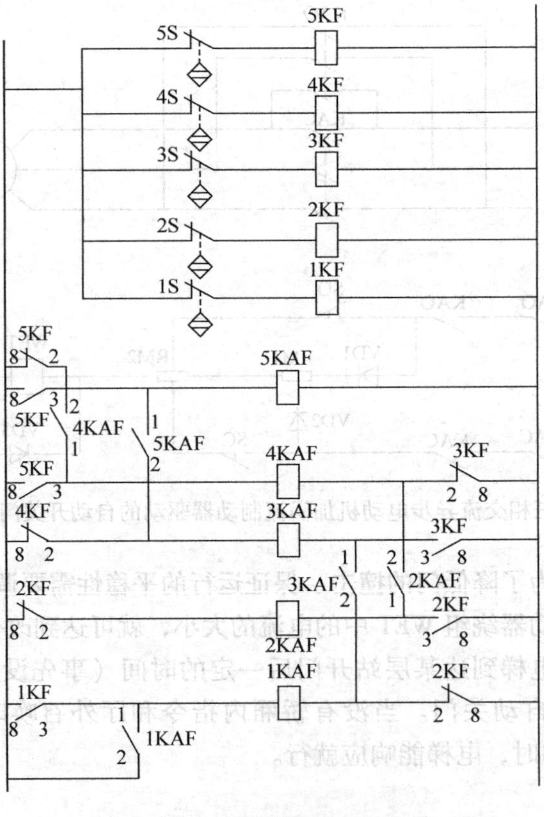

图 4-6　磁感应器取得层楼信号

2. 层楼指示器

电梯轿厢内和厅门口均设有楼层指示灯或数码管显示的层楼指示器。

数码管显示方式有以下几种：

1）字形重叠式：它是将数码重叠放置，需要显示某层时相应的电极发亮。

2）分段式：它有七段和八段数码管，是将数码管平放在一个平面上，由若干个发光的笔划组成，不同的笔划组成各种数码显示。

3）点矩阵式：它是由发光点按照一定的规律排列成点阵组成不同的数码。

4）发光二极管式：由发光二极管排列组成不同的显示段，由不同的显示段构成各种数码显示。

4.2.3　轿厢内指令电路

轿厢内操纵箱上对应每一层楼设有一个带灯的按钮，称为指令按钮。乘客按下要去的层楼指令按钮，按钮灯便亮，称为轿厢内指令登记。轿厢运行到目的层楼后，该指令消除，对应的按钮灯熄灭。指令信号的登记与消除电路分为串联式和并联式两种。

1. 串联式指令登记与消除电路

所谓串联式是指呼梯信号的登记与消除是串联在一起的。电路如图 4-7 所示。

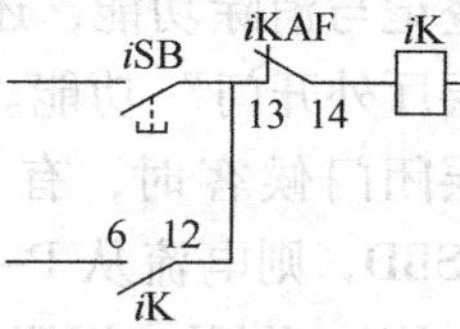

图 4-7　串联式呼梯登记与消除电路

图 4-7 中，iSB 为第 i 层的指令按钮。按下 iSB，对应的指令继电器 iK 吸合，并由 iK 常开触点（6，12）使得 iK 自保，使按钮灯亮。当电梯到达第 i 层时，该层层楼继电器 iKAF 吸合，其常闭触点 iKAF（13，14）断开，使 iK 释放，指令信号消除，按钮灯熄灭。

对带有选层器的电梯，其轿内指令信号可由选层器触点来消除。

2. 并联式指令信号的登记及消除电路

并联式指令信号是当电梯到达指令信号楼层时，依靠该层的层楼继电器常开触点并联于指令继电器线圈的两端，即经限流电阻把指令继电器线圈短接，从而使指令信号继电器释放消号。但消号必须在电梯即将到达该层而发出减速信号后（即快速运行继电器 KMK 释放，其常闭触点导通）方可实现。电路如图 4-8 所示。

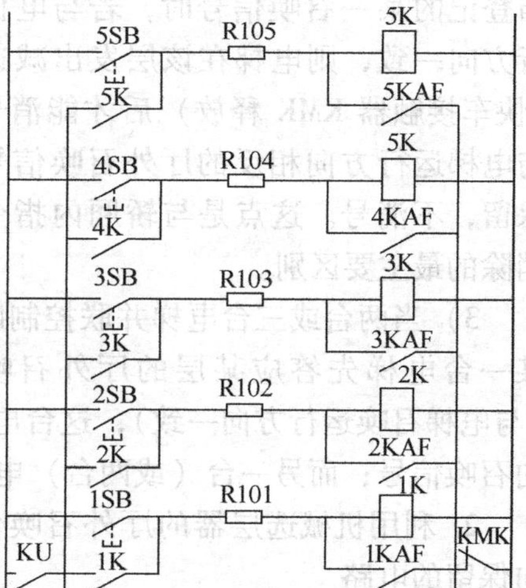

图 4-8　并联式指令信号登记与消除电路

从图 4-8 可以看出，指令信号不是直接自保记忆，而是在有了指令信号后，使电梯定出运行方向，即方向继电器 KU 或 KD 吸合后，才可自保记忆。当电梯失去方向后，即使层楼继电器未动作，也能把已经登记的指令信号消除。

由于串联式是利用层楼继电器的常闭触点串联于指令继电器的线圈回路中，因此如果当该常闭触点接触不好时，就会影响该层指令信号的登记与记忆，即影响乘客到达该层使用电梯的要求。而对于并联式电路，如果该层的层楼继电器常开触点接触不好时，则仅仅影响信号的消除，而不影响该层信号的登记与记忆，即不影响乘客到达该层的使用要求。所以，一般电梯控制电路常用并联式的电路，串联式已经很少见到。

4.2.4 厅外召唤电路

电梯的厅外召唤信号是通过设在电梯每层厅门口的按钮来实现的。电梯按钮除了上下两端站只设一个外，全集选控制的电梯其余层分别设上下两个按钮。

1. 并联式厅外召唤信号的登记与消除电路

并联式厅外召唤信号的登记与消除电路如图4-9所示，这部分的电气电路结构与指令信号的电路基本相同，也是采用并联式的结构。

1）该电路不仅有各层厅外召唤信号的登记与消除功能，还有无司机状态的“本层厅外开门”功能。例如，电梯轿厢在三层闭门候客时，有人按三层下呼梯按钮3SBD，则电流从P→3SBD→3KAF→VD2T→KU→KAN→KYT→KAW线圈→KMK→N，使得厅外开门继电器KAW线圈得电，把电梯门打开。

2）由图4-9可见，各个楼层的厅外召唤信号的消除是与电梯的运行方向有关的。当登记的某一召唤信号时，若与电梯的运行方向一致，则电梯在该层发出减速信号（快车接触器KMK释放）后才能消号。而与电梯运行方向相反的厅外召唤信号予以保留，不消号。这点是与轿厢内指令信号消除的最主要区别。

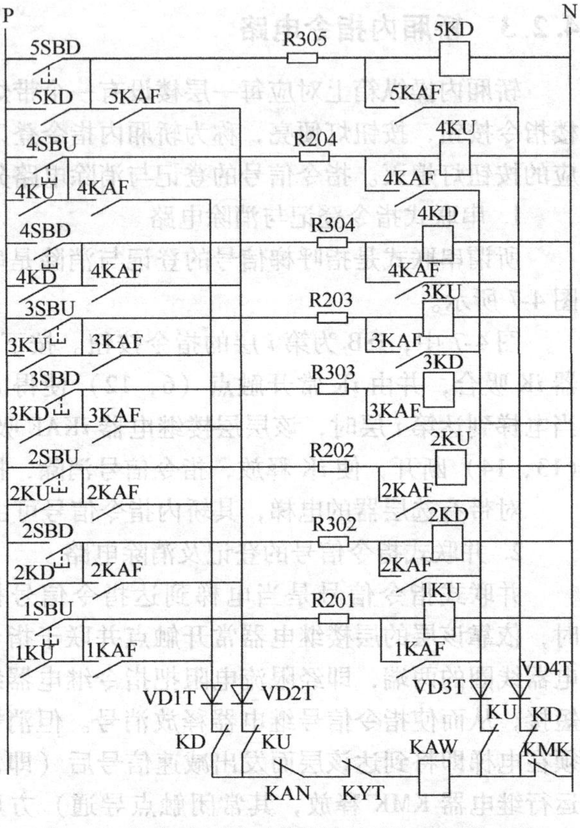

图4-9 并联式厅外召唤信号的登记与消除电路

3）当两台或三台电梯并联控制时，则某一台电梯先答应某层的厅外召唤信号（与电梯召唤运行方向一致），这台电梯在该层即可发出减速信号，而后自动消除该层的顺向召唤信号；而另一台（或两台）电梯在该层不再发出减速信号和停车。

2. 利用机械选层器的厅外召唤信号登记、消号、反向保留的电路

利用机械选层器的厅外召唤信号登记、消号、反向保留的电路如图4-10所示。本电路的工作过程是，当厅外按下上召唤按钮ASZ后，上行继电器JSZ吸合，并通过DSX、JSZ触点自保持。只要电梯未到达本层，此信号一直保留。由此完成上召唤信号的登记。

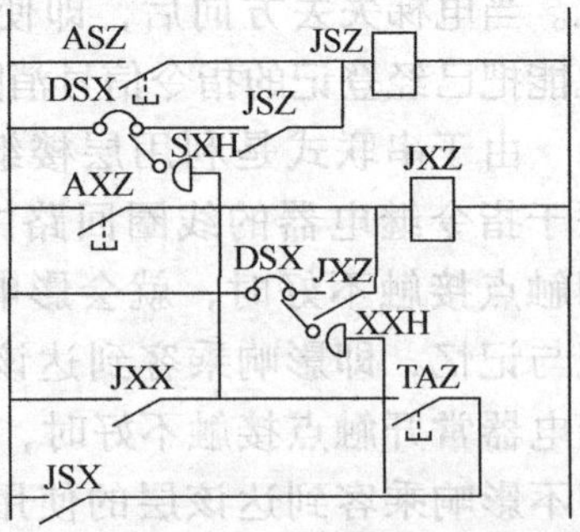

图4-10 机械选层器的厅外召唤登记、消号、反向保留的电路

消号功能的完成是通过机械选层器的动触头SXH将定触点DSX压开，使JSZ线圈断电而消除自保。这项功能是在电梯上行到达本层楼，下行继电器JXX触点断开

的情况下完成的。

反向厅外召唤信号保留工作过程是，当电梯下行时，在下运行的某层站有上呼梯信号，即 ASZ 动作→JSZ 动作。当电梯下行经过本层楼时，下行继电器 JXX 吸合而使其常开触点闭合，选层器动触点 SXH 使其触点 DSX 断开，由于 JXX、SXH、JSZ 的接通，使继电器 JSZ 保持吸合，即上行厅外召唤信号仍被保留。

电梯的直驶功能是通过直驶按钮 TAZ 来实现的。当电梯需要通过某层而不停靠站时，可按下按钮 TAZ。这时只要 JSX 或 JXX 有一个常开触点闭合，通过 SXH 和 XXH 便可以使继电器 JSZ 或 JXZ 保持吸合状态。因此，电梯不管上行还是下行，厅外召唤不管顺向呼叫还是反向呼叫，均能保留而不被消号。

3. 厅外召唤与内选指令组合电路

厅外召唤与内选指令组合电路的特点是既可以省略内选指令继电器，又可以厅外召唤与内选指令的登记共用一个继电器，电路如图 4-11 所示。

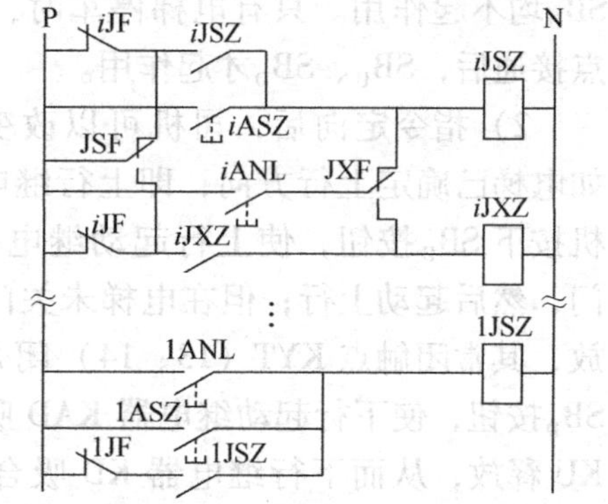

图 4-11　厅外召唤与内选指令组合电路

（1）厅外上召唤信号登记　当按下上召唤按钮 *i*ASZ 时，继电器 *i*JSZ 吸合，并通过触点自保持，完成上呼信号登记；当按下下召唤按钮 *i*AXZ 时，继电器 *i*JXZ 吸合，并通过触点自保持，完成下呼信号登记。

（2）内选指令登记　当在轿厢里按下内选指令按钮 *i*ANL 时，内选指令便被登记。

1）电梯上行或在某站时，下行方向继电器 JXF 触点向上接通，此时电路由 *i*ANL→JXF→*i*JSZ 使内选信号登记。

2）电梯下行时，下行方向继电器 JXF 触点向下接通，此时电路由 *i*ANL→JXF→*i*JXZ 使内选信号登记。

（3）消号　如果电梯上行，上行方向继电器 JSF 吸合，其触点向下接通。当电梯到达呼梯层时，*i*JF 继电器吸合，其触点断开了 *i*JSZ 自保持通路，完成消号。当电梯下行时，同样是在电梯到达呼梯层时，*i*JF 吸合，其触点断开 *i*JXZ 自保持通路，完成消号。

（4）反方向外召唤信号保留　分两种情况讨论：

1）如果电梯由上向下运行，而下层有上呼梯信号时，继电器 JSF 向上接通。电梯到达上呼梯层时，继电器 *i*JF 吸合，其触点断开，但由于触点 JSF 与触点 *i*JF 并联，其电路由 P→JSF→*i*JSZ→N 接通，上行召唤信号保留。

2）如果电梯由下向上运行，而上层有下呼梯信号时，继电器 JSF 此时向下接通。电梯到达下呼梯层时，继电器 *i*JF 吸合，其触点断开，但由于触点 JSF 与触点 *i*JF 并联，其电路由 P→JSF→*i*JXZ→N 接通，下行召唤信号保留。

4.2.5　定向选层电路及换速控制电路

电梯的运行方向是根据轿厢所在层楼位置与呼梯信号的相对位置，以及呼梯信号登记的时间先后顺序来确定的。

电梯根据轿厢所在层楼位置和运行方向与呼梯方向间的关系发出选层信号。电梯换速信号的产生有几种：顺向呼梯减速、选层信号减速、最远反向呼梯信号减速、直驶减速、端站强迫减速等。

1. 信号控制电梯定向选层电路

定向选层电路如图4-12所示。

（1）司机定向　图4-12所示电路是通过轿厢内指令继电器和层楼继电器进行自动定向的。图中，SB_U、SB_D分别为上、下行定向按钮（也称方向起动），KAU、KAD分别为上、下行起动继电器。其工作原理如下：

1）电梯运行中不能改变运行方向：电梯运行中KYT吸合，其常闭触点KYT（13、14）断开，此时刻SB_U、SB_D均不起作用。只有电梯停车时，KYT释放，其常闭触点接通后，SB_U、SB_D才起作用。

2）指令定向后，司机可以改变其确定的运行方向：如电梯已确定上行方向，即上行继电器KU吸合，通常司机按下SB_U按钮，使上行起动继电器KAU吸合，电梯关门，然后起动上行；但在电梯未关门起动运行时，KYT释放，其常闭触点KYT（13、14）闭合。此时，司机若按下SB_D按钮，使下行起动继电器KAD吸合，而使上行继电器KU释放，从而下行继电器KD吸合（应有下行方向的指令），确定下行方向，然后，电梯关门起动下行。

（2）自动定向　当电梯停在某层时，本层层楼继电器吸合，此继电器的两个常闭触点均断开，则该层以上的楼层如有指令信号，那么上行继电器KU吸合，即电梯确定上行方向。反之，电梯确定下行方向。

如果电梯已处于上行方向，在没有人为改变方向的情况下，只能先执行完上行方向的各层指令信号，然后才能换向，执行下行方向的指令信号。

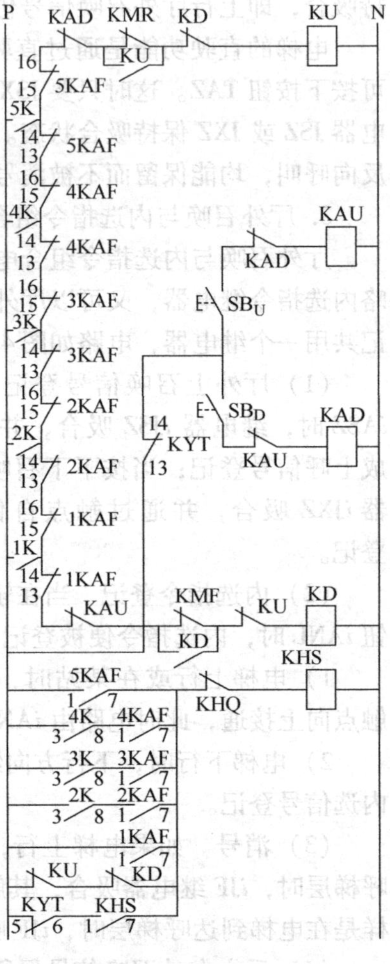

图4-12　定向选层电路

如果电梯处于下端站，由于1KAF的吸合，其常闭触点断开，使下行方向继电器KD不能吸合，那么无论哪一层有指令信号，都可使KU吸合，确定为上方向运行。反之，如果电梯处于上端站，当有指令信号时也只能确定为下方向运行。

（3）选层换速　图4-12中，KHS为换速继电器，KHQ为换速消除继电器。电梯的选层是在有轿厢内指令或厅外召唤指令的情况下，根据电梯轿厢所处的位置和运行的方向选择顺向的停靠站，并发出换速信号。例如，当有4层轿厢内指令时，4K吸合，电梯运行将到达4层时，4KAF吸合，电流由P→4K（3、8）→4KAF（1、7）→KHQ→KHS线圈→N，使换速继电器KHS吸合，发出换速信号，并由KHS（1、7）自保持。当电梯停靠后，KYT释放，其常闭触点KYT（5、6）断开，使KHS释放。

（4）无方向换速　图4-12中，KU、KD的常闭触点串联起来，就可以实现无方向时的换速。所谓无方向就是指当电梯在快车运行时，KU、KD均释放，电流由P→KU常闭触点

→KD 常闭触点→KHQ→KHS 线圈→N，使 KHS 吸合，电梯立即换速，并在就近层站停靠，以避免事故发生。

2. 集选控制电梯定向选层电路

图 4-13 所示为 4 层 4 站电梯集选控制的定向、选层电路，它具有“有/无司机”运行方式选择操作功能，通常由轿内操纵箱上的手柄开关或钥匙开关选择。无司机状态时，KAN 吸合；有司机状态时，KAN 释放，直驶状态时，KAP 吸合。

(1) 有司机状态时的功能（此时 KAN 释放）

1）定向：电梯停止时，起动继电器 KQ 释放，由指令继电器的常开触点 1K（1、7）~4K（1、7）决定电梯的运行方向。因为 KQ 常开触点开路，当层站有上、下召唤信号时，如 2 层有呼梯信号，可以使 2KU（3、8）吸合登记，但不参与定向。

2）轿厢内指令换速：电梯到达该停的楼层时发出换速信号。如 3 层有轿厢内指令，3K（1、7）吸合，电梯运行将到达 3 层时，3KAF（1、7）吸合，电流由 P→3K（1、7）→3KAF（1、7）→3K（3、8）→VD→KHS 线圈→N，使换速继电器 KHS 吸合，发出换速信号。

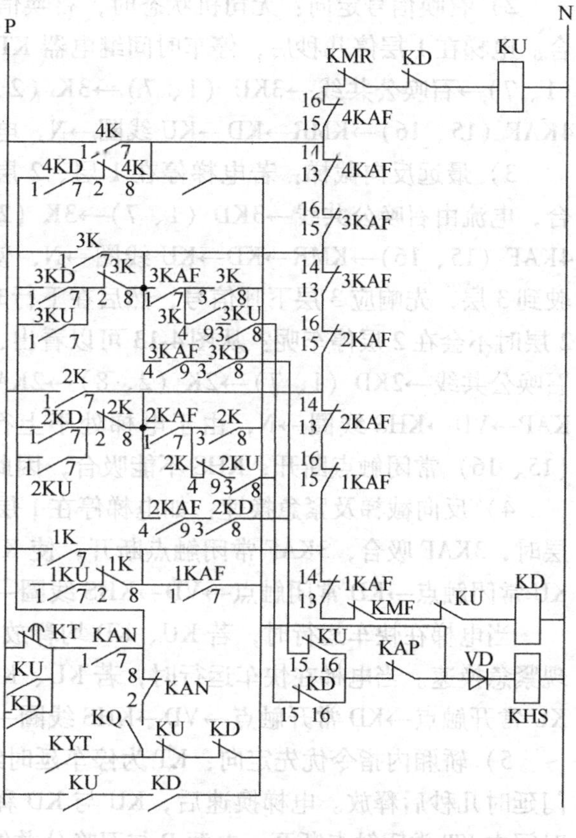

图 4-13　有/无司机操作的 4 层 4 站电梯集选控制的定向、选层电路

3）召唤信号顺向截梯：在有司机状态下，上下召唤信号不参与定向，但具有顺向截梯功能。例如，有 4 层轿厢内指令，电梯正在上行中，此时 KQ 吸合，若 3 层有人按了上呼按钮，使 3KU（1、7）吸合，电梯上行将到 3 层时，3KAF（4、9）吸合，电流经 P→KYT→KQ→KAN（2、8）→召唤公共线→3KU(1、7)→3K(2、8)→3KAF(1、7)→3K(4、9)→3KU(3、8)→KD(15、16)→KAP→VD→KHS 线圈→N，使 KHS 吸合换速。

所谓“顺向截梯”，指层站召唤信号的方向与电梯运行方向一致，电梯停靠于有同方向召唤要求的层站。若是反向的召唤信号，则不能截停电梯。如上例中，若 3 层不是按了上呼按钮，而是按了下呼按钮，就不能截住电梯。因为电梯处于上行状态，KU 吸合，其常闭触点 KU（15、16）断开，虽 3KD（1、7）吸合，但 KHS 无吸合回路。

4）直驶功能：如轿厢内已经满载或出于其他原因，司机不想让层站召唤信号截停电梯，只需按下“直驶”按钮，使 KAP 吸合，其常闭触点断开，召唤信号便不能使换速继电器 KHS 吸合，则电梯不能换速停层。

(2) 无司机状态下的功能（此时 KAN 吸合）

1）召唤信号顺向截梯：电梯响应顺向召唤信号换速停车，如图 4-13 所示，与有司机状态相同。只是使 KHS 吸合的通路略有不同，电流经过 P→KU（或 KD）常开触点→KAN(1、7)→召唤公共线，后面与有司机状态相同。

2）召唤信号定向：无司机状态时，召唤信号可定向。如有 3 层上召唤信号时，3KU 吸合。电梯在 1 层停几秒后，停车时间继电器 KT 释放，可使 KU 吸合。电流经 P→KT→KAN(1、7)→召唤公共线→3KU（1、7）→3K（2、8）→3KAF（15、16）→4KAF（13、14）→4KAF（15、16）→KMR→KD→KU 线圈→N，电梯定向上行。

3）最远反向截梯：若电梯停在 1 层、2 层、3 层都有下行召唤信号，即 2KD、3KD 吸合，电流由召唤公共线→3KD（1、7）→3K（2、8）→3KAF（15、16）→4KAF（13、14）→4KAF（15、16）→KMR→KD→KU 线圈→N，使 KU 吸合。2 层也有相似电路，电梯直接行驶到 3 层，先响应 3 层下呼信号，然后在下行时再响应 2 层下呼信号。为何电梯在上行经过 2 层时不会在 2 层停车呢？从图 4-13 可以看出，到 2 层时，KHS 没有吸合电路，电路只能由召唤公共线→2KD（1、7）→2K（2、8）→2KAF（4、9）→2KD（3、8）→KU（15、16）→KAP→VD→KHS 线圈→N，由于电梯处于上行状态，KU 被 3 层信号 3KD 保持吸合，KU(15、16）常闭触点断开，KHS 不能吸合，因此上行经 2 层时，不产生换速信号。

4）反向截梯及紧急换速：如电梯停在 1 层，3 层有下行召唤信号，电梯上行将要到达 3 层时，3KAF 吸合，3KAF 常闭触点断开，使 KU 释放（参见定向电路），电流经 P→KYT→KU 常闭触点→KD 常闭触点→VD→KHS 线圈→N，使 KHS 吸合，电梯换速。

当电梯在快车运行时，若 KU、KD 均释放，呈无运行方向状态，使 KHS 吸合，则可实现紧急换速。当电梯在快车运行时，若 KU、KD 同时吸合，即运行方向故障，则电流经 P→KU 常开触点→KD 常开触点→VD→KHS 线圈→N，使 KHS 吸合，也可实现紧急换速。

5）轿厢内指令优先定向：KT 为停车延时继电器，电梯运行时 KT 吸合，在电梯停层开门延时几秒后释放。电梯换速后，KU 与 KD 释放。因此，在电梯换速到开门延时几秒这段时间内 KT 常闭触点断开，电源 P 与召唤公共线之间断开，即使电梯未选向，全部外呼信号也不能选向；此时轿厢内指令可定向电梯的运行方向，故有轿厢内指令优先定向。如 3 层乘客要求向下，电梯在 3 层停止时，这时 4 层有外呼信号，3 层乘客进入轿厢后可优先选择下行方向，不会因 4 层的外呼信号而上行。

4.3　电梯的 PLC 控制

PLC 是可编程序控制器的简称，它是 20 世纪 60 年代以来发展极为迅速，应用面极为广泛的工业控制装置，已经成为现代工业自动化的首选设备，与机器人 CAD/CAM 并称为工业生产自动化的三大支柱。

4.3.1　PLC 的主要组成部分及其作用

PLC 的结构多种多样，但其组成的原理基本相同，都是以微处理器为核心的结构。PLC 通常由中央处理单元（CPU）、存储器（RAM、ROM）、输入/输出单元（I/O）、电源和编程器等几个部分组成。PLC 硬件系统的结构框图如图 4-14 所示。

1. 中央处理单元（CPU）

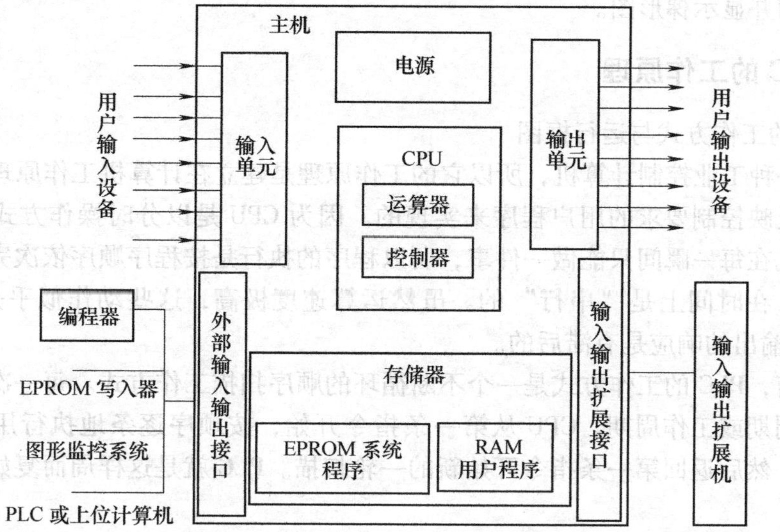

图 4-14　PLC 硬件系统的结构框图

CPU 作为整个 PLC 的核心，起着总指挥的作用。CPU 一般由控制电路、运算器和寄存器组成。这些电路通常都被封装在一个集成电路的芯片上。CPU 通过地址总线、数据总线、控制总线与存储单元、输入/输出接口电路连接。CPU 的功能有：从存储器中读取指令，执行指令，取下一条指令，处理中断。

2. 存储器（RAM、ROM）

存储器主要用于存放系统程序、用户程序及工作数据。存放系统程序的存储器称为系统程序存储器；存放用户程序的存储器称为用户程序存储器；存放工作数据的存储器称为数据存储器。常用的存储器有 RAM、EPROM 和 EEPROM。RAM 是一种可进行读写操作的随机存取存储器，用以存放用户程序、生成用户数据区等，存放在 RAM 中的用户程序可方便地修改。RAM 是一种高密度、低功耗、价格便宜的半导体存储器，可用锂电池做备用电源，掉电时，可有效地保持存储的信息。EPROM、EEPROM 都是只读存储器，用这些类型存储器固化系统管理程序和应用程序。

3. 输入/输出单元（I/O单元）

I/O 单元实际上是 PLC 与被控对象间传递输入/输出信号的接口部件。I/O 单元有良好的电隔离和滤波作用。接到 PLC 输入接口的输入器件是各种开关、按钮、传感器等。PLC 各个输出控制的器件往往是电磁阀、接触器、继电器，而继电器有交流和直流型、高电压型和低电压型、电压型和电流型等。

4. 电源

PLC 电源单元包括系统的电源及备用电池，电源单元的作用是把外部电源转换成内部工作电压。PLC 内有一个稳压电源用于对 PLC 的 CPU 单元和 I/O 单元供电。

5. 编程器

编程器是 PLC 的最重要外部设备。可利用编程器将用户程序送入 PLC 的存储器，还可以用编程器检查程序、修改程序、监视 PLC 的工作状态。除此以外，在个人计算机上添加适当的硬件接口和软件包，即可用个人计算机对 PLC 编程。利用个人计算机作为编程器，可以直接编制并显示梯形图。

4.3.2 PLC 的工作原理

1. PLC 的工作方式与运行框图

PLC 是一种工业控制计算机，所以它的工作原理是建立在计算机工作原理基础上的，即是通过执行反映控制要求的用户程序来实现的。因为 CPU 是以分时操作方式来处理各项任务的，计算机在每一瞬间只能做一件事，所以程序的执行是按程序顺序依次完成，相应各个元件的动作，在时间上是“串行”的。虽然运算速度极高，这些动作似乎是同时完成的，但实际输入/输出的响应是有滞后的。

概括而言，PLC 的工作方式是一个不断循环的顺序扫描工作方式。每一次扫描所用的时间称为扫描周期或工作周期。CPU 从第一条指令开始，按顺序逐条地执行用户程序直到用户程序结束，然后返回第一条指令开始新的一轮扫描。PLC 就是这样周而复始地重复上述循环扫描的。

执行用户程序时，需要各种现场信息，这些现场信息接到 PLC 的输入端口。PLC 采集现场信息即采集输入信号有两种方式：

1）采样输入方式：一般在扫描周期的开始或结束时将所有输入信号（输入元件的通/断状态）采集并存放到输入映像寄存器（PII）中。执行用户程序所需输入状态均在输入映像寄存器中取用，而不直接到输入端或输入模块去取用。

2）立即输入方式：随着程序的执行，需要哪一个输入信号就直接从输入端或输入模块取用这个输入状态，如“立即输入指令”就是这样，此时输入映像寄存器的内容不变，到下一次集中采样输入时才变化。

同样，PLC 对外部的输出控制也有集中输出和立即输出两种方式：

1）集中输出方式：在执行用户程序时不是得到一个输出结果就向外输出一个，而是把执行用户程序所得的所有输出结果，先后全部存放在输出映像寄存器中，执行完用户程序后把所有输出结果一次性向输出端口或输出模块输出，使输出设备动作。

2）立即输出方式：在执行用户程序时将该输出结果立即向输出端口或输出模块输出，如“立即输出指令”就是这样，此时输出映像寄存器的内容也更新。

PLC 对输入/输出信号的传送还有其他方式。例如，有的 PLC 采用输入/输出刷新指令，在需要的地方设置这类指令，可对此电源接通时的全部或部分输入点信号读入上电一次，以刷新输入映像寄存器内容；或将此时的输出结果立即向输出端口或输出模块输出。又例如，有的 PLC 上有输入/输出的禁止功能，实际上是关闭了输入/输出传送服务，这意味着此时的输入信号不读入、输出信号也不输出。

PLC 工作的全过程可用图 4-15 所示的运行流程图来表示。

PLC 整个运行可分为三部分：

1）上电处理：PLC 上电后对 PLC 系统进行一次初始化工作，包括硬件初始化、I/O 模块配置运行方式检查、停电保持范围设定及其他初始化处理等。

2）扫描过程：PLC 上电处理完成以后进入扫描工作过程。先完成输入处理，其次完成与其他外部设备的通信服务，再次进行时钟、系统内部寄存器更新。当 CPU 处于 STOP 方式时，转入执行自诊断检查。当 CPU 处于 RUN 方式时，还要执行用户程序和执行输出刷新过

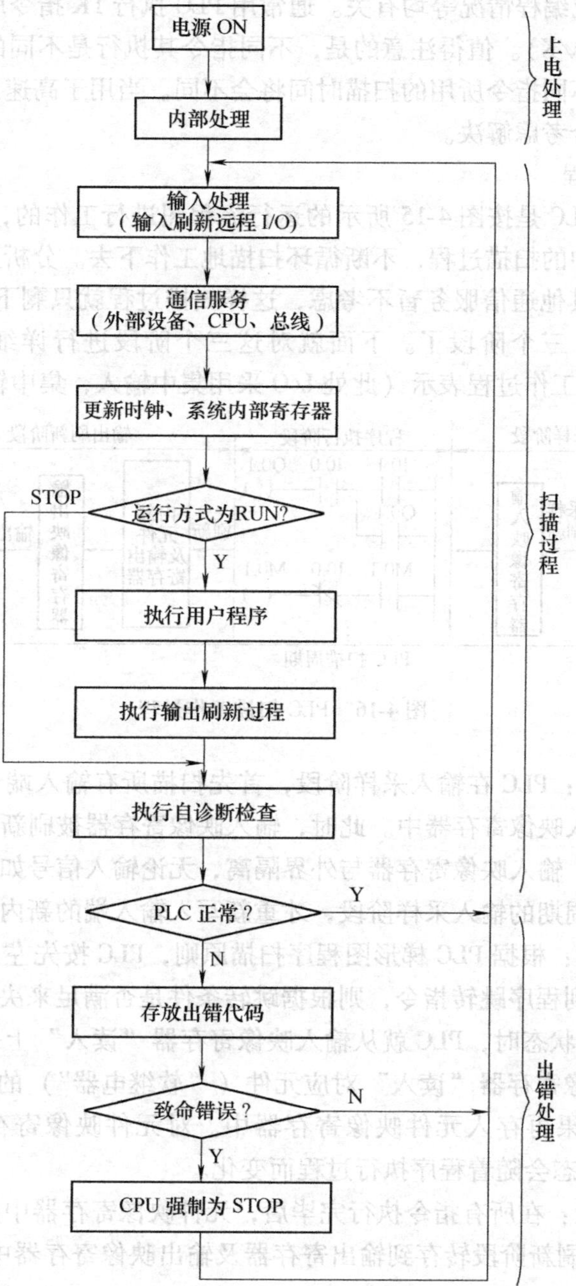

图 4-15　PLC 运行流程图

程，再转入执行自诊断检查。

3）出错处理：PLC 每扫描一次，执行一次自诊断检查，确定 PLC 自身的动作是否正常，如 CPU、电池电压、程序存储器、I/O、通信等是否异常或出错。当检查出异常时，CPU 面板上的 LED 及异常继电器会接通，在特殊寄存器中会存入出错代码。当出现致命错误时，CPU 被强制为 STOP 方式，所有的扫描停止。

PLC 运行正常时，扫描周期的长短与 CPU 的运算速度有关，与 I/O 点的情况有关，与用户应用程序的长短及编程情况等均有关。通常用PLC执行1K指令所需时间来说明其扫描速度（一般为1~10ms/K）。值得注意的是，不同指令其执行是不同的，从零点几微秒到上百微秒不等，故选用不同指令所用的扫描时间将会不同。当用于高速系统需要缩短扫描周期时，可从软硬件上综合考虑解决。

2. PLC的工作过程

上面已经说明，PLC是按图4-15所示的运行流程图进行工作的，当PLC处于正常运行时，它将不断重复图中的扫描过程，不断循环扫描地工作下去。分析上述扫描过程，如果对远程I/O特殊模块和其他通信服务暂不考虑，这样扫描过程就只剩下“输入采样”，“程序执行”，“输出刷新”三个阶段了。下面就对这三个阶段进行详细的分析，并形象地用图4-16所示PLC扫描工作过程表示（此处I/O采用集中输入，集中输出方式）。

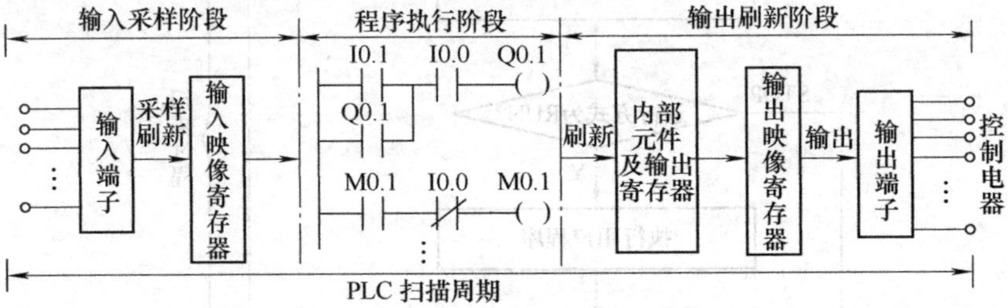

图4-16 PLC扫描工作过程

1）输入采样阶段：PLC在输入采样阶段，首先扫描所有输入端子，并将各输入状态存入内存中各对应的输入映像寄存器中。此时，输入映像寄存器被刷新。在接下去的程序执行阶段和输出刷新阶段，输入映像寄存器与外界隔离，无论输入信号如何变化，其内容保持不变，直到下一个扫描周期的输入采样阶段，才重新写入输入端的新内容。

2）程序执行阶段：根据PLC梯形图程序扫描原则，PLC按先左后右、先上后下的步序语句逐句扫描。但遇到程序跳转指令，则根据跳转条件是否满足来决定程序的跳转地址。当指令中涉及输入/输出状态时，PLC就从输入映像寄存器“读入”上一阶段采入的对应输入端子状态，从元件映像寄存器“读入”对应元件（“软继电器”）的当前状态。然后，进行相应的运算，运算结果再存入元件映像寄存器中。对元件映像寄存器来说，每一个元件（“软继电器”）的状态会随着程序执行过程而变化。

3）输出刷新阶段：在所有指令执行完毕后，元件映像寄存器中所有输出继电器的状态（接通/断开）在输出刷新阶段转存到输出寄存器及输出映像寄存器中，通过一定方式输出，驱动外部负载。

3. PLC的中断处理

根据以上所述，外部信号的输入总是通过PLC扫描由“输入传送”来完成，这就不可避免地带来了“逻辑滞后”。PLC能不能像计算机那样采用中断输入的方法，即当有中断申请信号输入后，系统会中断正在执行的程序而转去执行相关的中断子程序；系统若有多个中断源时，它们之间按重要性是否有一个先后顺序的排队；系统能否由程序设定允许中断或禁止中断等。PLC关于中断的概念及处理思路与一般计算机系统基本是一样的，但也有特殊之处。

1）响应问题：一般计算机系统的 CPU 是在执行每一条指令结束时去查询有无中断申请，而 PLC 对中断的响应则是在相关的程序块结束后或在执行用户程序时查询有无中断申请，如有中断申请，则转入执行中断服务程序。如果用户程序以块式结构组成，则 PLC 在每块结束或实行块调用时处理中断。

2）中断源先后顺序及中断嵌套问题：在 PLC 中，中断源的信息是通过输入点进入系统的，PLC 扫描输入点是按输入点编号的先后顺序进行的，因此中断源的先后顺序只要按输入点编号的顺序排列即可。系统接到中断申请后，顺序扫描中断源，它可能只有一个中断源申请中断，也可能同时有多个中断源申请中断。系统在扫描中断源的过程中，就在存储器的一个特定区建立起“中断处理表”，按顺序存放中断信息。中断源被扫描过后，中断处理表也建立完毕，系统就按该表顺序先后转至相应的中断子程序入口地址去工作。

必须说明的是，多中断源可以有优先顺序，但无嵌套关系。即中断程序执行中，若有新的中断发生，则不论新中断的优先顺序如何，都要等执行中的中断处理结束后，再进行新的中断处理。所以在 PLC 系统工作中，当转入下一个中断服务子程序时，并不自动关闭中断，因而也没有必要去开启中断。

3）中断服务程序执行结果信息输出问题：PLC 按巡回扫描方式工作，正常的输入/输出在扫描周期的一定阶段进行，这给外部设备希望及时响应带来了困难。采用中断输入，解决了对输入信号的高速响应问题。当中断申请被响应时，如果要求在执行中断子程序后有关信息尽早送到相关外部设备，而不希望等到扫描周期的输出刷新阶段，也就是说，对部分信息的输入或输出要求与系统 CPU 的周期扫描脱离时，可利用专门的硬件模块（如快速响应 I/O 模块）或通过软件利用专门指令使某些 I/O 立即执行来解决。

4.3.3　PLC 的输入接口

1. PLC 输入信号

（1）呼梯信号

1）全集选方式：内外呼梯信号数量为 $3N-2$，N 为层站数。

2）下集选方式：内外呼梯信号数量为 $2N$。

（2）层楼信号

不同的层楼数判断方法和计算方法，所需输入到 PLC 的层楼信息是不一样的：

1）双稳态磁性开关编码输入方法，输入 PLC 的信号数量如下：8 层以下为 3 个，16 层以下为 4 个，32 层以下为 5 个。

2）采用脉冲编码器和光电码盘输入方法，或用软件计算层楼数的方法，输入 PLC 仅需 1~2 个信号。

3）采用磁（干簧管）感应器方法，每个层站需占用一个 PLC 输入点。

（3）输入控制信号

输入控制信号有电锁、急停、轿厢内检修、有/无司机、直驶、超载、门锁、消防、开关门按钮、关门安全保护、开关门限位、上下平层、开门区、慢上、慢下、上强迫换速、下强迫换速等，对于不同的梯形及梯速的电梯，可能还有一些特殊的输入信号。

2. PLC 输入单元的类型

（1）PLC 输入单元的工作电压　PLC 输入类型主要有直流 24V、交流 110V 的电压，考虑到安全因素，并充分利用PLC的主机本身提供的直流24V电源，电梯控制的输入信号均采用直流24V。

（2）控制信号输入电平　控制信号输入PLC可采用高电平输入或低电平输入，如图4-17所示。图4-17a输入信号为低电平有效，当开关接通时，低电平信号送入PLC；图4-17b输入信号为高电平有效，当开关接通时，高电平信号送入PLC。当使用无触点电子开关（如晶体管）输入时，应注意接入方法。通常情况选用低电平输入方法，因为许多与PLC配套的控制器、调速器均按照低电平输入设计生产。不管低电平输入还是高电平输入，均使输入点的状态为ON。

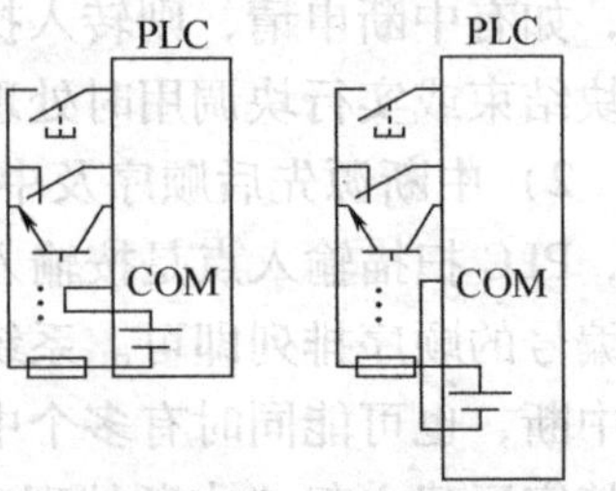

a) 低电平有效　b) 高电平有效

图4-17　控制信号两种输入方式

（3）输入点电流容量　当使用PLC内部24V电源作为控制输入信号的供电电源时，如层楼较高，输入信号很多，应该注意电源的容量。一般内置的24V电源最大输出电流为0.3A，每一PLC输入点的电流大约为7～10mA，由于有些安全信号需始终接入PLC，因而电源最多可允许40个信号同时接通。为防止接线错误，或调试过程线路短路，24V电源外线路上应接熔断器保护。当电流超过0.3A时，应使用外加电源。

3. 信号输入方式

信号输入PLC的方法很多，下面简要介绍常用的几种。

（1）信号直接输入　每个输入信号直接接入PLC的输入点，不附加任何电路，这是目前控制系统用得较多的I/O接线方法，其特点如下：

1）原理简单，接线方便。

2）不易出错，可靠性高。

3）维护保养简便，检查故障直观。

信号直接输入最大的缺点就是需要I/O点数多，成本较高。为了减少I/O点，可采用矩阵或编码输入方法。

（2）矩阵扫描输入　在电梯的PLC控制系统中，I/O点数最多的是呼梯信号，为减少PLC输入点数，可对呼梯信号采用矩阵扫描输入。

1）矩阵扫描输入电路：图4-18所示为PLC矩阵扫描输入电路。输出点用于进行列扫描，由PLC软件周期性地使0600～0607依次接通，产生负脉冲，使列线有效。行线为数据输入线，当某输出点状态为ON时，8条输入线将该输出点所连接的一列8个开关状态送入PLC。依次扫描8列，使8×8＝64个按钮读入PLC。当0600为ON时，矩阵线路中右边第一列线为低电平，若SB11接通，则0000为ON，SB11接通信号送入PLC。若此时SB22接通，则由于0601为OFF，第二列线为高电平，因此SB22信号不能通过0001送入PLC。同时，由于输入点为低电平有效，因而高电平信号不能送入PLC。

2）矩阵扫描输入梯形图：如图4-19所示，梯形图前面部分为输出列扫描控制程序，后面部分为输入数据读取程序。

输出列扫描控制的方法是，特殊辅助继电器1900给出周期为0.1s的时钟脉冲，对06CH进行移位操作。定时器TIM00决定输出扫描周期，由HR0根据8路扫描时间设定，若每一路为0.1s，则HR0＝#0008约为0.8s。在每个扫描周期开始时，TIM00触点接通一个PLC

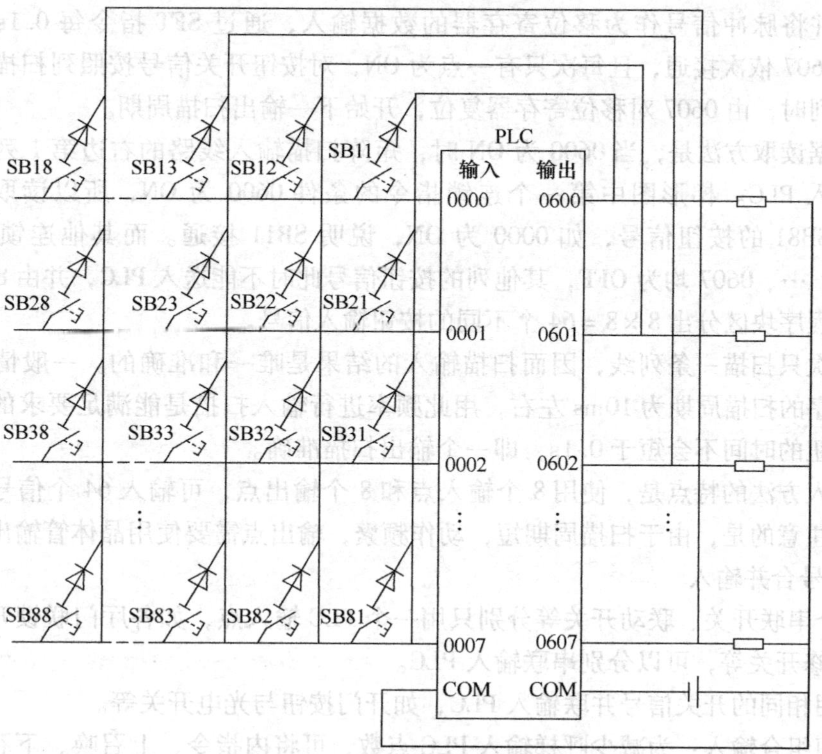

图 4-18　PLC 矩阵扫描输入电路

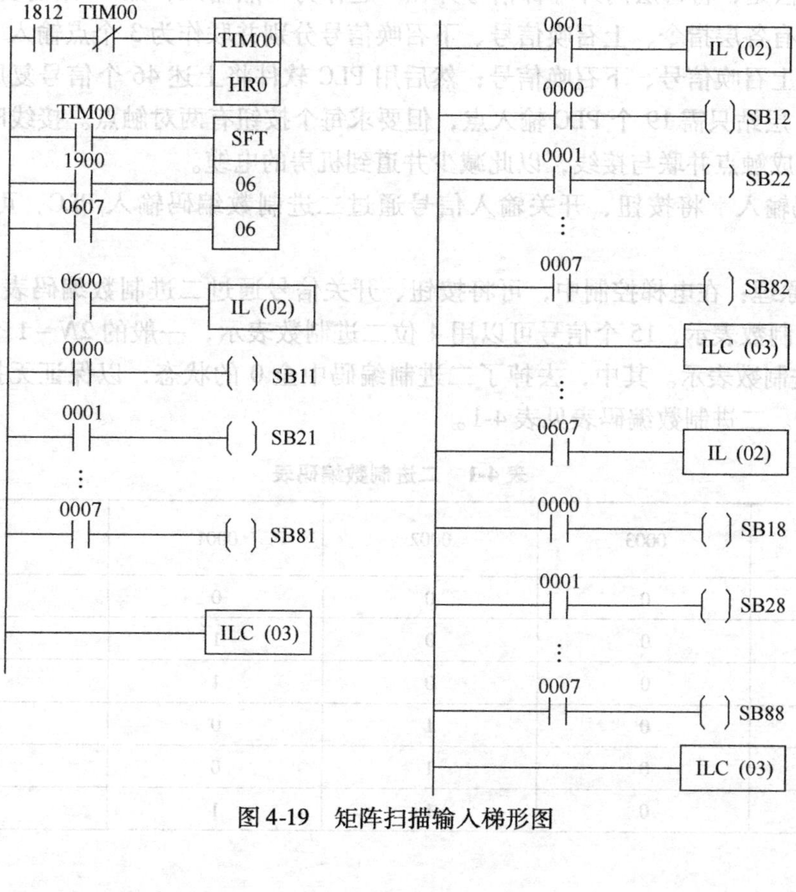

图 4-19　矩阵扫描输入梯形图

扫描周期，并将脉冲信号作为移位寄存器的数据输入，通过 SFT 指令每 0.1s 使得 0600、0601、…、0607 依次接通，且每次只有一点为 ON，对按钮开关信号按照列扫描输入。当扫描到最后一列时，由 0607 对移位寄存器复位，开始下一输出扫描周期。

输入数据读取方法是，当 0600 为 ON 时，矩阵扫描输入线路的右边第 1 列有效，该列开关信号输入 PLC。梯形图中第一个连锁指令的条件 0600 为 ON，所以读取的是 SB11、SB21、…、SB81 的按钮信号，如 0000 为 ON，说明 SB11 接通。而其他连锁指令的条件 0601、0602、…、0607 均为 OFF，其他列的按钮信号此时不能送入 PLC，并由 8 条连锁指令划分的 8 个程序块区分出 8×8=64 个不同的按钮输入信号。

由于每次只扫描一条列线，因而扫描输入的结果是唯一和准确的。一般情况下电梯的 PLC 控制程序的扫描周期为 10ms 左右，用此频率进行输入扫描是能满足要求的，电梯的乘用人员按按钮的时间不会短于 0.1s，即一个输出扫描准确。

这种输入方法的特点是，使用 8 个输入点和 8 个输出点，可输入 64 个信号，大大减少输入点。应注意的是，由于扫描周期短，动作频繁，输出点需要使用晶体管输出类型。

（3）信号合并输入

1）多个串联开关、联动开关等分别只用一个 PLC 输入点，如各厅门联锁开关、轿厢顶和控制柜检修开关等，可以分别串联输入 PLC。

2）作用相同的开关信号并联输入 PLC，如开门按钮与光电开关等。

3）按钮组合输入：为减少呼梯输入 PLC 点数，可将内指令、上召唤、下召唤信号分别输入 PLC。方法是，将每层内外呼梯信号并在一起作为一点输入，如 16 站需要 16 个 PLC 输入点；再将所有各层指令、上召唤信号、下召唤信号分别并联作为 3 个点输入 PLC，用以区分各层指令、上召唤信号、下召唤信号；然后用 PLC 软件将上述 46 个信号复原。这种方法的特点是，16 层站只需 19 个 PLC 输入点，但要求每个按钮有两对触点。接线时尽量在操纵盘和井道上完成触点并联与接线，以此减少井道到机房的电缆。

（4）编码输入　将按钮、开关输入信号通过二进制数编码输入 PLC，可减少 PLC 输入点。

1）编码原理：在电梯控制中，可将按钮、开关信号通过二进制数编码表示。7 个信号可用 3 位二进制数表示，15 个信号可以用 4 位二进制数表示，一般的 $2N-1$ 个以内的信号可用 N 位二进制数表示。其中，去掉了二进制编码中全 0 的状态，以保证无按钮、开关接通时编码正确。二进制数编码表见表 4-1。

表 4-1　二进制数编码表

序号 PLC 输入点	0003	0002	0001	0000
1	0	0	0	1
2	0	0	1	0
3	0	0	1	1
4	0	1	0	0
5	0	1	0	1
6	0	1	1	0

（续）

序号 PLC 输入点	0003	0002	0001	0000
7	0	1	1	1
8	1	0	0	0
9	1	0	0	1
10	1	0	1	0
11	1	0	1	1
12	1	1	0	0
13	1	1	0	1
14	1	1	1	0
15	1	1	1	1

2）编码输入：根据上述原理可设计制作编码电路，然后将按钮、开关信号通过编码电路输入 PLC，如图 4-20 所示。

3）软件译码：按钮、开关信号编码输入 PLC 后，需要通过软件译码恢复编码前各输入信号，并用对应的内部辅助继电器表示。根据表 4-1 所列编码方法，采用 PLC 指令进行 4 ~ 15 个信号译码，译码梯形图如图 4-21 所示。

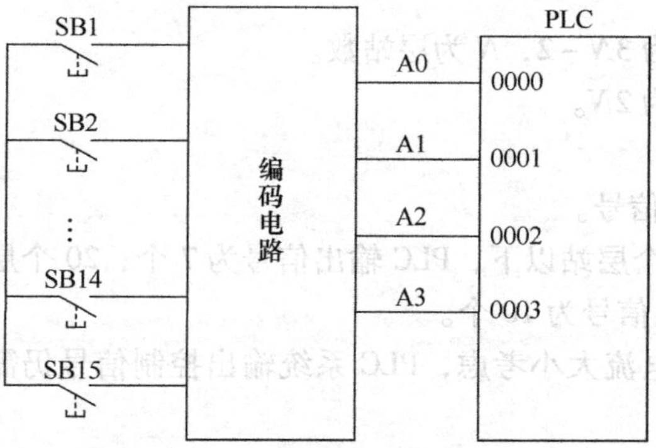

图 4-20　编码输入电路

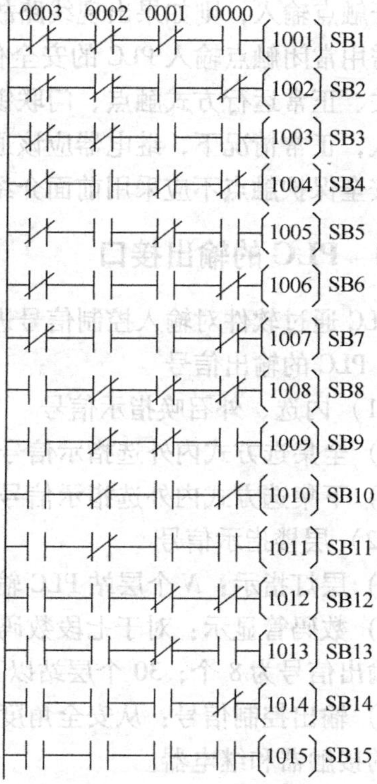

图 4-21　译码梯形图

图 4-20 中，SB1 接通时，0000 有输入信号，即图 4-21 中只有 0000 为 ON，此时 1001 为

ON，对应SB1状态。同理，可根据0000、0001、0002、0003四个信号译出所有按钮开关状态。

(5) ID215、ID501、MD215输入单元　为解决用户自己设计制作I/O矩阵扫描电路的困难，一些厂商对PLC软硬件进行了改造，生产了专用的矩阵扫描输入输出模块。例如采用C200H的ID215、ID501、MD215三个专用模块，可实现矩阵扫描输入。ID215为直流24V输入单元，ID501为直流5V的TTL输入单元，MD215为直流24V输入晶体管输出单元。

(6) 串行扫描输入　将按钮信号通过串行扫描控制器处理为串行脉冲序列信号送入PLC，以脉冲的高低电平表示按钮的通断状态。所有按钮信号组成一串脉冲序列，通过同步信号送入PLC，其电路如图4-22所示。同步信号应该与PLC扫描周期相配合，以免造成脉冲信号丢失。串行扫描控制器可应用单片机实现。

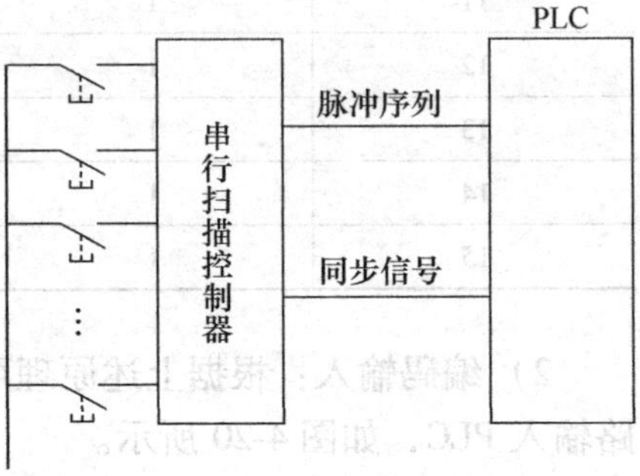

图4-22　串行扫描输入电路

(7) 安全保护触点的输入　为设计梯形图方便，有时常闭触点可改为常开触点输入PLC。但对于安全保护触点，仍应使用常闭触点输入，以保证电梯安全运行。因为当安全保护信号保持接通时，说明系统可正常安全运行。如果线路出现故障断开，无输入信号时，系统立即检测出来，并停止正常运行。若改为常开触点输入，则如果出现线路故障断开，系统无法判断安全保护输入信号的故障。

需用常闭触点输入PLC的安全保护信号上下行强迫减速开关、上下限位开关、基站钥匙开关、正常运行方式触点、门联锁触点、急停触点等。后几个触点可以通过继电器常开触点输入，正常情况下，继电器应该通电吸合。

安全保护触点不应采用前面介绍的矩阵扫描输入或编码输入，以保证安全可靠。

4.3.4 PLC的输出接口

PLC通过软件对输入控制信号进行运算处理后，由输出接口发出控制信号及指示信号。

1. PLC的输出信号

(1) 内选、外召唤指示信号

1) 全集选方式内外选指示信号的数量为$3N-2$，N为层站数。

2) 下集选方式内外选指示信号的数量为$2N$。

(2) 层楼指示信号

1) 层灯指示：N个层站PLC输出N个信号。

2) 数码管显示：对于七段数码管，10个层站以下，PLC输出信号为7个；20个层站以下，输出信号为8个；30个层站以下，输出信号为10个。

3) 输出控制信号：从安全角度和负载电流大小考虑，PLC系统输出控制信号仍需使用少量的接触器和继电器。

① 各种梯型均需PLC控制的信号有呼梯铃，控制电源接触器，开关门继电器，安全继电器，制动器接触器等。

② 交流双速电梯由PLC控制的接触器有上行、下行方向接触器，快车接触器，快加速

接触器，慢车接触器，各级制动减速接触器等。

③ 交流调速电梯由 PLC 控制的接触器有上行、下行接触器，快车接触器，慢车接触器，制动接触器等。

④ 发电机组供电（G-D 方式）的直流调速电梯由 PLC 控制的接触器有电动机起停接触器，上行、下行励磁接触器，电动机接触器，电动机加速接触器，快车接触器，接入反激绕组继电器等。

2. PLC 的输出单元类型

PLC 的输出单元类型有三种，可根据负载情况选择：

1）负载电压在交流 250V 或直流 24V 以下，负载电流不超过 2A，且不是很频繁动作的负载，如电梯信号指示灯、呼梯铃、接触器等，均可使用 PLC 的继电器输出类型。这是电梯 PLC 控制最主要的输出方式。

2）当负载为电子器件，负载电压为直流 5～24V，负荷电流小于 1A 时，应使用 PLC 的晶体管输出类型。由于晶体管有饱和电压，不能直接与 TTL 器件连接，应该先与 COMS 芯片连接后，再与 TTL 器件连接。

3）对于频繁动作的交流负载，电压在 85～250V，电流不大于 1A，可使用 PLC 的无触点电子开关及双向晶闸管输出类型进行控制。

3. 输出保护

1）不能同时通电工作的重要负载，如上行、下行接触器等，PLC 内部应有软件联锁点，输出电路应连接电气联锁触点。

2）PLC 输出驱动感性负载时，应加保护电路，以提高 PLC 输出点的使用寿命。如图 4-23 所示，直流感性负载并接二极管起到续流保护电路作用，二极管反向耐压峰值应为负载电压的 3 倍，额定电流为 1A。交流感性负载并联阻容吸收电路，电阻值为 50Ω，电容值为 0.4μF。

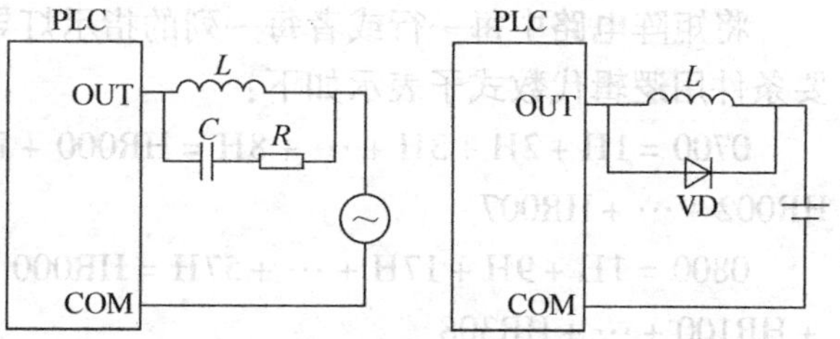

图 4-23　PLC 输出保护电路

3）对于 8 点一组的继电器输出点，允许同时驱动的负载电流总共为 6A，4 点一组的为 4A，不能每个输出点同时流过 2A 电流，这在负载分组时应该加以注意。

4. 减少 PLC 输出点的输出方式

（1）矩阵扫描输出

1）矩阵扫描输出电路：图 4-24 所示为用两组各 8 点的 PLC 输出点构成 8×8 矩阵扫描输出电路，一组为行扫描，另一组为列扫描。当行、列扫描均有扫描输出时，其交点处的指示灯亮。这个输出矩阵电路可控制 64 个指示灯。

值得注意的是，在程序设计上不能使输出点一接就通，以免造成错误显示。如欲使得 1H 指示灯亮，行、列输出为 0700 与 0800 两路接通。如同时要求 10H 指示灯亮，需 0701 和 0801 两路接通。但由于这四路同时接通，会造成 2H 及 9H 指示灯错误点亮。因而应采用循环扫描输出方式。

2）矩阵输出扫描控制梯形图：图 4-25 所示为矩阵输出扫描控制的梯形图。假设对应 64

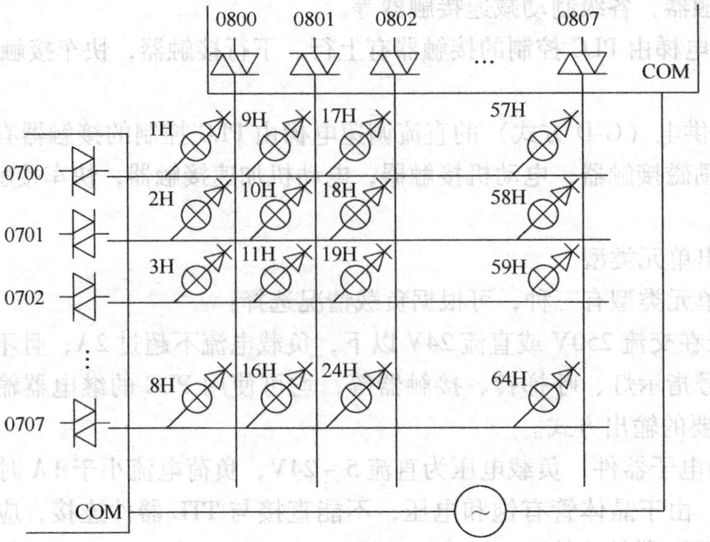

图 4-24　矩阵扫描输出电路

个指示灯的 PLC 内部保持继电器为 HR000～HR315。如HR000 对应 1H，则表示其工作状态的逻辑表达式为1H＝0700·0800；HR009 对应于10H，则 10H＝0701·0801。

将矩阵电路中每一行或者每一列的指示灯导通的必要条件用逻辑代数式子表示如下：

0700＝1H＋2H＋3H＋…＋8H＝HR000＋HR001＋HR002＋…＋HR007

0800＝1H＋9H＋17H＋…＋57H＝HR000＋HR008＋HR100＋…＋HR308

0701＝9H＋10H＋11H＋…＋16H＝HR008＋HR009＋HR010＋…＋HR015

0801＝2H＋10H＋18H＋…＋58H＝HR001＋HR009＋HR101＋…＋HR309

……

如需要第一行的指示灯 1L 导通，即 1H＝1，应有0700＝1，即 ON，也应有 0800＝1，即 ON，所以，应扫描控制这两路输出。

图 4-25 中，HR4 设定为一个 PLC 扫描周期，同时也是进行输出行列扫描的间隔时间，HR5 设定为 8 行×8 列输出扫描一个周期的时间。TMH10 产生每个 PLC 扫描周期一个脉冲，作为移位寄存器的移位时钟信号。TIM00 在进行一遍输出扫描后产生一个脉冲信号，作为

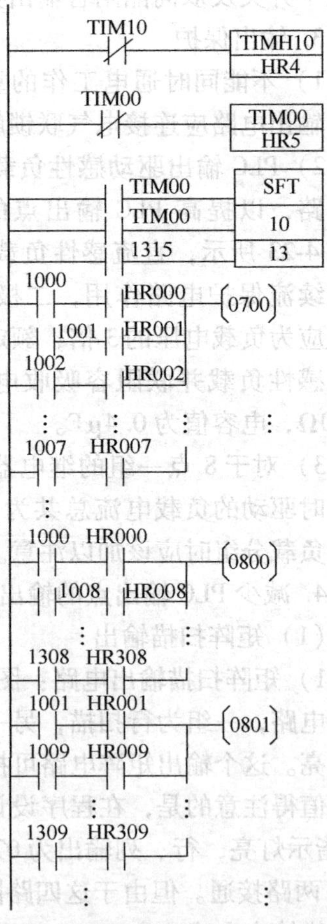

图 4-25　矩阵输出扫描控制的梯形图

移位寄存器的数据输入，通过对这个脉冲信号的移位，对输出进行行列扫描。

图 4-25 所示梯形图根据前面所述的逻辑表达式设计，当某指示灯导通时，需要其所在的行、列有输出，即对行、列所对应的输出点为 ON。如需 1H 点亮时，HR000 为 ON，移位寄存器通过对内部辅助触点 1000 ~ 1315 的移位操作，依次对 $8 \times 8 = 64$ 点进行扫描，任一时刻 1000 ~ 1315 只有一个点为 ON。当 1000 为 ON 时，通过运算使得 0700 与 0800 同时为 ON，因而 1H 通电点亮，下一次扫描将使 1001 为 ON，如 HR001 为 ON，运算结果使得 0700 与 0801 同时为 ON，2H 点亮。如 HR001 为 OFF，则即使 1001 为 ON，0700 与 0801 仍为 OFF，2H 不亮。同时对所有的指示灯进行扫描输出控制。

由于输出扫描频繁动作，如使用交流指示灯，输出模块应该采用双向晶闸管，如使用直流指示灯，可用晶体管输出单元。

（2）译码输出

为减少 PLC 输出点，可对需要输出的信号采用软件编码输出，编码后的信号由外部译码驱动电路译码，驱动负载。这一信号处理过程与编码输入正好相反。编码输入是由外部电路对输入信号编码，PLC 内部软件译码，而译码输出是由 PLC 内部软件对输出信号编码，外部电路译码。

1）译码输出原理图：图 4-26 所示为对编码信号由外部线路译码输出原理图。其中图 4-26a 为无重叠编码信号的译码输出；图 4-26b 为对编码脉冲信号进行译码、保持、驱动、复位，0600 ~ 0603 为用于消号复位额定编码输出信号。

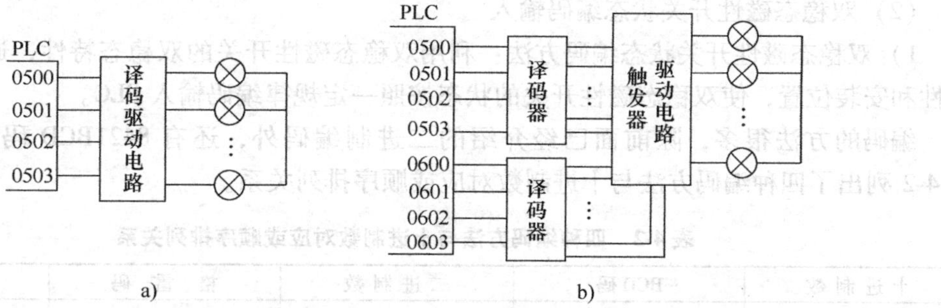

图 4-26　译码输出原理图

2）译码电路：图 4-27 所示为采用 4 ~ 16 线译码器驱动 16 个层站指示灯的译码输出电

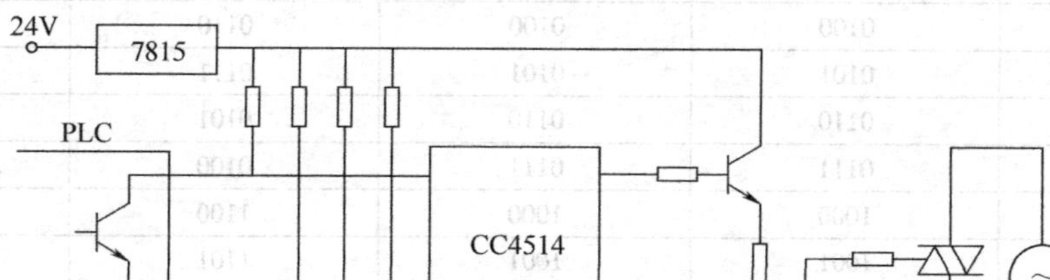

图 4-27　译码输出电路

路。译码器为 CC4514 或 CC4515 等集成电路，由其通过一级放大电路触发双向晶闸管，驱动交流 24V 指示灯。PLC 输出单元采用晶体管类型，直接外接 CC4514 CMOS 集成电路。

3）专用输出单元：若采用 C200H 的 OD215、OD501 单元，即可进行矩阵扫描输出。其中，OD215 为直流 24V 输出单元，OD501 为直流 5V 的 TTL 输出单元。

4.3.5 PLC 的控制原理与梯形图

1. 轿厢楼层位置检测方法

（1）磁感应器信号直接输入　在井道内每一层站安装一个磁感应器，轿厢上安装遮磁板。当轿厢运行时，遮磁板依次插入各个层站磁感应器，使该层站的磁感应器触点接通，并利用磁感应器触点信号输入 PLC，如图 4-28 所示。PLC 可直接使用输入点信号作为轿厢的楼层位置信号，进行定向、选层、换速。这种方法的特点是直观简便，当某层磁感应器有问题时，只影响本层信号，而不会互相影响。但由于每层站需要使用一个磁感应器，因而占用 PLC 输入点较多。图 4-28a 所示为磁感应器安装示意图，图 4-28b 所示为 PLC 输入电路。

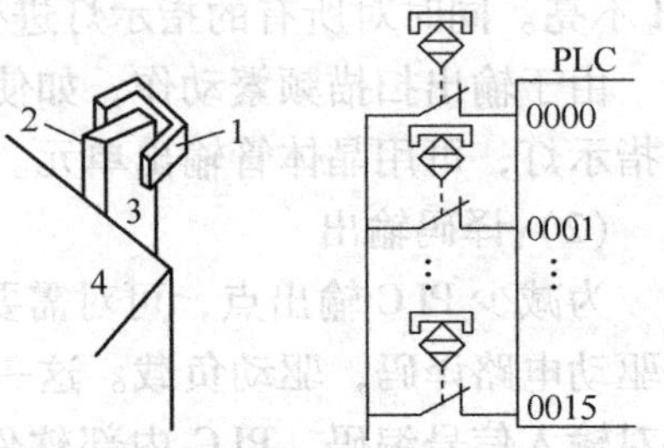

a) 磁感应器安装　　b)PLC 输入电路

图 4-28　磁感应器信号输入方法

1—磁感应器　2—遮磁板　3—井道　4—轿厢

（2）双稳态磁性开关状态编码输入

1）双稳态磁性开关状态编码方法：利用双稳态磁性开关的双稳态特性，通过磁铁不同极性和安装位置，使双稳态磁性开关的状态按照一定规律编码输入 PLC。

编码的方法很多，除前面已经介绍的二进制编码外，还有 8421BCD 码、格雷码等。表 4-2 列出了四种编码方法与十进制数对应或顺序排列关系。

表 4-2　四种编码方法与十进制数对应或顺序排列关系

十进制数	BCD 码	二进制数	格雷码	格雷变形码
0	0000	0000	0000	0000
1	0001	0001	0001	0001
2	0010	0010	0011	0011
3	0011	0011	0010	0111
4	0100	0100	0110	1111
5	0101	0101	0111	1110
6	0110	0110	0101	1100
7	0111	0111	0100	1000
8	1000	1000	1100	1001
9	1001	1001	1101	1011
10	00010000	1010	111	1010
11	00010001	1011	1110	0010
12	00010010	1100	1010	0110
13	00010011	1101	1011	0100
14	00010100	1110	1001	0101
15	00010101	1111	1000	1101

BCD 码是用 4 位二进制数表示一位十进制数，即表示 0、1、2、…、9 这十个数。这种编码方法的特点是，二-十进制数之间转换方便，但当数字大于 10 时，需要的位数较多，以 16 层为例，这种编码方法需要 8 个双稳态磁性开关。而且相邻两个数之间，有时需要有几位同时变化，因而不适合于双稳态磁性开关状态的编码输入。

二进制编码可用 4 位二进制数表示十进制数 00 ~ 15，两者之间有一一对应关系。从原理上说，可用 4 个双稳态磁性开关的各种组合状态表示 16 层楼位置信号。但由于从一个数变到下一个数时，有时需要多位数变化，因而二进制编码也不适合于双稳态磁性开关状态的编码输入。

格雷码具有二进制数形式，但是它不分数位，没有权的意义，是一种无权码。它的特点是：

① 相邻的两个格雷码之间仅有一位不同，所以从一位数变到下一个或上一个数时，仅需要一位数变化，即仅需一个磁铁使一个双稳态磁性开关状态变化。

② 由于每次只变化一位，因而不会存在多位同时变化的同步翻转问题。16 个数码之间 15 位次的变化，即只需 15 个磁铁的位置排列，可实现用 4 个双稳态磁性开关表示 16 个状态。

③ 由于每次只有一位变化，可通过软件进行翻转校验，当同时有两位变化时判断出错。因而被认为是一种可以减少错误的编码。

④ 每一位变化至少间隔两个数以上，这种编码电路适用于高速工作条件。

由于上述特点，格雷码很适用于电梯控制。

格雷变形码具有上述格雷码的所有特点。格雷码的不足之处在于每一位的变化次数差别较大，例如表 4-2 中第 4 位只变化一次，而第一位变化 8 次。为使各位（即各双稳态磁性开关）变化翻转次数接近，可以根据格雷码的特性，编制出一种格雷码的一种变形格式，这种格雷变形码每位变化 3 ~ 5 次。同理，还可以编制出其他格雷码变形格式。

2）磁铁位置编码：根据表 4-2 中的格雷码及格雷变形码的编码方式，通过对井道架上磁铁不同极性和位置的安装，可实现 4 个磁保开关的 16 个状态组合，实现方法如图 4-29 所示。图中，A、B、C、D 代表双稳态磁性开关，它们下面分别表示磁铁的安装极性和位置，以及它们的通断状态。如果将双稳态磁性开关 A、B、C、D 的信号分别送入 PLC 的 4 个输入端 0000、0001、0002、0003，就可以由软件译码。

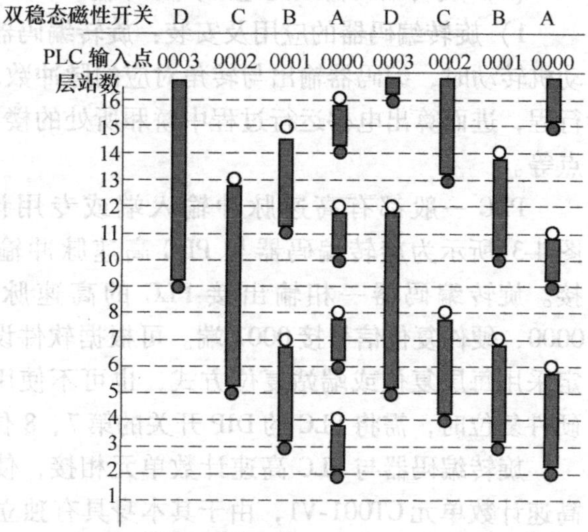

图 4-29　磁铁极性与安装位置编码方法

3）软件译码：格雷码是无权代码，通常不便于直接进行算术运算，当需要进行运算时，一般先转换成二进制代码。当编码后的双稳态磁性开关的状态信号送入 PLC 后，可直接采用 PLC 指令进行译码，4 个编码输入信号可译出16个信号，在此即为16个楼层信号。图4-30所示为格雷码与格雷变形码的软件译码梯形图。

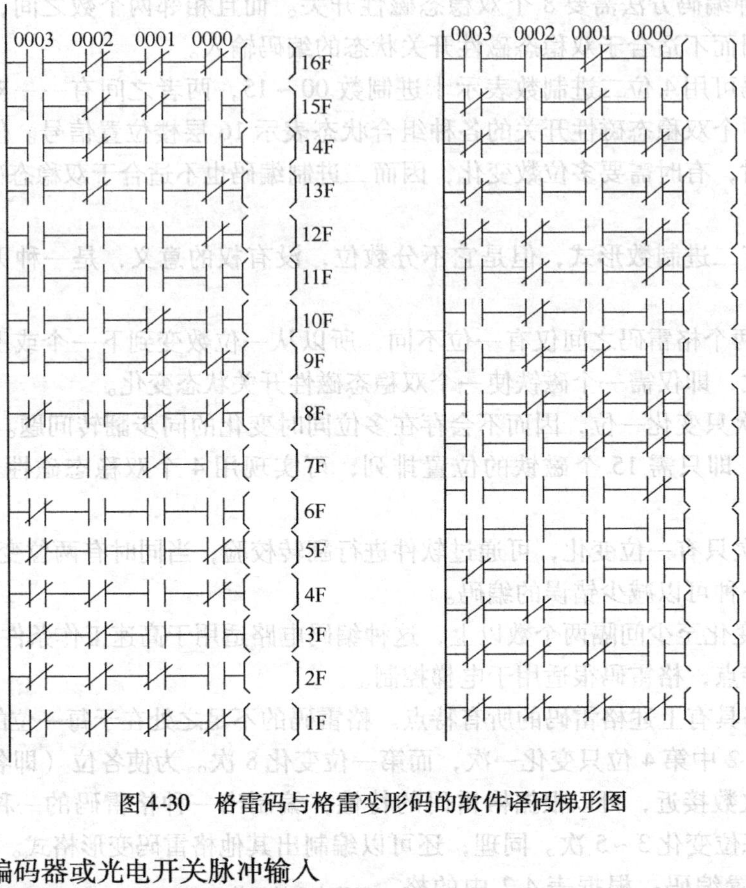

图4-30 格雷码与格雷变形码的软件译码梯形图

（3）旋转编码器或光电开关脉冲输入

1）旋转编码器的应用及安装：旋转编码器的转轴直接与曳引电动机转轴相连接，当电动机转动时，编码器输出与转角对应的脉冲数。通过累计脉冲数可直接算出轿厢相应的位置行程，进而算出电梯运行过程中轿厢所处的楼层位置、确定换速点、提前开门区、平层停车点等。

PLC一般都有高速脉冲输入端或专用计数单元，图4-31所示为旋转编码器与PLC高速脉冲输入端的连接。旋转编码器一相输出接PLC的高速脉冲输入端0000，硬件复位信号接0001端。可根据软件设计方法决定采用每层复位或端站复位方式，也可不使用。当采用硬件复位时，需将PLC的DIP开关的第7、8位置为ON。

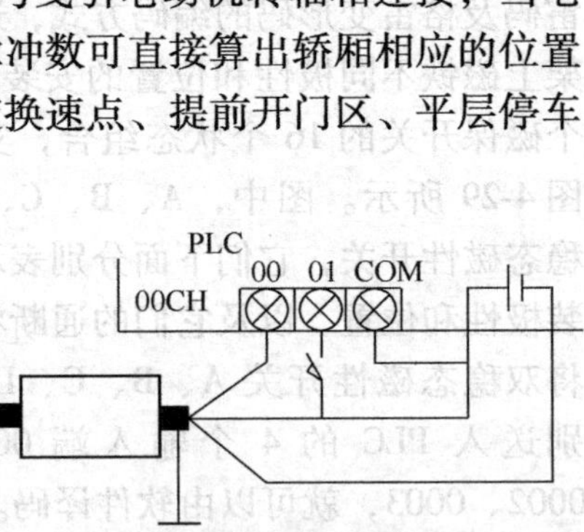

图4-31 旋转编码器与PLC高速脉冲输入端的连接

旋转编码器与PLC高速计数单元相接，使用专用的高速计数单元CT001-V1，由于其本身具有独立的CPU处理脉冲计数，因而不会产生丢失脉冲问题，计数准确，使用方便。图4-32给出了三种连接使用方法。

2）光电码盘与光电开关应用及安装：光电码盘使用1.5～2mm铁板制作，表面黑化处

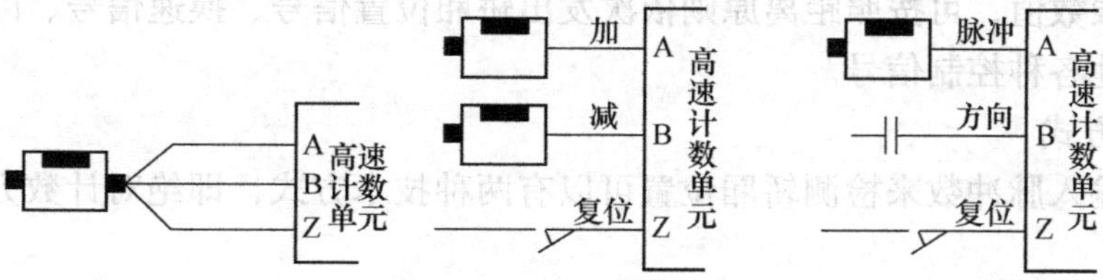

图 4-32　旋转编码器与 PLC 高速计数单元连接

理，外径为 200mm 左右，外圆均匀分布齿槽，齿宽与槽宽大致相等，齿深为 15~20mm，齿数根据电梯运行速度、检测精度及 PLC 允许最高脉冲输入等因素确定。

光电开关的外部形状为 U 形槽，一边装有发光器，另一边为接收器。码盘的齿插入 U 形槽中，当码盘转动时，发光器发出的光间断地被码盘的齿遮挡，因而接收器接收到一系列光脉冲信号，然后转换为电脉冲输出，脉冲数与码盘齿数、电动机转速相对应。

光电码盘通常直接安装在电动机转轴法兰盘上，光电开关的输出脉冲经过波形整形后，与 PLC 高速脉冲输入端连接，如图 4-33 所示。

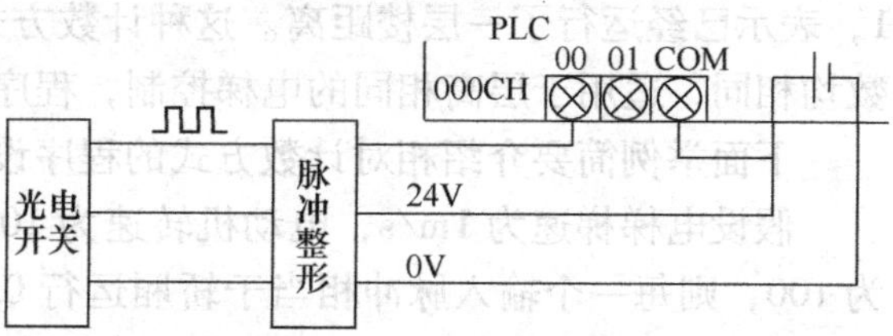

图 4-33　光电开关与 PLC 高速脉冲输入端的连接

3）脉冲数计算方法：旋转编码器与光电码盘每转脉冲数的选择取决于 PLC 允许的脉冲输入频率、梯速、计数精度等因素。

PLC 允许的脉冲输入频率通常为 2kHz，记为 f_0。假设梯速为 v(mm/s)，电动机转速为 n(r/s)，每转脉冲数为 P，计数精度为 S(mm/脉冲)，输出脉冲频率为 f，则在已知 v、n、f_0 的条件下，按关系 $P=\frac{v}{ns}$ 和 $f=nP<f_0$，可求出 P 和 S。

例如，已知交流双速电梯 $v=1\text{m/s}=1000\text{mm/s}$，$n=1000\text{r/min}$，$f=2000\text{Hz}$。若 $P=100$，则 $S=0.6\text{mm}$/脉冲，$f=1667\text{Hz}<f_0$，当选用每转 100 个脉冲的旋转编码器，或每转 100 齿的光电码盘时，每一个脉冲相当于轿厢运行 0.6mm；如选用 $P=200$，$S=0.3\text{mm}$/脉冲，则脉冲频率 $f=3000\text{Hz}>f_0$，超过 PLC 的允许值。

为提高检测位置精度，应选用每转脉冲数多的旋转编码器。但是每转脉冲数越多，旋转编码器越贵。通常需要每个脉冲所对应的位移足够小，应该保证平层精度和换速距离的要求，一般应小于 5mm/脉冲。

通常，PLC 高速脉冲输入端输入的脉冲由高速计数器指令累计并存于指定计数器中，CPU 以一定的扫描时间间隔读取计数器中的数据。当输入脉冲频率较高而扫描周期较长时，容易丢失输入脉冲，这种情况下，最好使用专用高速计数单元。

4）高速脉冲计数梯形图：旋转编码器或光电开关的脉冲信号输入到 PLC 的 0000 端，0001 接端站校正信号，用于电梯运行至端站时，对高速计数器硬件复位、校正层楼计数及消除累计误差。

输入脉冲计数由高速计数器指令实现，计数值存放在计数器 CNT47。该指令通过将当前计数值与设定在数据存储区 DM32 ~ DM63 的 16 对上下限数值比较，然后输出 16 个信号。当前计数值在某对上下限数值的范围内时，与该上下限值对应的输出点为 ON；反之为 OFF。

通过设定上下限数值，可按照距离原则依次发出轿厢位置信号、换速信号、门区信号、平层停车信号等其他各种控制信号。

（4）计数方式

通过计算输入脉冲数来检测轿厢位置可以有两种技术方式，即绝对计数方式和相对计数方式。

1）绝对计数方式：通过多级级联计数器，采用绝对坐标累计所有层楼脉冲数。例如，假设层高为3m，每个脉冲对应移位为0.6mm，则从1层到2层脉冲数为0～5000，2层到3层为5001～10000，依次累计，在每层脉冲中算出换速点、门区、平层点等。这一计数方式的特点为各层的控制信号所对应的脉冲数均不同，且是唯一的，但程序处理较麻烦。

2）相对计数方式：采用相对坐标计数，每次从平层点开始计数到下一个平层点，然后高速计数器复位，每一层均从0开始计数，层楼数存放于另一计数器中。例如，当高速计数器累积到设定的5000个脉冲时，高速计数器复位，同时根据运行方向层楼计数器加1或减1，表示已经运行了一层楼距离。这种计数方式的特点是每层的换速点、门区、平层点脉冲数均相同，适用于层高相同的电梯控制，程序处理比较简便。

下面举例简要介绍相对计数方式的程序设计方法：

假设电梯梯速为1m/s，电动机转速为1000r/min，层高为3m，旋转编码器每转脉冲数为100，则每一个输入脉冲相当于轿厢运行0.6mm，运行一层楼计数5000个脉冲。假设换速距离均为1.6m，则换速点对应的脉冲数约为2333，设定下限值为2331，上限值为2335。在换速点前应发出层楼计数信号，其上下限值设为脉冲数2327和2331，提前约一个PLC扫描周期。假设门区及提前开门点距平层位置分别为300mm和150mm，则其上下限值分别为脉冲数4498、4502和4748、4752。平层点脉冲数为4998、5002。

图4-34a所示为采用高速计数器指令和可逆计数器指令计算轿厢位置的梯形图。使用欧姆龙的C系列P型机，上下限值需通过数据传输指令送到DM32～DM63数据存储区。设高速计数器指令输出通道为11CH，采用可逆计数器指令根据上下运行方向计算层楼数，并存于CNT46中。假设1200、1201为上下运行方向内部辅助继电器，0500为快车信号，1304为5层有召唤指令信号，1400为换速信号，1810对CNT47软件复位。

为保证计数正确，应使用微分指令。图4-34a中后面部分给出了一种换速方法。用比较指令判断轿厢位置，并与换速停车信号进行与运算，满足两者条件时发出换速信号。

图4-34b所示为采用加法和减法运算指令计算轿厢位置的梯形图。图中内部辅助继电器的定义、上下限值设定方法、微分指令运算与图4-34a相同，在此仅画出不同的部分。层楼数存于DM01，它具有断电保护功能。在进行加减法运算前，需进行清进位操作。

2. 指令和召唤信号的登记、消除及显示

（1）指令与召唤信号的输入　轿厢指令与厅外召唤信号均需要全部输入PLC，主要方法有按钮信号直接输入、组合输入、矩阵扫描输入、编码输入等。

（2）指令信号处理　指令信号处理包括信号的登记、显示以及本层停车信号。信号的登记采用自锁原理，软件上采用逻辑或运算实现。不论电梯上行还是下行，当轿厢运行至有指令的楼层时，均要换速停车，并消除登记信号。

1）指令梯形图之一：如图4-35a所示，假设1层～16层指令按钮信号输入到PLC的0100～0115端子。1000～1015为1层～16层的楼层位置信号，如轿厢在5层时1004为ON，

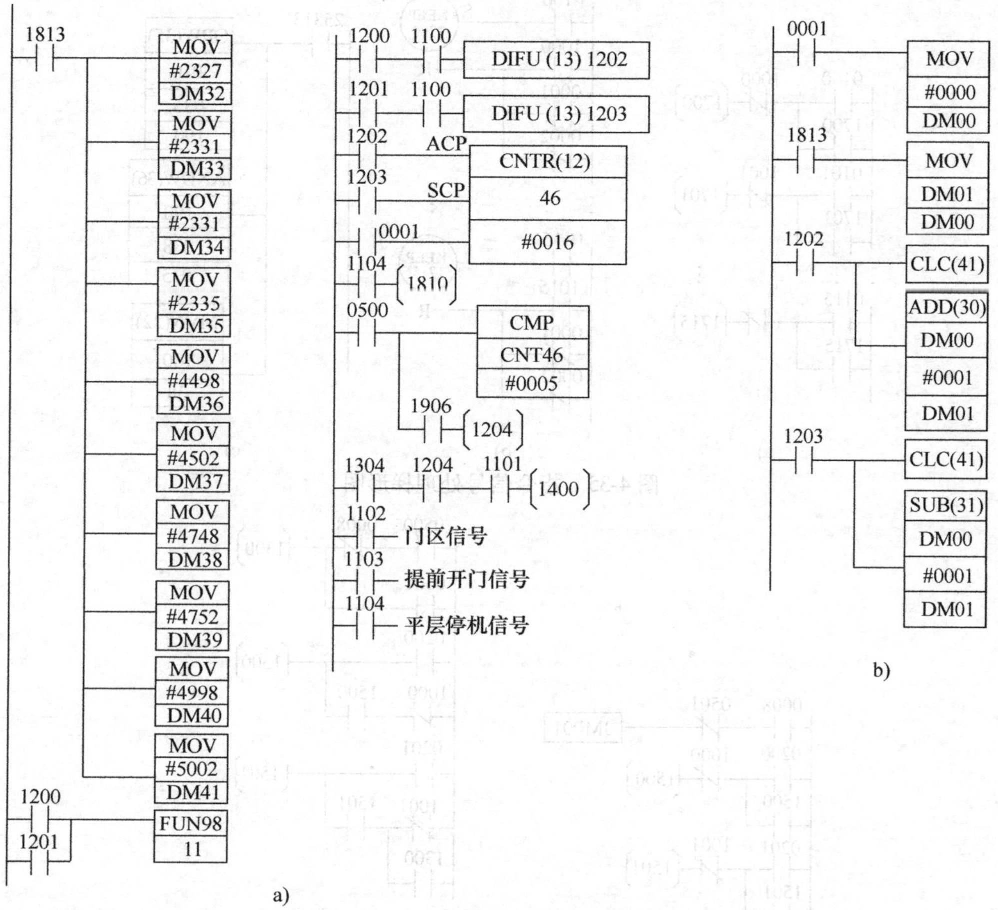

图4-34　高速脉冲输入计数梯形图

其常闭点为OFF，起消号作用。1700～1815为指令登记信号，当独立使用指令指示灯，且无其他控制要求时，1700～1715可用PLC输出点代替，直接驱动指示灯。

2）指令梯形图之二：采用锁存指令KEEP（11）进行指令登记和消除，如图4-35b所示。指令信号作为锁存器的置位输入，轿厢位置信号和急停0001与检修0002信号作为复位输入，正常运行状态下0001与0002均为ON（常闭触点为OFF）。当开关置于急停或检修时0001或0002为OFF，与本层位置一样对指令信号进行消号。

3）指令梯形图之三：对层站数较多的电梯控制，可采用通道逻辑运算指令实现指令信号的登记与消除。图4-35c中，设指令信号通过PLC的010CH输入，指令登记信号为035CH，楼层信号存于100CH。这段程序只需4条指令，逻辑关系清楚，而前两段程序对16个指令信号处理，每段需要64条以上指令。

（3）召唤信号处理　厅外召唤信号的处理同样包括登记、显示以及本层停车信号，此外还有反向信号保持和直驶保持信号功能。

1）召唤梯形图之一：图4-36a中，0500、0501（ON）分别为表示上行和下行状态，0008（OFF）为直驶信号，02CH、03CH分别为上召唤和下召唤信号，15CH和16CH为上召唤与下召唤信号的登记通道，10CH为楼层信号通道。信号登记和消除原理与指令信号处

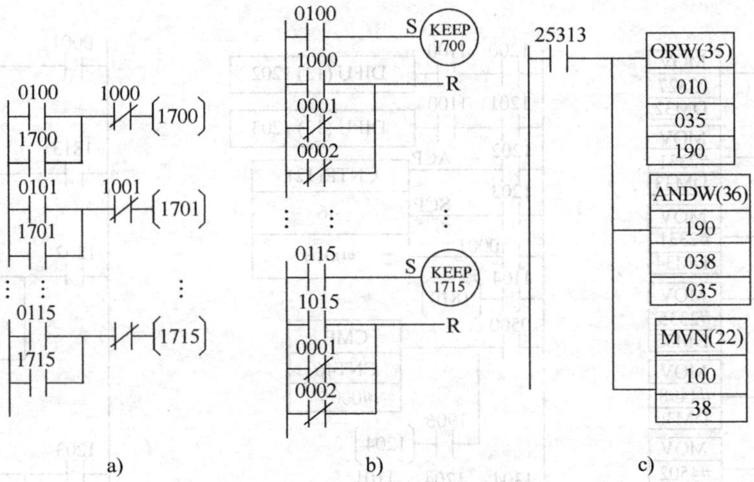

图 4-35　指令信号处理梯形图

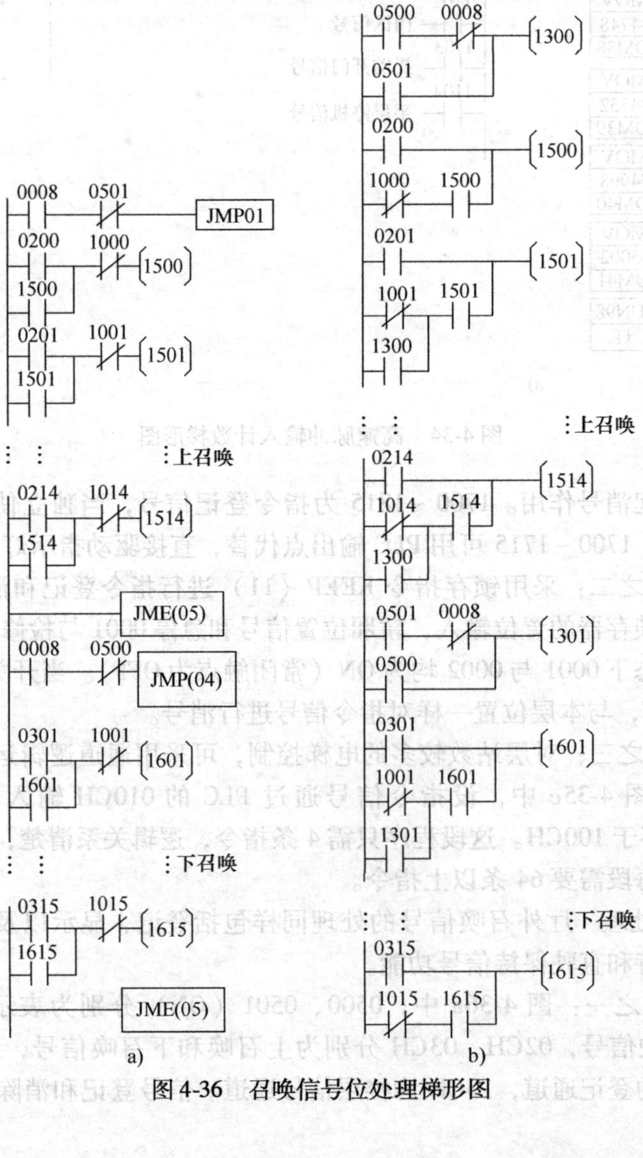

图 4-36　召唤信号位处理梯形图

理相同。使用跳转指令 JMP 实现直驶和反向信号保持，当直驶 0008 为 OFF 时，不管上行还是下行，所有外召唤信号均保持。

下行时，0501 为 ON，图 4-36a 中，常闭触点为 OFF。根据跳转指令功能，15CH 上召唤各点信号保持。只有当停车时，0501 为 OFF，常闭触点恢复为 ON，10CH 起作用，如停靠层有召唤，则消号。同理，上行时，反向信号保持。

2）召唤梯形图之二：图 4-36b 所示为召唤信号登记、消号、直驶和反向信号保持的另一种软件实现方法。当 1300 或 1301 为 ON 时，分别进行上召唤和下召唤信号的直驶和反向信号保持。若当下行时 0501 为 ON，则 1300 为 ON 或上行时 0500 为 ON；若按直驶 0800 常闭触点为 ON，则 1300 为 ON。此时，在运行过程中，上召唤梯形图中的楼层信号 10CH 各点被 1300 并联，不能起消号作用，因而实现了反向信号保持和直驶外召唤信号保持的功能。

3）召唤梯形图之三：图 4-37 所示为采用实现通道逻辑运算指令召唤信号字处理梯形图，程序结构清晰简洁。图中，011CH、031CH 分别为上召唤输入信号和登记信号，100CH 为层楼位置信号，00500、00501 分别为上下运行信号，00008 为直驶信号。用通道或运算实现信号登记，通道与运算进行消号，直驶与反向运算保号。图 4-37 中，仅仅画出了上召唤信号部分梯形图，下召唤部分未画出。

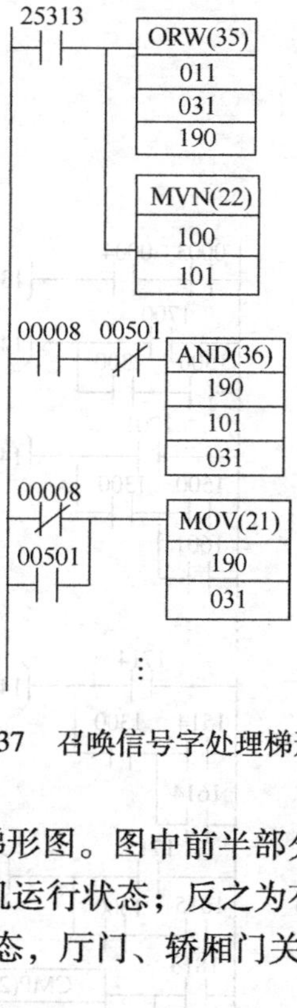

图 4-37　召唤信号字处理梯形图

（4）内选外呼信号显示　内选外呼信号可使用独立显示，即每一个 PLC 输出点直接驱动一个内选或外呼指示灯。这一特点是电路简单，但占用输出点数较多，因此，为了减少 PLC 输出点数，可使用专用的矩阵扫描输出法。

3. 定向

有司机定向时，指令定向；无司机定向时，指令和召唤均可定向。由于定向和选层换速直接相关，通常在编制定向程序中应适当考虑选层换速的要求，并为换速控制作信号准备。

1）定向梯形图之一：图 4-38 所示为采用数据比较进行定向的梯形图。图中前半部分是根据有/无司机条件确定选层信号 14CH，0003 为 ON 时，表示无司机运行状态；反之为有司机操作。0004 为门联锁信号。厅外召唤定向的条件是无司机运行状态，厅门、轿厢门关闭，即 0004 为 ON。而这里可直接定向。

数据比较指令对选层信号通道 14CH 与进行位置通道 10CH 的内容进行比较，当选层信号的位数与高于进行位置的对应位时，必然为前者大于后者，则 1905 为 ON，定向上方向，1310 为 ON；反之，后者大于前者，1907 为 ON，定向下方向，1311 为 ON。由于轿厢所处位置呼梯信号不能登记，所以 14CH 和 10CH 的数据不会有相等的情况。

2）定向梯形图之二：图 4-39 所示为采用另一种方法实现定向的梯形图，图中前半部分为对内选、外呼信号的定向作用及选层设置条件。

无司机状态下，指令信号和召唤信号均可定向，此时 0003 为 ON；当门锁闭合，0004 为 ON 时，使 1300 为 ON。在停车状态下，1301 和 1302 均为 ON，这时厅外召唤信号 15CH、16CH 中的各位可对 14CH 置位，发出选层信号。因而，指令和召唤均可定向。

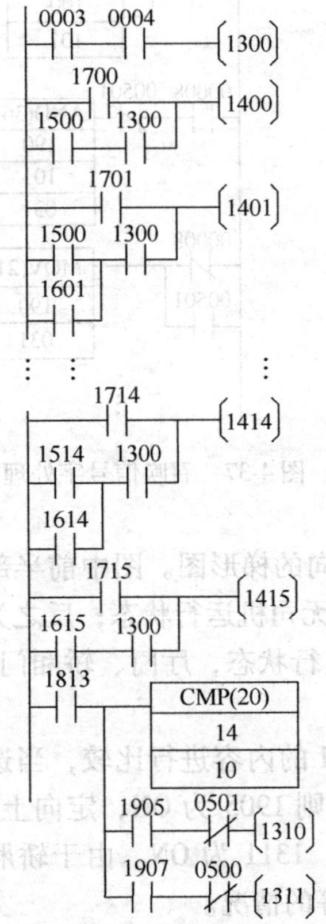

图 4-38 定向梯形图之一

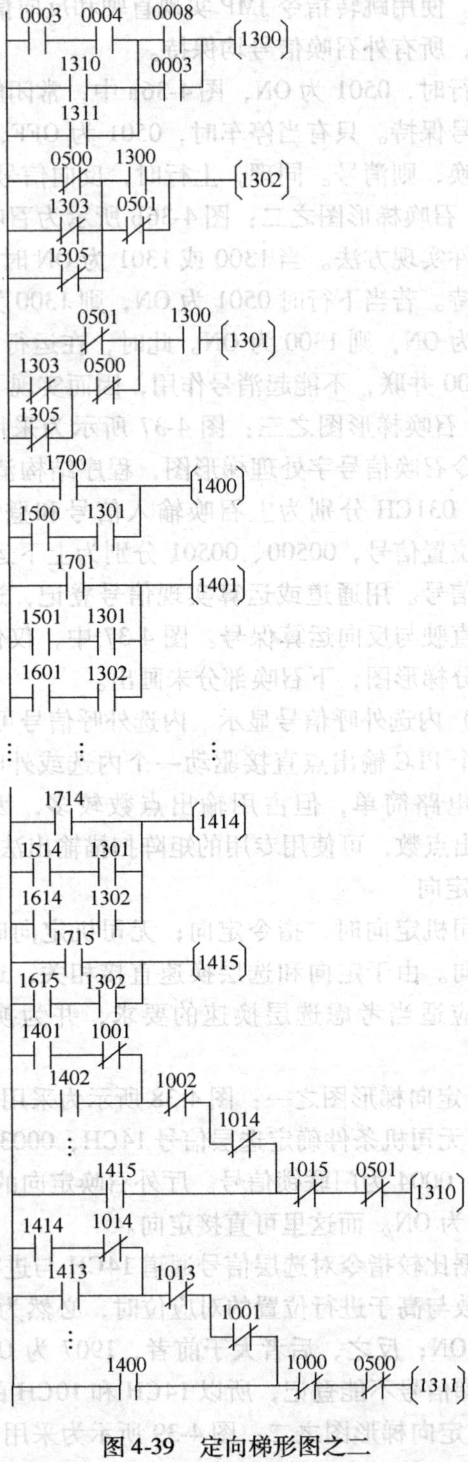

图 4-39 定向梯形图之二

3）定向梯形图之三：图 4-40 所示为采用通道运算指令通过数据位移屏蔽方式进行定向的梯形图。

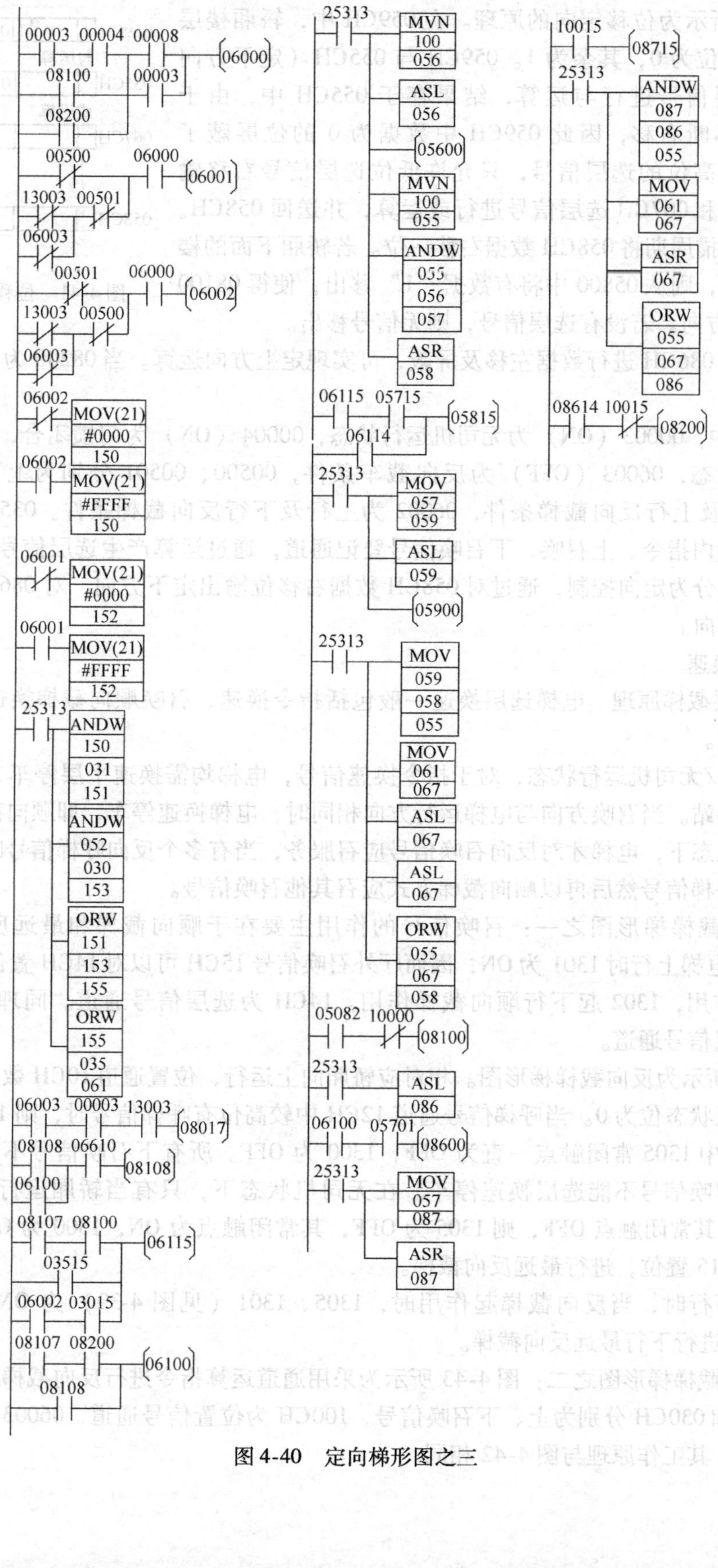

图 4-40　定向梯形图之三

图4-41所示为位移定向的原理。在059CH中，轿厢楼层位置所对应的位为0，其余为1。059CH与055CH（定下方向时）中的选层信号进行与运算，结果存于055CH中，由于058CH数据不断右移，因此059CH中数据为0的位屏蔽了058CH中所有高位的选层信号，只允许低位选层信号右移输出。055CH再和067CH选层信号进行或运算，并送回058CH。通过每一次扫描周期将058CH数据右移一位。若轿厢下面的楼层有选层信号，则从05800中将有数据“1”移出，使得08100为ON，定下方向。若没有选层信号，则无信号移出。

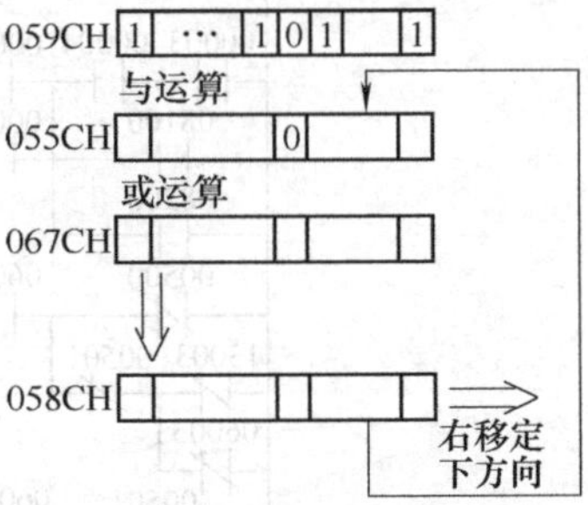

图4-41 位移定向的原理

同理，对086CH进行数据左移及屏蔽，可实现定上方向运算。当08200为ON时，定上方向。

图4-40中，00003（ON）为无司机运行状态，00004（ON）为门锁闭合，13003（ON）为电梯运行状态，06003（OFF）为反向截车条件，00500、00501分别为上下运行状态。06001为下行及上行反向截梯条件，06002为上行及下行反向截梯条件。035CH、031CH、030CH分别为内指令、上召唤、下召唤信号登记通道，通过运算产生选层信号存于061CH。梯形图后面部分为定向控制，通过对058CH数据右移位输出定下方向，对086CH数据左位移输出定上方向。

4. 选层换速

(1) 选层截梯原理　电梯选层换速一般包括指令换速、召唤顺向截梯换速、召唤最远反向截梯换速。

无论在有/无司机运行状态，对于指令换速信号，电梯均需换速平层停车，并且直驶时只停内指令层站。当召唤方向与电梯运行方向相同时，电梯换速停车，即顺向截梯。只有在无司机运行状态下，电梯才对反向召唤信号应召服务，当有多个反向呼梯信号时，应先应召最远的反向呼梯信号然后再以顺向截梯方式应召其他召唤信号。

1）反向截梯梯形图之一：召唤信号的作用主要在于顺向截梯和最远反向截梯。在图4-39中，电梯上行时1301为ON，因而厅外召唤信号15CH可以对14CH置位。1301起上行顺向截梯作用，1302起下行顺向截梯作用。14CH为选层信号通道。同理，图4-40中061CH为选层信号通道。

图4-42所示为反向截梯梯形图。相对应轿厢向上运行，位置通道10CH数据位1的位逐位上移，其反状态位为0。当呼梯信号通道12CH中较高位有呼梯信号时，则1304、1305为ON，图4-38中1305常闭触点一直为OFF，1300为OFF。所有下召唤信号不能对14CH置位，即反向召唤信号不能选层换速停车。在无司机状态下，只有当轿厢运行到最高层时，1015为ON，其常闭触点OFF，则1305为OFF，其常闭触点为ON，1300为ON，下召唤信号1615对1415置位，进行最远反向截梯。

同理，下行时，当反向截梯起作用时，1305、1301（见图4-39）为ON，15CH可对14CH置位，进行下行最远反向截梯。

2）反向截梯梯形图之二：图4-43所示为采用通道运算指令进行反向截梯的梯形图。图中，031CH和030CH分别为上、下召唤信号，100CH为位置信号通道，06003（OFF）为反向截梯信号，其工作原理与图4-42相同。

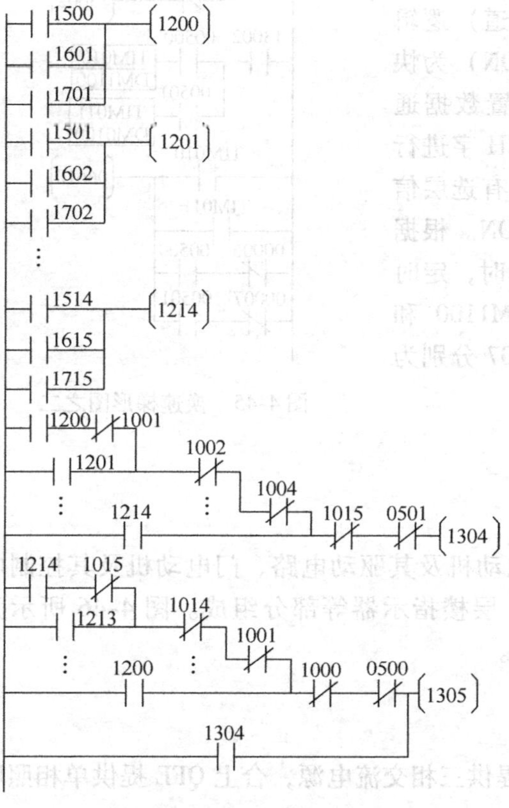

图 4-42　反向截梯梯形图之一

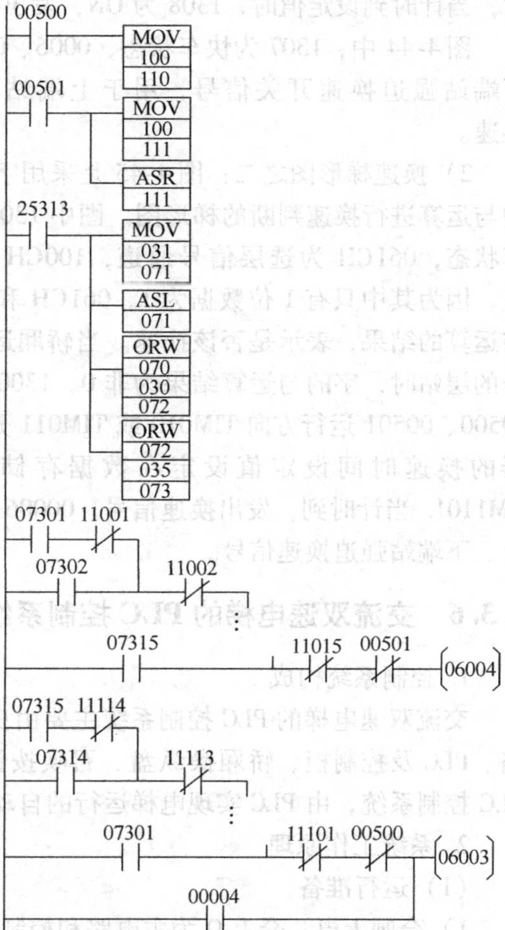

图 4-43　反向截梯梯形图之二

(2) 换速方法　PLC 对轿厢内指令和上、下召唤信号，由定向和选层程序确定运行方向和停车层楼。然后通过楼层位置检测运算，当判断轿厢运行到有选层信号的层站时，换速平层停车。因而换速的条件是，有选层信号，而且轿厢运行至该层站。换速程序的实现方法如下：

1) 换速梯形图之一：图 4-44 所示为采用逻辑与运算逐位判断换速条件的梯形图。图中，各元件编号定义如前。当某层有选层信号，则 14CH 中对应位为 ON，当轿厢运行至该层，10CH 中对应位 ON，通过与运算使 1306 为 ON。由电梯运行方向决定定时器 TIM10 或 TIM 11 开始计时，定时器设定值存于 H0 与 H1，便于调整参数。当定时器计数到设定值，发出换速信号，1308 为 ON。当下行反向截梯时，若判断进行最远反向截梯，则 1305 为 ON，1301 也为 ON，15CH 对 14CH 置位，经位置计算与换速运算，当 1306 为 ON，TIM11 开始计

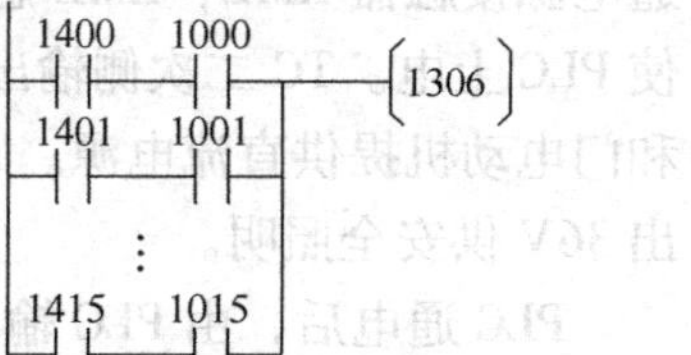

图 4-44　换速梯形图之一

时，当计时到设定值时，1308 为 ON，发出换速信号。

图 4-44 中，1307 为快车状态，0006、0007 分别为上、下端站强迫换速开关信号，用于上端站和下端站强迫换速。

2）换速梯形图之二：图 4-45 是采用字（通道）逻辑的与运算进行换速判断的梯形图。图中 13003（ON）为快车状态，061CH 为选层信号通道，100CH 为位置数据通道，因为其中只有 1 位数据为 1，061CH 和 100CH 字进行与运算的结果，表示是否该换速。当轿厢运行至有选层信号的层站时，字的与运算结果为非 0，13002 为 ON。根据 00500、00501 运行方向 TIM010 或 TIM011 开始计时，定时器的换速时间设定值设定在数据存储区 DM1100 和 DM1101. 当计时到，发出换速信号。00006、00007 分别为上、下端站强迫换速信号。

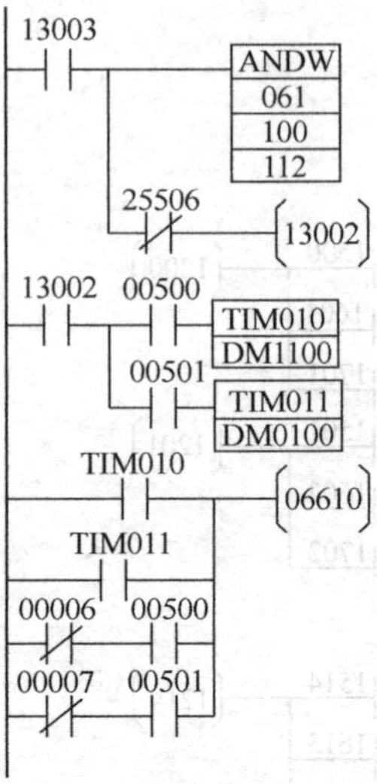

图 4-45 换速梯形图之二

4.3.6 交流双速电梯的 PLC 控制系统

1. 控制系统构成

交流双速电梯的 PLC 控制系统主要由曳引电动机及其驱动电路、门电动机及其控制电路、PLC 及控制柜、轿厢操纵盘、召唤按钮箱、层楼指示器等部分组成。图 4-46 所示为 PLC 控制系统，由 PLC 实现电梯运行的自动控制。

2. 系统工作原理

（1）运行准备

1）合闸上电：合上 Q 为主电路和控制电路提供三相交流电源，合上 QFE 提供单相照明电源，合上 QF 为信号电源变压器 T 工作做准备。

2）开梯自动开门：用钥匙接通基站厅外钥匙开关 SDF，继电器 KDF 吸合。KDF 触点接通电源接触器 KME，KME 触点同时使控制变压器 TC 和信号电源变压器 T 的电源接通，并使 PLC 上电。TC 二次侧输出的交流电经三相桥式整流器变为直流 110V，为安全电路、抱闸和门电动机提供直流电源。T 二次侧可输出交流 24V，为指示灯、呼梯铃等提供电源；还输出 36V 供安全照明。

PLC 通电后，由 PLC 输出直流 24V 作为 PLC 输入信号电源。由于轿厢门和厅门关闭，关门限位开关 SC3 接通，KDF 信号输入 PLC 后，PLC 输出点 0502 为 ON，使开门继电器 KAO 吸合，门电动机 MD 通电开门。在开门过程中减速开关 SO1 接通，电阻 R_0 部分短接，门电动机电枢电压降低，开门减速。当门开到位时，SO2 接通，信号输入 PLC 后，使 0502 为 OFF，KAO 断电释放，MD 停转。

3）安全工作条件：正常条件下，底坑检修急停开关 ST、限速器断绳开关 SXZ、超速开关 SGS、机房检修开关 SJT、安全窗开关 STW、操纵盘（急停）安全开关 SZA、相序继电器 KP 触点、热继电器 FR 触点等都处于接通状态，因此安全继电器 KY 吸合。其触点输入 PLC 的输入点 0001 作为电梯运行的必要条件。

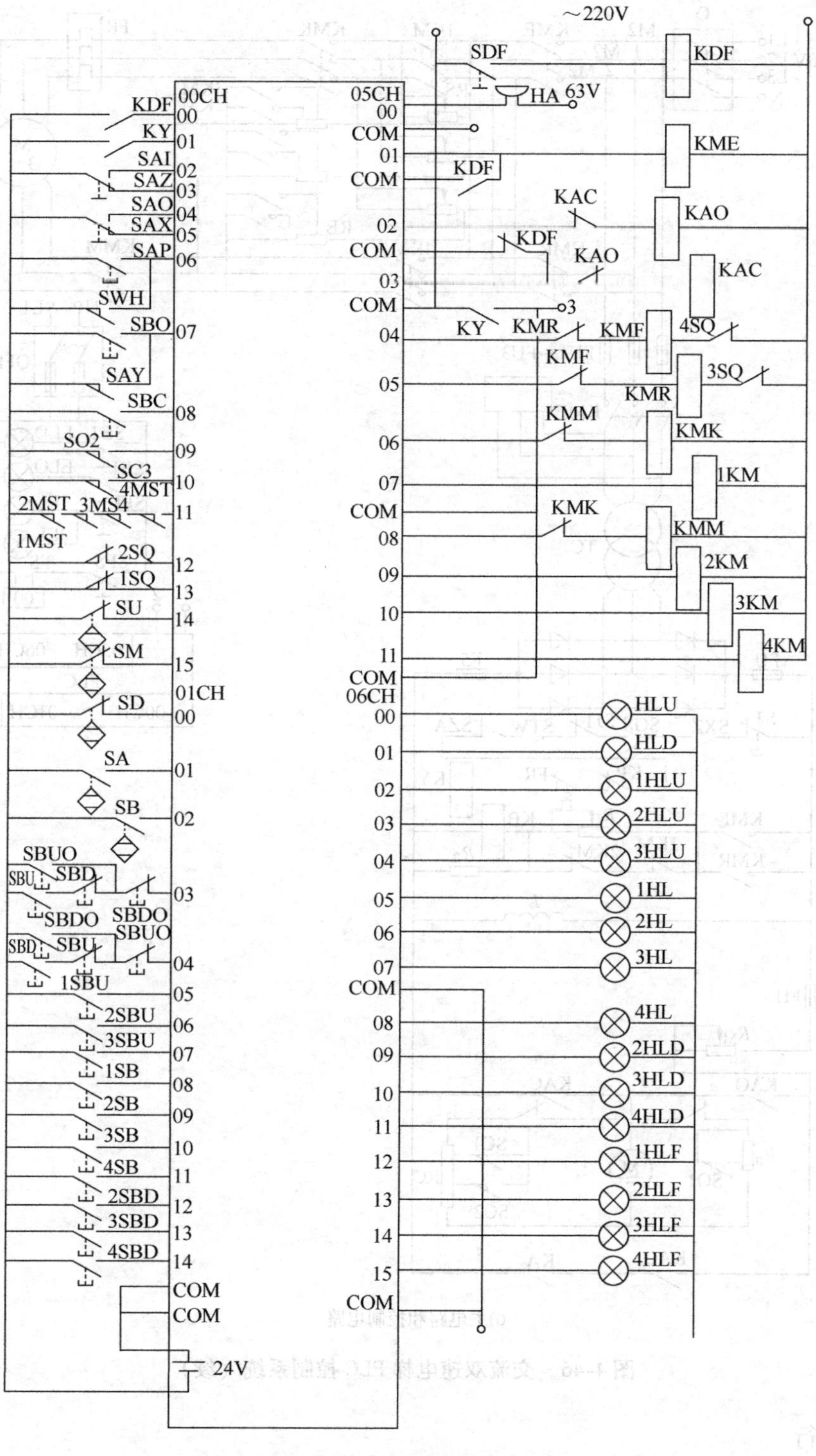

a)PLC控制电路

图4-46 交流双速电梯PLC控制系统

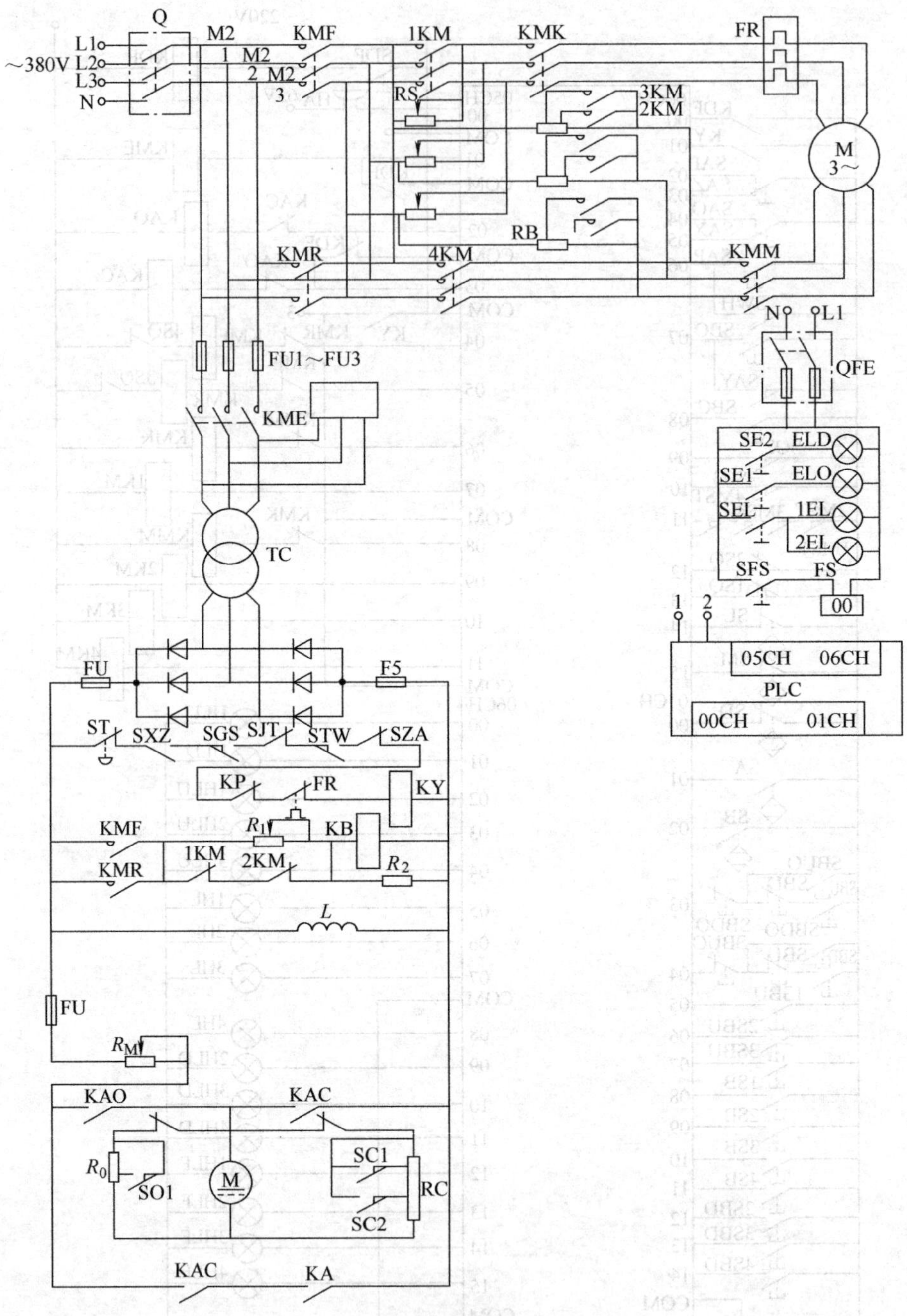

b)主电路和控制电路

图 4-46　交流双速电梯 PLC 控制系统（续）

（2）运行

1）运行方式选择：电梯具有无司机（自动）、有司机、检修、消防四种运行方式。SAZ 信号有效，电梯为自动运行；SAI 信号有效，电梯为检修运行；当 SAZ、SAI 信号均无效时，PLC 判定电梯为有司机运行状态。SAO 为轿厢顶检修开关，具有检修运行的最高优先权，即

SAO 信号一有效，电梯便转变为轿厢顶检修操纵。SAX 为消防开关，当其信号有效时，PLC 程序自动转为消防运行状态，即先自动返回基站，然后转为消防员专用。

2）选层自动定向：

① 在有司机操作状态下，如轿厢在 1 层，乘客要去 4 层，司机按下轿厢内指令按钮 4SB，通过 0111 点输入 PLC，由指令登记程序将选层信号登记，并通过 PLC 输出点 0608，使指示灯 4HL 点亮。同时确定上行方向，0600 输出使上行方向灯 HLU 点亮。

② 如为无司机自动运行状态，除了指令定向外，厅外召唤可自动定向。

3）关门：

① 无司机状态下手动关门：无司机状态下按下关门按钮 SBC，信号送入 PLC，0503 输出使关门继电器 KAC 吸合，令门电动机 MD 转动关门，当关门约 2/3 行程时，关门减速开关 SC1 接通，*RC* 电阻被部分短接，MD 电枢电压降低，关门一级减速。当门开关至最后 100～150mm 时，SC2 接通，RC 电阻大部分被短接，MD 电枢电压再降低，关门二级减速。当门完全关闭时，关门到位开关 SC3 接通，信号送入 PLC 后，通过程序处理使 0503 为 OFF，KAC 释放，MD 停转。

② 无司机运行状态下自动关门：无司机运行状态下，电梯自动运行平层并开门。开门到位后 PLC 内部开门定时器开始计时，当计数器到设定值时，输出点 0503 为 ON，KAC 吸合，MD 通电关门，关门过程与有司机状态相同。

③ 有司机状态下手动关门：有司机状态下，关门按钮 SBC 无效。在电梯定上（下）行方向后，司机按往上（下）方向按钮 SBU（SBD），送入 PLC，输出点 0503 使关门继电器 KAC 吸合，令门电动机 MD 转动关门。待关门到位电梯起动后，方可松开 SBU（SBD）；否则，门又会重新打开。

4）起动运行：PLC 自动定向后，当电梯轿厢门与各层厅门均已关好，即 SC3、1SMT～4SMT 全部闭合时，其信号输入 PLC，PLC 输出信号使上运行接触器 KMF 和快车接触器 KMK 吸合。若上行缓速开关 2SQ 闭合，并输入 PLC，且上行限位开关 4SQ 闭合，则曳引电动机 M 快速绕组串电阻 RS 起动。电磁制动器线圈 KB 通过 KMF 触点、1KM、2KM 常闭触点接通电源，制动器松闸，M 正转，轿厢向上运行。同时，PLC 内部启动定时器计时，并使 0507 延时输出，1KM 吸合，其主触点将起动电阻 RS 短接，曳引电动机在额定电压下加速至额定转速运行，同时 1KM 常闭触点断开，KB 通过电阻 R_1 继续接通电源，保持松闸状态。

5）换速：电梯向上运行，当轿厢顶的双稳态磁性开关经过井道磁铁时，双稳态磁性开关状态翻转，并将信号输入 PLC，程序将位置编码信号译为楼层信号。当楼层计数为 4 层时，PLC 开始计时或计数，至换速点时，发出换速信号，KMK、1KM 接触器释放，慢车接触器 KMM 吸合，使电动机 M 低速绕组串电阻 RB 制动减速。

PLC 发出换速信号的同时，减速定时器开始计时，一、二、三级减速定时器依次计时到 PLC 输出信号，使制动减速接触器 2KM、3KM、4KM 先后吸合，RB 电阻先部分短接，再大部分被短接，最后全部被短接，电动机 M 随之一、二、三级减速至平层速度运行，轿厢缓慢进入平层区。

6）提前开门：电梯换速后，轿厢慢速上行进入平层区，当井道 4 层遮磁板先插入安装在轿顶的上平层感应器 SU，然后插入开门区磁感应器 SM 时，其触点接通并输入 PLC，PLC 立即发出提前开门信号，使 KAO 线圈通电吸合，MD 转动开门。此时，轿厢继续上行。

7）平层停车：当轿厢继续上行到达平层位置，遮磁板插入下平层感应器 SD 时，其触点接通并输入 PLC 中，PLC 输出信号，使 KMF 释放，切断 M 电源。同时制动器线圈 SB 断电抱闸，使轿厢平层停车。此外，PLC 控制 KMM、2KM、3KM、4KM 线圈断电释放，并对该层的内选与同向召唤信号消号。

在电梯从 1 层向 3 层或 4 层运行时，如在 2 层换速点前有 2 层厅外上召唤信号 2SBU 输入 PLC 并登记，当轿厢上行至 2 层换速点时，经 PLC 判断发出换速信号，在 2 层平层停车。

如 2 层有厅外下召唤信号 2SBD 输入 PLC 并登记，在电梯上行时不换速停车也不消号，而在下行时才顺向换速停车。

8）直驶：无司机状态轿厢内乘客已满员（满载开关 SWH 闭合）或有司机状态司机按直驶按钮 SAP，信号通过 0006 点输入 PLC，由 PLC 对所有外召唤信号屏蔽处理，对顺向呼梯信号也不换速停车，并保持所有外召唤登记信号，直驶到达内选最近层站换速停车。

9）最远反向截梯：在无司机自动运行时，当无内选或顺向呼梯信号时，PLC 对厅外反向呼梯信号具有最远反向截梯控制功能，全部由程序自动判断处理。

（3）保护功能

1）强迫换速停车：

① 当 PLC 层楼位置判断为顶层或底层时，不管有无内选外呼信号，电梯处于快车运行状态，PLC 均发出换速信号。

② 在底层或顶层井道安装缓速开关，当轿厢运行至顶层或底层时，缓速开关触点断开，即 2SQ 或 1SQ 断开，信号输入 PLC，PLC 立即发出换速信号。

2）上下行限位：当轿厢驶过端站平层位置后继续运行时，轿厢上撞板触动上限位开关 4SQ 或下限位开关 3SQ，使其触点断开，直接切断 KMF 或 KMR 通路，KMF 或 KMR 释放，KB 断电抱闸，电梯立即停车。

3）关门防夹人保护：在关门过程中如有人碰及轿厢门安全触板，其开关 SAY 动作，该信号与安全按钮 SBO 信号并联输入 PLC，由 PLC 控制门电动机停止关门，重新开门，防止夹人。采用光幕门保护装置的原理相同。

（4）检修运行　当轿厢内开关 SAI 接通，置在检修运行状态，或轿厢顶检修开关 SAO 接通，置在检修位置时，信号输入 PLC，PLC 取消所有内选、外呼信号登记，并通过连锁指令不执行内选和外呼召唤程序模块，不执行快车运行程序，电梯只能慢速运行。

1）当厅门全部关闭，0011 信号输入 PLC 时，如轿厢内慢上操纵按钮 SBU 或轿厢顶慢上按钮 SBUO，信号输入 PLC 后，使上运行接触器 KMF、慢车接触器 KMM 吸合，M 低速绕组串电阻 *RB* 起动，制动器线圈 KB 通电松闸，电梯起动向上运行。同时 PLC 定时器工作，依次使得 2KM、3KM、4KM 通电吸合，逐级短接 *RB* 电阻，直至 M 直接接电源，电梯按额定低速向上运行。

2）当 SAI、SAO 同时接通，处于检修位置时，PLC 程序只执行轿厢顶慢上、慢下按钮操纵功能，而轿厢内慢上、慢下按钮操纵无效，即保证轿厢顶检修操纵具有最高优先权。

（5）消防运行　将基站厅外消防开关 SAX 接通，0005 信号输入 PLC，程序控制将消除所有呼梯登记信号，直接返回基站后进入消防员专用状态，实行开门待机，恢复轿厢内指令功能。此时关门按钮点动有效，而每次停站开门时所有指令都消除，但仍不应答外召唤信号。

(6) 停梯断电　在上电开梯时，KDF 吸合，其触点输入 PLC，并使输出点 0501 闭合。KDF 另一触点与 0501 并联使 KME 吸合。

运行结束后，将轿厢停在基站，用钥匙将厅外钥匙开关 SDF 转到关门位置，KDF 断电释放。PLC 接到停梯信号，发出关门信号，此时 0501 继续闭合。当门关好后，0501 断开，KME 释放，切断控制电源和信号电源。

3. 控制程序

PLC 控制程序包括楼层位置译码、指令、上下召唤、定向、反向截梯、换速、开关门控制、起动和制动等软件模块。

图 4-46a 中，0504、0505 分别为上下运行状态。在轿厢门与厅门关好、定向，且满足其他运行条件后，0506 为 ON，使快车接触器 KMK 吸合，同时定时器 T20 计时（图中未示出，后同），H2（图中未示出，后同）存放起动电阻切换时间。当计时到设定值时，0507 为 ON，起动加速接触器 1KM 吸合，短接起动电阻 *RS*，电梯快速运行。

当电梯快速运行至换速点，并切换到慢车绕组运行时，0508 为 ON，使慢车接触器 KMM 吸合，同时第一级制动电阻切换时间定时器 T21 开始计时，H3、H4、H5 分别存放三级制动电阻切换时间。当 T21 计时到设定值时，0509 为 ON，2KM 线圈通电吸合，短接第一级制动电阻。同时，T22 开始计时，当 T22 计时到设定值时，0510 为 ON，3KM 线圈通电吸合，短接第二级制动电阻。同时，T23 开始计时，当 T23 计时到设定值时，0511 为 ON，4KM 线圈通电吸合，制动电阻全部短接。电梯减速至平层速度运行，进入平层区后，平层停车。

4.4 电梯集群控制

随着高层、大型建筑的发展，一座建筑物内往往需要装设多台电梯，将多台电梯集中起来形成梯群。对这种梯群进行统一的控制，采取合理的调度方式，可以大大提高电梯的运行效率、节约能源、减少乘客的待梯时间。

4.4.1 多台电梯集群控制的工作状态及转换过程

一幢高级大型饭店、宾馆或办公楼内，根据客流量的大小、楼层以及层站数等因素，往往设置多台电梯。为了提高电梯的运行效率和充分满足楼内客流的需要，以及尽可能缩短乘客的待梯时间，则需要把多台电梯构成电梯群，并加以自动控制和自动调度。这种集群自动程序控制系统常称为“群控”。电梯群控系统能提供各种工作程序来满足楼内客流剧变的典型客流状态。

电梯群控系统有四个工作程序、六个工作程序和随机程序等工作状态。过去是通过“硬件逻辑”的方式进行控制，群控有四个工作程序和六个工作程序两种；而现在是通过微机系统进行“软件逻辑”的方式进行控制。无论用“硬件逻辑”还是“软件逻辑”的方式，群控的调度原则是相同的。下面就以六个工作程序的控制程序及其调度原则加以介绍。

六个工作程序的控制状态及其转换如下：

(1) 六个工作程序　自动程序控制系统可根据客流量的实际情况加以判断，提供相应的六种客流状态的工作程序：上行客流顶峰状态（JST）；客流平均状态（JPH）；上行客流量大的状态（JSD）；下行客流量大的状态（JXD）；下行客流顶峰状态（JXT）；空闲时间的客流状态（JKK）。

其中JPH、JSD、JXD可称为客流非顶峰状态（JFT）。

（2）六个工作程序的转换方法 电梯群控系统中工作程序转换可以是自动的也可以是人为的。只要将安装于底层大厅的电梯群控系统综合指示屏上的程序转换开关（KCT）转向“自动选择”位置，系统中的电梯在运行时就按照当时实际存在的客流情况，自动地选择最适宜的工作程序，对乘客提供迅速而有规律的服务。若将程序转换开关（KCT）转向六个程序中的某一个程序，则系统将按照这个工作程序连续运行，直到该转换开关转向另一个工作程序为止。

（3）六个工作程序的工作状况及其自动转换条件

1）上行客流顶峰工作程序（JST）的客流交通特征是：从底层端站向上去的乘客特别拥挤，通过电梯将大量的乘客运送到大楼内各层站，这时各层站之间的相互交通很小，并且向下外出的乘客也很少。各台电梯轿厢在底层端站顺着到达先后顺序，被选为“先行”。这一“先行电梯”的厅门上方和轿内操纵箱上的“此机先行”灯亮并发出闪烁信号和断续的钟响，直到电梯发车上行后，信号灯熄灭，钟声停止。该程序的转换条件是当电梯轿厢从底层端站向上行驶时，如连续两台电梯满载（超过额定载重量的80%）时，则上行客流顶峰状态被自动选择。如从底层端站向上行驶的轿厢负载连续降低至小于额定载重量的60%时，则在相应的时间内，上行客流顶峰工作程序被解除。

2）客流平均的工作程序（JPH）的客流交通特征是：客流强度为中等或较繁忙程度，一定数量的乘客从底层端站到大楼内各层，另一部分乘客从大楼内各层站到底层站外出，同时还有相当数量的乘客在楼层之间上、下往返，上、下客流几乎相等。该程序的转换条件是当上行客流顶峰或下行客流顶峰程序被解除后，如有召唤信号连续存在，则系统转入客流非顶峰状态。在客流非顶峰状态下，若电梯向上行驶的时间与向下行驶的时间几乎相同，而且轿厢负载也接近，则客流平均程度被自动选择。若出现持续地不能满足向上行驶的时间与向下行驶的时间几乎相同的条件，则在相应的时间内客流平均程度被自动解除。

3）上行客流量大的工作程序（JSD）的客流交通特征是：客流强度为中等或较繁忙程度，但是其中大部分是上行客流。基本运转方式与客流平均的工作程序情况完全相同，也是客流非顶峰状态下，轿厢在顶层、底层端站之间往返行驶，并对轿厢指令及层站召唤信号按顺方向予以停靠。因为向上交通比较繁忙，所以向上运行时间较向下运行时间要长一些。该程序的转换条件是在客流非顶峰状态下，若电梯向上行驶的时间长，则在相应的时间内，上行客流量大的程序被选择。其上行轿厢内负载超过额定载重量的60%时，该程序应在较短的时间内被自动选择。若在该程序中出现持续的不能满足向上行驶时间较向下行驶为长的条件时，则在相应的时间内，上行客流量大的程序被解除。

4）下行客流量大的工作程序（JXD）的客流交通特征是：其客流交通特征和转换条件与上行客流量大的工作程序相反，只不过将前述的向上行驶换为向下行驶而已。但该程序也属于客流非顶峰范畴。

5）下行客流顶峰工作程序（JXT）的客流交通特征是：客流强度大，由各层站向底层端站的乘客很多，而各层站间相互往来以及向上的乘客很少。在该程序中，常出现向下的轿厢在高区楼层已经满载的情况，使低区楼层的乘客等待电梯的时间增加。为了有效地消除这种状况，系统将梯群投入“分区运行”状态，即把大楼分为高楼层区和低楼层区两个区域，同时也将电梯分为两组。每组各两台电梯，分别运行于所属的区域内。高区电梯优先应答高区内各层的向下召唤信号，同时也接受轿厢内乘客的指令信号。高区电梯从底层端站向上行驶后，顺向应答所有的向上召唤信号。低区电梯主要应答低区各层站的向下召唤信号，不应答所有的向上召唤信号。但也允许在轿厢内指令的作用下上升至高层。低区电梯从底层端站向上行驶后，若无高区的轿厢内指令存在，则在上升到低区的最高层后立即反向向下行驶。若有高区的轿厢内指令存在，则在高区最高轿厢内指令返回的作用下，反向向下行驶。无论高区电梯还是低区电梯，当轿厢到达底层端站时，立即向上行驶；当低区电梯到达底层端站时，“此机先行”信号灯熄灭。该程序的转换条件是当出现轿厢连续两台满载（超过额定载重量的 80%）下行到底层端站时，或层站间出现规定数值以上的向下召唤信号时，则下行客流顶峰被自动选择。若下行轿厢的负载连续降低至小于额定载重量的 60% 时，则经过一定的时间，而且这时各层站的向下召唤信号在规定数值以下，则向下客流顶峰程序被解除。但在下行客流顶峰程序中，当满载轿厢下行时，低楼层区内的向下召唤数达到规定数值以上时，分区运行起作用，系统将机群中的电梯分为两组，每组分别运行在高区楼层和低区楼层区域内。在分区情况下，若低区楼层的向下召唤信号数降到规定数值以下，则分区运行被解除。

6）空闲时间的客流工作程序（JKK）的客流交通特征是：客流量极少，而且是间歇性的（例如假日、深夜、黎明）。轿厢在底层端站按照“先到先行”的原则被选为“先行”。该程序的转换条件是当电梯群控系统工作在上行客流顶峰以外的各个工作程序中，若 90 ~ 120s 内没有出现召唤信号，而且这时轿厢内的负载小于额定载重量的 40% 时，则空闲时间的客流工作程序被自动选择。在空闲时间的客流工作程序中，若在 90s 的时间连续存在一个召唤信号，或在一个较短时间（约 45s）内存在两个召唤信号，或在更短时间（约 30s）存在三个召唤信号，则空闲时间客流程序被解除，若出现上行客流顶峰状态，则空闲时间客流程序立即被解除。

上述六个工作程序的自动转换是通过系统中的交通分析器件中的召唤信号计算器、台秒计算器、自动调整计时器、任选对象与元件等实现的。因此，在电梯的群控系统中，交通分析器件的优劣及其正确性、可靠性是至关重要的。

4.4.2 电梯集群控制的调度原则

当今电梯群控系统的调度原则可以分为“硬件逻辑”和“软件逻辑”两大类。固定模式的“硬件逻辑”系统，就是前面所述的，分为六种客流状态，在两端站按时间间隔发车的调度系统和分区的按需要发车的调度系统。这种固定模式的调度系统在近几年的电梯产品中已经逐渐淘汰。仅在 20 世纪 60 ~ 70 年代中期的电梯才应用这一调度系统。

从 20 世纪 70 年代开始至今，在高级电梯产品中均已采用由各类微处理器构成的按需发车的自动调度系统。尤其是瑞士的迅达电梯公司，其“成本报价”的调度原则最为先进，该系统不仅考虑了时间因素，还考虑了电梯系统的能量消耗最低及运行效率最高等因素，因此，该系统可提高运行效率 20%，节能 15% ~ 20%，缩短平均候梯时间 20% ~ 30%。

4.4.3 电梯集群控制系统的功能及设计

在应用微机控制的多台电梯群控系统中，其软件设计，首先应根据电梯群控所需实现的功能、所用微机的特点及容量，画出逻辑模块流程图，然后根据微机所使用的语言，编制群控系统的控制程序。下面以迅达电梯公司的 MICONIC-B 微机系统为例加以说明。

1. 运行区域的自动分配

该电梯群控系统能实现区域控制，即通过电梯的上、下行，调配电梯轿厢至运行区域的各个不同的服务区域，所有的服务区域都集中统一调配，并分配给梯群中各个具体的电梯。这种区域的位置与范围均由各台电梯的实际工作情况决定，并随时予以监视。

该电梯群控系统能自动适应最常见的交通条件，从而保证了在下列各交通情况下的最少的候梯时间和现有交通能力最大限度的利用，如空闲交通、一般至繁忙的分散交通、大楼的某些区域呈现繁忙交通、大楼内某些特定层楼呈现繁忙交通等。

该电梯群控系统能根据实际的区域分配情况，把所有的厅外召唤指令信号经群控部分的程序板（或称为多路分配器）分配到该梯群中的各台电梯中去。如果这些电梯均处于停梯状态，且还没有登记召唤指令，那么其中一个停着的轿厢的运行区域就会向临近轿厢延伸 1/2 行程。当所有的电梯轿厢已经明确了分配的运行方向时，这些轿厢中的任何一个均将应答该轿厢本身位置与邻近轿厢位置之间某点的厅外召唤信号。

上述的“MICONIC 区域”是根据对厅外层站的召唤信号以及轿厢内选层信号的循环扫描结果来决定的。该扫描活动由扫描器来执行，它记录着分配电梯的楼层计数器的读数。而每一个楼层计数器与扫描器同步运行，并且把涉及的轿厢实际位置取为“0”点。计数装置不断地相互进行对比，通过组合逻辑运算作出判断，判定出所有电梯中离现行的扫描状态最近的一台电梯，并把厅外层站的召唤信号分配给有关的空闲电梯。这种连续不断的循环扫描，保证了及时地判定瞬时的交通状态，增加了群控集选控制功能，并使之具有理想的适应性和应变交通的能力。

2. 自动调度运行控制

下面以四种交通状况为例对自动调度运行控制加以说明。

（1）空闲交通　在这种状况下，电梯群控系统仅仅有部分电梯进行工作，其余电梯空闲等候。为了尽快应答那些厅外召唤信号，空闲轿厢中有一台将停留在基站，而其他轿厢被分散在整个运行行程上。空闲轿厢应自动返回基站，如可能，自始至终至少应有一台电梯停留在基站处。

假如基站没有电梯，而正在运行中的电梯轿厢中没有一台电梯目的层站是基站的话，那么处于最近位置的空闲轿厢将自动返回基站。

在返回基站的过程中，基站上面的任何厅外召唤信号均不予以应答；而对于基站下面的那些厅外召唤信号，则空闲轿厢经过基站不停而给予应答服务。

空闲轿厢的发车条件是为了尽可能地缩短各层站的候车时间，所有空闲轿厢将从分布在整体服务区域的各处调度发车。实际上，大楼应划分成与一组群控电梯台数一样多的分段服务区域，这一点可以通过接口板上的二进制超小型开关接点的设置而实现。为了有利于交叉发车，各个分段服务区域需包括一个“停车楼层”，这样不论什么时间，该区域内没有轿厢时，这些“停车楼层”都会活跃起来。若恰巧有一台电梯进入这一服务区域内，那么这区域的任何一层都可看做“停车楼层”。每台电梯轿厢均可停在各服务区域的任何一层或各“停车楼层”的任何一个层楼。

假如在任何一个服务区域内有一台以上的空闲轿厢，而其他的某一服务区域内没有空闲轿厢，则在这个没有空闲轿厢的区域内就会产生一个模拟召唤信号，使一台以上空闲轿厢区域内多余的空闲轿厢立即自动运行至没有空闲轿厢的区域。这些模拟召唤信号是出现在交通不忙的服务区域的“停车楼层”上。

（2）一般至繁忙的分散交通　这种交通状况是在大楼各处有大致相同数量的厅外召唤信号登记，并有大体同等数量的乘客用梯。这类交通情况，区域控制就能应付，因为服务区域是随时变更的。

（3）大楼某些区域内呈现繁忙交通　这种交通情况发生在一天的某段时间内，若大楼的某个区域出现“溢出”的电梯内、外召唤信号（在某区域内出现四个内、外召唤信号时定为“溢出”），则该区域称为区域负荷中心，说明该区域内交通十分繁忙。其他区域内的空闲轿厢将自动去应答区域负荷中心内“溢出”的厅外召唤信号，使得拥挤的交通状况得以缓解。

区域负荷中心内的召唤信号比往常更快地、一个接一个地服务，这样，在短时间内的召唤信号数量也随之减少。

“溢出”的数量是通过每台电梯的可调计数器进行检测的。

（4）特定层楼呈现繁忙交通　这种交通状况往往发生在某一层楼会议室（或餐厅）散会时或有其他活动时，在这一层楼会连续使电梯满载并向一个方向运行，而且电梯在满载情况下刚离开而又出现与电梯运行方向一致的厅外召唤信号，此时，就定义这种状态的为层楼负荷中心。在出现该情况时，系统就会把空闲轿厢调配至成为层楼负荷中心的层楼，随之载客高峰也会迅速缓解。

在一般情况下，迅达电梯公司的群控系统可以控制 2～4 台电梯，最常用的是 2～3 台电梯的群控。

4.5 电梯远程监控系统

4.5.1 电梯远程监控系统概述

电梯远程监控系统是指通过电话线路或专用线路，由有关人员通过设在电梯维修服务中心的计算机（中心计算机）对分布在各地的电梯进行远程监测监控的系统。

1. 电梯远程监控系统一般可实现的主要功能

1）进行故障的早期预告，变被动维护保养为主动维护保养，使用户的停梯时间减到最小。

2）协助现场人员进行远程的故障分析及处理。

3）通过远程操作，控制电梯的部分功能，如锁梯、取消某层的停靠、改变群控原则等。

4）进行电梯的远程调试，如修改电梯的部分控制参数等。

5）进行故障记录与统计，有利于产品性能的改进。

6）进行电梯运行频率、停靠层站、呼梯楼层的统计，以便于进一步完善群控原则，并可根据该建筑物电梯的实际情况，制定出专门对该用户的群控原则。

2. 电梯远程监控系统的主要通信方式

1）公用电话网通信：当主机相对距离超过1200m，光纤局域网无法覆盖监控网的区域时，计算机之间可通过串行MODEM，借助公共电话网建立数据连接通道。

2）无线通信：当地形复杂或地点常变动时，采用无线数据传输是一种可选的通信方式。

3）直接通过以太网等用TCP/IP通信：当计算机由局域网或广域网互连时，它们之间通过TCP/IP通信。在Windows平台上，基于TCP/IP通信标准的编程接口为Windows Sockets。

4.5.2 电梯远程监控系统的组成与功能

电梯远程监控系统由位于控制柜中的信号采集微处理器（称为前端机）、负责信号传输的电话网络与调制解调器（MODEM）、向维护人员（操作员）提供监控界面的中心计算机等三部分组成。其基本工作过程如下：由前端机随时采集电梯的运行状态和有关信息，在电梯发生故障时，通过电话网络将故障信息传送给中心计算机。维护人员可以在中心计算机上随时拨号接通前端机，通过监控窗口可以直观地观察到任意电梯的动态运行信息，并可以进行远程的故障查找或操作。

1. 前端机

前端机负责进行采集、处理电梯的运行状态和有关数据，并进行数据打包。当电梯出现故障时，前端机向中心计算机发送一个故障信息包，其中包括本机编号、故障类型、故障楼层等信息。中心计算机收到该信息包后，将其展开，并存储于一个数据库中提供给维护人员。维护人员可以根据前端机发出的信息，从数据库中找出有关这台电梯的详细资料，还可以再次拨通该前端机，进一步了解故障情况，以便随时做出反应。当维护人员向前端机拨号时，前端机向中心计算机发送实时的信息包，中心计算机可以动态观测该电梯的状态。

目前，各电梯公司所提供的电梯远程监控系统的前端机一般只能采样本公司的同类型电梯产品，即不能采集不同类型和不同公司的电梯产品。对一个物业管理部门或电梯维修保养单位，因有多家电梯公司的电梯产品，要建立自己的远程监控系统，必须选用单片机微机串行传送器的通用型前端机，方可与各种类型的电梯控制柜进行接口。

2. 信号传输

前端机向中心计算机发送的信息包是通过电话网络来传输的。由于数字信号无法直接发送到电话线上，中间要经过MODEM将数字信号进行调制，由服务中心的MODEM将信号解调后再传输给中心计算机。

3. 中心计算机

电梯远程监控系统通过中心计算机向操作员提供了一个监控窗口，其主要功能包括以下几个方面：

1）实时采集各台前端机存储的电梯运行状态参数（例如各台电梯的起动、停止、当前楼层、载重量等）和呼梯信号。

2）在显示界面上实时的显示电梯的状态（运行方向、位置、楼层等）并动态显示电梯的开门、关门、起动、停止等动作。

3）发生故障时进行故障报警、故障诊断，使维护人员及时得到信息，尽快修复故障电梯。

4）建立故障记录档案，实时登记发生的故障并提供查询功能以作为电梯维修时的辅助手段。

5）当服务中心无人值守时，可以通过中心计算机设定，将前端机传来的信息自动转发到用户指定的计算机、电话，实现不需要 24h 专人值守的召修热线。

6）当服务中心无人值守时，中心计算机自动进入休眠状态，此时，来自 MODEM 的远程呼叫信号可以将服务器唤醒。

4.5.3　小区内的电梯监控系统

小区内的电梯监控系统结构框图如图 4-47 所示。

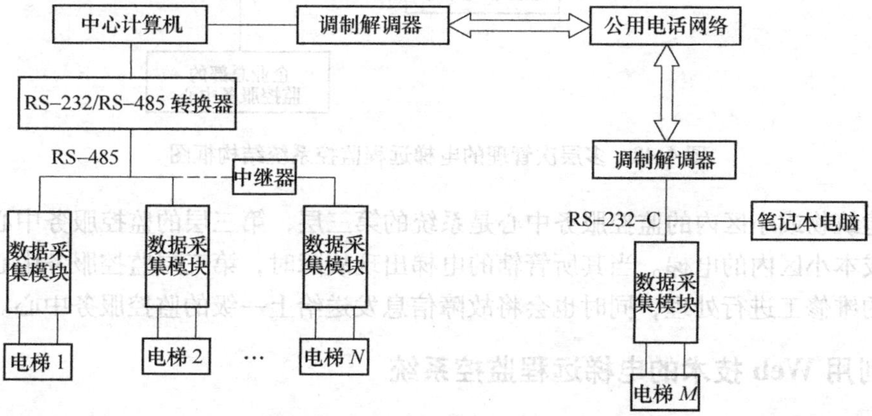

图 4-47　小区内的电梯监控系统结构框图

小区内的电梯监控系统的每个前端机（数据采集模块）带有两个通信接口，近距离的电梯采用 RS-485 串行总线接口，可直接与监控中心计算机通信，如距离超过 1km，可加装 RS-485 中继器延长通信距离。各个电梯的数据采集模块与监控中心计算机通过一对屏蔽双绞线连接成拓扑结构网络，中心计算机按照程序实现对全部电梯的实时巡检；远距离的电梯采用 RS-232C 串行总线接口，通过调制解调器、公共电话网络将数据传输给监控中心计算机，实现对每一台电梯的远距离实时监控。数据采集模块采集的电梯状态数据被发送到中心计算机，中心计算机存储所采集数据，并进行故障判断，如有故障发送报警，并自动（或管理人员）启动故障诊断专家系统，自动判断故障的性质与范围，帮助维护人员迅速准确地确定故障点。

4.5.4　多层次管理的电梯远程监控系统

对于一个电梯生产企业，在全国各地有多个维修服务站点，这就涉及监控网络的层次管理问题。借助公用电话网络及计算机网络，电梯企业可以很便捷地组建具有三层架构的远程监控服务网络，如图 4-48 所示。设在电梯企业总部的监控服务中心成为系统的第一层，它有权去观察整个监控网络内的任何一部电梯，但不接收任何一部电梯的故障呼叫。设在各个城市的监控服务中心为区域监控服务中心，负责本区域的电梯管理，是系统的第二层，它有权去观察本区域内的任何一部电梯，接收本区域内的电梯故障呼叫，对故障电梯进行处理。第二级监控服务中心有对其所管辖区域的电梯进行故障及维修记录的功能，如果第一层的服务中心想得到这些信息，可以很方便地借助于 Internet 通过 Email 的方式或远程登录的方式来实现。

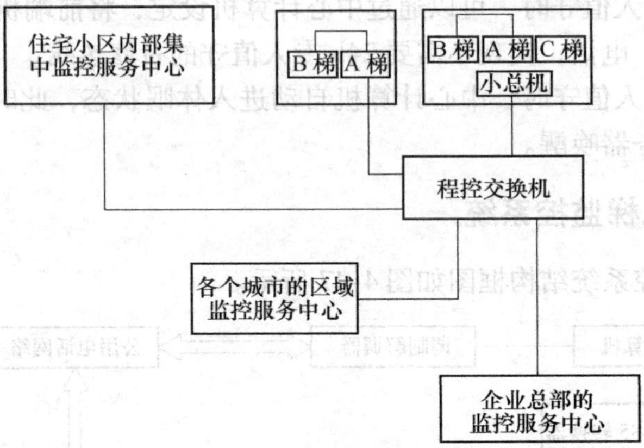

图 4-48 多层次管理的电梯远程监控系统结构框图

设在建筑物或小区内的监控服务中心是系统的第三层，第三层的监控服务中心只能监控本建筑物或本小区内的电梯。当其所管辖的电梯出现故障时，第三层监控服务中心一方面会通知本楼的维修工进行处理，同时也会将故障信息发送给上一级的监控服务中心。

4.5.5 利用 Web 技术的电梯远程监控系统

随着计算机网络技术与自动化技术的相互融合与发展，计算机测控技术已经发展到局域网内的集中监控与管理和以太网上的远程监测。

1. 基于 Web 技术的远程监控系统结构

基于 Web 技术的远程监控系统结构目前较为常见的是 C/S（Client/Sever）结构和 B/S（Browser/Server）结构。C/S 结构适合于在小规模、用户少、单一数据库且有安全性保障的局域网环境下使用。

在 B/S 的体系结构下，用户界面完全通过 WWW 浏览器实现。B/S 结构模式的测控系统共分三层体系结构：最底层为现场监控层，从现场各类设备系统中采集数据，并进行控制。第二层为数据集中管理层（数据库服务器），将各监控系统中的数据进行集成，进行数据的集中管理，并以 Web 的形式实时发布。实时发布的信息通过网络同第三层客户端相连，客户计算机通过浏览器直接使用和监测。

Web 服务器采用 Microsoft Windows Server2000、IIS5.0 和 Internet Explorer 系统平台，以 ASP 技术来发布系统信息。数据集中管理系统将实时数据通过 VC 的 ADO 数据库访问技术保存到 SQLServer2000 中的临时数据库、统计数据库和历史数据库中。远程计算机通过 Web 浏览器向 Web 服务器发出请求，Web 服务器处理后调用相应的 ASP 文件到数据库上进行查询，查询结果送回 Web 服务器后，以页面的形式返回到浏览器。

2. 实现网络互连的主要方案

1）铺设专用信息光缆。

2）通过 Internet。

3）通过拨号远程登录访问。

相比之下，方案 1）的网络通信速度最快，安全性也最好，但是当距离远，沿途又经过繁华地段时，铺设光纤费用很高，这对中小企业来说难以承受。方案 2）可分为两种，终端仿真访问和 TCP/IP 访问。在终端仿真访问方式下，系统计算机拨入一台上网主机并作为它的一台终端，而未分配到 IP 地址，在这种连接方式下，只能使用字符界面的应用程序，而无法使用图形界面的应用程序。在 TCP/IP 访问方式下，系统计算机通过串行线路网络协议或点对点协议拨入一台拨号服务器，这样，系统计算机被仿真成 Internet 上的一个网络节点，并分配了 IP 地址，但这种方式需要一定的运行费用。另外，对于方案 2)，以目前的技术，系统安全性、稳定性和效率都让人难以接受。方案 3）在速度和安全性方面处于前两种方案之间，对于一般的中小企业可以满足需要，费用低，扩充也容易。

考虑到电梯远程监控系统的实际情况，传输的数据量不是很大，实时性要求也不高，可采用方案 3)，通过拨号网络登录到远程监控系统。

小　结

本章首先介绍了电梯安全可靠运行的充分与必要条件以及电梯正常运行过程，电梯要正常工作，必须要受控制信号的控制；详细阐述了井道控制信号的产生及其工作原理。同时，介绍了电梯的继电器控制系统的各种典型电路及其工作原理，主要包括：电梯门控制电路、指层电路、轿厢内指令电路、厅外召唤电路以及定向选层电路及换速控制电路。另外，还主要介绍了 PLC 的工作原理、梯形图及电梯的 PLC 控制系统。最后介绍了电梯的集群控制系统的设计以及电梯的远程监控系统。

思考与练习

4-1　电梯电路的主要部件有哪些？

4-2　电梯常用选层器有哪几种？其工作原理有何不同？

4-3　分析厅外召唤电路的工作原理。

4-4　分析定向选层与换速电路的工作过程。

4-5　交流双速电梯的 PLC 控制系统，轿厢运行到预定的停靠层站不换速的主要原因及其排除方法是什么？

4-6　PLC 控制电梯与传统的继电器控制电梯相比有哪些优点？

4-7　简述远程监控系统的组成和功能。

第 5 章 电梯节能技术

5.1 电梯节能技术概述

电梯耗电量巨大，是高层建筑最大能耗设备之一。据中国电梯协会估计，我国平均每部电梯每天耗电量约 40kW · h，约占整个建筑能耗的 5%；据调查，我国仅三星级以上的酒店，空调器和电梯两项耗电量就占城市耗电量的 1/3。

随着我国经济建设的不断发展，人民生活水平的不断提高，电梯的拥有量呈不断上升趋势，电梯的能耗也随之不断增高。据中国电梯协会统计，截至 2011 年，全国范围内运行的电梯和扶梯设备超过 200 万台，在电梯产量、电梯保有量、电梯增长率方面均为世界第一。其中，还有大量的电梯为交流双速、交流调压调速等老旧电梯；节能电梯在总量中比重偏低；采用永磁同步电动机拖动技术和制动电能回馈技术的还不足 10%。因此，采取有效措施降低电梯能耗已引起广泛关注。

通过近些年的研究和开发，一些电梯的节能技术也日趋成熟，特别是永磁同步电动机（PMSM）驱动技术与制动电能回馈利用技术的重大突破，对电梯产品总能耗产生了巨大影响，为电梯节能带来了巨大空间。

目前比较常用的电梯节能技术归纳起来主要有以下几种方式：

1）改变机械传动方式：将传统的蜗杆蜗轮减速器改为行星齿轮减速器，其机械效率可提高 15% ~25%；如果采用无齿轮传动，比有齿轮曳引机至少节能 25% 以上。

表 5-1 是对 4 层站的有齿轮曳引机（配置交流异步电动机）和永磁同步无齿轮曳引机的实测能耗数据的比较情况，两台电梯的规格同为 1.75m/s、1050kg，平衡系数为 0.46，变压变频调速控制。测试工况：从电梯 1 楼关门到位开始，运行到 4 楼，正常开门，关门，再运行到 1 楼，正常开门，至关门到位为止，为一个运行周期。

表 5-1 配不同曳引机的电梯实测能耗数据

负载（%）	曳 引 方 式	匀速运行功率/kW	该工况运行 1h 能耗/kW · h	节能效果（%）
0	有齿轮	14.61（4 层 ~1 层）	2.572	25.86
	永磁同步无齿轮	11.59（4 层 ~1 层）	1.907	
25	有齿轮	8.15（4 层 ~1 层）	1.812	29.80
	永磁同步无齿轮	6.48（4 层 ~1 层）	1.272	
50	有齿轮	5.90（1 层 ~4 层）	1.743	39.53
	永磁同步无齿轮	3.07（1 层 ~4 层）	1.054	
75	有齿轮	12.10（1 层 ~4 层）	2.123	32.03
	永磁同步无齿轮	7.68（1 层 ~4 层）	1.443	
100	有齿轮	19.83（1 层 ~4 层）	3.025	25.22
	永磁同步无齿轮	13.39（1 层 ~4 层）	2.262	

由表 5-1 可以发现，永磁同步无齿轮曳引机较有齿轮曳引机在不同载荷下可节能 25%，当负载接近平衡负载的时候，永磁同步无齿轮曳引电梯的节能效果最好，能够达到 40%左右。

2）改变驱动技术：电梯的驱动技术是指电梯控制器控制曳引系统按照规定的方式进行运行的技术。交流调压调速（ACVV）方式相对于交流双速（AC-2）电梯节电 10% ~13%，交流变压变频调速（VVVF）方式相对于 ACVV 电梯节电 8% ~12%，永磁同步变压变频调速（VVVF）方式相对于异步电动机有齿轮传动变频调速电梯节电 15% ~20%。

3）采用电能回馈技术将制动电能再生利用：这是将电梯制动发电状态输出的电能回馈至电网的控制技术，它利用变频器交-直-交的工作原理，将机械能产生的交流电（再生电能）转化为直流电，并利用电能回馈器将直流电电能回馈至交流电网，供附近其他用电设备使用。电能回馈可使电力拖动系统在单位时间内消耗电网电能下降，起到节约电能的目的，可实现节电 30% 以上。

表 5-2 是电梯运行在不同负载下消耗的电能和回馈电能的情况。电梯的规格为 4m/s、1600kg，永磁同步无齿轮曳引机，带有能量回馈装置。

表 5-2　电梯在不同负载时上下行一个来回能耗和回馈电能的分析

不同负载下的能耗		0%（W·h）	25%（W·h）	50%（W·h）	75%（W·h）	100%（W·h）
4 层 ~13 层	回馈	37.8	22.1	11.8	3.51	0
	消耗	12.6	25.5	47.2	78	118
13 层 ~4 层	回馈	0	5.94	15.3	29.8	45.2
	消耗	96.8	62.1	37.8	22.3	13.1
节能率		34.60%	32.00%	31.90%	33.20%	34.50%

从表 5-2 所列的数据可以发现，采用能量回馈技术可使电梯节能约 32%（不考虑轿厢照明、通风装置和井道照明等损耗）。

4）更新电梯轿厢照明系统：将电梯轿厢常规使用的白炽灯、荧光灯等照明灯具更新为 LED，其功率一般仅为 1W，无热量，可节约照明用电量 90% 左右，且灯具寿命是常规灯具的 30 ~50 倍，还能实现各种外形设计和光学效果，美观大方。

5）采用电梯休眠技术，使电梯闲时自动休眠，降低待机功耗：电梯是断续工作制，待机时间通常远大于轿厢上下运行的时间，待机时信号指令系统、轿厢照明和通风装置、报警系统仍在开启状态，会有相当大的能耗。

6）采用自动扶梯变频感应起动技术等先进的电梯控制技术，可达到较好的节能效果：自动扶梯变频感应起动技术就是当无人乘梯时，扶梯自动平稳过渡到节能运行，以低速运行（可以选择当无人乘梯时，扶梯自动停止的功能），有人乘梯时，扶梯采用变频起动自动平稳过渡到额定速度运行。扶梯变频起动保证了起动时的平滑、舒适。在无人乘梯时也节约了电能，减小了扶梯损耗，也为即将进入扶梯的乘客明确了扶梯运行方向。

7）根据电梯的实际流量，合理配置电梯的平衡系数：平衡系数是曳引式拖动电梯的重要性能指标，其大小的选取对电梯的安全性能及工作能耗等多方面产生影响。TSG T7001—2009《电梯监督检验和定期检验规则——曳引与强制驱动电梯》要求曳引电梯的平衡系数应当在 0.4 ~0.5 之间，如果平衡系数变小，当电梯在重载时，能耗显著增大。

8）加强电梯的维护保养：确保电梯运动部件运行顺畅或有良好的润滑等，既可以降低电梯的能耗，也可以降低噪声，减少对电梯运动部件的磨损。

5.2 电能回馈技术

目前许多变频调速电梯在运行和制动过程中，既消耗电能，也产生电能，有时处于耗电状态，有时处于发电状态。

变频调速电梯从零速起动，运行到额定速度后具有最大的机械动能。在电梯停靠目标楼层前，需要逐步制动减速直到电梯零速停止，这一过程是电梯曳引机释放机械动能的过程。垂直运行的电梯还是一个势能性负载。电梯曳引机拖动的负载由轿厢和对重组成，为了均匀拖动负载，只有当轿厢载重量达到额定载重量的50%（半载）时，轿厢侧和对重侧才相互平衡；否则，轿厢和对重就会有质量差，使电梯运行时产生机械势能。例如，电梯重载下行时轿厢重量大于对重重量，重力作用下拖动对重上升，电动机处于发电状态；电梯轻载上行时，对重重量大于轿厢重量，重力作用下拖动轿厢上升，此时电动机也处于发电状态。

在上述过程中，电动机工作在发电状态，即电动机转子在外力的拖动或负载自身转动惯量的维持下，使得电动机的实际转速大于变频器输出的同步转速，电动机所发出的电能将会储存在变频器内直流回路的滤波电容中。如果不能及时释放电容中储存的电能，那么直流母线电压就会迅速升高，产生过电压故障，造成变频器停止工作，电梯无法正常运行。通常处理这部分能量的方法是增加制动单元和制动电阻，将这部分能量转化为热能消耗掉，如图5-1所示。

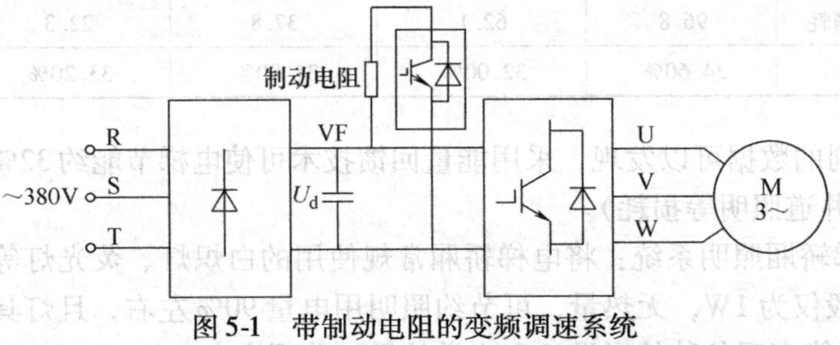

图5-1 带制动电阻的变频调速系统

在电梯运行过程中，由于电动机发电通过电阻产生的热量非常高，电阻局部温度通常都在100℃以上。为了使机房的温度保持在常温状态，避免电梯因高温产生故障和延长电梯的使用寿命，用户需要采用空调或安装大排风量的风机来降低室温。在某些场合，降温设备的用电量往往比电梯本身的用电量还要高。

电能回馈技术就是要将这部分电能回馈到共用直流母线或回馈到交流电网。

5.2.1 电能回馈到共用直流母线

对于在运行过程中会频繁起动、制动，处于四象限运行状态的曳引电动机，在目前大部分的通用变频器还不能单独实现再生能量回馈电网的情况下，可以采用共用直流母线的方式将再生能量回馈系统。通过这种方式，它可以将电梯制动产生的再生能量进行充分利用，从而起到既节约电能又处理再生电能的作用。

通常，异步电动机多传动方式的驱动主电路包括整流桥、直流母线供电电路、若干个逆变器，其中电动机需要的能量是以直流方式通过 PWM 逆变器输出的。在多传动方式下，制动时感应能量就反馈到直流母线供电电路。通过直流母线供电电路，这部分反馈能量就可以消耗在其他处在电动状态的电动机上，制动要求特别高时，只需要在共用直流母线上并上一个共用制动单元即可。

图 5-2 所示为共用直流母线电能回馈的变频调速系统。图中，M1 是处于电动状态，M2 经常处于发电状态，三相交流电源 380V 接到处于电动状态的 M1 连接的变频器 VF1 上，变频器 VF2 则通过共用直流母线方式与变频器 VF1 的直流母线相连。

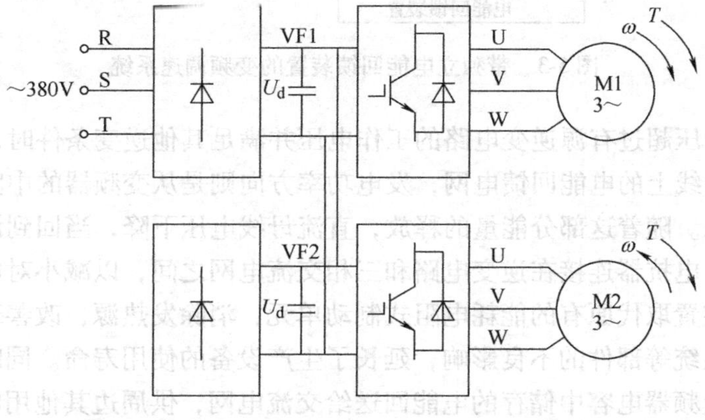

图 5-2　共用直流母线电能回馈的变频调速系统

在此种方式下，VF2 仅作为逆变器在使用。当 M2 处于电动状态时，所需能量由交流电网通过 VF1 的整流桥获得；当 M2 处于发电状态时，反馈能量通过直流母线由 M1 消耗掉。

采用共用直流母线的电能回馈方式可以共用直流母线和共用制动单元，从而大大减少整流器和制动单元的重复配置，结构简单合理，经济可靠；而且共用直流母线的中间直流电压恒定，电容并联储能容量大；各电动机工作在不同状态下，能量回馈互补，优化了系统的动态特性；提高系统功率因数，降低电网谐波电流，提高系统用电效率。

但是，由于共用直流母线的电能回馈方式中处于发电状态的 M2 的容量远远小于处于电动状态的 M1 的容量，因此典型应用于造纸机械、印刷机械、离心分离机以及系统驱动等，在电梯系统中较少使用。

5.2.2　电能回馈到交流电网

根据回馈装置和变频器的关系，电能回馈装置可以分为两类。

1. 电能回馈装置独立于变频器

这种方式是将由 IGBT 组成的有源逆变单元从变频器中分离出来，直接作为变频器的一个外围装置，并联到变频器的直流侧，同时取消制动单元，将再生的电能直接回馈到电网中。这种方式适用于普通变频器，如图 5-3 所示。

这种电能回馈装置主要由滤波电容、三相 IGBT 全桥、串联电抗器及一些外围电路组成。电能回馈装置的输入端与电梯变频器的直流母线相连，输出端与电网侧相连。

当曳引电动机工作在电动状态时，电能回馈装置处于关断状态，电动功率方向是从三相电源经变频器的整流桥流出。当曳引电动机工作在发电状态时，能量累积在变频器直流母线

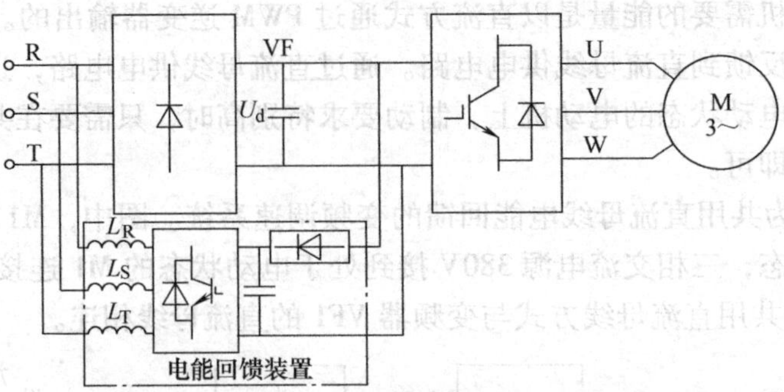

图 5-3　带独立电能回馈装置的变频调速系统

侧，当直流母线电压超过有源逆变电路的工作电压并满足其他逆变条件时，电能回馈装置开始工作，将直流母线上的电能回馈电网，发电功率方向则是从变频器的中间回路经电能回馈单元流向三相电源。随着这部分能量的释放，直流母线电压下降，当回到设定值后，电能回馈装置停止工作。电抗器连接在逆变电路和三相交流电网之间，以减小对电网的冲击。

以电能回馈装置取代原有的能耗电阻式制动单元，消除发热源，改善现场电气环境，可减少高温对控制系统等部件的不良影响，延长了生产设备的使用寿命。同时，由于电能回馈装置能有效地将变频器电容中储存的电能回送给交流电网，供周边其他用电设备使用，因此可节约生产用电，一般节电率可达 20% ~40% 左右。这种装置当电动机工作于发电状态时才进行工作，成本低、结构简单、可靠性高，但是功率因素低、网侧谐波污染较大。

目前，电能回馈装置已经有非常成熟的产品，如西门子公司的 6SE70 系列整流回馈单元、安川公司的 VS-656RC5、日本富士公司的 RHR 系列和 FRENIC 系列电源再生单元等。

2. 电能回馈装置和变频器一体

这种方式是直接在变频器上增加装置，将变频器的整流部分采用可关断器件，应用 PWM 控制技术，使直流侧的能量直接回馈到电网，这时变频器中无直流环节，通常称为双 PWM 变频器。

图 5-4 所示为采用双 PWM 整流的电压型变频器。它的主电路是普通的三相桥式电路，

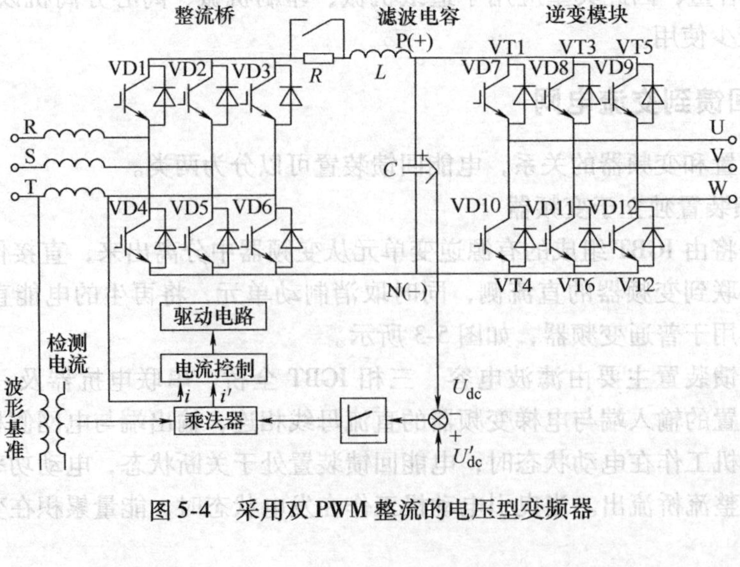

图 5-4　采用双 PWM 整流的电压型变频器

在电源输入侧接有滤波电感，以便使输入电流为正弦波。采用直流电压、输入电流双闭环控制。电流控制常采用追踪方式 PWM，直流电压的控制采用比例积分（PI）控制。通过追踪式 PWM 技术，具有滞环比较器，使得实际电流锯齿状地追踪设定电流的变化。设定电流的波形是电源电压波形，为正弦波形，其相位和电源电压同相位，同时相位也可以视需要而调整，而设定电流的大小是由直流电压调节器决定。直流电压调节器的输入为直流电压的误差信号，即直流电压的设定值和检测值之差。采用 PI 控制可以实现直流电压的无静差。

带电能回馈的双 PWM 变频调速系统如图 5-5 所示。

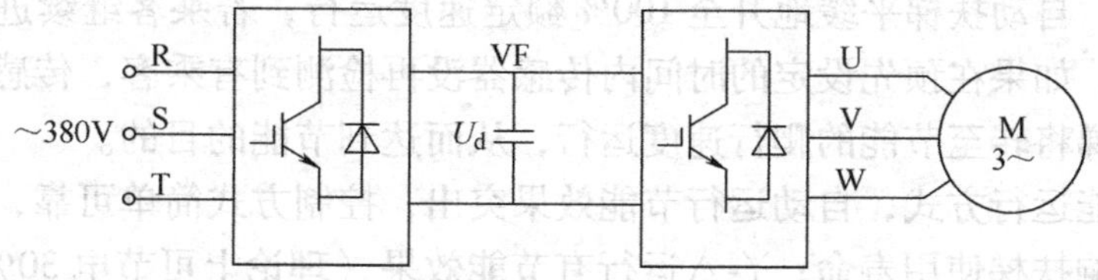

图 5-5　带电能回馈的双 PWM 变频调速系统

双 PWM 控制技术打破了过去变频器的统一结构，采用 PWM 整流器和 PWM 逆变器，提高了系统功率因数，减小了对电网的谐波污染，并且实现了电动机的四象限运行，但是成本较高，控制复杂。这种方式是目前电能回馈技术的主要发展方向。

目前，双 PWM 变频器已经有比较成熟的产品，如 VACON 公司的 CXR 系列变频器、富士电机的 RHC 系列变频器、ABB 公司的 ACS611 系列四象限变频器、西门子公司的 G120 系列变频器、GE 公司的 INNOVATION 系列四象限运行中压变频器等。

由于电能回馈装置可以将电梯产生的电能回馈到电网，从而可以使带有该装置的电梯系统的能耗得到进一步降低。以写字楼电梯为例，一部变频调速电梯，每天用电量约为 50 ~ 150kW · h。如果处于发电状态运行，在空载运行的时候，每次发出来的电能约为 0.2kW · h。送回电网中的电能可以用在大楼的照明、空调等地方。据统计，每部电梯每年平均运行次数约为 20 ~ 30 万次，其中约有 10 万次运行处于发电状态。一般来说，按每次发电 0.1kW · h 来计算，每年每台电梯能节电约 10000kW · h 左右。

5.3　变频感应起动技术

自动扶梯和自动人行道在酒店、商场、地铁、火车站、写字楼、会馆、机场等场所应用较多，在方便顾客和提高服务质量等方面起到了相当重要的作用。大多数扶梯在客流量大的时候，工作于额定的运行状态，在没有乘客时仍以额定速度运行，具有耗能大、机械磨损严重、使用寿命低等缺点。

以自动扶梯为例，目前常用的控制有三种方式。

1）自动运行：在自动扶梯上下口处安装传感器（传感器可用光电、压力等多种形式），当传感器检测到有乘客进入（距梳齿板 1.3m 左右）时，扶梯起动运行，若乘客继续进入，则一直以额定速度正常运行。如果在预先设定的时间内没再检测到有乘客进入，或自动扶梯出口侧传感器检测到最后一个乘客离开扶梯后在预先设定的时间内也没有检测到有乘客进入扶梯，那么，自动扶梯将停梯。待有乘客进入时，自动扶梯再投入运行。

2）Y-△运行：利用Y-△起动装置，自动扶梯投入运行后，当处于空载或轻载时，控制系统将驱动电动机从△联结自动切换到Y联结运行以节约能耗。当自动扶梯负载增加后，再转成△联结运行。

3）变频运行（VVVF方式）：在自动扶梯出入口踏板下安装传感器与变频器。自动扶梯通过起动变频器开始运行，当达到100%（0.5m/s）额定速度运行时，如无乘客，扶梯由100%额定速度自动降为20%（0.1m/s）速度爬行（可自行设定自动扶梯在20%速度下运行一段时间仍无人乘梯时自动平缓地停梯）。如自动扶梯入口处传感器检测到有乘客，就给变频器一个信号，自动扶梯平缓地升至100%额定速度运行，若乘客继续进入，则一直以额定速度正常运行。如果在预先设定的时间内传感器没再检测到有乘客，传感器就不再给变频器信号，自动扶梯将转至节能的爬行速度运行，从而达到节能的目的。

比较三种节能运行方式，自动运行节能效果突出，控制方式简单可靠，但自动扶梯频繁起停，会严重影响扶梯使用寿命；Y-△运行有节能效果（理论上可节电30%左右），但扶梯起动后，一直以额定速度连续运行，增加了自动扶梯的耗损；变频运行节电效果明显（理论上可节电60%左右，尖峰电流比无变频器时减小可达80%左右），与自动运行相比没有频繁起动问题，自动扶梯磨损小，并且爬行速度运行时可提示乘梯方向。

以两台同型号自动扶梯（$H=4.5\text{m}$，$v=0.5\text{m/s}$，$\theta=30°$，$W=1000\text{mm}$），分别采用Y-△和变频运行方式。

Y-△运行空载额定速度运行功率为5.44kW，全年耗电量为21180kW·h。变频运行空载以20%额定速度运行功率为1.15kW，全年的耗电量为4477kW·h。相比之下，变频运行的扶梯节能效果十分明显，具有良好的节能和经济效益。

变频起动就是通过变频器调整频率让电动机平稳起动，可以在零速零电压起动（当然可以适当加转矩提升），一旦频率和电压的关系建立，变频器就可以按照*V/F*或矢量控制方式带动负载进行工作，能充分降低起动电流，避免了Y-△起动产生很大的起动电流，对电动机绕组的冲击小。变频起动由于能在零频零电压时逐步起动，因此能最大程度上消除电动机起动时造成的电涌和电网电压下降。变频调速能在零速起动并按照用户的需要进行平滑的加速，而且其加速曲线也可以选择直线加速、S形加速或者自动加速，自动扶梯（或自动人行道）起动曲线平滑、舒适，同时可以节约能源。变频起动的缺点是起动转矩小，在许多要求起动转矩大的场合是不适用的，还有就是成本高，需要专门的变频器。

目前扶梯的变频起动多采用快慢循环和快慢停循环两种方式：

1）变频非自起动（快慢循环）：当自动扶梯上电停止等待，有方向（比如上行）开始运行时，此时自动扶梯以低速开始节能运行（例如0.2m/s，参数可设置）进入待机等待。乘客检测装置检测有人通过时，自动扶梯开始缓慢加速至高速运行（例如额定速度）。当梯上有乘客时，自动扶梯以高速运行，提高客流量。当乘客检测装置在一段时间内没有检测到乘客通过时，自动扶梯开始减速转为低速运行，此时一直处于待机等待状态。如此循环往复运行。图5-6所示为自动扶梯快慢循环的控制时序。

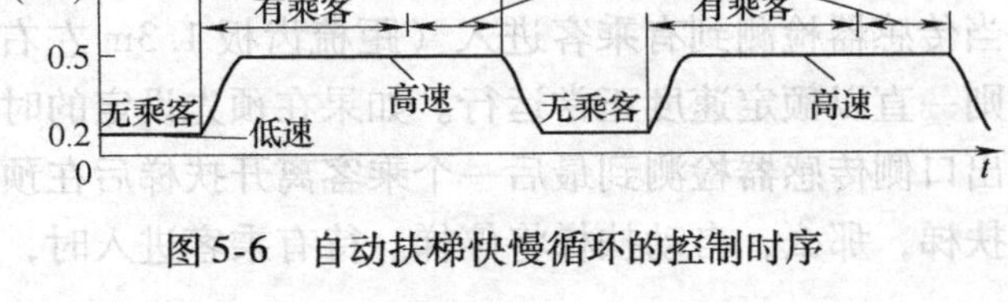

图5-6 自动扶梯快慢循环的控制时序

是否有人乘梯通过安装在自动扶梯入口处的光电检测装置来实现。

2）变频自起动（快慢停循环）：当自动扶梯上电停止等待，有方向（比如上行）开始运行时，此时自动扶梯进入上行停止等待运行中。当乘客检测装置检测有人通过时，自动扶梯开始缓慢加速至高速运行（例如额定速度）。当梯上有乘客时，自动扶梯以高速运行，提高客流量。当乘客检测装置在一段时间内没有检测到乘客通过时，自动扶梯开始减速转为低速运行（例如0.2m/s，参数可设置）。若此时有人进入，则自动扶梯重新加速至高速运行状态；若乘客检测装置继续在一段时间内没检测到乘客乘梯，则自动扶梯开始进入停止运行等待状态。如此循环往复运行。图5-7所示为自起动自动扶梯快慢停循环的控制时序。

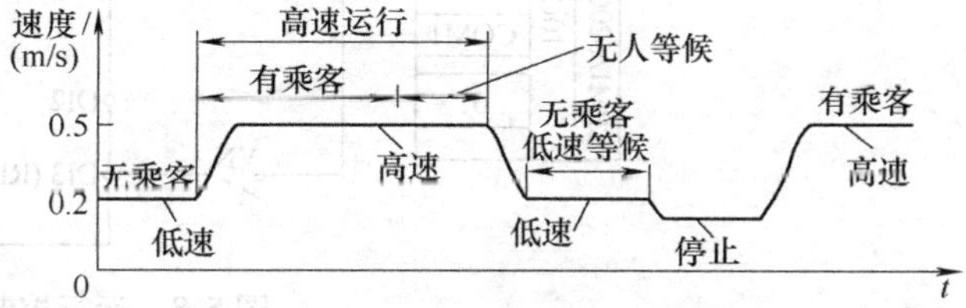

图5-7　自起动自动扶梯快慢停循环的控制时序

安装在自动扶梯入口处的乘客检测装置检测是否有人乘梯。乘客检测装置可采用安装在扶梯进出口处的光电漫反射装置或者安装在进出口盖板处的圆形或方形光柱，也可以采用安装在盖板下面的重量检测设备。

为了确保乘客的安全，按照GB16899—2011《自动扶梯和自动人行道的制造与安装安全规范》的要求：自起动的自动扶梯，应在该使用者走到梳齿相交线之前起动运行。乘客检测装置如果是光束，应设置在梳齿相交线之前至少1.3m外；如果是触点踏垫，其外缘应设置在梳齿相交线之前至少1.8m处，沿运行方向的触点踏垫长度至少为0.85m。施加在其表面为25mm^{2}的任何点上的载荷达到150N之前就应做出响应。在实际设计时可选择安装在扶手进出口处的光电漫反射装置或安装在盖板进口处的光柱或安装在盖板下的踏垫自起动装置来实现。

以自动扶梯变频非自起动（快慢循环）为例，其控制系统实际需要输入11点，输出7点，PLC主控制器采用欧姆龙CPM1A-20CDR-A-V1型PLC。这种机型的PLC配有相应的编程软件CX-Programmer进行编程及监视，不仅可以通过手持编程器对PLC编程，还可在PC上进行编程。在自动扶梯运行过程中，可通过程序内部辅助继电器的状态监控运行状态，现场调试十分方便。其输入/输出口分配见表5-3。

表5-3　输入/输出口分配

输入		输出	
序　号	功能定义	序　号	功能定义
X0（0CH）	主机测速	Y0（10CH）	上行
X1	上行	Y1	下行
X2	检修	Y2	高速运行
X3	下行	Y3	运行
X4	上梯级遗失	Y4	抱闸
X5	下梯级遗失	Y5	辅助抱闸
X6	触点粘连	Y6	加油
X7	安全	Y7	蜂鸣
X8	驱动链断链	Y4（11CH）	上方向信号
X9	防逆转	Y5	下方向信号
X10	抱闸打开开关（常开触点）	Y10	
X11	抱闸打开开关（常闭触点）		
X6（1CH）	上光电		
X7	下光电		

自动扶梯的运行控制由 PLC 与变频器一起完成，运行控制电路如图 5-8 所示。

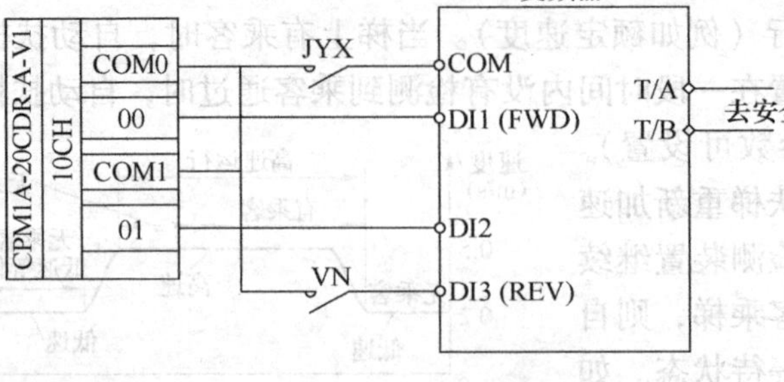

图 5-8 运行控制电路

变频器实时监测 PLC 的输出信号，从而决定自动扶梯的下一步运行。例如：

1）扶梯的方向控制：当变频器的端子 DI1 接收到 PLC 的信号时，输出正转，自动扶梯实现上行运行；反之，端子 DI2 有效时，输出反转，自动扶梯实现下行运行。

2）高速运行的控制：变频器内预先设定好多段速控制的速度频率，自动扶梯以节能低速待机运行时，只有运行接触器（JYX）吸合。当 PLC 检测到光电信号时，输出高速运行指令信号，此时高速运行接触器（VN）吸合，变频器端子 DI3 有效，自动扶梯立即平稳地加速到设定频率，高速运行。

5.4 电梯休眠技术

前面主要讨论了电梯提供运行服务时的能耗情况。除此之外，在不提供任何服务的情况下（称之为待机状态），电梯也需要消耗电能用以维持电梯控制系统及显示部件的正常运行。电梯的待机能耗随着待机时间的增加而增加。

电梯的待机能耗随着电梯的配置不同而差异很大，而且不同建筑的待机时间比例也不相同。其中，住宅中电梯的待机能耗比例较高，住宅和工业用途电梯在等待状态时的能耗占总量的 70%，医院中电梯的待机能耗的比较低，而即使使用频率较高的办公楼电梯也占 40%。

据测算，一台额定载重量为 1000kg、额定速度为 1.6m/s、VVVF 驱动、15 层 15 站、提升高度为 50m、平衡系数为 0.4 的无齿轮曳引电梯，在一年运行次数 300000 次时，年耗电约为 9400kW · h，其中待机能耗就约为 5500kW · h，待机能耗占到总能耗的 58% 以上。

电梯休眠技术主要包括两部分：

1）通过先进的控制管理系统消除电力的浪费，使电梯在待机时的电力损耗大幅度减少。在设定的时间内，当没有乘客需要服务时，使轿厢内照明与风扇自动关闭，电梯变频器风扇关闭，轿厢内和设在各层站的楼层显示器都处于节电休眠状态。一旦有任何指令，电梯照明与风扇自动开启，楼层显示器也将恢复正常显示状态，控制系统正常工作。当没有电梯抵达或者没有乘客候梯时，门厅的照明自动关闭，这也可以大幅度降低建筑的照明能耗。

2）在非高峰使用时间段，智能群控管理系统会自动减少电梯运行的台数，让部分电梯处于休眠状态。在电梯休眠时，轿厢会停靠在指定的楼层（多为基站），并切断休眠电梯的驱动装置和控制设备电源，从而大幅度消减了电力消耗，如图 5-9 所示。

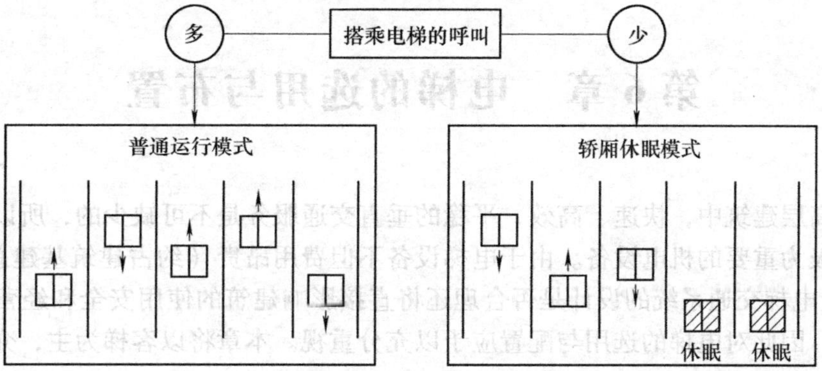

图 5-9　电梯休眠模式

小　结

电梯是建筑物主要耗能设备之一，通过本章学习，应了解电梯节能的主要途径和方法，掌握电能回馈技术和变频感应起动技术的工作原理，了解电梯休眠技术的主要内容。

思考与练习

5-1　常见的电梯节能控制技术有哪些？

5-2　试述电梯电能回馈技术的分类和工作原理。

5-3　试述电梯变频感应技术的工作原理。

5-4　变频起动有哪些优点和特点。

5-5　自动扶梯变频运行有哪几种方式？

5-6　电梯休眠技术主要包括哪些内容？

第6章　电梯的选用与布置

在现代高层建筑中，快速、高效、平稳的垂直交通服务是不可缺少的，所以电梯是现代高层建筑中极为重要的机电设备。由于电梯设备不但费用昂贵（约占建筑基建总投资的9%左右），而且电梯交通系统的设计是否合理还将直接影响建筑的使用安全和经营服务质量以及经济效益，因此对电梯的选用与配置应予以充分重视。本章将以客梯为主，介绍电梯的选用与布置的一般方法。

在电梯设计中，应该从建筑物和交通设施的关系、建筑物内人员分布、楼内相互间的客流情况和客流高峰期间的电梯使用状况等角度出发，反复进行电梯运输系统的交通计算，并根据建筑物的功能及等级来加以评价，从而得出最佳的结果，确定所需电梯的台数、配置方式、服务方式以及电梯的额定负载、额定速度和控制方式等参数。

6.1　电梯的设置与选用原则

6.1.1　电梯的技术性能指标和经济指标

设置和选用电梯要根据建筑物的用途、服务对象、楼层的高度及建筑标准来确定，需要考虑多种因素，其中主要是技术性能指标和经济指标两项。

1. 技术性能指标

技术性能指标主要指电梯应该达到的先进性、可靠性、合理性、稳定性和舒适感。

1）先进性：目前主要体现在拖动与控制技术方面。随着电力电子技术与计算机技术的发展，电梯的拖动与控制出现了根本性的进步，矢量控制的调频调压调速技术（VVVF）使交流异步电动机的调速性能达到了直流电动机的水平，交流永磁同步电动机的应用使电梯无齿轮驱动成为可能，使用计算机的逻辑控制系统正在取代继电器并使电梯的控制功能不断增加，网络控制和模糊控制理论的应用又使电梯调度控制向智能化方向发展。

2）可靠性：是指电梯系统在规定的时间内保持规定功能的能力，是建立在大量统计数据基础上的概率概念。人们对电梯的可靠性要求，是指在运行时间里故障要尽可能少，并且一旦出现故障要能很容易排除。而影响到人身安全的环节，如安全钳、限速器、安全触板、光栅门区保护系统等，要绝对不能失灵。

3）合理性：是指根据电梯的不同用途和服务对象选用具有不同的技术性能指标的电梯，使建筑投资得到充分利用。例如，宾馆的乘客电梯应有较高的平层准确度、较好的舒适感和多种控制功能，普通住宅电梯相对而言要求就可以低一些；高层和超高层建筑选用高速和超高速电梯。不同的服务对象要求的服务质量不尽相同，应采用与其交通要求相应的电梯。

4）稳定性：直接影响到建筑物的使用安全和经营服务的质量。对于电梯而言，一般要求有20年以上的稳定服务期。

5）舒适感：主要指电梯的加速度、振动、噪声、装饰、照明等指标，其目的是给乘客提供一个尽量舒适的乘梯环境。早期的舒适感要求主要是把超重与失重感、烦噪与焦虑感等控制在乘客能忍受的范围之内，现代的舒适感则追求使乘客不但在生理上而且在心理上把乘坐电梯当成为“上上下下的享受”。

显然，在各项技术性能指标中，可靠性是最重要的指标，该指标在国标 GB/T 10058—2009《电梯技术条件》中规定，电梯运行6万次故障应少于5次，方为合格品。电梯选型必须加强对可靠性的重视，切忌过分追求舒适感，很多选型实例说明，只刻意体察电梯的轻微振动、噪声以及装饰的“美感效果”，对其他技术问题不甚了了，最终都造成了选型失误。

2. 经济指标

经济指标主要指电梯的初投资费和运行费。电梯的初投资费包括电梯设备费，运输费，安装、调试及其他工程费，井道、机房和装修费等。运行费主要包括维护、维修费、电费、电梯司机与管理人员工资等。

从表面上看，技术性能指标高需要付出较高的费用，技术性能指标与经济指标间存在着一定的矛盾。但实质上，选取先进的技术性能指标，提高了电梯的服务质量，在一定条件下可以减少电梯的台数，从而降低电梯的投资。因此，在选用电梯时应该对两种指标进行全面、综合的分析与比较，合理地选择，既要满足所要求的电梯服务质量，又要做到合理的经济投入。电梯档次与选用原则见表 6-1。

表 6-1　电梯档次与选用原则

原则内容 \ 档次	第一档次	第二档次	第三档次
价值取向	追求安全可靠性和性能优良	追求安全可靠性为主，性能优良为辅	追求实用性
安全可靠性	有很高的安全可靠性和稳定、优良的技术性能，故障率远低于5/60000	有良好的安全可靠性和较稳定的技术性能，故障率低于5/60000	有必备的安全功能，符合国家标准要求，故障率低于5/60000
生产技术	应经大批量生产和大修周期考验，技术成熟	应经批量生产考验，技术有较高成熟度	经小批量生产考验，技术可靠
技术性能	起制动性能、加减速性能、平层精确度均优于国家标准，性能稳定，一经调定能经久不变	各种性能总体优于国家标准，性能较稳定，不需要经常调整	起制动的加减速度、运行振动加速度、平层精确度等主要性能指标都能符合国家标准
服务功能	有先进完善的各种服务功能，能提供优质服务	有较先进的服务功能，能迎合中等档次各类建筑物的需求	有基本满足要求的必备服务功能
性价比	大修周期长，使用成本高	大修周期较长，使用成本合理	需定期大修，适时调整功能指标，价格较为便宜

注：电梯产品的批量概念一般为：大批量——1000 台以上，批量——300 台以上，小批量——50 台以上。

6.1.2　电梯选择的基本原则与主要内容

1. 电梯选择基本原则

只有合理的设置与选用电梯，才能充分发挥高层建筑的作用与优越性。一般选用电梯常需要考虑以下几个方面：

1）通过交通分析和计算，选择与设置足够的电梯，提高电梯运送能力，满足本建筑物交通需要。

2）使电梯乘客的候梯时间低于某个允许值，以提高电梯的服务质量。

3）设置多台电梯时，应尽可能将它们集中在建筑物中央，这样可以均衡各台电梯的负载，提高服务质量。

4）不仅在超高层建筑物中，在一般的大型建筑物中，也可以考虑用分区服务的方法，缩短乘客候梯时间，提高电梯的服务效率。

5）应考虑消防专用（或兼用）电梯。

6）电梯不要与办公室、会议室、机要室、卧室、起居室（厅）紧邻布置。

2. 决定电梯运输能力的主要参数——电梯台数、承载能力与额定速度

（1）电梯台数的计算　电梯台数的计算有估算法、参照法、计算法和模拟法几种。

1）估算法：参照标准或者电梯厂商提供的电梯参数进行数量估算。相关的标准有 GB 50096—2011《住宅设计规范》、JGJ 67—2006《办公建筑设计规范》、GB 50045—1995《高层民用建筑设计防火规范（2005 版）》等，也可以参照表 6-2 进行电梯数量设置（引自《全国民用建筑工程设计技术措施（2009）. 规划. 建筑. 景观》）。另外，各电梯供应商会提供不同系列产品的电梯选用表，根据项目的建设规模就可以估算出所需的电梯数量。

表 6-2　电梯数量、主要技术参数

<table>
<tr><th colspan="2" rowspan="2">标准
建筑类别</th><th colspan="4">数　量</th><th rowspan="2">额定载重量/kg
（乘客人数）</th><th rowspan="2">额定速度/
（m/s）</th></tr>
<tr><th>经济级</th><th>常用级</th><th>舒适级</th><th>豪华级</th></tr>
<tr><td colspan="2">住宅</td><td>90～100
户/台</td><td>60～90
户/台</td><td>30～60
户/台</td><td><30
户/台</td><td>400（5人）　630（8人）　1000（13人）</td><td rowspan="6">0.63
1.00
1.60
2.50</td></tr>
<tr><td colspan="2">旅馆</td><td>120～140
客房/台</td><td>100～120
客房/台</td><td>70～100
客房/台</td><td><70
客房/台</td><td rowspan="4">630（8人）　800（10人）　1000（13人）　1250（16人）　1600（21人）</td></tr>
<tr><td rowspan="3">办公楼</td><td>建筑面积</td><td>6000
m^2/台</td><td>5000
m^2/台</td><td>4000
m^2/台</td><td><2000
m^2/台</td></tr>
<tr><td>有效面积</td><td>3000
m^2/台</td><td>2500
m^2/台</td><td>2000
m^2/台</td><td><1000
m^2/台</td></tr>
<tr><td>人数</td><td>350
人/台</td><td>300
人/台</td><td>250
人/台</td><td><250
人/台</td></tr>
<tr><td colspan="2">医院住院部</td><td>200
床/台</td><td>150
床/台</td><td>100
床/台</td><td><100
床/台</td><td>1600（21人）　2000（26人）　2500（33人）</td></tr>
</table>

2）参照法：根据项目的类型、规模，多选取几个已建成的实例进行参考比较，在分析参考实例的电梯使用状况后，估算所需电梯的数量。

3）计算法：按照建筑设计参数进行计算，然后收集三方面的信息：各楼层的层高/标高；各组预设电梯的速度、加速度、负载；各楼层办公人员的定额。然后根据公式计算出乘客的平均候梯时间和 5min 内一组电梯的总运输量这两个指标，来评价电梯系统在高峰时间段的服务等级是否达到服务标准。当这两个指标同时满足设计要求时，电梯的数量、负载、速度等整套参数被认为符合设计标准。

例如，一栋 10 层、层高为 3.6m，标准层为 $1500m^2$ 的高层办公楼，按估算法，参照表 6-2 选择舒适标准，一共需要约 4 部电梯。而如果用计算法或者借助软件计算，可以得出：在采用 4 部额定载重量为 1350kg、速度 2.5m/s 的电梯，将能够实现平均等候时间 34.7s 和 5min 运输量为 13.8% 的服务标准。

当办公建筑规模足够大时，用计算法将能更准确地确定所需的电梯数量。但这种计算法对于大多数建筑师而言过于复杂，而且一些电梯的详尽参数在电梯招标之前也不易获得，所以很难被建筑师广泛采用。不过一些专业的电梯设计软件如 Elevate，可以辅助建筑师运用该算法快速进行计算，这对于尽早地获得一个较为准确的电梯设计方案颇有益处。

4）模拟法：通过计算机软件模拟大楼内电梯的运行状况，以此决定电梯的配置。由于计算法没有涉及多台电梯的负载及运行间隔均匀的问题（群控调度），所以它仅是粗略的计算。20 世纪 90 年代，运用计算机编程的分析法和仿真法被开发，人们利用计算机专家系统、模糊逻辑、神经网络等人工智能技术来描述电梯交通系统的动态特性，进而可更有效地完成大楼电梯的整体配置。

在建筑方案设计的初始阶段，建筑师可根据估算法或者参照法来初步确定电梯的数量，后期当电梯设计顾问公司或者电梯供应商参与到设计中时，将会采用更加严谨、科学的计算法或模拟法来最终确定电梯的数量和速度。必须注意的是，电梯一旦被建成将在整个高层办公建筑的使用寿命中（100 年甚至更长）几乎很难被改变，所以在决定电梯服务标准、电梯数量、乘用方式的选取上一定要慎重，最好能具有一定的前瞻性。

（2）电梯额定载重量和额定乘客人数的选择　电梯额定载重量和额定乘客人数应该按建筑物的类型选择，可以参见表 6-2 或表 6-3。

表 6-3　乘客电梯的额定乘客人数

建筑物类型	电梯额定载重量/kg	轿厢额定乘客人数/人
中、小型办公大楼	630	8
大型办公大楼	1000	14
住宅大楼	630	8
中小型旅馆	800	10
大型旅馆	1000	14
百货大楼	1000	14

（3）电梯速度的选择　为了满足乘客的心理要求，候梯时间与乘梯时间应尽量缩短。一般应达到乘客平均等候时间不宜超过 120s，发梯间隔时间不宜超过 60s。一般建筑物，以电梯从主楼层（即乘客可以从街道直接进入建筑物内最低的楼层）至最高层的单行程运行时间不超过 40s 为合适，高层建筑物，以不超过 90s 为合适，通常以此作为选取电梯额定运行速度的一个原则。

高层和超高层建筑往往选用不同速度的电梯进行分工负责，电梯额定运行速度与建筑物楼层数的对应关系如图 6-1 所示。

在电梯选型时，不能盲目追求电梯的速度，高速电梯不一定会缩短乘梯时间、提高输送效率，实际上还要考虑楼房高度、停层站数及调度技术。对于不太高且停站数较多的建筑物，高速电梯一般只能在中、低速运行，而高速梯和中速梯停层的开关门时间及乘客出入时间无甚差别。为了提高电梯运行效率，减少乘客乘梯时间，近年来出现了直接停靠、提前开门、快速关门等新技术。直接停靠是在运行曲线中取消了低速平层段，电梯从额定速度按一定减速度减到零速，此时正好是平层位置，如有微小偏差，可用"再平层"的技术予以调整；提前开门是指轿厢还未达到零速即未完全平层的一小段安全距离之内开门机开始动作，待轿厢完全准确平层时门已基本打开；快速关门是指在满足最大阻止关门力和门最大动能限制的前提下提高关门平均速度，从而缩短关门时间。这些措施在每个停站的平层及开关门过程中节省的时间看似不多，但许多层站累计起来其效果比单纯提高电梯速度要好得多。

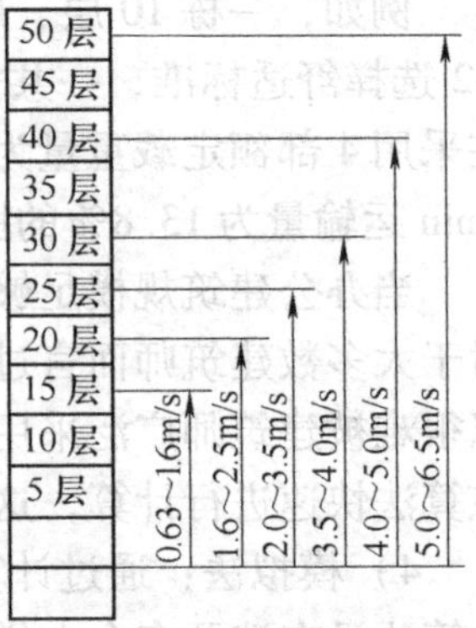

图 6-1 电梯额定运行速度与建筑物楼层数的对应关系

3. 电梯拖动方式与控制方式的选择

电梯停层时梯速为零，正常运行时以额定速度作匀速直线运动。在零速与额定速度之间，电梯是作加速或减速过渡，对这一段时间里电动机转速的控制叫做调速。在轿厢作加速或减速运动时，乘客会出现超重与失重。普通人对超重和失重的承受能力是很有限的，GB/T 10058—2009《电梯技术条件》中规定，乘客电梯起动加速度和制动减速度最大值均不应大于 $1.5m/s^2$。另外，如果加速度总在波动，乘客就会有颠簸的感觉，甚至出现眩晕。这就要求加速度变化率尽可能减小。

电梯按拖动方式分为曳引驱动电梯、液压电梯、直线电动机驱动电梯、齿轮齿条驱动电梯、卷筒驱动电梯、螺杆式电梯、斜行电梯等。曳引驱动电梯又分为交流电梯和直流电梯。

交流电梯经历了交流单速、交流双速、调压调速、变频调速等发展阶段。最终变频调速电梯以其良好的调速性能和舒适感、节能、驱动设备小、噪声低、平层精度高、可靠性高、电路负载低而成为当今主流电梯产品。

直流电梯具有调速性能好、调速范围大等优点但需要直流电源，而且电动机维护难，常用于无齿轮驱动的速度 2.00m/s 以上的电梯；液压电梯具有井道结构强度要求低、井道利用率高、提升负载大、运行平稳、安全可靠、机房布置灵活等特点，常用于提升高度低于 30m、速度低于 1.00m/s 的电梯，特别适合于一些旧楼增设电梯的场合，大吨位（2t 以上）货梯也应优先选用液压电梯；直线电动机驱动电梯利用直线电动机原理，一般线圈装在整个井道，轿厢或对重装有永磁材料，采用光控技术或无线电控制，适用于未来 1000m 高的超高层建筑；斜行电梯的轿厢在倾斜的井道中沿导轨运行，是集观光和运输于一体的坡道交通工具，行程可以超过 200m，为了安全，其最高速度极限为 4.00m/s，最大减速度极限为 $0.5g$（$1g=9.8m/s^2$）。

电梯按操纵控制方式分为手柄开关操纵、按钮控制、信号控制、集选控制、并联控制、群控等，现在已经发展到单梯集选控制和多梯的智能群控；按机房位置分为上机房、下机房、侧机房和无机房（曳引系统和控制柜置于井道中）等；按曳引机有无齿轮减速分为有齿轮驱动（包括 V 带驱动）和无齿轮驱动等。

6.1.3 根据交通计算设置与选用电梯

设置与选用电梯时，首先应根据高层建筑物的性质、特点及规模确定该建筑物的交通规模和用途，然后估算出该建筑物的客流集中率，计算出电梯乘用人数，选定电梯服务方式，从而确定出该建筑物内应设置的电梯规格、台数。根据交通计算设置与选用电梯的基本步骤如图 6-2 所示。

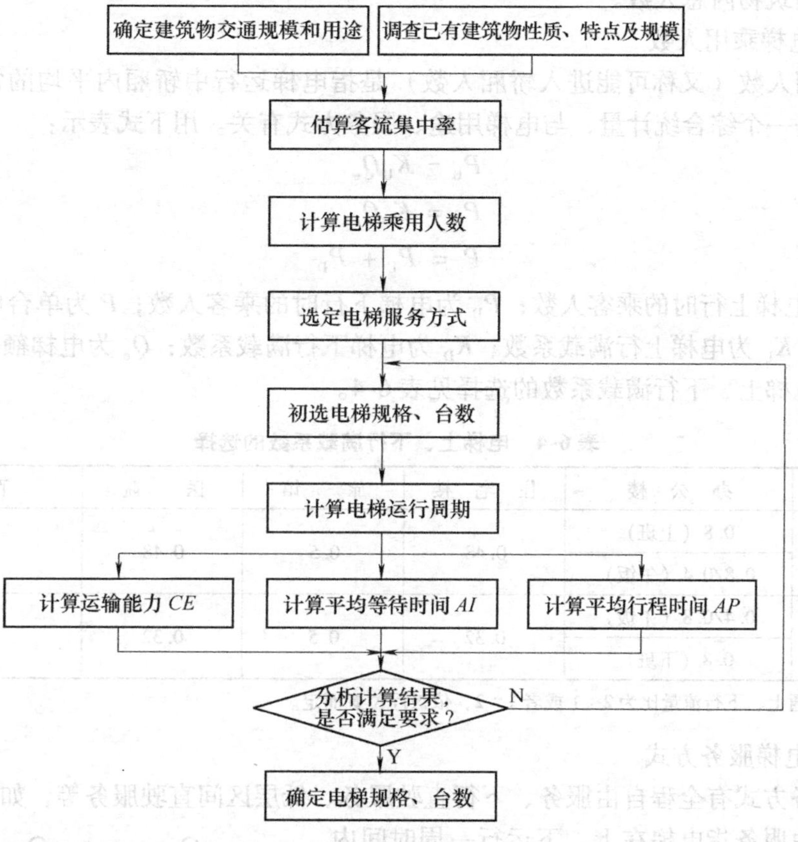

图 6-2　根据交通计算设置与选用电梯的基本步骤

1. 确定建筑物的交通规模和用途

所谓建筑物的交通规模指建筑物内常有人数的统计。人数越多，交通规模越大，也即乘用电梯的人数也就越多。工程上，对于写字楼、办公楼一般以每人占地面积（m^2/人）来计算；对于住宅楼，一般以每套居室人数（人/套）来计算；对于百货大楼、购物中心一般以单位面积可能占有人数（人/m^2）来计算；对于宾馆、饭店则应按客房、床位数以及就餐或购物环境来计算。其他类型建筑物可根据具体情况，仿照上述方法估算。

确定建筑物的用途就是要明确建筑性质、建筑物所处地理位置、与户外交通站的距离以及客流路线、建筑物的级别及其服务对象。例如办公楼，如果整个建筑物基本上由一个公司单独使用的为专用楼；一个公司只占用建筑物一部分，其他部分出租用的为准专用楼；以层为单位出租的建筑物为分层出租楼；以抗震墙和防火分区楼层面划分为几个区，以划分的区为单位出租的建筑物为分区出租楼。

2. 估算客流集中率

客流集中率是指单位时间内要输送的人数与建筑物内的总人数之比，又称交通需求，一般以高峰期间的 5min 为计算单位。客流集中率可由下式表示：

$$LJ=\frac{m}{M}\times 100\% \tag{6-1}$$

式中，LJ 为客流集中率，是一个百分数；m 为单位时间（5min）建筑物内需要运送乘客总人数；M 为建筑物内总人数。

3. 计算电梯乘用人数

电梯乘用人数（又称可能进入轿厢人数）是指电梯运行中轿厢内平均的常有人数，电梯乘用人数是一个综合统计量，与电梯用途、服务方式有关。用下式表示：

$$\begin{aligned} P_{\mathrm{U}} &= K_{\mathrm{U}}Q_{\mathrm{e}} \\ P_{\mathrm{D}} &= K_{\mathrm{D}}Q_{\mathrm{e}} \\ P &= P_{\mathrm{U}}+P_{\mathrm{D}} \end{aligned} \tag{6-2}$$

式中，P_{U} 为电梯上行时的乘客人数；P_{D} 为电梯下行时的乘客人数；P 为单台电梯往返一周的乘客人数；K_{U} 为电梯上行满载系数；K_{D} 为电梯下行满载系数；Q_{e} 为电梯额定载客人数。

其中，电梯上、下行满载系数的选择见表6-4。

表6-4 电梯上、下行满载系数的选择

系数	办公楼	住宅楼	旅馆	医院	百货商店
K_{U}	0.8（上班）	0.48	0.5	0.48	1
	0.8/0.4（午饭）				
K_{D}	0.4/0.8（午饭）	0.32	0.5	0.32	1
	0.8（下班）				

注：午饭交通上、下行流量比为2：1或者1：2，依饭厅位置而定。

4. 选定电梯服务方式

电梯服务方式有全程自由服务、下行直驶服务、低层区间直驶服务等，如图6-3所示。

全程自由服务指电梯在上、下运行一周时间内，每层都可停靠的服务方式；下行直驶服务指电梯在向上运行时每层都可停靠，下行时直驶主端站的服务方式；低层直驶服务指电梯在上、下运行中，只为高层区服务，在低层区不停靠的服务方式。选择合适的服务方式可提高电梯运行效率。

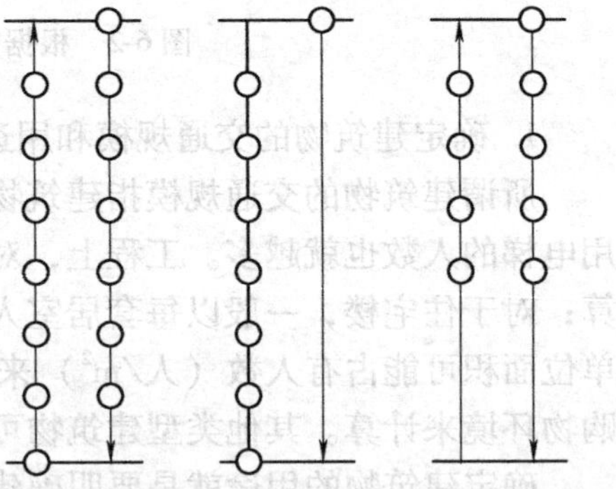

a) 全程自由服务 b) 下行直驶服务 c) 低层直驶服务

图6-3 电梯的服务方式

5. 初选电梯的规格和台数

对已建设完毕同类建筑进行调查，可以对电梯进行试选。主要确定电梯的规格（额定载重量、额定速度、传动方式、控制方式、轿厢尺寸和门的形式），并初步确定电梯台数。

（1）电梯额定运行速度 选择电梯额定运行速度往往要根据该电梯在高层建筑物内的服务层数、电梯额定载客人数及可能停靠站数综合考虑。由于电梯从基站出发后并不一定是层层都停，只是在那些有乘客下车的那一层（内选站）和有厅站外呼的那一层（外呼站）停靠，因此实际应用时，电梯可能停靠站数常采用概率近似方法求出，当概率取95%时，可依照下述经验公式计算：

$$E=N\left[1-\left(\frac{N-1}{N}\right)^{P}\right] \tag{6-3}$$

式中，N为电梯在基站以上服务层数；P为电梯乘用人数。

经验指出，电梯额定运行速度与可能停靠站数E的关系见表6-5，也可参考图6-1。

表6-5　电梯额定运行速度与可能停站数的关系

电梯可能停站数 E	电梯额定运行速度 v/(m/s)
≤6	0.5~0.8
≥8	1~1.2，1.5~1.8
10~15	2~2.5
16~25	2.5~3.5
>25或第一停站超80m，而后很少停站	4~6.5

建筑物的楼层数多（建筑物高）宜选用额定运行速度高的电梯，建筑物的楼层数少（建筑物较矮）宜选用额定运行速度低的电梯。根据我国高层建筑的实际情况，通常认为4层及以下建筑物选用低速电梯，5~15层选用中速电梯，16层及以上选用高速电梯。

（2）电梯额定载客人数　电梯额定载客人数是指电梯额定载重量除以平均人重。实际应用时，电梯额定运行速度与额定载客数的关系见表6-6。

表6-6　电梯额定载客人数与电梯额定运行速度的关系

额定运行速度 v/(m/s)	0.5~1.5	1.5~2.0	2.5~3.0	4.0~4.5	6.5
额定载客人数 Q_e	5，7，9，10，11	12，14，15，17	20，21，23	26，28，32	40，55
额定载重量 G/kg	500~1000	1000~1500	1500~2000	2000~2500	3000~4500

综合考虑表6-5与表6-6，就能选出合适的电梯额定运行速度。

（3）电梯台数　电梯额定运行速度确定之后便可由下式估算同一用途的电梯台数：

$$C=\frac{75M_5K}{3600Q_e} \tag{6-4}$$

式中，C为电梯台数；M_5为高峰时5min乘电梯人数，$M_5=M_{60}/20$，M_{60}为每小时乘电梯人数，旅游类建筑按70%~80%旅游人数估算；办公类建筑按工作人员的85%~95%估算，住宅类建筑按住宅人数的30%~50%估算；Q_e为电梯额定载客人数；K为综合系数，由下列经验公式计算：

$$K=\frac{2H}{v}+\frac{2Q_e}{75}+(E+1)(0.11v^2+2.1v+2.9) \tag{6-5}$$

式中，H为电梯提升高度（m）；v为电梯额定运行速度（m/s）；Q_e为电梯额定载重量；E为电梯可能停靠站数。

6. 计算电梯运行周期

（1）电梯运行周期　电梯运行周期（RTT）是指电梯从底层端站满载上行，经E个停靠站到达顶层端站，然后再从顶层端站直通底层端站，这样运行一周的时间，也称电梯标准环行时间。电梯上下周而复始地运送乘客，每一次循环时间都在随机地变化，比如从主端站出发又回到主端站往返所用的时间，与停靠层站的次数、等候时间以及达到某一层然后返回的最高层有关，这些都属于随机变量。因此，计算电梯运行周期时间，需用概率论进行分析，且以其平均值来表示计算结果。

电梯运行一周的循环过程包括：自基站上人、基站关门、起站加速、每站加减速、各停靠站的乘客上下、各停靠站的轿厢门的开关、站间行驶直至末站回车；在反向运行中又重复上述的过程后返回基站开门放客，空厢以待第二轮的运行。因此，电梯运行周期包括运行一周中的历次乘客出入时间、历次开关门时间和轿厢的运行时间，运行时间图如图 6-4 所示。

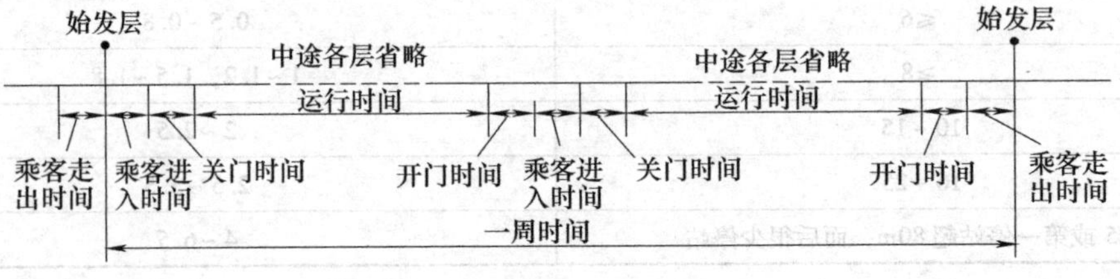

图 6-4 电梯往返一周运行周期图

可用下式求出电梯运行周期：

$$RTT = T_d + T_p + T_r \tag{6-6}$$

式中，T_d 为开关门总时间（s）；T_p为乘客出入总时间（s）；T_r为轿厢运行总时间（s）。

电梯运行周期是一个的综合统计量，与建筑物规模、交通组织、电梯设备规格、性能和服务方式等因素有关。

（2）开关门总时间 T_d 假定每次停站时开关门时间为 t_d，轿厢的可能停靠站数为 E，可用下式求出开关门总时间：

$$T_d = t_d(E+1) \tag{6-7}$$

式中，t_d 为开关门单元时间（s）；E 为总可能停靠站数。

如果轿厢在停层以前就开始开门，则 t_d 可缩短，t_d随门开度的增加而增加，表 6-7 给出开关门单元时间。

表 6-7 开关门单元时间

开门宽度/mm	两扇中分式门/s	两扇旁开式门/s	四扇中分式门/s
800	4.0（3.0）	5.0（3.7）	
850	4.1（3.1）	5.2（3.8）	
900	4.3（3.3）	5.7（4.1）	
950	4.4（3.4）	5.8（4.3）	
1000	4.5（3.5）	6.0（4.5）	
1100	4.7（3.6）	6.4（4.9）	
1200	5.3（4.0）	6.8（5.3）	
1400			5.7（4.3）

注：括号内为提前开门的时间。

开关门时间在一个电梯运行周期中占有很大的比例，应尽量选择开关门时间比较短的门，如两扇中分式门。

（3）乘客出入总时间 T_p 轿厢内人数、出入口宽度、轿厢的面积与形状、电梯厅站上的乘客多少、电梯的控制方式等都对乘客出入总时间 T_p 产生影响。若每位乘客出入轿厢的平均时间为 t_p，则 P 位乘客出入轿厢的总时间为 Pt_p，t_p 与轿厢门的开度以及上、下乘客的数量有关，开度越大，乘客出入越通畅，则 t_p 值越小；乘客数越多，出入轿厢时就越拥挤，则 t_p 值越大。一般 t_p 在 1.5 ~3.5s 之间。t_p 值也可按下式计算：

$$t_p = 0.8 + KE^{\frac{1}{3}} \tag{6-8}$$

式中，E 为总可能停靠站数；t_p 为每个乘客出入轿厢的时间（s）；K 为取决于出入口宽度的系数，可由表 6-8 查出。

表 6-8　出入口宽度系数

出入口宽度/mm	K
800	1
900	0.95
1000	0.90
1100	0.85
1200	0.80
1400	0.70

（4）轿厢运行总时间 T_r　轿厢运行总时间 T_r 是电梯运行一周期间内的加速时间、减速时间、稳速运行时间之和。在快速行驶区间，提高电梯在额定速度，能缩短总运行时间。短区间运行时，还没有达到额定速度就得减速到站，运行时间与电梯的实际有效速度有关。

在快行区间为

$$T_{re} = \frac{\sum S_e}{v_{nom}} + t_a \sum E_e \tag{6-9}$$

式中，$\sum S_e$ 为快行区间行程总和；v_{nom} 为电梯的额定速度；t_a 为电梯的加速时间；$\sum E_e$ 为快行区间的停站数，连续快行区间的停站数为 1。

在短区间为

$$\begin{aligned} T_{rl} &= t_r \sum E_1 \quad \text{当 } S < 2S_a \text{ 时} \\ T_{rl} &= \frac{\sum S_1}{v_{nom}} + t_a \sum E_1 \quad \text{当 } S \geqslant 2S_a \text{ 时} \end{aligned} \tag{6-10}$$

式中，$\sum S = \dfrac{\text{短区间内轿厢行程}}{\text{该区间内的可能停靠站数}} = \dfrac{S_1}{E_1}$（m）；$S$ 为短区间平均运行距离（m）；S_a 为电梯的加速距离；$\sum S_1$ 为符合 $S \geqslant 2S_a$ 条件的所有短区间行程总和（m）；$\sum E_1$ 为该短区间内符合 $S < 2S_a$ 或 $S \geqslant 2S_a$ 条件的可能停靠站数；t_a 为电梯的加速时间；t_r 为短区间的运行时间，与电梯性能和电梯速度有关。

7. 电梯服务质量评价

电梯服务质量主要由电梯的运输能力、平均运行时间和乘客平均等待时间等电梯服务质量指标来表征，电梯服务质量评价指标见表 6-9。

表 6-9　电梯服务质量评价指标

建筑物用途		5min 内电梯的运输能力 *CE*		平均等待时间 *AI*	平均行程时间 *AP*
办公大楼	专用楼	20%～25%	一般取接近下限的值，离地铁站较近的场合最好取接近上限的值	30s 以下为良好 30～40s 为较好 40s 以上为不良	60s 以下为良好 60～75s 为较好 75～90s 为较差 120s 为极限 住宅、医院和百货大楼可稍微长些
	准专用楼	16%～20%			
	机关办公楼	14%～18%			
	出租写字楼	11%～15%	层楼出租的场合取接近上限的值，房间出租取接近下限的值		
旅馆大楼		8%～10%	大型宾馆尽量取接近上限值，中小型宾馆取接近下限的值		
		40%	宴会厅在宴会开始前 15min		
		90%	宴会厅在宴会结束后 15min		
住宅建筑		3.5%～7.5%	高级住宅楼取接近上限的值，普通住宅楼取接近下限的值	一台电梯，<90s 两台电梯，<60s	
医院建筑	人	20%	大型医院尽量取接近上限的值，中小型医院取接近下限的值	大型医院，<60s 中小型医院，<120s	
	车	2%			
百货大楼	电梯	10%～20%	大型商场尽量取接近上限的值，中小型商场取接近下限的值	60～90s	
	自动扶梯	80%～90%			

（1）运输能力 *CE*（%）　运输能力是指在客流高峰时，电梯轿厢负载为额定载重量的90%时，5min 内电梯能够运送的乘客人数占服务总人数的百分数，又称高峰运输能力或客流集中率

$$CE = \frac{5\times 60\times (P_U + P_D)}{RTT}\frac{n}{M}\times 100\% \tag{6-11}$$

式中，M 为建筑内的总人数；P_U 为电梯运行一周的上行乘客人数；P_D 为电梯运行一周的上行乘客人数；RTT 为电梯的运行周期；n 为电梯的台数。

（2）平均等待时间 *AI*（s）　平均等待时间是指乘客从按下召唤按钮起至电梯到达所召唤的楼层的平均时间

$$AI = \frac{RTT}{n}\times 85\% \tag{6-12}$$

式中，RTT 为电梯的运行周期（s）；n 为电梯的台数。

AI 是一个统计平均值，只反映乘客候梯时间的大概范围。要提高电梯系统的服务质量，应采用高性能群控运行方式，否则单纯增加台数以减少 *AI*，也不一定能减少乘客的候梯时间，达到较高服务质量。

（3）平均行程时间 *AP*（s）　平均行程时间指乘客从电梯关门启程到运行至目的站的路程时间的统计平均值，主要取决于轿厢速度、楼层高度和建筑物的服务层数。

假定某大楼有 N 层，主端站在 1 层，电梯在往返一周中可能的停靠站数为 E，而可能达到的最高层为 H，然后返回至主端站。设 t_f 为两停站层之间的行驶时间，其中包括起动、匀速、减速与平层等时间。为简化起见，假定电梯欲停靠的层站间的间隔都是单层，则 t_f 为单层行驶时间。只要知道单层高度、电梯的最大加速度、额定速度及减速度，就不难算出电梯

的单层行驶时间 t_f。同时，假设电梯停过 E 层站后就以额定速度驶向最高层 N，然后再以额定速度返回主端站。设电梯的额定速度为 v（m/s），每一标准层高为 h（m），则电梯以额定速度 v 驶过一层的时间 t_v 为

$$t_v = \frac{h}{v} \tag{6-13}$$

由此可得电梯往返一周时所用的行驶时间为

$$(E+1)t_f + (H-E)t_v + (H-1)t_v \tag{6-14}$$

单梯往返一周的时间为

$$RTT = Pt_p + (E+1)t_d + (E+1)t_f + (H-E)t_v + (H-1)t_v \tag{6-15}$$

整理得

$$RTT = 2Ht_v + (E+1)t_s + Pt_p \tag{6-16}$$

式中

$$t_s = t_f + t_d - t_v \tag{6-17}$$

根据概率统计的方法也可以得到最高返回层 H 的计算公式为

$$H = N - \sum_{i=1}^{N-1}\left(\frac{i}{N}\right)^P \tag{6-18}$$

在计算 E 与 H 值时，假定乘客的到达过程按矩形概率分布函数，但也可假设为 Poisson 过程、Erlang 或指数分布函数。按矩形概率分布函数算得的 E 与 H 值为最大，由此求得的 RTT 值具有一定裕度。以上计算假定为上行高峰工况，对于其他工况，算法类似，不再重复。

此外，电梯服务质量优劣还应从乘坐的舒适程度和平层的准确度衡量，乘坐舒适与否和速度曲线有关，轿厢的平层准确度则与电梯平层机构有关。

8. 分析计算结果

分析计算出来的电梯运输能力是否符合建筑物中客流集中率的要求，分析平均等待时间和平均运行时间是否达到预定的服务质量要求，如果不符，应重新选定电梯的台数和规格，并再次进行计算与分析。

9. 确定电梯规格、台数

根据计算结果的分析，最终确定建筑物内电梯的台数、容量、速度、控制方式，满足建筑物的交通需求。

6.2 电梯主参数选择

6.2.1 办公大楼电梯主参数选择

办公大楼的特点是上、下班以及中午时刻会出现客流高峰，如图 6-5 所示。早晨上班时属上行高峰，客流的主要流量是由大楼的主端站，通常位于底层，流向各楼层。下班时相反，由各层流向主端站。午饭时会出现上行和下行两个方向的客流高峰，取决于工作人员的作息制度、进餐方式及建筑物中餐厅的位置。如果大楼内有餐厅，则中午就餐时客流将从各层流向就餐层，就餐结束将再流回各层；如果大楼内没有餐厅，客流将流向大楼出口，就餐

结束再流回各层。如果午休时间较长，工作人员都在家中就餐，午间客流基本上为下班时下行高峰和上班时上行高峰。除了这三个时间的客流高峰外，其余时间的客流量都比较少，如果大楼内的办公室都属于一个单位，或某几层属同一单位，则同单位的几层间由于业务关系会出现较频繁的层际客流。

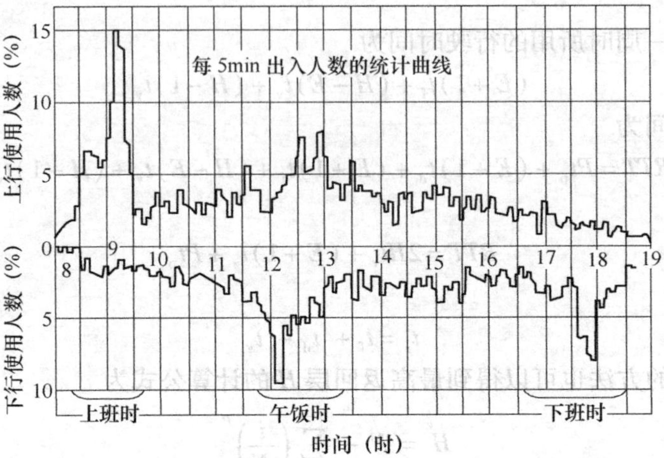

图 6-5　办公大楼电梯主端站客流随时间变化的情况

上班时办公楼客流出现最大高峰，在研究电梯的运输能力时一般都按这段时间考虑，这种客流交通称为“上班交通”。在进行电梯配置时，按上班交通做客流分析，以确定楼内电梯系统所需的台数与布置方案。同时还要考虑到在各种工况下电梯系统以何种调度方式服务最为有效。最后将电梯交通计算与表 6-10 相结合，从而确定其电梯主参数。

表 6-10　办公大楼电梯主参数

建筑规模	楼层数（层）	额定载重量/kg	额定人数/人	运行速度/(m/s)	门出入宽度/mm
小型办公楼	1~6	630 800	8 10	0.63 1.00	中分式 800
中型办公楼	1~12	800 1000 1250	10 14 16	1.00 1.60	中分式 800 900
大型办公楼	1~20	1000 1250 1600	14 16 21	1.60 2.50 3.00	900 中分式 1000 1100

6.2.2　住宅建筑电梯主参数选择

随着大城市建筑业的发展，高层住宅楼的电梯也随之迅速增加。在早晨一般住宅楼的客流量以上班离家客流为主，主要是下行；傍晚主人下班、孩子放学回家，以上行为主。但由于住宅建筑中各人的上下班时间、单位离家远近有所不同，相比之下住宅楼的客流远不及办公楼的客流高峰紧张。住宅楼电梯客流情况如图 6-6 所示。在客流分析时应根据上班时段和下班时段综合考虑电梯的运输能力。

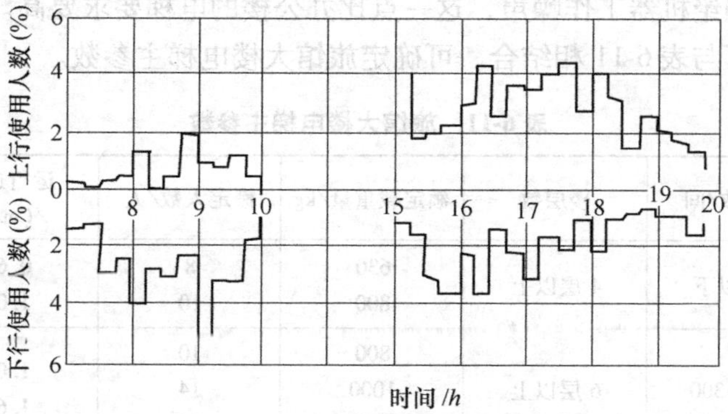

图6-6 住宅楼电梯客流情况

住宅建筑电梯主参数的选择按平均等待时间、楼层数、服务人口及每层的居住人口确定，如图6-7所示。

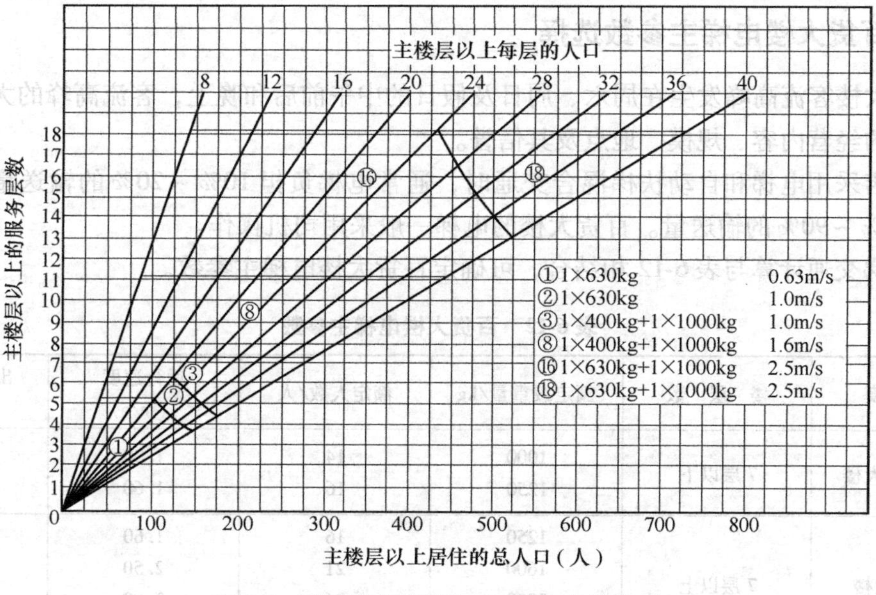

图6-7 平均等待时间为60s的主参数曲线

6.2.3 旅馆大楼电梯主参数选择

旅馆的规模有大有小，因此对电梯的要求也有所不同。旅馆的客流无明显高峰时段，但某些时段客流较为集中。早中晚的客人就餐时间，客流从各层房间向就餐层流动；会议开会或闭会时间，客流从首层到会议厅或从会议厅到首层；中午前退房结账时间，客流从各层到首层大厅；傍晚住宿者外出及回旅馆的人所引起的客流。大型宴会厅的客流量可按宴会前15min集中40%，宴会后15min集中90%考虑。

一般大旅馆中的电梯包括客梯、客货两用服务梯、杂物梯、连接厨房和餐厅之间的食梯，汽车用电梯等。

选用和设置旅馆电梯，特别需要注意隔音措施；尽量使客房远离电梯机房和井道；对机房采取隔音措施，隔绝机器工作噪声，这一点比办公楼的电梯要求要高。

将电梯交通计算与表6-11 相结合，可确定旅馆大楼电梯主参数。

表6-11 旅馆大楼电梯主参数

规模	客房数/间	楼层数	额定载重量/kg	额定人数/人	运行速度/(m/s)	出入口宽度/mm
小型旅馆	100 以下	4 层以上	630 800	8 10	0.63 1.00	中分式 800
中型旅馆	200 ~ 300	6 层以上	800 1000 1250	10 14 16	1.00 1.60	中分式 900 或 1000
大型旅馆	400 以上	10 层以上	1000 1250 1600	14 16 21	1.60 2.50 3.00	中分式 1000 或 1100

6.2.4 百货大楼电梯主参数选择

百货大楼客流高峰发生在周六、周日及假日的中午前后和晚上，客流高峰的大小主要取决于商店的经营内容、规模、地点及其信誉。

当商店采用电梯和自动扶梯混合交通时，通常电梯负担10% ~20% 的输送量，自动扶梯负担80% ~90% 的输送量。百货大楼的电梯一般采用司机操作。

将电梯交通计算与表6-12 相结合，可确定百货大楼电梯主参数。

表6-12 百货大楼电梯主参数

规 模	楼 层 数	额定载重量/kg	额定人数/人	运行速度/(m/s)	出入口宽度/mm
中小百货大楼	7 层以下	1000 1250	14 16	1.00 1.60	1000 1100
大百货大楼	7 层以上	1250 1600 2000 …	16 21 26 …	1.60 2.50 3.00 …	1400 1500 1600 …

6.2.5 医院建筑电梯主参数选择

医院中的客流高峰出现于下午，因为大多数医院都将下午定为会客时间，有很多人在此期间前来探望病人或联系业务，客流的高峰时刻取决于医院规定的会客期。手术车的交通在上午和下午产生较为平缓的高峰。不同部门客流情况也会不同，如门诊部的客流主要集中在早上8：00 至10：00。

中小型规模的医院中，有时把客梯和病床梯兼用，或把客梯、病床梯和客货两用梯兼用，但这时电梯的大小应以病床梯为准，而额定载重量以客梯为准来计算。

将电梯交通计算与表6-13 相结合，可确定医院建筑电梯主参数。

表6-13 医院建筑电梯主参数

规模	病床数/床	楼层数	额定载重量/kg	额定人数/人	运行速度/(m/s)	出入口宽度/(mm)
中小医院	100~450	7层以下	1000 1600	14 21	0.63 1.00	1000或1100
大型医院	450以上	7层以上	1600 2000 2500	21 26 33	1.00 1.60 2.50	1000 1100

例6-1 设某机关办公楼主端站以上的停靠层站数为16，楼内总人数为1000人，楼内设置电梯5台，额定载客人数为16人，额定速度为3.5m/s，电梯的开关门时间为4.0s，电梯单层行驶时间为5s，试计算该电梯系统的运输能力。

解 第一步，计算运行周期。

假定电梯在上行高峰时，往返一周的载客量P为

$$P=0.8Q_e=0.8\times16\text{人}=12.8\text{人}$$

电梯往返一周可能的停靠站平均数为

$$E=N\left[1-\left(\frac{N-1}{N}\right)^P\right]=16\times\left[1-\left(\frac{16-1}{16}\right)^{12.8}\right]=9.0$$

电梯平均最高返回层N

$$H=N-\sum_{i=1}^{N-1}\left(\frac{i}{N}\right)^P=16-\sum_{i=1}^{15}\left(\frac{i}{16}\right)^P=15.3$$

大楼每层高$h=3.5\text{m}$，以额定速度驶过一层的时间t_v为

$$t_v=\frac{h}{v}=\frac{3.5\text{m}}{3.5\text{m/s}}=1\text{s}$$

$$t_s=t_f+t_d-t_v=5\text{s}+4\text{s}-1\text{s}=8.0\text{s}$$

每个乘客出入轿厢的平均时间取$t_p=2.2\text{s}$。

因此，电梯往返一周的平均时间为

$$\begin{aligned}RTT&=2Ht_v+(E+1)t_s+Pt_p\\&=[2\times15.3\times1+(9+1)\times8+12.8\times2.2]\text{s}\\&=30.6\text{s}+80\text{s}+25.2\text{s}\\&=138.8\text{s}\end{aligned}$$

第二步，计算电梯平均运行间隔

$$AI=\frac{RTT}{n}\times85\%=\frac{138.8}{5}\times85\%\text{s}=23.6\text{s}$$

第三步，计算5min(300s)运输能力

$$CE=\frac{5\times60\times(P_U+P_D)}{RTT}\frac{n}{M}\times100\%=\frac{300\times12.8}{138.8}\times\frac{5}{1000}\times100\%=13.8\%$$

结论：该电梯系统的5min运输能力为13.8%，平均运行间隔为23.6s，能较好满足要求。

从本例分析可知，为缩短RTT，减少起制动时间与开关时间，从而减少t_s所获得的效果比提高电梯额定速度更好。

6.3 电梯与机房的布置

6.3.1 布置原则

电梯在建筑物内是最为引人注意的设备，它应与大楼的结构布置和装饰相协调。对于电梯在大楼中的位置安排，建筑设计师们做过充分的研究。一般遵循以下几点原则：

1）电梯是出入大楼人员经常使用的工具，因此要设置在进入大楼的人容易看到且离出入口近的地方。要从运行效率、缩短候梯时间以及降低建筑费用等方面综合考虑，最好把电梯集中设置在一个地方，而不要分散设置。对于超高层建筑，电梯台数可能达数十台，电梯一般集中布置在大楼中央，采用分层区或分层段的方法。候梯厅要避开大楼主通路，设在凹进部位以免影响主通路的人员流动。

2）从方便使用电梯的角度考虑，可以将电梯对着正门或大厅出入口并列布置（但对于超高层建筑为避免井道风的作用应阻止正门进入的风直接吹向层门），也可将电梯布置在正门或大厅通路的旁侧或两侧。为了防止靠近正门或大厅入口的电梯利用率高、较远的利用率低，可将电梯群控，或将单梯分服务层设置。

3）购物中心、百货商场的电梯最好集中布置在售货大厅或一端容易看到的地方，当有自动扶梯设置时综合考虑决定二者位置，而工作人员和运货用电梯应设置在顾客不易见到的地方。商场内部的自动扶梯数、布置位置，原则上要以有效疏散运载人流作为出发点，要尽量避免电梯口的人流堵塞，电梯与过道衔接处的空间应宽于过道，或者设计有交叉过道。直梯的布置要保证能够货物和人流分开，货梯与载人电梯分开设置，实行有效的货流与人流的分流。

4）超高层建筑和大型综合楼的电梯台数较多，所以必须特别注意它们的布置形式。一般可采取分区运行的办法，可以根据楼层的用途、出入口数量和客货流动路线将梯群分散布置成高、中、低运行梯组，同组群控的电梯服务楼层一般要一致。此时电梯的设置都应集中在建筑物的中央，而不要分散布置（消防电梯可除外）。

5）同组群控的电梯相互距离不要太大，否则增加了候梯厅乘客的步行距离，乘客还未到达，轿厢就出发了。因此，直线并列的电梯不应超过 4 台；5 ~ 8 台电梯一般排成两排，厅门面对面布置；8 台以上电梯一般排成凹形分组布置。呼梯按钮不要远离轿厢。候梯厅深度不应小于多台电梯中最大轿箱的深度，且不得小于 1.5m。

6）候梯厅的结构布置应便于层门的防火（见 GB 7588—2003 第 7.2.2 条）。为了乘客方便，大楼主要通道应有指引候梯厅位置的指示牌；候梯厅内、电梯与电梯之间不要有柱子等突出物；应避免轿厢出入口缩进；不同服务层的两组电梯布置在一起，应在候梯厅入口和候梯厅内标明各自服务楼层，以防乘错造成干扰；群控梯组除首层可设轿厢位置显示器外，其余各候梯厅不要设，否则易引起乘客误解。

7）若大楼出入口设在上下相邻的两层（如地下有停车场、地铁口、商店等），则电梯基站一般设在上层，不设地下服务层，两层间使用自动扶梯，以保证电梯运输效率。当地下入口交通量很少时可设单梯通往地下，或在候梯厅加地下专用按钮。

8）医院的乘客电梯和病床电梯应分开布置，有助于保持医疗通道畅通，提高输送效率。旅馆和住宅楼，应使电梯的井道和机房远离住室（例如井道旁是楼梯或非住室），避免噪声干扰住室，必要时考虑采用隔声材料隔声。

6.3.2　布置形式

1. 水平布置形式

中低层建筑一般客流量相对于高层建筑较少，通常情况下只有1~2组电梯，如图6-8所示。梯组一般为每层都停或隔层停靠，所以电梯配置相对比较简单。根据所要求的平均运转间隔时间、建筑物内总人数和电梯服务层站数的不同，所确定的电梯数量、额定载重量和额定速度也不同，并且它们之间的搭配方式也不同。当相同参数时，还要考虑电梯的布置位置和维护保养情况。

高层和超高层建筑所需电梯数量较多，所以对电梯水平布置形式的要求较高，一般采用分组的方式，将电梯分为两组或更多组，以提高运输能力。每组电梯所需数量以所需服务楼层数和服务人数为基础来确定。每组内各电梯所服务的楼层数应相等，并且应在功能和结构上尽可能相似，服务楼层不相等，会导致服务水平下降。

另外，住宅、宾馆和类似建筑物的候梯厅不要离寓所和房间太近。为提高建筑物的利用效率，电梯井道的尺寸应尽可能小些。

在对建筑物做了详细的客流分析以后，应按照所确定电梯的数量，首先确定电梯的水平布置形式。

1）2~4台电梯可以直列式排列，并且几台电梯的型号、功能、结构和服务层站数最好一致。

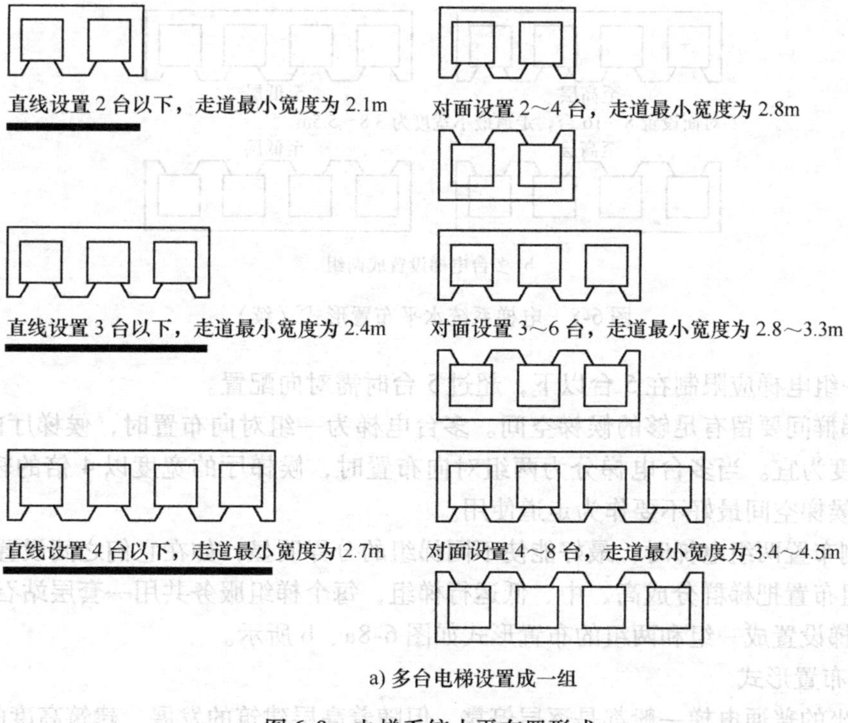

a) 多台电梯设置成一组

图6-8　电梯系统水平布置形式

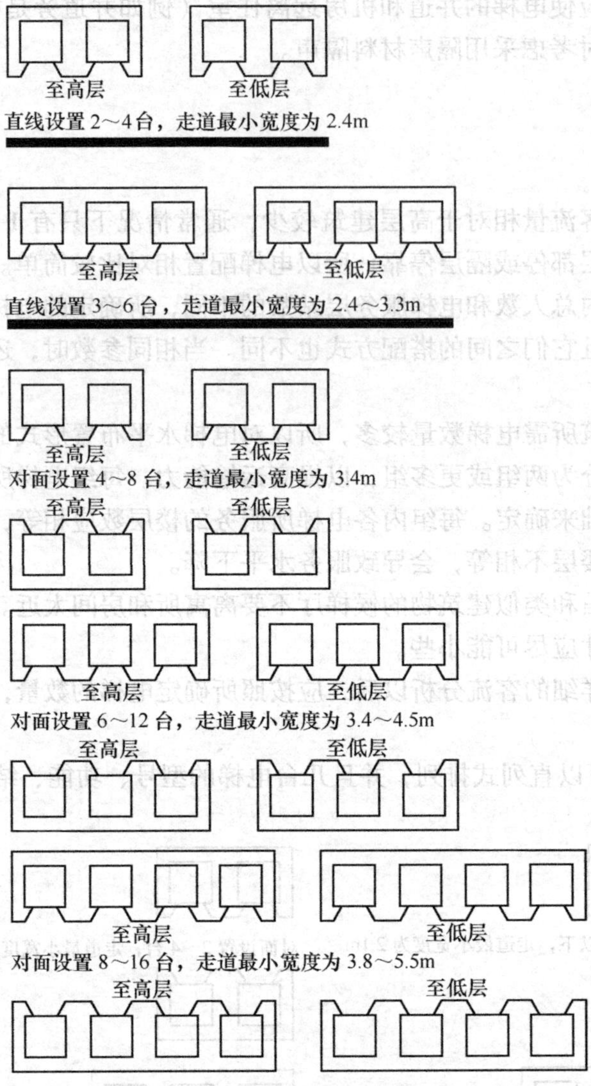

b) 多台电梯设置成两组

图 6-8 电梯系统水平布置形式（续）

2）同一组电梯应限制在 5 台以下，超过 5 台时需对向配置。

3）在梯群间要留有足够的候梯空间。多台电梯为一组对向布置时，候梯厅的宽度以 3 倍的轿厢深度为宜。当多台电梯分为两组对向布置时，候梯厅的宽度以 4 倍的轿厢深度为宜。而这些候梯空间最好不要作为走道使用。

4）单侧布置两组电梯时，最好能使不同梯组的分界明显，如在它们之间设置过道。

5）分组布置把梯群分成高、中、低运行梯组，每个梯组服务共用一套层站召唤系统。

多台电梯设置成一组和两组的布置形式如图 6-8a、b 所示。

2. 垂直布置形式

日常乘坐的普通电梯一般都是逐层停靠，但随着高层建筑的发展，建筑高度的攀升，楼层数不断增多，如果电梯依然每层都停，那么电梯往返一次的周期将变得极其漫长，乘客不光要在电梯厅等候很久，而且要在拥挤的电梯轿厢里呆上太长的时间（一般不宜超过 90s）。对于高层建筑和超高层建筑，电梯的数量比较大，停层站数比较多，所以要特别注意电梯的垂直布置形式。

垂直布置形式主要有全层停靠、隔层停靠、分区停靠三种。全层停靠时，电梯平均运转间隔的时间长，效率较低。隔层停靠分奇数层停靠和偶数层停靠。

为了提高运输能力，充分利用建筑空间，高层和超高层建筑一般采取以下分区停靠，并配以空中大厅以及分段停靠的垂直布置形式：

1）分区停靠布置（见图 6 9a）：当建筑物的高度超过 75m，层数超过 25 层时，宜采用分区的方式组织电梯，即电梯分成若干组，每组电梯服务 50m 左右，以 8～12 层为宜。当每区有太多停层站数时，在遇到上下行高峰时，对于及时运送所有乘客将是一个非常困难的事，而当每区有太少的停层站数时，电梯和建筑空间利用率会降低。可将整个办公楼按电梯

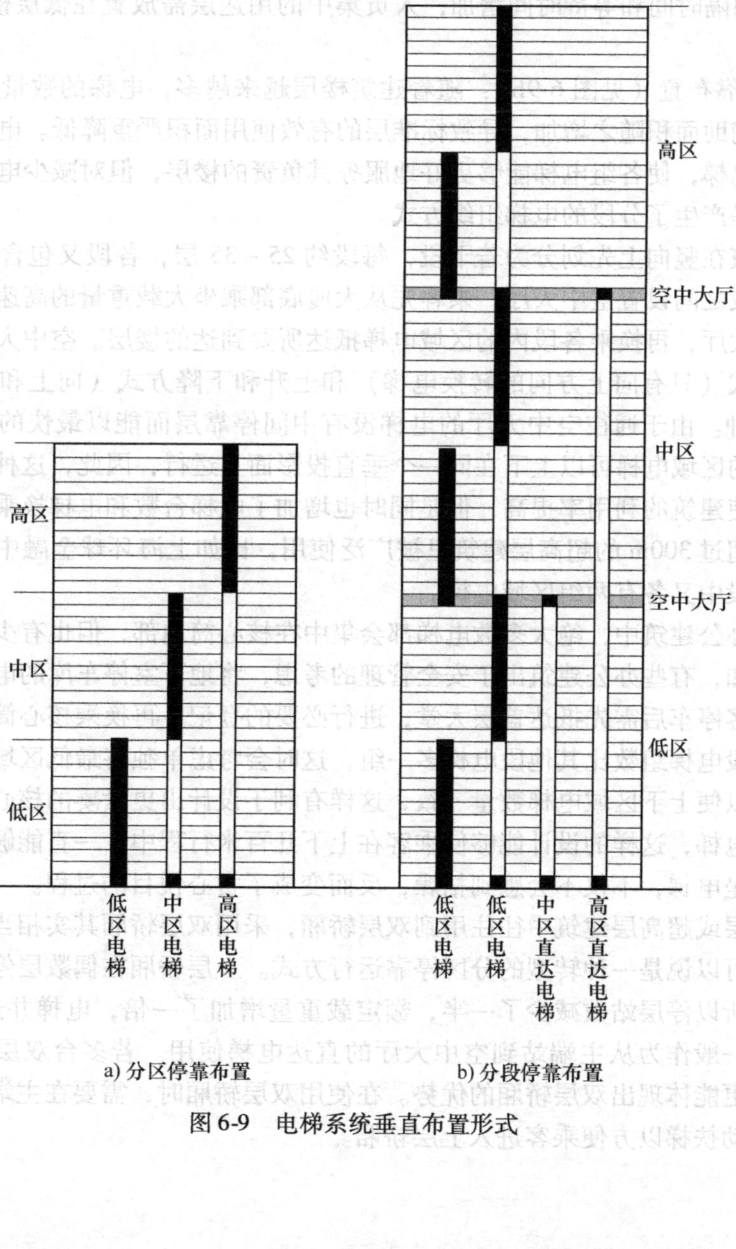

图 6-9　电梯系统垂直布置形式

的服务分区被划分成2~3段，分别为低区、中区和高区等。低区电梯因为要不断加速起动，连续密集的停层，所以无需采用高速电梯，即便是采用了高速电梯，也发挥不出其高速的性能。所以，一般低区电梯速度在2.5m/s以下即可，费用相对便宜。服务于中区、高区的电梯由于有相当一段距离无需停层，可以保持高速运行，这样就可以提高电梯运输能力，大大减少人们候梯的时间。中区电梯速度则要2.5~5.0m/s，高区电梯速度一般在5m/s以上。

分区停靠可以减少电梯的停站数，因服务楼层减少、运转一周的时间相对缩短，故电梯台数减少，可节约成本；高区有直达区，可发挥高速效果，缩短高区乘客的乘梯时间，提高电梯运输效率；中低层的电梯机房上部，增加了很多可利用空间。

在进行电梯分区时应注意，在基站候梯厅必须明示每台电梯的服务楼层；公共楼层（如餐厅和会议室）布置位置受到一定的限制；同一个公司在建筑物内要避免使用两个分区；人流分布的变化会影响电梯的运输效率；小规模的建筑物最好不要分区运行，台数减少会使平均运转间隔时间和等待时间增加；人员集中的用途层需放置在低层楼区，利于节能，提高经济效益。

2）分段停靠布置（见图6-9b）：随着建筑楼层越来越多，电梯的数量会不断增加，电梯井道所占的辅助面积随之增加，导致标准层的有效使用面积严重降低。电梯分区布置虽然通过分组管理电梯，使各组电梯能够更好地服务其负责的楼层，但对减少电梯井道面积并无太大帮助。于是产生了分段的电梯组织方式。

超高层建筑在竖向上先划分为若干段，每段约25~35层，各段又包含各自的若干个电梯分区，在每段之间设置空中大厅。乘客先从大厦底部乘坐大载重量的高速或超高速的直达电梯到达空中大厅，再换乘各段内的区域电梯抵达所要到达的楼层。空中大厅内转换电梯的配置有上升方式（只有向上方向的转换电梯）和上升和下降方式（向上和向下方向的转换电梯都有）两种。由于通往空中大厅的电梯没有中间停靠层而能以最快的速度运行，而且不同分段里面的区域电梯可以上下在同一个垂直投影面上运行，因此，这种方式增加了建筑的有效面积，使建筑的利用率提高，但是同时也增加了电梯台数和电梯换乘的复杂程度。分段停靠布置在超过300m的超高层建筑里被广泛使用，比如上海环球金融中心，它有三个空中转换层，每段中又各有两组区域电梯。

在超高层办公建筑中，绝大多数电梯都会集中在核心筒内部，但也有少数电梯会在核心筒外出现。例如，有些办公建筑出于安全管理的考虑，将地下室停车库的电梯单独布置在核心筒之外，访客停车后需先抵达首层大堂，进行必要的登记，再换乘核心筒内的电梯；还有一种情况是低段电梯组数比其他段电梯多一组，这时会考虑单独将最低区域里的一组电梯移到核心筒外，以便上下区域电梯数量一致，这样有利于设计出更紧凑的核心筒；另外还有靠外立面的观光电梯，这样的设计能够使乘客在上下几百米行程中，一直能够观赏到周边的景色，这样，乘坐电梯，不仅不会感到枯燥，反而变成了赏心悦目的过程。

在现代高层或超高层建筑中往往用到双层轿厢，采用双层轿厢其实相当于两个隔层停靠分区的电梯，可以说是一种转型的分区停靠运行方式。上层轿厢在偶数层停靠，下层轿厢在奇数层停靠，所以停层站数减少了一半，额定载重量增加了一倍，电梯井道的利用率提高。双层轿厢电梯一般作为从主端站到空中大厅的直达电梯使用。若多台双层轿厢电梯群再按分区运行，将更能体现出双层轿厢的优势。在使用双层轿厢时，需要在主端站的双层轿厢电梯附近设置自动扶梯以方便乘客进入上层轿厢。

3）空中大厅的位置：在分段停靠布置的电梯系统中，由于每天会有大量的人流乘直达电梯经空中大厅换乘，因此通常空中大厅还应可供人们短暂停留、憩息，还应有一些休闲区域或服务功能供乘客使用。另外，出于消防上的要求，超高层办公建筑中每隔 15 层左右会设置避难层。避难层一般只占 1/4 ~ 1/2 层，所以避难层往往会和设备层结合设计，形成避难/设备层（一般为 1 ~ 2 层），这个避难/设备层与空中大厅的上下位置关系也会对电梯在核心筒内的布置产生影响。

当空中大厅在避难/设备层之间（见图 6-10a）时，下一段电梯组的机房和上一段电梯的底坑均出现在标准层，会占用核心筒内的可用面积，而且当电梯厅充当核心筒内走廊时（这种情况在核心筒设计时极为普遍），电梯机房因布置控制柜的需要，很可能会突出走廊，迫使走廊净宽变窄，影响日常使用。如果采用电梯机房与控制柜上下叠加的方式布置避免其突出走廊，则除了会占用标准层面积外，由于机房空间狭窄，还会使日后维护不太方便。另外，为实现换乘衔接，所需电梯井道数也必须比区域电梯多一组（$N+1$ 组，N 为区域电梯的组数），例如，图 6-10a 中，区域电梯为两组，而核心筒内为实现换乘，需要占用三组电梯的井道面积。所以，这种空中大厅的位置是最不利的。

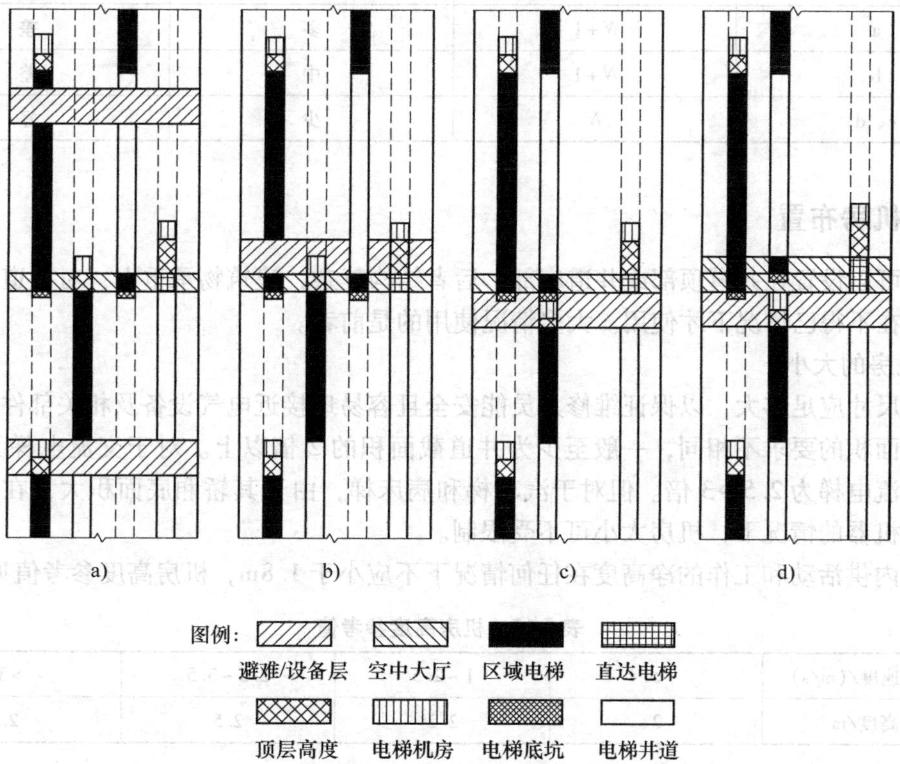

图 6-10 空中大厅位置

当空中大厅在避难/设备层下面（见图 6-10b）时，虽然下一段的最后一组电梯机房和直达电梯的机房可以安排在避难/设备层中，有足够的空间布置机房，但是上一段电梯的底坑仍会占用少量的标准层面积，而且会因为无停靠要求的避难/设备层，增加了不必要的行程。这种方式，井道数量也是 $N+1$。

当空中大厅在避难/设备层上面（如图6-10c所示）时，下一段的最后一组电梯机房和上一段第一组电梯的底坑均能在布置在避难/设备层中，而且当避难/设备层的总高度大于或等于电梯顶层高度+机房高度+底坑高度时（当直达电梯为双轿厢时，避难/设备层高度只需要大于等于电梯冲顶高度+机房高度，如图6-10d所示，上一段电梯组能直接位于下一段最后一组电梯之上，这就意味着，它们可以共用一个电梯井道投影面积。这种方式，电梯井道数量与实际需要的区域电梯组数量一致，对减少核心筒面积、提高标准层使用率有很大帮助。另外，在这种情况下，由于上一段电梯不需要避让下一段电梯突出的机房，在电梯布置上拥有更大的灵活性。可见，这种空中大厅的位置是最为理想的。

通过表6-14可以比较出上述空中大厅三种位置关系的优劣。建筑师在高层办公的核心筒设计时，应争取实现第三种情况，即图6-10c和d，以求将核心筒设计得尽量紧凑。如果由于种种原因不能够实现其最理想的状态，空中大厅的位置为图6-10a、b情况，或者图6-10c、d设备层高度不够时，那么布置电梯时就需要多一组电梯井道来解决换乘问题。

表6-14 空中大厅位置优劣比较

位置关系	电梯井道数量	占用办公层面积	核心筒布置灵活性
a	$N+1$	多	差
b	$N+1$	中	差
c、d	N	少	好

6.3.3 机房布置

机房可以设置在井道顶部或井道底部，后者结构复杂，建筑物承重大，对井道尺寸要求大，只有在不得已情况下才使用。大多情况使用的是前者。

1. 机房的大小

机房尺寸应足够大，以保证维修人员能安全且容易地接近电气设备及相关部件。各类电梯对机房面积的要求不相同，一般至少为井道截面积的2倍以上。对于交流电梯为2~2.5倍，对直流电梯为2.5~3倍。但对于汽车梯和病床梯，由于其轿厢底面积大，在不妨碍设置和管理机器的情况下，机房大小可不受限制。

机房内供活动和工作的净高度在任何情况下不应小于1.8m，机房高度参考值见表6-15。

表6-15 机房高度参考值

电梯额定速度/(m/s)	<1	1~2.5	2.5~3.5	>3.5
机房高度/m	2	2.2	2.5	2.8

2. 机房的通风

为了保证电梯的正常运行，机房内的环境温度应保持在5~40℃之间。机房内的最大热源是曳引电动机，如果采用电动机-发电机组的话，则还有发电机。对于上置式机房，受热情况更加明显，因此机房应有良好的通风。一般通过自然通风或空调装置使机房的温度不高于40℃，相对湿度不大于85%（25℃时）。

3. 机房中设备的布置

1）控制屏（柜）：控制屏（柜）前面至少有0.7m的空距，从拉手装置测起可减少到0.6m，宽度方向空距为0.5m或控制柜的全宽度，两者中取大者。

2）曳引机、限速器等：曳引机旋转部件的上方至少应有0.3m的垂直净空距离。为了对各运动部件进行维修和检查，要有一块至少为0.5m×0.6m的水平净空面积。

3）通道：通往净空场地的通道宽度至少为0.5m，对没有运动部件的地方，此值可减少到0.4m。

4）机房承重：横梁的总负载R_0（N）可根据下式求出：

$$R_0 = R_S + R_D$$

其中，R_S为静负载重量（N），$R_S=(Q_Y+Q_L)g$，Q_Y为曳引机自重（kg），Q_L为导向轮、控制屏、限速器及所有支撑在机房地板上的设备的重量之和（kg）；R_D为动负载重量（N），$R_D=2(P+Q+G+Q_G)\ g$；Q_G为曳引钢丝绳、补偿绳、控制电缆的自重之和（t），2为动载系数。

如果确定了总负载重量的作用点，就可按承重梁最大弯矩点来计算应力，并计算安全系数，一般承重梁的安全系数要大于4。

机房地板应能承受6kPa以上的压力。

为搬运设备，常在机房顶板或上横梁的适当位置上设置一个或多个金属支架吊钩。吊钩的承重一般应是被升机器重量的2倍以上。吊钩主要吊装曳引机、轿厢等组件。对额定载重量不大于1000kg的电梯，吊钩承重至少为2t。对额定载重量不大于2000kg的电梯，吊钩承重至少为3t。当电梯额定载重量不大于5000kg时，吊钩承重至少为4t。对于超高层大楼用的电梯则必须设10t以上的吊梁。

6.3.4 隔音措施

降低电梯在建筑物内的噪声，除了从电梯设计、制造及安装上采取一定措施外，也应从建筑设计的角度考虑，要充分利用地形或建筑物的隔音屏障的效应，构建环境噪声影响最小的建筑布局，使噪声降低至最低限度。建筑隔音措施必须在设计时就要考虑，因为建筑物完工后很难补充实施。在建筑中，对声音的传递起决定作用的墙壁和房顶结构应是重型的，且应具有较好的抗弯能力。一般抗弯能力差的墙壁隔音差，非重型的地板在某些情况下由于其固有谐振频率较低，会加强电梯在起制动过程中低频振动噪声的辐射。

在设计电梯机房和井道与住室的布置时，为了使住室隔音，可采用如下几种方式：

1）电梯井道与其他建筑物始终隔离，如图6-11所示。这里井道壁与住室壁至少都有350kg/m^{2}的单位面积质量，两墙之间的填料厚度至少为30mm，且该填料应能缓冲固体内声音的传播，这种方案能做到完全隔音。

2）在楼梯间旁沿空间设电梯井道，如图6-12所示。此时电梯井道与住室之间有一定空间。住室与楼梯间隔墙的单位面积质量至少为350kg/m^2，而井道壁在采用实心结构的情况下至少要由20cm厚的钢筋混凝土或24cm厚的砖墙构成（其单位面积质量必须大于480kg/m^2）。

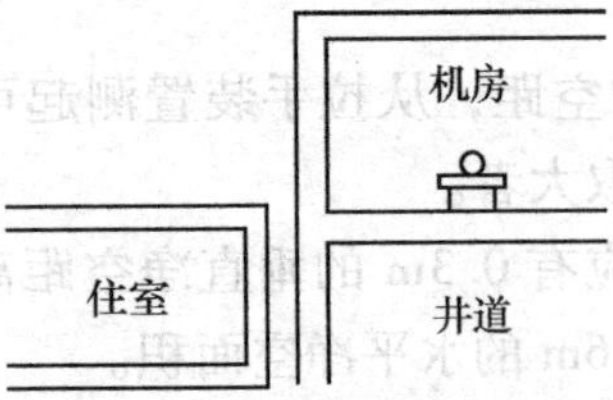

图 6-11 建筑上完全隔离

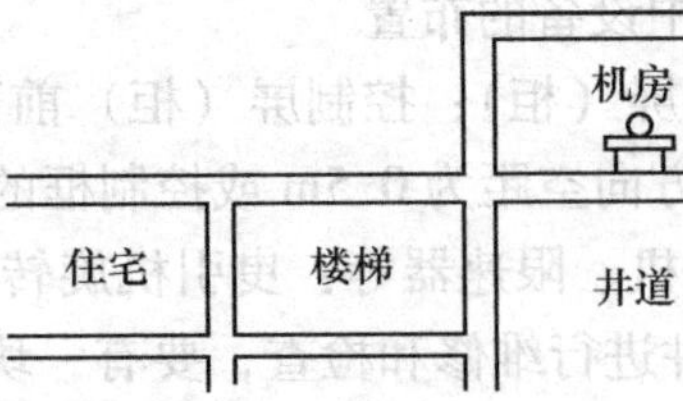

图 6-12 井道边为楼梯

3）电梯井道旁有房间的情况，如图 6-13 所示。靠近井道的房间不允许当住室使用，只能通过一道轻型隔墙将其与相邻的住室隔开。此时井道壁单位面积质量至少为 $550kg/m^2$。

4）如果住室的位置直接靠在电梯井道周围，那么井道壁至少要用 $550kg/m^2$ 的重型结构，而且井道顶要在“牛腿”柱上加隔声垫，如图 6-14 所示。

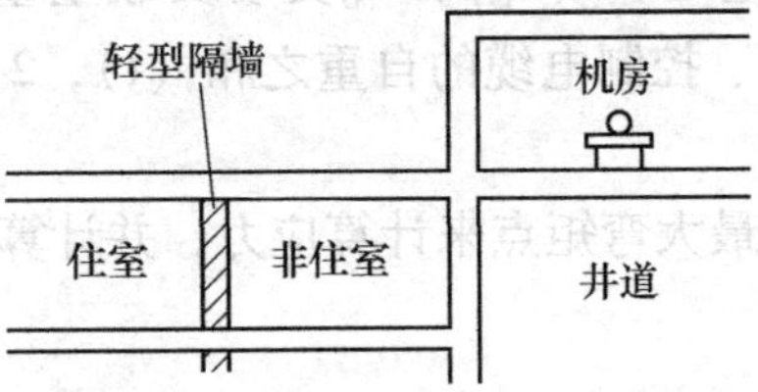

图 6-13 住室旁设轻型隔墙

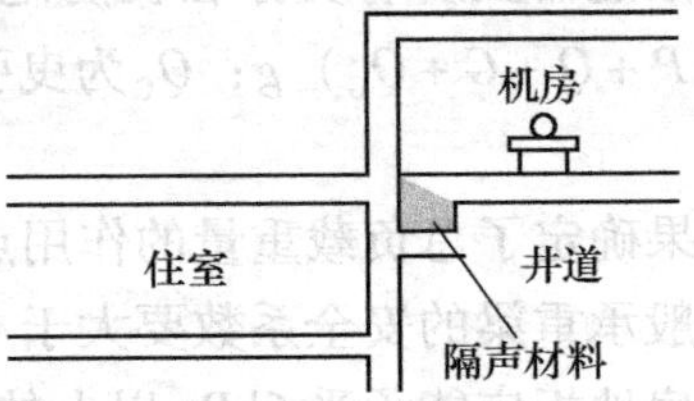

图 6-14 井道旁设住室

5）机房设在地下室，如图 6-15 所示，在机房附近不设住室。当住室直接与井道相邻时，井道壁的单位面积质量应大于 $480\ kg/m^2$。

6）当机房设在地下室的上方时，如图 6-16 所示，若采用单位面积质量大于 $480kg/m^2$ 的混凝土墙，其厚度至少应为 20cm，砖墙的厚度需为 24cm，砖的实际密度应大于 $1.8kg/m^3$。

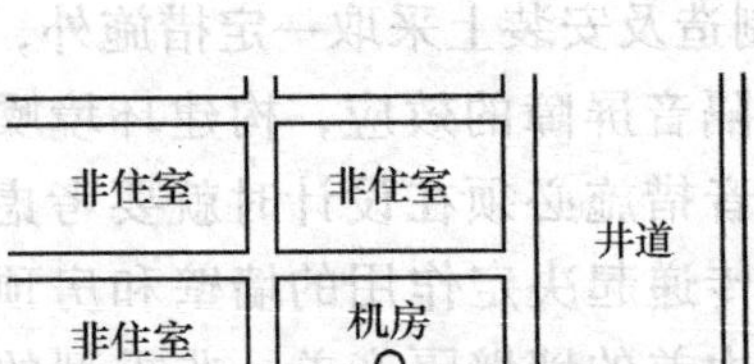

图 6-15 机房设在地下室

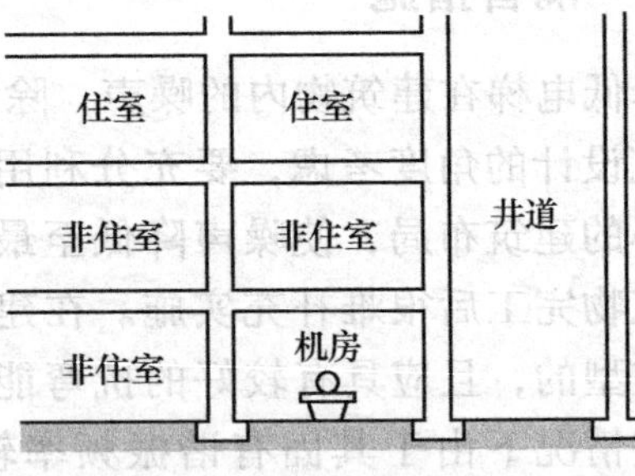

图 6-16 机房设在地下室上方

小 结

电梯的选用与布置是建筑设计的重要内容，本章介绍了如何正确、合理地选用、布置电梯。首先介绍了电梯选用的基本原则和内容，详细说明了根据交通计算设置电梯的过程和方法。然后从电梯运行过程分析出发，推导了计算电梯往返一周所需时间的方法，并结合例题介绍了选用电梯的分析、计算过程，给出了不同用途建筑电梯主参数的选择依据。最后给出了多台电梯的梯群布置方式以及电梯和机房的布置等相关资料。

思考与练习

6-1 电梯选用的基本原则是什么？

6-2 电梯选用的主要内容有哪些？

6-3 结合图6-4电梯运行周期图说明电梯往返一周所用时间 *RTT* 由哪些时间组成？

6-4 电梯往返一周所用时间中，乘客出入轿厢时间、开关门总时间和轿厢行驶时间各与哪些因素有关？

6-5 电梯运行的平均等待时间 *AI* 如何计算？电梯在高峰5min期间的运输能力 *CE* 如何计算？它们满足什么条件才符合要求？

6-6 设办公大楼层站数 N 为15，楼内总人数为1600人，楼内设置额定载客人数 Q_e 为16人、额定速度 v 为3.5m/s的电梯8台，电梯的开关门时间 $t_d=4.0\text{s}$，电梯单层行驶时间 $t_f=5\text{s}$。试计算该电梯系统的运输能力。

6-7 试述选用电梯的基本步骤。

6-8 办公大楼电梯与住宅楼电梯的客流规律各有什么特点？

6-9 衡量电梯的服务质量主要有哪些指标，它们的数值是多大？

6-10 某分层出租办公楼，楼高为15层，层高为3.6m，每层建筑面积为850 m^2，可租用面积系数为75%，每人占用办公面积为8m^2，请校核选用额定载重量1150kg（17人）、额定梯速3.5m/s的电梯是否合适。

6-11 在布置电梯时一般应遵循哪几点原则？

6-12 电梯机房的布置在降噪方面有哪些措施与规定？

第7章　电梯的调试、维护与管理

7.1　电梯的调试过程

电梯的种类很多，控制方式各不相同，但调试的要求和方法都应符合我国 GB 7588—2003《电梯制造与安装安全规范》和 GB/T 10060—2011《电梯安装验收规范》的有关规定。

1. 调试前的准备工作

1）电梯的调试工作应在电梯的安装工作全部完毕后进行。调试前，电梯井道中的导轨应全部清洁，脚手架、样板架等应全部拆除，清除井道、地坑内的杂物和垃圾，确认井道中无任何阻碍电梯运动的物件，以免轿厢在井道中上下引起碰撞。

2）打扫机房，把控制柜、曳引机等机房中的各个部件表面的灰尘清除干净。清除轿厢内，轿厢顶上，轿厢门、厅门地坎槽中的杂物和垃圾。对安装好的机、电零部件进行检查和清理，使所有的电气和机械装置保持清洁。

3）检查所有的机械装置是否安装正确且牢固，检查限速器和安全钳是否可靠安装。按要求润滑导向轮、轿顶轮、对重轮、减速器、限速器及张紧轮等传动装置。

4）检查用户提供的机房配电进线是否是三相五线制电源，检查用户提供的配电电路的接线是否正确，确认动力电源和照明电源线是否严格分开，确认用户提供的接地线是否连接可靠。

5）切断配电柜内所有电源开关，检查电源电压是否符合厂商调试手册上的要求。

2. 调试前的电气检查

1）用500V的直流绝缘电阻表进行高压绝缘测试，其中动力电路对地绝缘电阻应大于0.5MΩ，控制电路对地绝缘电阻应大于0.25MΩ，信号电路绝缘电阻应大于0.25MΩ，照明电路对地绝缘电阻应大于0.25MΩ，电动机对地绝缘电阻应大于0.5MΩ。

2）拆除系统的接地线，用低压绝缘测试计或万用表测量各控制、信号电路的对地绝缘电阻。

3）检查各路熔断器内的熔丝的容量是否合理，检查控制柜及其他电气设备的接线是否有接错、漏接或虚接。将动力电路、控制电路、照明电路等连接恢复正常，并断开各个电路的熔丝。

4）把控制柜、电梯轿顶站和轿厢内操纵箱内的 AUTO/HAND（自动/手动）开关，切换到 HAND（手动）位置。

5）把电梯轿顶站内的 POWER（电源）开关合上，把电梯轿顶站和轿厢内操纵箱内的 RUN/STOP（运行/停止）开关切换到 RUN（运行）位置。

6）把曳引电动机上的电缆 U、V 和 W 从接线端子上拆下，并用绝缘胶带分别包起来。分离从曳引电动机制动装置中引出的外接电缆，并用绝缘胶带分别包起来。

7）合上机房配电柜电源开关，测量电源电压，其波动值应不大于额定电压的±5%。用万用表测量主开关电源的电压，确认每一相电压正常，每两相间的压差不超过额定电压的3%。

8）用万用表检测各控制电路熔丝初级侧电压在规定的范围之内。按照调试手册规定的顺序，逐个接上熔丝，同时检查各控制电路的电压是否在规定的范围之内，检测各个电路之间是否有串电压或者虚电压。

9）确认电梯各电子板显示正常，没有故障显示。检查轿厢操纵按钮动作是否灵活，信号显示是否清晰，控制功能是否正确有效。检查呼梯楼层显示等信号系统功能是否有效，指示是否正确，功能是否无误。

10）按照GB 7588—2003《电梯制造与安装安全规范》附录A中的电气安全装置表，检查电气安全装置是否可靠。

3. 低速运行调试

1）断开电源，把曳引电动机上的电缆U、V和W接到接线端子上，并重新接上制动装置的引出端B4和B5。

2）接通电源，确保按下UP或DOWN按钮时，电梯轿厢向上或向下运动。

3）把门开关切换到ON（闭合）状态，确认轿厢和轿厢顶没有人，在机房操纵电梯向上/向下低速运行（20m/min），观察控制柜内各信号按钮指示灯是否正常，各继电器的动作是否正常、顺序是否正确。如果电梯停在门区，应能自动开门，且在无操作按钮按下时保持开门。如果按下向下或向上按钮应能自动关门，门关闭完毕后可进行低速运行。松开向下或向上按钮，电梯立即停止，如果停在门区应能自动开门。如果电梯运行方向与指令信号方向相反，则要检查电源、电动机和旋转编码器的接线。

4）低速运行几遍后，若动作都正确，则说明电梯低速运行功能正常。然后再分别在轿厢顶和轿厢内进行手动低速运行，确认轿厢顶和操纵箱上的上、下行按钮的功能正常。

5）进入轿厢顶，让轿厢在电梯井道内上下运行几趟，观察导靴、导轨、平层感应器、随行电缆、遮磁板、轿厢门门刀与厅门地坎、厅门门锁滚轮与轿厢门地坎、限位开关、极限开关、减速开关的安装位置是否正确。检查轿厢顶急停开关、限速器开关、安全钳开关、安全窗开关、上下限位开关、极限开关、底坑急停开关、限速器断绳开关、缓冲器开关等动作是否可靠。

6）检查各厅门门锁机构的动作是否正常，确保没有厅门开关被短接的情况。确认各平层感应器开关动作正常，开门、关门到位信号准确无误。

7）根据平衡系数负载（40%～50%），在轿厢里装上平衡负载测试对重。使轿厢和对重停止在错开的位置上，断开电源开关、装好盘车手轮。用开闸扳手松开制动器，用手旋转盘车手轮，增减对重块，使轿厢与对重的重量平衡（之后在测试电梯高速运行时，还要用电流、电压法测量电梯逐次加载后上、下行的电流、电压值），确认当电梯处于平衡点时，上、下行的电流、电压数值相同。

8）初步设置制动器到极限位置，保证制动器在电梯上行或下行时正常打开。

4. 高速运行的调试

1）关好各层站的厅门，确认厅门、轿厢门可靠关闭，关门继电器闭合。将电路中各安全开关置于正常状态，确认各停止开关已经可靠接通，安全电路继电器闭合。将轿厢、轿厢顶、机房各检修开关置于正常状态。

2）将电梯的层高数据和称量数据等相关数据写入到 RAM 中。

3）在机房，以低速将电梯轿厢移到大楼中间楼面处后把 AUTO/HAND 开关调换到 AUTO 位置。以自动方式输入指令使电梯作单层运行，这时电梯轿厢应能正常地到达这一层楼面。输入不同的指令，使电梯轿厢在每一层都停靠，检查电梯轿厢是否能很正常地到达。再进行隔层停靠，隔两层停靠等操作，检查在每一种操作模式中电梯轿厢是否都能很正常地到达。

4）按照厂商的调试手册调整制动器。

5）将轿厢停止在最低层的开门区，将电梯内所有 AUTO/HAND 开关切换到 AUTO 位置、所有的 RUN/STOP（运行/停止）开关切换到 RUN（运行）位置。

6）调试者在轿厢内操作电梯，按下轿厢内每一层指令按钮，除本层外，其他层的按钮均应点亮。电梯能准确在指令登记的层站平层，平层后自动开门，并在平层时消去该层的指令响应灯。

7）电梯在运行前方无召唤和指令时可以响应与运行方向相反的召唤信号，且在有召唤的层站能准确平层，平层后自动开门，同时消去该层的指令响应灯。本层厅外开门功能正常。当电梯停止在某一楼层时，按下该层站的与电梯运行方向一致的外召唤按钮，电梯会保持开门状态或变关门动作为开门动作。电梯在任一层站时，轿内和层站显示数据正确，轿厢内的开、关门按钮动作有效。

8）电梯在关门过程中，装在轿厢门边缘的安全触板碰到阻碍物后，能转换为开门动作。

9）在电梯内逐渐增加负载，确认在负载达到 110% 额定负载时，电梯的超载保护装置起作用，超载蜂鸣器鸣响，轿厢不能关门，电梯也不能起动。

10）如果设有消防开关，将消防开关置于动作状态，电梯在运行途中应就近停车，不开门，并直接返回基站，自动开门后将不会自动关门。试验人员进入轿厢后，持续按压目的楼层的指令按钮，直到电梯关好门起动为止。电梯到达目标层站后，不会自动开门，试验人员持续按压开门按钮，直到门完全打开为止。

在上述工作完成后，电梯调试工作就完成了。

7.2 电梯的故障分析与诊断

电梯主要是由机械、拖动系统、电气控制部分组成。拖动系统也可以属于电气系统，因而电梯的故障可以分为机械故障和电气故障。遇到故障时首先应确定故障属于哪个系统，是机械系统还是电气系统，然后再确定故障是属于哪个系统的哪一部分，接着再判断故障出自哪个元器件或哪个动作部件的触点上。

判断故障出自哪个系统普遍采用的方法如下：首先置电梯于“检修”工作状态，在轿厢平层位置（在机房、轿厢顶或轿厢操作）点动电梯慢上或慢下来确定故障是出在主拖动系统、机械系统还是电气控制系统。为确保安全，要确认所有厅门必须全部关好并在检修运行中不得再打开。因为电梯在检修状态下上行或下行，电气控制电路是最简单的点动电路，按钮按下多长时间，电梯运行多长时间，不按按钮电梯不会动作，需要运行多少距离可随意控制，速度又很慢，轿厢运行速度小于 0.63m/s，所以较安全，便于检修人员操作和查找故障所属部位。这是专为检修人员设置的电梯功能，检修运行时电动回路没有其他中间控制环节，它直接控制电梯拖动系统。在电梯检修运行过程中，检修人员可细微观察有无异常声音、异常气味，某些指示信号是否正常等。电梯只要点动运行正常，就可以确认主要机械系统没问题，电气系统中的主拖动电路没有问题，故障就出自电气系统的控制电路中；反之不能点动电梯运行，故障就出自电梯的机械系统或主拖动电路。

1. 主拖动系统故障

在点动运行中，如果确认主拖动电路有故障，即主电路有故障，就可以从构成主电路的各个环节去分析故障所在部位。

任何一个电动机的交直流供电电路，包括各种功能的控制电路，都必须构成交流或直流电流流动的闭合回路，电流在回路中任何一个部位被阻断或分流，都可以造成故障，电流被阻断的部位就是故障所在部位。当然，还应首先确认供电电源本身正常，否则无电流或电流大小不合适，这是造成出现故障的部位之一。

构成任何电梯主电路的基本环节大致相同，从供电三相电源出发，经断路器、上行或下行交流接触器、调速器、运行接触器、热继电器，最后到电动机三相绕组，构成三相交流电流回路。对不同类型电梯，调速方法不同，调速器的形式也不同，但不外乎都是变频调速、交流调压调速、直流调压调速或软起动器，当然，调速方法不同，配套的电动机也不相同。主电路故障是电梯常见故障和重要故障。

因为主拖动系统是间断不连续的经常动作，因而电梯运行几年后，接触器触点常有氧化、弹片疲劳、接触不良、触点脱落等损坏，逆变模块及晶闸管会热击穿或烧断、还会产生电动机轴承磨坏等故障。这些都是快速找故障的思路。因为任何机械动作部件都是有一定寿命的，如继电器、接触器、微动开关，行程开关，按钮等元件，还有经常运行的部件，都会因老化产生故障，如轿厢的随行电缆，经常有弯曲动作，就存在有断线故障的可能。

还有，电路中往往会发现电气元器件入线和出线的压接螺钉松动或焊点虚焊造成电气回路断路或接触不良造成的故障。有断路故障时必须马上进行检查修理，否则接触不良，久而久之会使引入或引出线拉弧烧坏触点和电器元件。

当电路发生短路故障时，轻则会烧毁熔断器，重则会烧毁电气元器件，甚至会引起火灾，必须引起重视，及时排除。常见的短路故障有，接触器或继电器的机械和电器联锁失效产生接触器或继电器抢动造成短路，接触器的主触点接通或断开时产生的电弧使周围的介质击穿会产生短路，电气元器件绝缘材料老化、失效、受潮也会造成短路等。

2. 机械系统故障

电梯机械系统的故障在电梯全部故障中所占的比重比较少，但是一旦发生故障，可能会造成长时间的停机待修或电气故障，甚至会造成严重设备和人身事故。进一步减少电梯机械系统故障是维修人员努力争取的目标。

1）连接件松脱引起的故障：电梯在长期不间断运行过程中，由于振动等原因而造成紧固件松动或松脱，使机械零部件发生位移、脱落或失去原有精度，加之没有及时修复，从而造成磨损，碰坏电梯机件而造成故障。

2）自然磨损引起的故障：机械部件在运转过程中，必然会产生磨损，磨损到一定程度必须更换新的部件，所以电梯在运行一定时期后必须进行大检修，提前更换一些易损件，不能等出了故障再更新，那样就会造成事故或不必要的经济损失。平时日常维修中只有及时地调整、保养，电梯才能正常运行。如果不能及时发现滑动、滚动运转部件的磨损情况并加以调整，就会加速机械的磨损，从而造成机械磨损报废，造成事故或故障。例如，钢丝绳磨损到一定程度必须及时更换，否则会造成大的事故；各种运转轴承等都是易磨损件，必须定期更换。

3）润滑系统引起的故障：润滑系统的作用是减少摩擦力、减少磨损，延长机械寿命，同时还起到冷却、防锈、减振、缓冲等作用。由于润滑不良或润滑系统的故障，会使部件传动部位过热、烧伤和抱轴，造成滚动或滑动部位的零部件损坏而被迫停机修理。

4）机械疲劳造成的故障：某些机械部件经常不断地长时间受到弯曲、剪切等应力，会产生机械疲劳现象，使机械强度、塑性减小。还有些零部件受力超过强度极限，会产生断裂，造成机械事故或故障。例如，钢丝绳长时间受到拉应力又受到弯曲应力，还有磨损产生。更严重时，受力不均，某股绳可能受力过大首先断绳，增加了其余股绳的受力，造成连锁反应，最后全部断绳，可能发生重大事故。从上面分析可知，只要日常做好维护保养工作，定期润滑有关部件及检查有关紧固件情况，调整机件的工作间隙，就可以大大减少机械系统的故障。

5）由于电梯平衡系数与标准相差太远而造成过载电梯轿厢蹲底或冲顶故障：冲顶时限速器和安全钳动作而迫使电梯停止运行，等待修理。

3. 电气控制系统故障

1）自动开关门机构及门联锁电路的故障：关好厅门、轿厢门是电梯运行的首要条件，门联锁系统一旦出现故障电梯就不能运行。这类故障多是由包括自动门锁在内的各种电气元器件触点不良或调整不当造成的。

2）电气元器件绝缘引起的故障：电子电气元器件绝缘在长期运行后总会由老化、失效、受潮或者其他原因引起绝缘击穿，造成电气系统的断路或短路，进而引起电梯故障。

3）继电器、接触器、开关等元件的触点断路或短路引起的故障：由继电器、接触器构成的控制电路中，其故障多发生在继电器的触点上，如果触点通过大电流或被电弧烧蚀，触点被粘连就会造成短路，如果触点被尘埃阻断或触点的簧片失去弹性就会造成断路触点的断路或短路，都会使电梯的控制环节电路失效，使电梯出现故障。

4）电磁干扰引起的故障：随着计算机技术的迅猛发展，特别是成本大大降低的微机广泛应用到电梯的控制部分，采用多微机控制以及串行通信传输呼梯信号等，甚至驱动部分采用变频变压 VVVF 调速系统，已经成为电梯流行的标准设计。尤其是近几年来，变频门机已成为时尚，取代了原来用电阻调速的直流门机。

微机的广泛应用对其构成的电梯控制系统的可靠性要求越来越高，主要是对抗干扰的可靠性要求越来越高。电梯运行中遇到的各种干扰的主要外部因素有温度、湿度、灰尘、振动、冲击、电源电压、电流、频率的波动，以及逆变器自身产生的高频干扰、司梯人员的失误及负载的变化等，在这些干扰的作用下，电梯会产生错误和故障。电梯的电磁干扰主要有以下三种形式：

① 电源噪声：它主要是从电源和电源进线，包括地线侵入系统，特别是当系统与其他经常变动的大负载共用电源时，会产生电源噪声干扰。当电源引线较长时，传输过程发生的压降感应电动势也会产生噪声干扰，影响系统的正常工作。电源噪声还会造成微机丢失一部

分或大部分信息，产生错误或误动作。

② 从输入线侵入的噪声：当输入线与自身系统或其他系统存在公共地线时，就会侵入此噪声。有时即使采用隔离措施仍然会受到与输入线相耦合的电磁感应的影响，这时如果输入信号很微小，极易使系统产生差错和误动作。

③ 静电噪声：它是由摩擦所引起的。摩擦产生的静电是很微小的，但是电压可高达数万伏。IEEE 可靠性物理讨论会提供的材料表明，在毛毯上行走的人带电最高可达39kV，在工作台旁工作的人带电也可达3kV，因此，只要带有高电位的人接触计算机电路板，人体上的电荷就会向系统放电，急剧的放电电流造成噪声不仅会影响系统工作，甚至会造成电子元器件的损坏。

针对以上的干扰状况，必须采用防干扰措施。防干扰措施自身也应该正确可靠，否则也会产生电梯的故障。

5）电气电子元器件损坏或位置调整不当引起的故障：电梯的电气系统，特别是控制电路结构复杂，一旦发生事故，要迅速排除故障单凭经验还是不够的，这就要求维护人员必须掌握电气控制电路的工作原理及控制环节的工作过程，明确各个电子元器件之间的相互关系及其作用，了解各电气元器件的安装位置。只有这样，才能准确地判断故障的发生点并迅速予以排除。在这个基础上，若把别人和自己的实际工作经验加以总结和应用，对迅速排除故障、减少损失是会有益的。

4. 电气故障诊断

当电梯控制电路发生故障时，首先要问、看、听、闻，做到心中有数。所谓问，就是询问操作者或报告故障的人员故障发生时的现象情况，查询在故障发生前有否作过任何调整或更换元器件工作；所谓看，就是观察每一个元器件是否正常工作，看控制电路的各种信号指示是否正确，看电气元器件外观颜色是否改变等；所谓听，就是听电路工作时是否有异声；所谓闻，闻电路元器件是否有异常气味。完成上述工作后，可采用下列方法进行电气控制电路故障诊断。

（1）程序检查法　电梯是按一定程序运行的，每次运行都要经过选层、定向、关门、起动、运行、换速、平层、开门的循环过程。其中，每一步称作一个工作环节，实现每一个工作环节，都有一个独立的控制电路。程序检查法就是确认故障具体出现在哪个控制环节上，这样排除故障的方向就明确了，有了针对性，排除故障也就会目标明确。这种方法不仅适用于有触点的电气控制系统，也适用于无触点控制系统，如 PLC 控制系统或单片机控制系统。

（2）静态电阻测量法　静态电阻测量法，就是在断电情况下，用万用表电阻挡测量电路的阻值是否正常。因为电子器件大都是由 PN 结构成的，它的正反向电阻值是不同的，而且任何一个电气元器件也都有一定的阻值，连接着电气元器件的线路或开关的。电阻值不是等于零就是无穷大，因而只要测量它们的电阻值大小是否符合规定要求，就可以判断其好坏。检查一个电子电路好坏、有无故障，也可用这个方法，而且比较安全。

（3）电位测量法　当上述方法无法确定故障部位时，可在通电情况下测量各个电子或电气元器件的两端电位，因为在正常工作情况下，电流闭环电路上各点电位是一定的。所谓各点电位，就是指电路中元器件上各个点对地的电位。电位是有一定大小要求的，电流是从高电位流向低电位，顺电流方向去测量电子电气元器件上的电位大小，应符合规定值。所以，用万用表去测量控制电路上有关点的电位是否符合规定值，可判断故障所在点，然后再判断是什么原因引起电流值变化的，是电源不正确，还是电路有断路，或是元器件损坏造成的。

（4）短路法　控制环节电路都是由开关或继电器、接触器触点组合而成。当怀疑某个或某些触点有故障时，可以用导线把该触点短接，此时通电，若故障消失，则证明判断正确，说明该电气元件已坏。但是要牢记，当发现故障点，作完试验后应立即拆除短接线，不允许用短接线代替开关或开关触点。短路法主要用来查找电气逻辑关系电路的断点，当然有时测量电子电路故障也可用此法。

（5）断路法　控制电路还可能出现一些特殊故障，如电梯在没有内选或外呼指示时就停层等。这说明电路中某些触点被短接了，查找这类故障的最好办法是断路法，就是把怀疑产生故障的触点断开，如果故障消失了，说明判断正确。断路法主要用于“与”逻辑关系的故障点。

（6）替代法　根据上述方法，发现故障存在于某点或某块电路板，此时可把认为有问题的元器件或电路板取下，用新的或确认无故障的元器件或电路板代替。如果故障消失，则认为判断正确；反之则需要继续查找。往往维修人员对易损的元器件或重要的电子板都备有备用件，一旦有故障马上换上一块就解决了问题，之后再将故障件带回慢慢查找修复，这也是一种快速排除故障的方法。

（7）经验排故法　为了能够做到迅速排除故障，除了不断总结自己的实践经验，还要不断学习别人的实践经验。实践经验往往是对电梯的故障有一定规律的总结，有的经验甚至是用血汗换来的重要教训，所以应十分重视。往往这些经验可以使维护人员能快速地排除故障，减少事故和损失。

（8）接触不良测试　在控制柜电源进线板上，通常接有电压表，观察运行中的电压，若某相电压偏低且波动较大，则该相可能就有虚接部位；用点温计测试每个连接处的温度，即可找出接触不良的发热部位，打磨触头的接触面，拧紧螺钉就可排除故障；也可用低压大电流测试虚接部位，将总电源断开，再将进入控制柜的电源断开，将 $10mm^2$ 铜芯电线临时搭接在接触面的两端，用调压器慢慢升压，当短路电流达到 50A 时，记录输入电压值，按上述方法对每一个连接处都测一次，记录每个触点电压值，哪一处电压高，哪一处就是接触不良。

（9）随行软电缆内部折断虚接测试　当怀疑某根随行软电缆内部折断虚接时，可将这根电缆接入由调压器和电流表组成的闭合回路，通电后逐渐改变调压器输出电压至短路电流升至 8A 时，电压保持不变，连续折合这根电缆 15 次，每次接通时间为 2～3min，如果发现没有电流表读数，说明折断位置已被测试电源烧断，若电流值不变，证明此线没有折断。

电气系统排故基本思路如下：

电气控制系统有时故障比较复杂，加上现在电梯都是微机控制，软硬件交叉在一起，因此遇到故障首先思想不要紧张，排除故障时应坚持：先易后难、先外后内、综合考虑、有所联想。

电梯运行中比较多的故障是开关触点接触不良，所以判断故障时应根据故障及柜内指示灯显示的情况，先对外部线路、电源部分进行检查，即门触点、安全电路、交直流电源等，只要熟悉电路，顺藤摸瓜，很快即可解决。

有些故障不像继电器控制电路那么简单直观，例如 PLC 控制电梯的许多保护环节都是隐含在它的软硬件系统中的，其故障和原因正如结果和条件，是严格对应的，找故障时，应有秩序地对它们之间的关系进行联想和猜测，逐一排除疑点，直至排除故障。

电梯常见故障及排除方法见表 7-1。

表 7-1　电梯常见故障及排除方法

故障现象	原　因	排除方法
在基站将钥匙开关闭合后，电梯不开门	控制电路的熔丝断开	更换熔丝，并查找原因
	钥匙开关触点接触不良或折断	如接触不良，可用无水乙醇清洗，并调整触点弹簧片；如触点折断，则应予以更换
	基站钥匙开关继电器线圈损坏或继电器触点接触不良	如线圈损坏则更换；如触点接触不良则清洗修复
	有关线路出了问题	在机房人为使基站开关继电器吸合，视其以下线路接触器或继电器是否动作，如仍不能起动，则应进一步检查，直至找出故障，并加以排除
电网供电正常，电梯没有快车和慢车	主电路或控制电路的熔断器熔体烧断	检查主电路和控制电路的熔断器熔体是否熔断，是否安装，是否夹紧到位。根据情况排除故障
	电压继电器损坏，其他电路中安全保护开关的触点接触不良，损坏	查明电压继电器是否损坏；检查电压继电器是否吸合，检查电压继电器线圈接线是否接通；检查电压继电器动作是否正常。根据检查的情况排除故障
	经控制柜接线端子至电动机接线端子的接线未接到位	检查控制柜接线端子的接线是否到位；检查电动机接线盒接线是否到位夹紧。根据检查情况排除故障
	各种保护开关动作未恢复	检查电梯的电流、过载、弱磁、电压、安全电路各种元器件触点或动作是否正常。根据检查的情况排除故障
电梯下行正常，上行无快车	上行第一、第二限位开关接线不实，开关触点接触不良或损坏	将限位开关触点的接线接实，更换限位开关的触点，更换限位开关
	上行控制接触器、继电器不吸合或损坏	将下行控制接触器、继电器线圈的接线接实，更换接触器、继电器
	控制电路接线松动或脱落	将控制电路松动或脱落的接线接好
电梯轿厢到平层位置不停车	上、下方向接触器不复位	调整上、下方向接触器
	上、下平层感应器损坏	更换平层感应器
	控制电路出现故障	排除控制电路的故障
	遮磁板或磁感应器相对位置尺寸不符合标准要求，磁感应器接线不良	将磁感应器调整好，调整遮磁板或磁感应器的尺寸
	轿厢内选层继电器失灵	修复或更换
电梯有慢车没快车	轿厢门、某层门的厅门电锁开关触点接触不良或损坏	调整修理厅门及轿厢门电锁触点或更换触点
	上、下运行控制继电器、快速接触器损坏	更换上、下行控制继电器或接触器
	控制电路有故障	检查控制电路，排除控制电路故障

（续）

故障现象	原　因	排除方法
电梯起动困难或运行速度明显降低	电源电压过低或断相	检查线路，电压误差不超过额定值的±10%，紧固各触点
	电动机滚动轴承润滑不良	补油、清洗、更换润滑油
	曳引机减速器润滑不良	补油或更换润滑油
	制动器抱闸未松开	调整制动器
	行车上、下接触器触点接触不良	检修或更换
轿厢运行到所选楼层不换速	楼层换速感应器接线不良或损坏	更换感应器或将感应器接线接好
	换速感应器与感应板位置尺寸不符合标准要求	调整感应器与感应板的位置尺寸，使其符合标准
	控制电路存在故障	检查控制电路，排除控制电路故障
	快速接触器不复位	调整快速接触器
未选层站停车	快速保持电路接触不良	调整使快速电路中继电器与接触器触点接触良好
	选层器上层间信号隔离二极管击穿	更换二极管
轿厢运行未到换速点突然换速停车	开门刀与层门锁滚轮碰撞	调整开门刀或层门锁滚轮
	开门刀层门锁调整不当	调整开门刀或层门锁
	外电网停电或倒闸换电	如停电时间过长，应通知维修人员采取营救措施
	由于某种原因引起电流过大，总开关熔丝熔断，或断路器跳闸	找出原因，更换熔丝或重新合上断路器
	安全钳动作	在机房断开总电源，松开制动器，人为地将轿厢上移，使安全钳楔块脱离导轨，并使轿厢停靠在厅门口，放出乘客。然后合上总电源开关，站在轿厢顶上，以检修速度检查各部分有无异常，并用锉刀将导轨上的制动痕修光
轿厢平层准确度误差过大	轿厢超载	严禁超载运行
	制动器未完全打开或调整不当	调整制动器，使其间隙符合标准要求
	平层磁感应器与遮磁板位置尺寸变化	调整平层磁感应器与遮磁板位置尺寸
	制动力矩调整不当	调整制动力矩
	选层器换速触点与固定触点位置不当	调整
电梯冲顶撞底	控制部分如选层器换速触点、选层继电器、井道换速开关、极限开关等失灵，或选层器链条脱落等	查明原因后，酌情修复或更换元器件
	快速运行继电器触点粘住，使电梯保持快速运行，直至冲顶或撞底	冲顶时，由于轿厢惯性冲力很大，当对重被缓冲器撑住时，轿厢会产生急抖动下降，可能会使安全钳动作。此时，应首先拉开总电源，用木柱支撑对重。用手动葫芦吊升轿厢，直至安全钳复位
电梯到达平层位置不能开门	开关门电路熔断器熔体熔断	更换熔断器的熔体
	开关门限位开关触点接触不良或损坏	更换或修复限位开关
	提前开门传感器插头接触不良，脱落或损坏	更换或修复传感器插头
	开门继电器损坏或其控制电路故障	更换断电器、修复控制电路故障
	开门机传动带脱落或断裂	调整或更换开门机传动带

（续）

故障现象	原因	排除方法
电梯平层后自动溜车	制动器弹簧松动或制动器故障	收紧制动弹簧或修复调整制动器
	曳引绳打滑	修复曳引轮绳槽或更换
电梯运行时轿厢内有异常的噪声和振动	滚动导靴轴承磨损严重	更换导靴轴承
	导靴靴衬磨损严重，使两端金属板与导轨发生摩擦	更换导靴靴衬
	磁感应器与遮磁板有碰撞现象	调整磁感应器与遮磁板位置尺寸
	反绳轮、导向轮轴承与轴套润滑不良	润滑反绳轮、导向轮轴承
	导轨润滑不良	润滑导轨
	门刀与厅门锁滚轮或碰撞层门地坎	调整门刀与厅门锁滚轮、门刀与厅门地坑间隙
	随行电缆刮导轨支架	调整或重新捆绑电缆
	曳引钢丝绳张力调整不良	调整曳引钢丝绳张力
	补偿链蹭导向装置或底坑地面	提升补偿链或调整导向装置
	滑动导靴中卡入异物	清除异物并清洗靴衬
	由于安全钳拉杆松动等原因，使安全钳楔块与导轨发生摩擦	修复
	曳引机减速器蜗轮、蜗杆磨损，齿间隙过大	调整减速器中心距或更换蜗轮、蜗杆
	曳引机固定处松动	检查地脚螺栓、挡板、压板等，如有松动应拧紧
	个别导轨架或导轨松动	慢速行车，在轿厢顶上检查并拧紧
选层记忆并关门后电梯不能起动运行	厅、轿厢门电联锁开关接触不良或损坏	修复或更换层轿厢门联锁开关
	制动器抱闸未能松开	调整制动器使其松闸
	电源电压过低	待电源电压正常后再投入运行
	电源断相	修复断相
	门未关闭到位，门锁开关未能接通	重新开关门，如不奏效，应调整门速
	轿厢门闭合到位．开关未接通	调整和排除
	运行继电器电路有断点或运行继电器出现故障	用万用表检查断点，并排除，修复、更换继电器
门未关，电梯就选层起动	门锁开关触点粘连（对使用微动开关的门锁）	排除或更换
	门锁控制电路短路	检查并排除
开门、关门过程中门扇抖动、有卡阻现象	门地坎中的滑槽积尘过多或有杂物，妨碍门的滑行	清扫地坎滑槽内异物
	门滑轮的偏心轮松动，与上坎的间隙过大或过小	修复调整
	门滑轮与门扇连接螺栓松动或滚轮严重磨损	调整或更换吊门滚轮
	门导轨变形或发生松动偏斜	校正导轨，调整紧固导轨
	门锁两个滚轮与门刀未紧贴，间隙大	调整门锁

（续）

故障现象	原　因	排除方法
开门速度变慢	开关门速度控制电路出现故障	检查低速开关门行程开关，排除故障
	开门传动带打滑	张紧传动带
按关门按钮不能自动关门	开关门电路的熔断器熔体熔断	更换熔断器熔体
	关门继电器损坏或其控制电路有故障	更换继电器或检查电路故障并修复
	关门第一限位开关的触点接触不良或损坏	更换限位开关
	安全触板未复位或开关损坏	调整安全触板或更换安全触板开关
	光电保护装置有故障	修复或更换门光电保护装置
	关门按钮触点接触不良或损坏	用导线短接法检查确定，然后修复
	门电动机损坏或有关线路有断点	用万用表检查电动机及有关线路，并进行修复或更换
	门机构传动带打滑	张紧传动带或更换
按下选层按钮后没有信号（灯不亮）	按钮接触不良或折断	修复和调整
	信号灯接触不良或烧坏	排除接触不良或更换灯泡
	选层继电器失灵或自锁触点接触不良	更换或修理
	有关线路断开或接线松开	用万用表检查并排除
	选层器上信号灯活动触点接触不良，使选层继电器不能吸合	调整活动触点弹簧，或修复清理触点
有选层信号，但方向箭头灯不亮	信号灯接触不良或烧坏	排除接触不良或更换灯泡
	选层器上自动定向触点接触不良，使方向继电器不能吸合	用万用表检测，并调整修复
	选层继电器常开触点接触不良，使方向继电器不能吸合	修复及调整
	上、下行方向继电器电路中的二极管损坏	用万用表找出损坏的二极管．并予以更换
局部熔丝经常熔断	该电路导线有接地或元器件有接地	检查接地点，加强绝缘
	继电器绝缘垫片击穿	加绝缘垫片或更换继电器
主熔丝片经常熔断	熔丝片容量选得小或接触不良	按额定电流更换熔丝片，并压接紧固
	接触器接触不良或被卡阻	检查调整接触器，排除卡阻或更换接触器
	电梯起动、制动时间过长	调整起动、制动时间
门安全触板失灵	触板微动开关出了故障	排除或更换
	微动开关连线短路	检查电路，排除短路点
轿厢或厅门有电麻感觉	轿厢或厅门接地线断开，或者接触不良	检查接地线，使接地电阻不大于4Ω
	保护接零系统重复接地线断开	接好重复接地线
	线路有漏电现象	检查线路绝缘，其绝缘电阻不应低于0.5MΩ

7.3　电梯的管理与使用

电梯能否安全可靠运行直接影响到建筑中人和货物的正常周转，为确保电梯的正常安全运行，需要进行一系列有目的的管理活动，这些活动主要包括安全管理、运行管理和维修管理等方面。

电梯如果使用得当，定期保养，出现故障能及时修理，并彻底把故障排除掉，不但能够减少停机待修时间，还能够延长电梯的使用寿命，提高使用效率，促进生产的发展。实践证明，一部电梯的使用效果好坏，取决于电梯制造、安装、使用过程中管理和维修等几个方面的质量。

7.3.1　特种设备安全监察条例

2003 年国务院颁布了《特种设备安全监察条例》，2009 年国务院颁布修订后的新的《特种设备安全监察条例》（以下简称《条例》）。制定条例的目的在于防止和减少事故、保障人民群众生命和财产安全，促进经济发展。《条例》内容包括总则、特种设备的生产、特种设备的使用、检验检测、监督监察和附则。

特种设备是指由国家认定的，因设备本身和外在因素的影响容易发生事故，并且一旦发生事故会造成人身伤亡及重大经济损失的危险性较大的设备。国家认定的“特种设备”包括电梯、起重机械、厂内机动车辆、客运索道、游艺机和游乐设施、防爆电气设备等

《条例》的总则要求特种设备使用单位必须遵守此条例，并建立健全安全管理制度和岗位安全制度，同时单位主要负责人对特种设备的安全全面负责，还应接受安全监督管理部门的安全监察。

在特种设备的使用上，《条例》要求特种设备使用单位必须严格执行条例和有关安全生产的行政法规的规定，保证特种设备的安全使用。特种设备的作业人员必须参与培训并取得国家统一格式的特种作业人员证书。特种设备使用单位应制定事故应急措施和救援预案，必须使用符合安全技术要求的特种设备，而且在使用前或使用后 30 日内应在安全监督管理部门登记，标志应附在设备的显著位置。

《条例》对于特种设备的维护保养也做出了规定。除每日必须例行检查之外，至少每 15 天必须进行一次特种设备的清洁、润滑、调整和检查，每月进行一次特种设备的自行检查并记录，而且每年定期检验特种设备的安全检验合格证。

《条例》规定特种设备的司梯人员必须参加特种设备安全、节能教育和培训，要具备必要的特种设备操作知识和安全、节能知识，在设备使用中严格执行操作规程、严格遵守安全规章制度，特种设备司梯人员应当按照国家有关规定经质量技术监督部门考核合格，取得国家统一格式的特种作业人员证书，方可从事相应的作业或者管理工作。

电梯广泛用于人民群众的工作、生产和生活之中，虽然具备较为完善的机电安全设施，但是某些情况下又比较容易引发人身伤害。为了加强特种设备的安全监察，防止和减少事故，保障人民群众生命和财产安全，促进经济发展，《特种设备安全监察条例》中对电梯的安装、改造、维修和维护保养活动以及安全运行做出了许多规定，主要有以下三个方面：

一是电梯的安装、改造和维修，必须由电梯制造单位或者电梯制造单位通过合同委托、同意的依照新《条例》取得许可的单位进行。电梯的制造单位对电梯质量以及安全运行涉及的质量问题负责。电梯的制造、安装、改造和维修活动，必须严格遵守安全技术规范的要求。电梯制造单位委托或者同意其他单位进行电梯安装、改造、维修活动的，应当对其安装、改造、维修活动进行安全指导和监控。电梯的安装、改造、维修活动结束后，电梯制造

单位应当按照安全技术规范的要求对电梯进行校验和调试，并对校验和调试的结果负责。电梯安装单位在电梯安装施工过程中应当服从建筑施工总承包单位对施工现场的安全生产管理，电梯井道的土建工程必须符合建筑工程质量要求。

二是电梯的日常维护保养必须由依照新《条例》取得许可的安装、改造、维修单位或者电梯制造单位进行。电梯应当至少每 15 日进行一次清洁、润滑、调整和检查。电梯的日常维护保养单位应当在维护保养中严格执行国家安全技术规范的要求，保证其维护保养的电梯的安全技术性能，并负责落实现场安全防护措施，保证施工安全。电梯的日常维护保养单位，应当对其维护保养的电梯的安全性能负责。接到故障通知后，应当立即赶赴现场，并采取必要的应急救援措施。

三是电梯投入使用后，电梯制造单位应当对其制造的电梯的安全运行情况进行跟踪调查和了解，对电梯的日常维护保养单位或者电梯的使用单位在安全运行方面存在的问题，提出改进建议，并提供必要的技术帮助。发现电梯存在严重事故隐患的，应当及时向特种设备安全监督管理部门报告。电梯制造单位对调查和了解的情况，应当做出记录。

7.3.2 电梯安全管理

电梯设备安全管理的好坏直接影响电梯管理员和电梯司乘人员的安危，为防止电梯因使用不当造成损坏或引起伤亡事故，必须加强电梯的安全管理。电梯使用安全管理主要包括：安全教育、司梯人员的操作安全管理、乘梯人员的安全管理、电梯困人救援的安全管理。

安全部门和电梯管理员负责对电梯机房值班人员、司梯人员和乘梯人员实施安全教育，使他们树立安全第一的思想，熟知电梯设备的安全操作规程和乘梯、货物堆放安全规则。

为了确保电梯的安全运行，司梯人员要经有关部门统一考试合格后才可上岗。电梯管理员负责制定相应的司梯人员安全操作守则，并监督执行。司梯人员守则主要包括：

1）司梯人员在开启厅门进入轿厢之前，需注意轿厢是否停在该层；进入轿厢后先开启轿厢内照明；每日开始工作前，将电梯上下行驶数次，如遇异常情况立即停止使用并检修。

2）在电梯服务时间内，如司梯人员必须离开或电梯停用时，必须将轿内电源开关断开，如厅门有能在外开启的设施也将厅门关好。

3）电梯运行中发现异常情况，立即停止电梯，及时通知维修人员并配合维修人员搞好电梯维修工作。

4）电梯如发生电源失控、停电等异常情况，应保持镇静，电梯未平层禁止乘客打开轿厢门，同时采取应急措施解救。

5）做好清洁卫生工作。电梯机组、控制柜等设备无灰尘，轿厢、门、地坎无灰尘，机房堆放整齐。轿厢每日清扫，机房每周清扫一次。

6）做好各种记录。包括电梯安全运行记录，故障记录，零件、设备损坏记录，维修、维护记录等。记录每日进行，记录应完整、准确，字迹工整，有记录人签名。

加强对乘梯人员的安全管理，制定电梯乘梯人员安全使用乘梯的警示牌，悬挂于乘客经过的显眼位置。敬告乘梯人员安全使用电梯的常识。乘梯须知应做到言简意赅。警示牌要显而易见。乘梯须知内容是：

用手按钮，严禁撞击；不许吸烟，勿靠厢门；运行之时，挤门危险；危险物品，禁止进梯；保持清洁，勿吐勿丢；若遇危险，请按警铃；超载铃响，后进退出；儿童乘梯，成人携带；楼内火灾，切勿乘梯。

电梯内货物的堆放要做到均衡放置，重量对称；不超载，禁运超大、超重物品；禁运易燃易爆物品。

电梯困人救援的安全管理主要规范电梯困人救援工作，确保乘客的安全是电梯困人救援管理工作的目的，凡遇故障，司梯人员应首先通知电梯维修人员和电梯管理员，如电梯维修人员和电梯管理员 5min 仍未到场，经过训练的救援人员可根据不同情况，设法先行释放被困乘客。

电梯困人援救程序如下：

1）告知被困人员，等待救援：当发生电梯困人事故时，电梯管理员或援救人员通过对讲机或喊话与被困人员取得联系，务必使其保持镇静，静心等待救援人员的援救。被困人员不可将身体任何部位伸出轿厢外。如果轿厢属于半开闭状态，电梯管理员应设法将轿厢门完全关闭。

2）准确判断轿厢位置，作好援救准备：根据楼层指示灯、选层器横杆或打开厅门判断轿厢所在位置，然后设法援救乘客。

电梯困人救援步骤如下：

1）轿厢停于接近电梯口的位置时的援救步骤如下：

① 断开机房电源开关；

② 用专门厅门锁钥匙开启厅门；

③ 在轿厢顶用人力慢慢开启轿厢门；

④ 协助乘客离开轿厢；

⑤ 重新关好厅门。

2）轿厢远离电梯口时的援救步骤如下：

① 进入机房，断开该故障电梯的电源开关；

② 拆除电动机尾轴端盖，安装好盘车手轮座及盘车手轮；

③ 救援人员用力把住盘车手轮，另一救援人员，手持开闸扳手，轻轻撬开制动，注意观察平层标志，使轿厢逐步移动至最接近厅门（0.5m）为止；

④ 当确认刹车制动无误时，放开盘车手轮。然后按步骤 1）的方式救援。

遇到其他复杂的情况时，应请电梯公司帮助救援。援救结束时，电梯管理员填写援救记录并存档。

7.3.3　电梯运行管理

电梯运行管理的主要目的是规范电梯的日常管理工作，以保证电梯设备的正常运行。

电梯管理员根据电梯的性能和运行情况制定出电梯巡视管理制度，并监督机房值班人员执行。电梯的巡视监控管理，是由电梯机房值班人员实施的，应定时对电梯设备进行巡视检查。巡视的内容包括：曳引机是否有噪声、异味，是否烫手；轴承螺栓是否松动；减速器的油位、油色是否正常，联轴器是否牢固可靠；指示仪表、指示灯、各继电器动作是否正常；变压器、电抗器等是否过热；制动器是否正常；曳引轮、曳引钢丝绳、限速器等是否正常；通信设施、标示牌、盘车手轮、开闸扳手等救援工具是否放在指定位置；电梯运行有无振动，开关门是否顺畅；底坑限速器是否正常等。电梯机房值班人员每日对电梯进行一次巡视，根据巡视情况填写《电梯设备巡视记录》。

当巡视中发现不良状况时，机房值班人员应及时采取措施进行调整。如果问题严重则及时报告电梯管理员，并协同电梯管理员进行解决。整修时应严格遵守《电梯维修保养标准》。

当电梯工作中出现异常情况时，司梯人员和乘梯人员都要冷静，保持清醒的头脑，以便寻求比较安全的解决方案。

当楼层发生火灾时，电梯的机房值班人员应立即设法按动"消防开关"，使电梯进入消防运行状态。电梯运行到基站后，疏导乘客迅速离开轿厢。通知电梯管理员并拨打119电话。

井道或轿厢内失火时，司梯人员应立即停梯并疏导乘客离开，切断电源后用干粉灭火器或卤代烷1211灭火器灭火。同时，电话通知电梯管理员。若火势较猛就应拨打119，以便保证建筑内的人员和财产安全。

电梯的坑道遭水浸时，应将电梯停于2层以上；当楼层发生水淹时，应将电梯停于水淹的上一层，然后断开电源总开关并立即组织人员堵水源，水源堵住后进行除湿处理，如热风吹干。测试绝缘电阻，当达到标准后，即可试梯。试梯正常后，才可投入使用。

电梯机房值班人员，在电梯管理员的领导下工作。电梯管理员负责制定电梯机房的管理制度，机房值班人员严格执行电梯机房管理制度。

电梯机房管理制度规定非机房工作人员不准进入机房，必须进入时应经过电梯管理员同意，在机房人员的陪同下进入；机房应配足消防器材，免放易燃易爆品；每周打扫一次机房卫生，保持机房清洁；为防止不必要的麻烦，机房要随时上锁。

正常情况时，机房人员需按时交接班，并签署《电梯设备巡视记录》。当遇到接班人员未到岗时，交班人员不得离岗，应请示电梯管理员寻求解决。电梯发生事故后，未处理完，应由交班人员继续负责事故的处理，接班人员协助处理。

为了解电梯的整体状况，便于电梯的维护保养，分析电梯故障原因，及时消除电梯事故隐患，了解电梯日常管理的进展情况，有必要建立电梯档案。电梯档案应包括电梯的各种资料，如电梯的原理图和安装图、《电梯设备巡视记录》、《电梯设备维修记录》、《电梯保养记录》等项内容。档案中的《电梯设备巡视记录》，由机房值班组长每月初整理成册，交电梯管理员保管。

7.3.4 电梯维修管理

优质快捷、安全高效的电梯不但取决于先进的技术、新颖的设计、良好的制造，而且还依赖于标准的安装、规范的保养、防备的监控、正确的使用、认真的维修和及时的改造，这些因素直接影响和决定了电梯的运行和使用寿命。加强电梯的维修管理，使电梯迅速排除故障，恢复电梯正常运行，是非常必要的。

为使电梯安全运行，降低故障率，需要对电梯进行经常性的维护、检查和修理。电梯管理员和电梯机房值班人员负责电梯发生故障时的紧急维修工作，维修人员负责电梯故障维修的组织监控工作。建立《电梯维修保养标准》和相应的电梯维修管理制度，确保《电梯维修保养标准》的顺畅实施，规范电梯的维护保养工作，使电梯各项性能指标达标，消除电梯的故障隐患，以减少运行费用是电梯维修管理的主要内容。

电梯管理员根据国家标准和管理范围内的电梯情况制定《电梯维修保养标准》。注意制定标准时不要和国家标准相抵触。

对电梯进行经常、定期的维护，维护的质量直接关系到电梯运行使用的品质和人身安全，维护要由专门的电梯维护人员进行。GB/T 18775—2009《电梯、自动扶梯和自动人行道维修规范》规定了乘客及载货电梯维修应遵守的准则，其规定应由取得资格的维修人员根据该标准第 5 ~ 15 章的要求按计划对电梯进行维护，并且每年按 GB 7588—2003《电梯制造与安装安全规范》附录（定期检验、重大改装或事故后的检验）进行一次全面的安全检查。

1）日常维护保养：电梯维修应坚持以电梯经常性的维护保养为主，及早发现事故的隐患，将事故消灭在萌芽状态之中。经常性维护保养应突出重点而不是普遍地进行，如机房内的曳引机、控制柜、井道内的厅门锁闭装置、开关门机构及轿厢门，这些重点装置的维修周期越短，则发生故障的机会越少。

《特种设备安全监察条例》明确规定，电梯的日常维护保养必须由取得许可的安装、改造、维修单位或者电梯制造单位进行。电梯应当至少每 15 日进行一次清洁、润滑、调整和检查。同时，GB/T 18775—2002《电梯维修规范》中还细致地列出了按计划进行维护的内容。另外，要保证电梯正常运行，除了经常性维护外，还与机房环境条件有密切的关系，如机房环境温度能保持在 5 ~ 40℃之间，且通风良好、无油、污气体排入、基本无灰尘、无潮气、电源电压波动较小等，在这样的良好条件下，电梯可能发生故障的机会就少得多了。因此，对没有良好的机房环境条件的使用单位，应千方百计创造条件，加强日常维修，缩短维修周期，也能收到较好的效果。

2）月维修保养：主要检查各种按钮是否灵活，开关是否正常，有无噪声和异味，限速制动元件是否可靠。检修完成后填写《电梯月维修保养记录》。

3）季维修保养：针对机房内的主要设备进行检修。例如，检查曳引电动机运行时，有无异常噪声；减速器是否漏油，减速器和曳引电动机的温升是否超标；曳引电动机制动器是否可靠；速度反馈装置的反馈信号有无变化，控制柜的电气元器件动作是否可靠；限位开关的动作是否可靠。检修完成后填写《电梯季度维修保养记录》。

4）年维修保养：每年对电梯的整机运行性能和安全设施作一次检查。整机性能包括乘坐的舒适感、运行的振动、噪声、运行速度、平层准确性。安全设施包括超速保护，断相、错相保护，撞底缓冲装置，超越上下限位置的保护等。整机检修完成后填写《电梯年维修保养记录》。

5）电梯故障处理制度：电梯管理员和电梯维修人员，接到电梯故障的通知后，在 5min 内到达现场。根据现场情况做出正确判断，并对电梯被困人员进行解救。查看故障现象、分析故障原因，根据情况进行故障处理。对于一般故障，处理后填写《电梯维修记录》，电梯的重大故障应由电梯公司的技术人员进行维修，并经专业人员检验合格方可使用。

6）不定期保养维修：不定期对电梯保养维修情况进行检查，发现问题视其情况给予责任人教育、批评或处罚。

小　　结

本章主要介绍了电梯的调试、故障分析与诊断和管理与使用。通过本章的学习，应了解保证电梯正常运行需做的工作以及电梯调试的过程和要点，应了解电梯的各类故障，并能够进行简单的故障分析与诊断，还应熟悉电梯管理与使用的规定和注意事项。

思考与练习

7-1 电梯调试前需做哪些准备工作？

7-2 低速运行的调试工作包括哪些基本内容？

7-3 高速运行的调试工作包括哪些基本内容？

7-4 造成电梯故障的主要原因是什么？

7-5 电梯机械故障多由哪几方面原因造成？

7-6 电梯上容易发生哪些电气故障，故障发生的主要原因是什么？

7-7 电梯使用安全管理主要包括哪些内容？

7-8 电梯安全操作规程有哪些要求？

7-9 电梯困人救援的步骤有哪些？

7-10 电梯定期维护保养包括哪些内容？

第 8 章　其他类型电梯

8.1　自动扶梯

自动扶梯，又称扶手电梯、电动梯，是一种带有循环运动梯路，向上或向下倾斜输送乘客的电力驱动设备。1899 年奥的斯（Otis）研制成功自动扶梯，在 1900 年巴黎博览会上展示并获头奖（见图 8-1），并将之命名为“Escalator”（既是“梯子”（Escalade）又是“电梯”（Elevator））。

自动扶梯主要被用来在建筑物的不同层高间连续运送人员上下。由于自动扶梯是连续工作的，因此，在人流集中的公共场所、商店、车站、机场、码头、大厦及地下铁道车站等处，要在较短时间内运送大量人员，通常使用自动扶梯。

图 8-1　1900 年巴黎博览会上的第一部踏步式自动扶梯

自动扶梯能连续不断地输送人流往指定楼层，比起电梯，它既不会困人，也能在停电或故障时作为楼梯使用。对于两三层楼内的人流运送，自动扶梯比起电梯效率更高，可是在更多楼层运送人流时，自动扶梯则显得有心无力。

自动扶梯按承载情况和使用时间长短又可分为普通型和交通运输型。交通运输型自动扶梯每周运行时间约为 140h，而且在任意 3h 的时间间隔内，持续重载时间不少于 0.5h，其载荷应达到规定制动载荷的 100%。因此，特别要求自动扶梯经久耐用。

自动扶梯的发展趋势是：结构紧凑，减少占用空间；减轻设备自重；减少阻力，节约能耗；外形美观，可兼作建筑物的装饰用；运转平稳，减少噪声；易于安装和维护保养。

8.1.1　结构

自动扶梯由梯级、牵引构件、梯路导轨系统、驱动装置、扶手系统和金属结构、其他构件及安全装置组成，如图 8-2 所示。

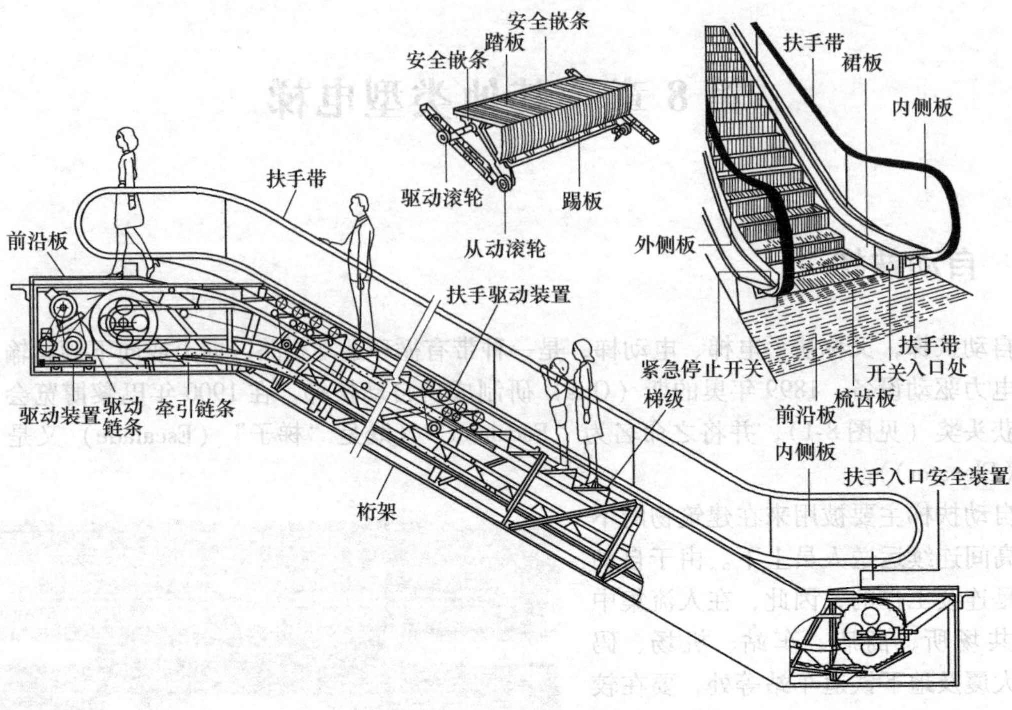

图 8-2　自动扶梯的组成

1. 梯级

自动扶梯的最重要部件便是梯级。梯级主要由踏板、踢板、支架及安全嵌条等组成，由牵引链条对其进行牵引，实现承载和运输乘客。如图 8-2 所示，梯级的上方（踏板）为有坑纹的金属，以配合梳齿板，防止抵达终点时摄着物件。而前方（踢板）则为弧面的金属，大部分都有坑纹。梯级是特殊结构形式的四轮小车，有两只驱动滚轮，两只从动滚轮。梯级的驱动滚轮的轮轴与牵引链条铰接在一起，从动滚轮轴不与牵引链条铰接。这样，全部梯级通过按一定规律布置的导轨运行，可以做到自动扶梯的在上分支的梯级保持水平，而在下分支的梯级可以倒挂。

在一台自动扶梯中，梯级是数量最多的部件。一台小提升高度自动扶梯的梯级约需 50 ~ 100 只；大提升高度自动扶梯的梯级多达 600 ~ 700 只。由于梯级数量众多，又是经常运动的部件，因此一台自动扶梯的质量在很大程度上取决于梯级的结构和质量。梯级务必有着轻巧而耐用的特点，否则既耗能源也会加速老化。

对梯级的要求是：自重轻，工艺性能好，装拆维修方便。图 8-2 所示的梯级是采用铝合金整体压铸而成的整体式梯级。整体式梯级有加工速度快、精度高、自重轻等优点。

梯级的宽度一般为 0.6m（1 人）、0.8m、1m（2 人）。而梯级的基部可分为三个基距，如图 8-3 所示。短基距可缩减整条自动扶梯的体积，长基距则可使梯级更平稳。一般的自动扶梯则用了中基距，在两者间取得平衡。

2. 牵引构件

自动扶梯所用牵引构件有牵引链条与牵引齿条两种。牵引构件是传递牵引力牵引梯级的构件，一台自动扶梯有构成闭合环路的两条牵引链条或牵引齿条，且同步运行。使用牵引链

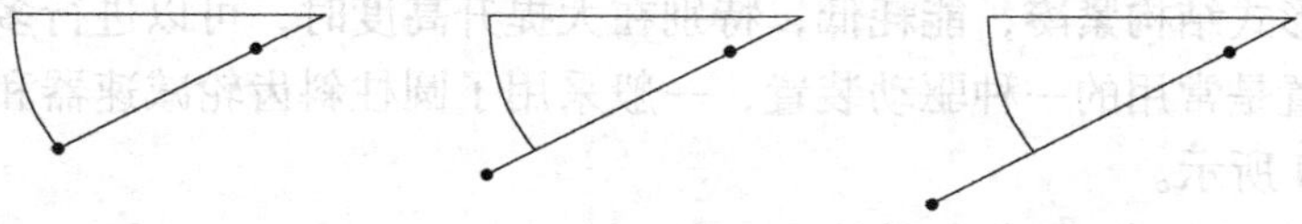

图 8-3　梯级的基距

条的驱动装置装在上分支上水平直级区段的末端，即所谓端部驱动式的；使用牵引齿条的驱动装置装在倾斜直线区段上、下分支的当中，即所谓中间驱动式的。下面分别讨论牵引链条及牵引齿条。

如图 8-2 所示，自动扶梯所用牵引构件就是牵引链条，它由链片、小轴和套筒等组成。按连接方法可将牵引链条分为可拆式的和不可拆式的两种。可拆式的就是在任何环节都可分拆而无损于链条及其零件的完整性。不可拆式的是仅在一定数目的环节处，也就是在一定的分段长度处可以拆装。这种可拆装的部件是专门供安装或检修用的。在我国自动扶梯制造业中，一般都采用第二种，因为这种结构具有较高的可靠性而且安装方便。目前所采用的牵引链条分段长度一般为 1. 6m。牵引链条是自动扶梯主要的动力传递构件，其质量直接影响自动扶梯的运行平稳和噪声高低。

3. 梯路导轨系统

为使梯级保持一个稳定的水平面，底部的驱动滚轮及从动滚轮分别在不同导轨上行走。梯路导轨系统包括驱动滚轮和从动滚轮的全部导轨、反轨、导轨支架及转向壁等。导轨系统的作用在于支承由梯级驱动滚轮和从动滚轮传递来的梯路载荷，保证梯级按一定的规律运动以及防止梯级跑偏等。因此，要求导轨既要满足梯路设计要求，还应具有光滑、平整、耐磨的工作表面，并具有一定的尺寸精度。

一般自动扶梯运行速度约为 0. 5m/s，越快的自动扶梯，其缓冲区必须越长。

自动扶梯的倾斜度最高为 35°，普遍为 30°。倾斜度小于 30°的自动扶梯，最高速度为 0. 75m/s，而超过 30°的自动扶梯，最高速度为 0. 5m/s。常见的自动扶梯速度为 0. 5m/s、0. 65m/s、0. 7m/s。在 30°倾斜的自动扶梯，配以 0. 5m/s 的梯速下，使用者每秒能上升/下降 0. 25 ~ 0. 28m。

4. 驱动装置

驱动装置的作用是将动力传递给梯路系统及扶手系统。驱动装置一般由电动机、减速器、制动器、驱动链条及驱动主轴等组成。由于电动机轴与梯级踏板间有一定的高度差，所以驱动装置的传动比在 1 : 46 ~ 1 : 84 这一范围内。

按驱动装置所在自动扶梯的位置可分为端部驱动装置和中间驱动装置两种。端部驱动装置以牵引链条为牵引件，又称链条式自动扶梯。这种驱动装置装在自动扶梯的端部，通常将安装驱动装置的地方称为机房。小提升高度自动扶梯使用内机房，在提升高度相当大时或有特殊要求时，端部驱动自动扶梯需要采用外机房，也就是驱动装置装在自动扶梯金属结构外建筑物的基础上。中间驱动装置装在自动扶梯的中部，以牵引齿条为牵引件，又称为齿条式自动扶梯。中间驱动自动扶梯不需要内、外机房，而将驱动装置装在自动扶梯梯路中部的上、下分支之间，而该处是自动扶梯未被利用的空间。

端部驱动结构使用、生产时间已久，工艺成熟，维修方便，我国绝大多数企业采用这种结构。中间驱动形式结构紧凑，能耗低，特别在大提升高度时，可以进行多级驱动。

端部驱动装置是常用的一种驱动装置，一般采用了圆柱斜齿轮减速器和盘式制动器的驱动机组，如图 8-4 所示。

图 8-4 中，电动机装在减速器的上方，通过几根 V 带传给减速器动力，减速器通过驱动链条带动驱动主轴，主轴上装有两个牵引链轮、两个扶手驱动轮、传动链轮以及紧急制动器等。牵引链条上装有一系列梯级，由主轴上的牵引链轮带动。主轴上的扶手驱动轮通过扶手传动链条使扶手驱动轮驱动扶手胶带。另有扶手带压紧装置，以增加扶手带与扶手驱动轮间的摩擦力，防止打滑。

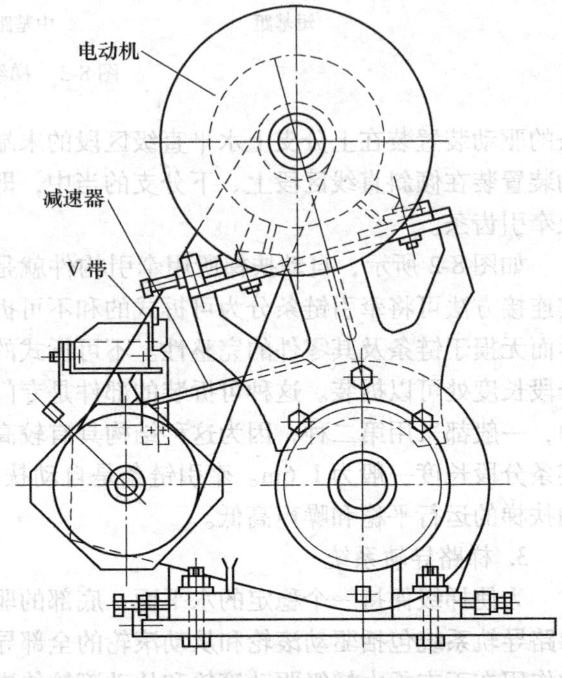

图 8-4 圆柱斜齿轮减速器和盘式制动器的驱动机组

端部驱动装置使用圆柱斜齿轮减速器，与使用蜗杆蜗轮减速器相比，可以使结构紧凑、效率提高、降低能耗；驱动装置采用防振装置、机架部件采用吸振材料等，可以使振动噪声降到与蜗杆蜗轮减速器相同的水平，达到运转平稳、振动小及噪声低的要求。

5. 扶手系统

扶手系统是供梯级上的乘客作扶手用的，特别是在出入扶梯的期间，对乘客更为重要。扶手系统由扶手护栏、扶手驱动装置、扶手带等组成。一台自动扶梯有构成闭合环路的两条扶手带，扶手带与梯级同步运行。

扶手护栏具有保护乘客和支撑扶手带的作用，护栏导轨和盖板由发纹不锈钢做成。扶手护栏有如自动扶梯的“外貌”，整台自动扶梯最能起到建筑物内装饰作用的就是扶手护栏。扶手护栏的型面必须与建筑物内部色彩相协调，必须适应乘客的心理需求。扶手护栏端部延伸到靠近建筑物的地板，所以在考虑人机工程时，扶手护栏的结构必须具有紧凑感，以使乘客能平稳地上下自动扶梯。

扶手护栏结构分为全透明无支撑式、半透明有支撑式及不透明有支撑式等。图 8-1 所示的扶手护栏是全透明无支撑式，由于它不含照明设备，所以又叫苗条型扶手护栏。这种结构的扶手带下仅有用于导向的导轨，简单而又合理。导轨坯料采用高精度的成形加工材料，下有经久耐用的玻璃夹。该玻璃夹系固定导轨用的衬板，玻璃板的固定不是用紧固件将导轨拧紧，而是依靠玻璃夹的自身的弹性力将玻璃板牢牢地固定。另外，由前裙板至扶手带转向处距离为 650mm。由于采取了这些措施，使苗条型的扶手装置结构简单、装饰高雅、端庄明快。不仅适用于办公大楼，也适用于宾馆。

扶手驱动装置常用的有两种结构形式，一种是传统使用的摩擦轮驱动形式，另一种是压滚驱动形式。图 8-2 中，扶手驱动为压滚驱动式，其结构形式如图 8-5 所示。这种扶手驱动系统由扶手带的上下两组压滚驱动轮组成。上压滚驱动轮组由自动扶梯的驱动主轴获得动力驱动扶手带，下压滚驱动轮组从动，压紧扶手带，张紧轮可使扶手带紧贴于导轨。这种结构的扶手带基本上是顺向弯曲，较少反向弯曲，弯曲次数大大减少，降低了扶手带的僵性阻力。由于不是摩擦驱动，扶手带不再需要起动时的初张力，只需装一个调整装置以调节扶手带长度的制造误差，因而可以大幅度减少运行阻力，同时也可增加扶手带的使用寿命。

扶手带为自动扶梯的重要安全设备，能确保乘客站在梯级上的安全，防止失去平衡时造成意外。扶手带是一种边缘向内弯曲的橡胶带，如图 8-6 所示。

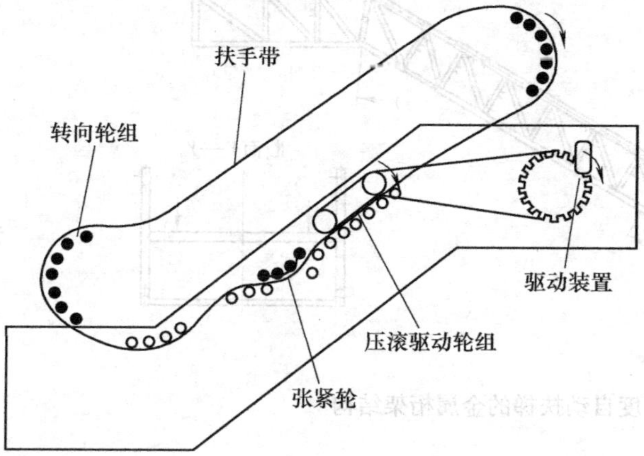

图 8-5　压滚驱动式扶手驱动装置的结构形式

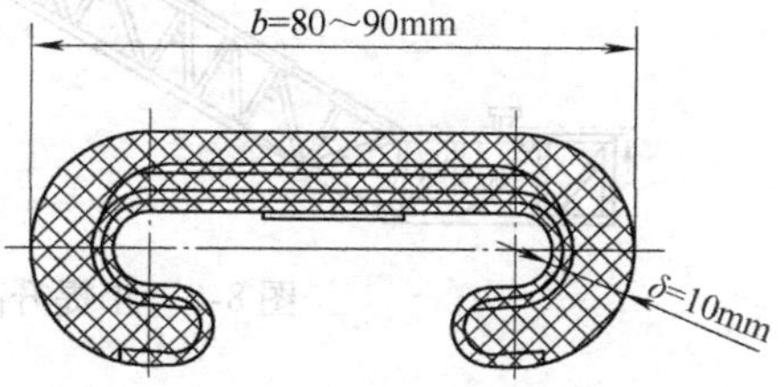

图 8-6　扶手带

按照内部衬垫不同，扶手带有不同类型。多层织物衬垫扶手带的延伸率大。织物夹钢带扶手带在工厂里做成闭合环形带，不需工地拼接，延伸率小，缺点是钢带与橡胶织物间脱胶时，钢带会在扶手胶带内隆起，甚至戳穿帆布造成扶手带损坏。夹钢丝绳织物扶手带在织物衬垫层中夹一排细钢丝绳，既增加扶手带的强度，又可控制扶手带的伸长，这种扶手带在工厂里做成闭合环形，不需工地拼接。我国生产的自动扶梯多用夹钢丝绳织物扶手带。扶手带宽度 $b=80\sim90\text{mm}$，厚度 $\delta=10\text{mm}$。

扶手带的导轨夹在玻璃上或附在重型自动扶梯的金属结构上，如图 8-7 所示。老式的透明侧板扶手带比较宽，导轨底下加上了光管，比较笨重；新型的扶手带因技术改良而较细，更加美观。

有厂商在扶手带上封上广告胶膜，既能使沉闷的扶手带添上色彩，也能收宣传之效。

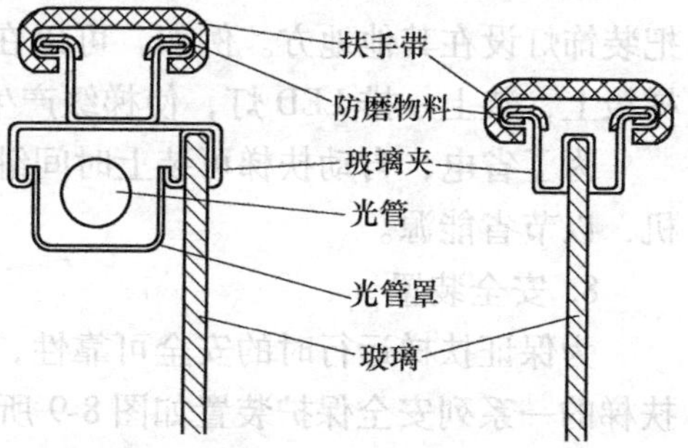

a) 传统扶手带及导轨　b) 新式扶手带及导轨

图 8-7　扶手带及导轨

6. 金属结构

自动扶梯金属结构常用的是桁架式的；也可以是板梁式的。

金属桁架结构的作用是，安装和支承自动扶梯的各个部件，承受各种载荷以及将建筑物两个不同层高的地面连接起来。由于自动扶梯需同时运载大量人流，支撑结构便显得格外重要。端部驱动及中间驱动自动扶梯的梯路、驱动装置、张紧装置、导轨系统及扶手装置等安装在金属结构的里面和上面。

小提升高度自动扶梯的金属桁架结构如图8-8所示。它通常由三段组成，即驱动段、张紧段以及中间段，中间段可分为标准段与非标准段；三段拼装成金属结构整体，两端支撑在建筑物的不同层高之上。提升高度 $H \leqslant 6m$ 时，采用双支座；$H > 6m$ 时则设置三个或三个以上支座，以保证金属结构有足够的刚度。

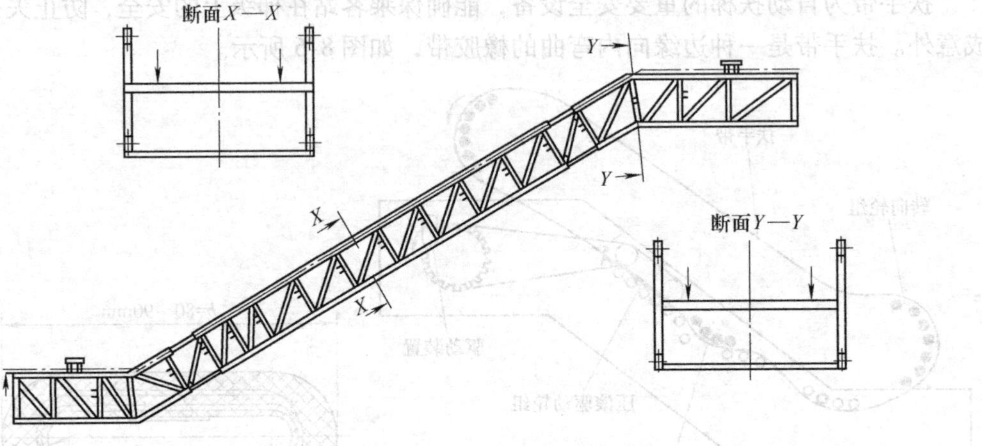

图8-8 小提升高度自动扶梯的金属桁架结构

大、中提升高度自动扶梯的金属结构常由多段结构组成。除驱动段与张紧段外，还有若干中间结构段。中间结构段的下弦杆的节点支承在一系列的水泥墩上，形成多支撑结构。部分铁路车站的自动扶梯更会在自动扶梯底部装有楼梯，以供维修人员更方便地工作。

7. 其他构件

梳齿板装设在梯级与出口的边界，以使鞋子能安全地通过出口，防止卡住。它可用塑料或金属制成。塑料梳齿板因梳齿较细，所以更为安全，缺点是较易破损，反而更不安全；而金属梳齿板则较为耐用。

旧式装饰灯设于扶手下，既不美观，也使扶手带发热，新的自动扶梯多不再采用，而是把装饰灯设在其他地方。例如，可以在自动扶梯旁摆放变色LED灯，使外貌更美观，或在梯级上，装上一排LED灯，使梯级产生仿波浪的灯光。

为了省电，自动扶梯可装上时间继电器及感应器，在一段时间无人使用后自动降速或停机，以节省能源。

8. 安全装置

为保证扶梯运行时的安全可靠性，自动扶梯设置一系列安全保护装置。图8-1所示自动扶梯的一系列安全保护装置如图8-9所示。

图8-9中采用的安全装置分述如下：

1—驱动链安全装置，当驱动链断裂或拉长时，将驱动电动机断电，电磁制动器和机械棘轮工作，防止梯级下滑。

2—梯级牵引链安全装置，当有梯级牵引链断裂或拉长超过允许值时，将驱动电动机断电，磁制动器动作。

3—扶手带入口处安全装置，当有异物带入扶手带入口保护罩内时，将驱动电动机断电，电磁制动器动作。

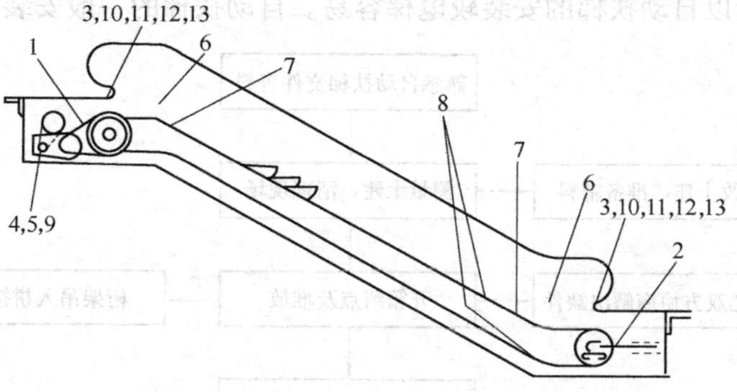

图 8-9　安全保护装置

4—电磁制动器，它装在减速器的输入轴上，动作时能制止梯级的上、下运行。

5—限速器，它装在减速器的输入轴上，当运行速度超过额定速度的 20% 或达不到额定速度的 20% 时，将驱动电动机断电，电磁制动器动作。

6—裙板安全装置，当有异物夹入梯级和裙板之间阻力超过允许值时，将驱动电动机断电，电磁制动器动作。

7—弯曲部导轨安全装置，当有异物在上部或下部夹入两梯级间阻力超过允许值时，将驱动电动机断电，电磁制动器动作。

8—梯级滚轮安全装置，梯级中任何一只滚轮破损时，将驱动电动机断电，电磁制动器动作。

9—不反转装置，在电源断相或其他原因造成扶梯反转的情况下，将驱动电动机断电，电磁制动器动作。它的功能包括在第 5 项限速器中。

10—扶手带入口处橡胶保护罩，可防止儿童因好奇而把手指放入扶手带进出部分。

11—急停按扭，当遇上紧急情况时，按下后自动扶梯便停止运行。为避免乘客失去平衡，制动时一般有一定的制动距离。

12—梳齿安全装置，当有异物嵌入梯级和梳齿板时，将驱动电动机断电，电磁制动器动作。

13—扶手带安全装置，当扶手带断裂和松弛时，将驱动电动机断电，电磁制动器动作。

可以在梯级上画上黄色边界以提醒乘客不要站近梯级边缘，也可设置灯光提示标志，如设置出入口灯等。出入口灯可分为空隙照明灯及护壁板灯，空隙照明灯提醒乘客站在该处会有危险，护壁板灯则设在梳齿板旁，提醒乘客要提步离开。有的自动扶梯还安装了变色的护壁板灯，既提高了安全性又增加了美感。

在部分铁路车站及商场的自动扶梯上，装有发声系统，提示乘客注意安全。

在不少自动扶梯侧面有其他对象（如其他自动扶梯、墙壁等），为避免使用者把头或手伸出梯外撞及而引起意外，这些位置会装上分隔挡板，挡板大小、数目、装法视环境而定，但多数挡板都挂在绳/链上，以便使用者撞上挡板时能够适时缩回安全位置。

8.1.2　安装调试

自动扶梯一般都是在出厂前先在工厂里拼装好，试车运转正常后，再根据扶梯提升高度不同来决定是整机出厂还是分拆几截出厂。当提升高度小于 4m 时都是整机出厂，运到工地直接安装即可。所以自动扶梯的安装较电梯容易。自动扶梯的一般安装流程如图 8-10 所示。

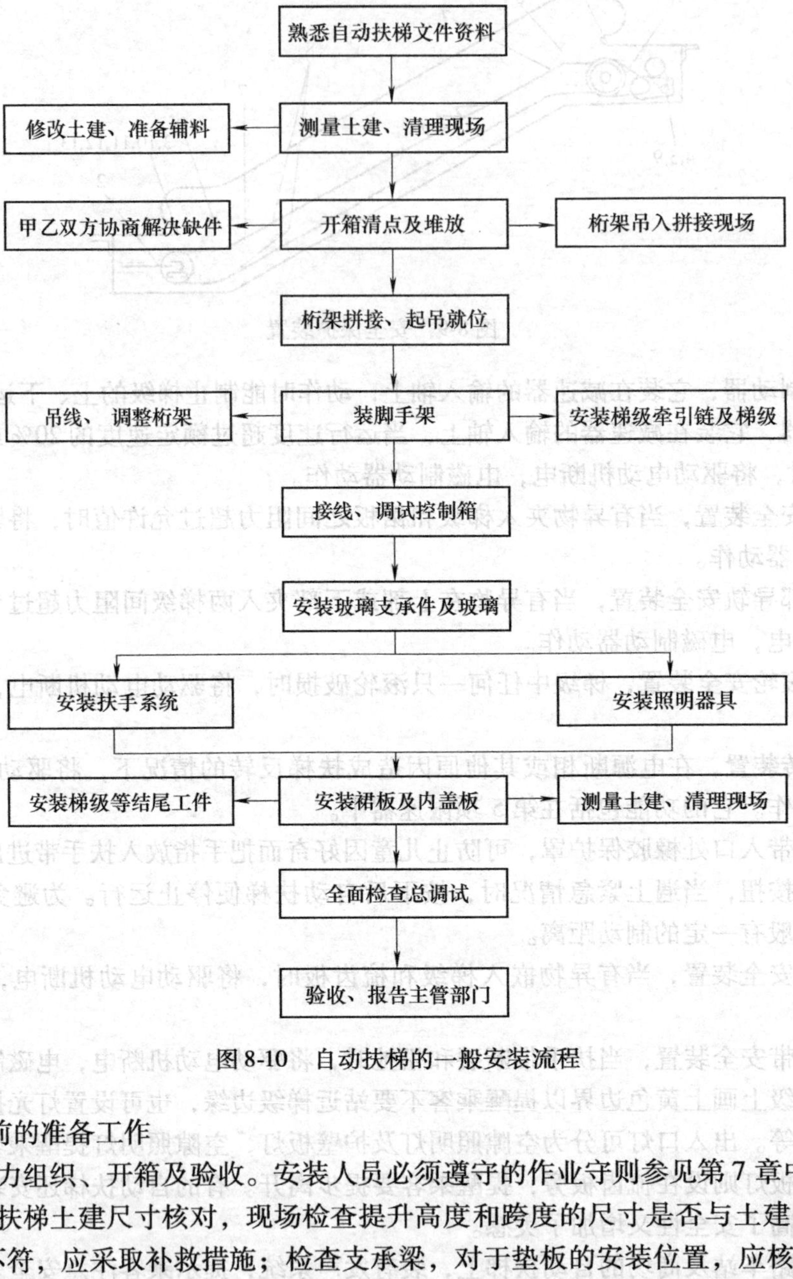

图 8-10　自动扶梯的一般安装流程

1. 安装前的准备工作

1）劳动力组织、开箱及验收。安装人员必须遵守的作业守则参见第 7 章中相关内容。

2）自动扶梯土建尺寸核对，现场检查提升高度和跨度的尺寸是否与土建图样的尺寸要求相符，如不符，应采取补救措施；检查支承梁，对于垫板的安装位置，应核对是否与土建图样的尺寸要求相符，如不符，土建单位应针对不符之处，采取补救措施；在底层核对底坑是否与土建图样的尺寸要求相符，如不符，土建单位应针对不符之处，采取补救措施。

2. 自动扶梯的安装及其要求

（1）桁架的连接和起吊就位　在桁架起吊前，必须先埋好安装垫板，它是桁架安装就位的最重要部分。桁架连接采取端面配合连接法，在每个接合面上，用 10 只 M24 高强度螺栓。必须采用专用工具，以免拧得太紧或太松。桁架起吊就位必须保证自动扶梯部件不能受损。桁架必须先定中心然后就位。

（2）安装部分梯级　自动扶梯出厂时，驱动装置和上、下链轮已在工厂里装进桁架且调试好了，桁架内也已装好了许多梯级。剩下的梯级是在桁架定好中心后再安装的。在桁架内装好大部分梯级后，开车上、下充分试运转，检查梯级在整个梯路中的运行情况，特别要注意以下几点：

1）踢板与踏板分界齿条间隙：横向要大于 0.3mm，上下方向要互不接触。

2）梯级要能平滑地通过末端回转部分。

3）接触终端导轨时的梯级滚轮的噪声和振动极小。

4）牵引辊通过末端环形导轨时应平稳。停止运行，拉梯级验看有无间隙，若有间隙证明准确性好；若无间隙，可用单手加全力转动牵引滚轮，若不能转动，则必须调整。依次检查每个梯级，保证个个都能转动。

5）剩下几个梯级不安装，进行下一阶段工作。

（3）安装扶手玻璃步骤

1）在玻璃板下端嵌上衬垫，根据玻璃长度切断。

2）上、下转角玻璃板按厂商图样安装，保证尺寸要求。

3）对于弯曲部玻璃，将高度对齐。用橡胶垫片逐步调整到错位小于 2mm。

4）对于中部玻璃板，用橡胶垫片将相邻面板上的错位调整到 2mm 以下。

5）调整各玻璃之间的间隙，使其基本相等。

6）玻璃面板上贴的保护纸是为防止焊接火花的，应保持到向客户移交前撕去。

（4）安装扶手系统　安装好玻璃面板后即可安装扶手导轨，对照图样，按厂商要求尺寸先安装两头转角扶手导轨，再安装中间扶手导轨并嵌入玻璃夹具，然后再安装扶手带。

（5）安装裙板　裙板安装时，应先装上、下两头，然后再装中间段。要求裙板拼接处严密平正，裙板平面应平直，不得有凹凸不平和弯曲现象。安装时把裙板背面的夹具卡入裙板角钢，裙板与角钢面贴牢，且无松动现象。

（6）安全装置的安装　主要包括：扶手入口安全装置（H. G. S）的安装；梯级滚轮安全装置（S. R. S）的安装；梯级牵引链安全装置（S. C. S）的安装；梳齿板安全装置的安装；裙板安全装置的安装等。安装方法可按照厂商提供的图样要求进行。

（7）接线　按厂商提供的随机技术文件中的控制电路接线图接线，调整安全装置和检查各开关是否按规定动作。

（8）安装内外盖板　在装好转角处扶手栏板后，先装转角部盖板和弯曲部盖板，然后装中部外盖板和装饰件，接着在内盖板上装上装饰件，将内盖板和盖板托板贴紧。

（9）安装最后几只梯级　按上述（2）的安装方法装好最后几个梯级，要注意的是，最后一个梯级必须在上部机房端安装，如图 8-11 所示。

3. 调试运行

（1）电磁制动器的调整　电磁制动器的制动力矩在出厂时已调整好，但在调试时，若自动扶梯下行空载运行停止距离不在 200 ~ 1000mm 范围内时，应重新调整，如图 8-12 所示。

调整按下述步骤进行：

1）松开防松螺母，然后转动调整螺栓调整转矩。其中顺时针方向为转矩增加，逆时针方向为转矩减小。

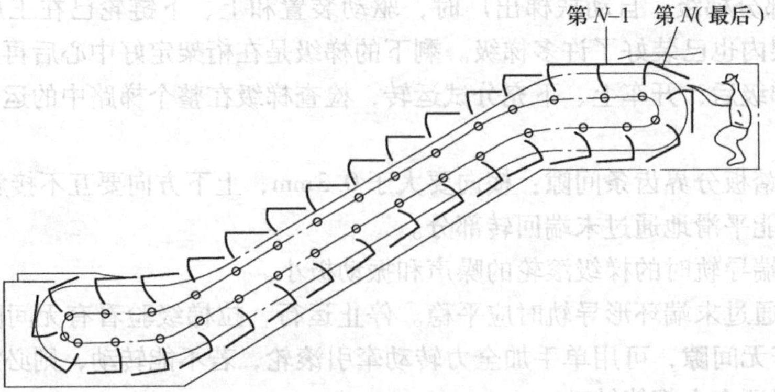

图 8-11 最后一个梯级安装

2）尽可能以相等距离按同一方向转动每一只调整螺栓，使每一只弹簧的作用力尽可能等同。

3）重复上述调整，使自动扶梯下行空载运行停止距离在300mm左右。

4）转矩调整后，用防松螺母锁紧螺栓。

注意：如果每一只弹簧的作用力由于反复调整而不等同，应完全旋紧每一只调整螺栓（使弹簧闸瓦和芯体接触）。然后，尽可能以相等距离，旋松每一只螺栓，使每一只弹簧的作用力相等。

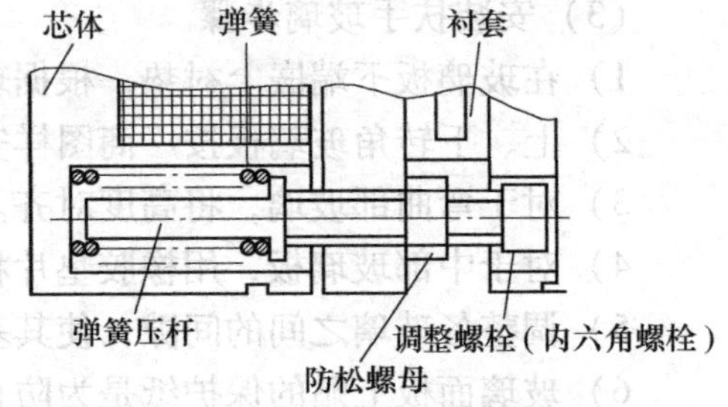

图 8-12 制动力矩调整

（2）驱动装置调整 图8-2所示自动扶梯的驱动装置在出厂时已调整好，在调试时，可采用人力松闸操纵自动扶梯。具体方法是先将人力松闸杆安装在制动器上，然后站在驱动装置侧面，脚踏松闸杆即可松开制动器，然后用手转动装在电动机轴上的飞轮，这样就可以用手动方式起动自动扶梯运行了。在操作完成后，拆除松闸杆。

（3）裙板和梯级的间隙调整 该间隙对乘客的安全和自动扶梯性能都是非常重要的。若该间隙过宽，在自动扶梯运转中，当乘客的脚碰到裙板时，由于磨擦作用，鞋（特别是小孩常穿的乙烯鞋子）和长衣服的底襟会绞进裙板、踢板或踏板的间隙中；与此相反，若该间隙过窄，梯级的侧面就会碰到裙板，产生噪声。为了不至于产生上述问题，在安装时一定要保证这一间隙符合表8-1的规定。

表 8-1 裙板和梯级的间隙

间 隙	调试标准（安装、调试、检修完时）	补充规定
左	$0.5\text{mm} \leqslant L \leqslant 4.0\text{mm}$	老化（外损变形）产生的间隙允许尺寸规定如下： $R = L + 0.5\text{mm}$ $L + R = 7.0\text{mm}$ 必须在标准内调试
右	$0.5\text{mm} \leqslant R \leqslant 4.0\text{mm}$	
左右合计	$L + R \leqslant 6.0\text{mm}$	

（4）试运行 对照厂商随机发送的电器接线图，再次仔细检查各处接线是否正确。通过加油装置给润滑部件加油，将候梯厅、梯级、扶手等部位清扫干净，尤其要确认梯级及梳齿板部位没有小石子或钉子之类的杂物。有扶手栏板照明及梳齿照明时，应亮灯。确认上层

和下层的照明开关都能控制照明，然后对扶梯实行钥匙控制点动进行上、下断续开车检查。对以下情况应及时排除或调整：① 异常声音；② 碰擦现象；③ 开关动作失灵；④ 紧固件松动；⑤ 活动部件卡滞；⑥ 要求的动作不正确。

完成上述工作后，可进行连续开车检查：

1）将操纵箱报警蜂鸣器开关扳到 BUZZER（蜂鸣器）侧，使其蜂鸣，向周围人们发出将要运行的预告。

2）开始运行时，确认无人站在梯级上后，闭合操纵箱起动开关，插入钥匙，按要求运行的方向 UP（上行）或 DOWN（下行）转动后，自动扶梯便开始起动。钥匙要在自动扶梯起动后保持片刻（转动后保持 1s），不要马上复位，否则，将使自动扶梯停止起动。

3）工作时应确保梯级及扶手带顺利运行，工作中一旦发现异常声音和振动等时，应立即按下紧急停止按扭，使自动扶梯停止运行，进行必要的检查，检查结果要做文字记录。

4）运行方向转换检查，先将自动扶梯停止开关转至 STOP（停止）侧，应停止运行。然后转换操纵开关，自动扶梯应按指定方向起动运行。

5）紧急停止开关检查，当按下紧急停止按钮时，自动扶梯应立即停止运行。

8.1.3 维护保养

1. 自动扶梯日常的保养和管理

自动扶梯日常的保养和管理非常重要，应注意下列几点：

1）每天应做常规检查和清洁工作，在运行开始前，进行试运转，确认无异常情况后再正式投入使用。停止运行时，也应注意有无异常情况，有无烟蒂等落入自动扶梯内等，检查完毕方可关机离开。

2）确认操纵箱按钮开关动作正常。

3）应经常清扫梯级踏板，一旦有小石子和钉子塞住，就会损坏梳齿板及梯级，因此要格外注意。一旦损坏时应及时查明原因，及时进行更换。梳齿板是自动扶梯安全运行的基本部件，因此，损坏后放任不管是很危险的。应经常清扫机房（前沿板下），一方面有助于保护设备，另一方面也可避免烟蒂等引火物落入后引起火灾。

2. 自动扶梯主要部件的维护保养

在对自动扶梯各个部件进行维护保养时，要严禁烟火入内，例如扶手油盘或底部油盘中，存有许多易燃物品，所以要特别小心。

1）驱动装置的维护保养：驱动装置在上部桁架内，由限速器、电动机、V 带、减速器和制动器等组成。由于上部桁架所留维修空间狭小，应断电后检查驱动装置。具体维护保养项目按厂商的维护保养说明书进行。

2）扶手驱动装置的维护保养：从驱动装置到驱动轮的动力输送系统，所用的是驱动链。对此链应经常润滑。此外，还应经常检查扶手驱动轮是否磨损并核实扶手带压紧装置的弹簧压力，检查扶手动轮和扶手带内缘之间的间隙。具体维修保养项目按厂家维护保养手册进行。

3）装潢件的维护保养：为了使自动扶梯经常保持清洁、美观，而且能安全使用，应该定期对扶手带、外盖板、梯级和梳齿板、前沿板以及裙板进行清洁保养。

4）自动润滑供油装置维护保养：千万不能让灰尘或异物进入油箱，齿轮泵绝对不可拆，只有在检查时才使用电源检查按钮，时间要尽量短，否则电池寿命将大大缩短。从加油孔中注油时应先擦净加油孔塞周围，再把清洁干净的机油通过过滤器注入。

3. 维护保养用润滑油（脂）及易损件

维护保养用润滑油（脂）及易损件目录可参考厂家维护保养说明书。

8.1.4　自动扶梯的布置

自动扶梯的布置如图 8-13 所示。其中，图 8-13a 所示的布置适合于小型的商场、酒楼或商铺，能引入更多人流进入上层。图 8-13b 所示的布置可迅速引入人流往高层。图 8-13c 所示的布置适合在有限的空间内装上往单一方向的扶梯，可是运送人流效率较低。图 8-13d 所示的布置广泛用于商场内，既美观又方便顾客寻找适用的自动扶梯往各楼层。图 8-13e 所示的布置适合于主要用自动扶梯迅速运送乘客的商场，乘客在到达某层时可实时换到另一条自动扶梯，没有多余的路程。图 8-13f 所示的布置也能令乘客不多走多余的路，此设计还能显得该场合较高雅。

当然，也可以把自动扶梯的上述布置加以改良，配合场地的其他用途。

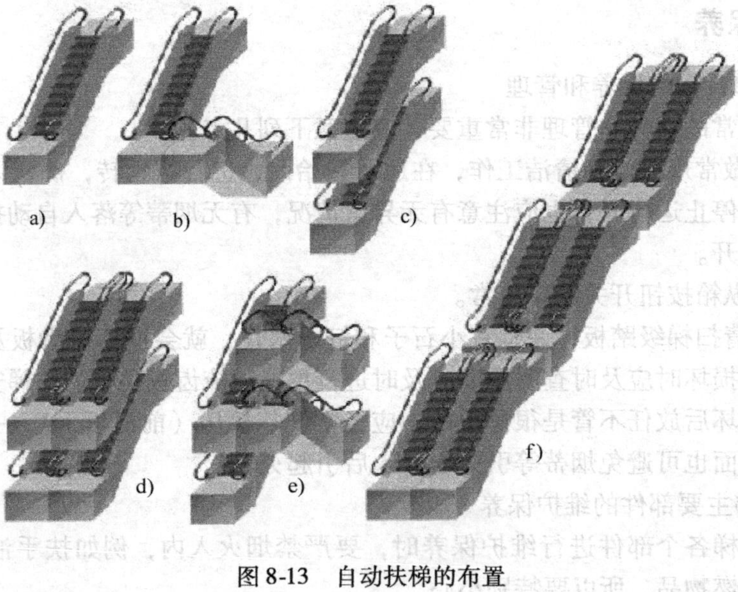

图 8-13　自动扶梯的布置

8.2　液压电梯

8.2.1　液压电梯概述

液压电梯是通过液压动力源（泵站）把液压油压入液压缸，使柱塞向上，直接或间接地作用在轿厢上，使轿厢上升；轿厢的下降一般靠轿厢自重，同时使液压缸内的液压油返回油箱中。

与曳引式电梯相比，液压电梯具有如下特点：

1）可有效地利用建筑物空间，一般相同规格的液压电梯要比曳引式电梯的井道面积少12%左右。由于液压电梯的机房不设在井道顶部，因此井道竖向尺寸减小了。液压电梯的机房位置甚有弹性，由于液压油是经油管传送，机房可离电梯较远，一般机房设在离井道15m的范围之内即可。对建筑物而言，由于液压电梯不对建筑物施加垂直负载，所以可以最大限度地减少井道内立柱构件的尺寸。

2）安装和维修费用低，据国外统计表明，液压电梯的安装及年度维护费用要比同类规格的曳引电梯低一半左右。

3）结构简单，提升载荷大，对于短行程、重载（4000kg 以上）的场合，使用液压驱动的优点尤为明显。因为按液压原理，液压驱动对于大的提升力可以提供较高的机械效率而能耗较低。对于不需要高速运行的场合，借由调整柱塞直径与数量即可安全且轻易举升50t以上的载重，如大型卡车或铁路货车的车皮等。

4）安全可靠，由主机输送工作油举升柱塞带动轿厢上升，由轿厢自重配合阀门开启，轿厢自然下降，能源节省又不需考虑钢丝绳耗损，由机坑底部承受重量，对地震承受度高，且运行安全可靠。

5）提升高度与速度有限，由于控制、动力及结构等方面的原因，液压电梯的提升高度有限，一般不超过20m；电梯的速度也不能很快，一般不宜超过1m/s。

6）运行状态会受油温影响，当油温变化时，液压电梯的运行速度将有波动，北方气温低对液压泵工作有影响。埋入地下的油管难以进行安全及泄漏检查，一旦受化学及电解性腐蚀导致系统漏油，会污染环境及公共水源。

7）所需的功率是同规格曳引电梯的2~3倍，尽管液压泵站只在轿厢上行时工作，但液压电梯的能耗至少是曳引式电梯的2倍，而且泵站噪声大，可采用油浸式泵站降噪。

液压电梯在早期已经出现，主要用于低行程或高载重量场合。目前液压电梯主要用于停车场、仓库以及小型的低层建筑中。有的国家在4层以下的建筑物中，配置的液压电梯约占70%左右。对于负载大、速度慢及短行程场合，选用液压电梯比曳引式电梯更经济适宜。

按轿厢和液压缸的连接方式，液压电梯可分为直顶式和侧顶式两种：

1）直顶式是将柱塞直接作用在轿厢上或轿厢架上。轿厢和柱塞之间的连接必须是挠性的。直顶式液压电梯可以不设紧急安全制动装置，也不必设限速器，所以轿厢结构简单，井道空间小。建筑物顶部不需要设钢丝绳，轿厢的总载荷都加在地坑的底部，故要为液压缸做一个较深的竖坑。直顶式液压电梯的布置如图8-14所示。

2）侧顶式是将柱塞通过悬吊装置（绳索、链条）连接到轿厢架上，一般柱塞和轿厢的位移比是1∶2，也有采用1∶4和1∶6的。侧顶式液压电梯不需要竖坑，因为使用钢丝绳或链条，故要配置限速器和安全钳装置。由于顶升液压缸在轿厢侧面，因此所需的井道空间要比直顶式的大些。图8-15所示是1∶2的布置方式的侧顶式液压电梯。

液压电梯驱动的另一种布置方式是将液压缸装在对重的下部，柱塞直顶对重，从而使轿厢上升或下降，由于存在对重，液压缸直径较小，这种布置方式的液压缸一般采用双作用式。

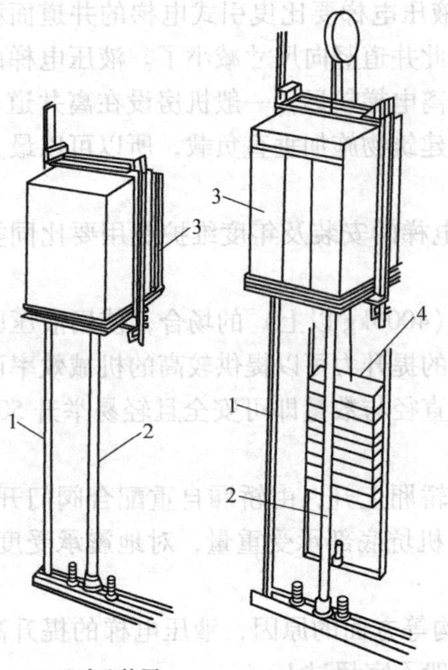

a) 无对重装置 b) 有对重装置

图 8-14 直顶式液压电梯的布置

1—导轨 2—液压缸 3—轿厢 4—对重

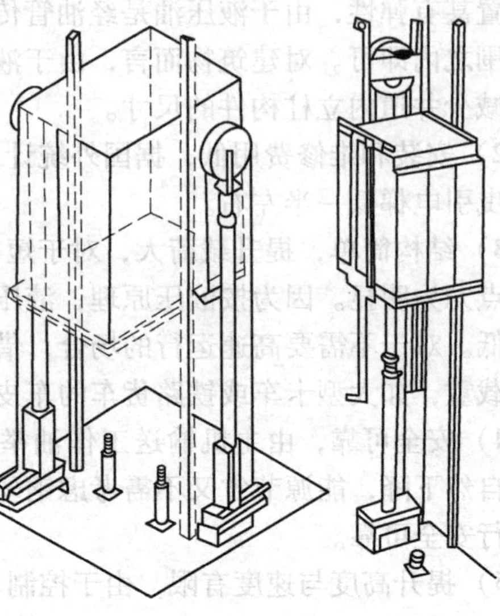

a) 双液压缸侧顶 b) 单液压缸侧顶

图 8-15 侧顶式液压电梯

8.2.2 结构

液压电梯结构包括液压传动系统、控制阀组、管路和液压臂，如图 8-16 所示。电动机带动液压泵将液压油由油箱经过管路输送至井道内的液压臂，使电梯上升；电梯轿厢自重使电梯下降，并将液压油输回油箱。控制阀组由不同功用的控制阀所组成，控制液压油的输送方向、流量等。除采用液压传动系统取代了曳引式电梯的曳引系统外，液压电梯的其它结构与曳引式电梯类似。

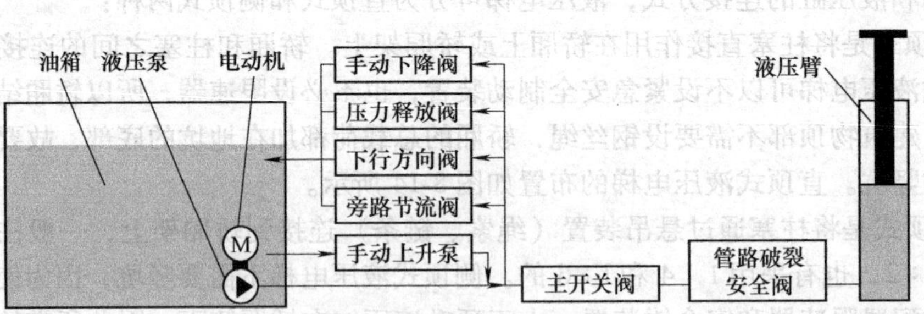

图 8-16 液压电梯结构

1. 液压传动系统

液压传动系统一般由液压泵、电动机、油箱，以及热交换器和辅助组件等组成。液压泵就如曳引式电梯的曳引轮，电动机通过传动带把动力传给液压泵，液压泵再输出加压的液压油至液压臂。液压泵的功率与液压油的压力和流量成正比。对同一液压缸而言，液压越高，负载越大，流量越大，柱塞行程速度越快。

一般液压电梯的液压为 1～6N/mm^2，流量为 50～1500L/h，电动机功率为 2～50kW。驱动直顶式电梯的载重量为 300～10000kg，额定速度为 0.1～1.0m/s。

油箱储存液压油，并装有强力过滤器、挡板装置、通气孔和维修栓等。强力过滤器用于清除流至液压泵里的液压油中的灰尘、油渣和异物。挡板装置的作用是在液压油回流到油箱时防止空气进入液压油，在油位低时，挡板装置对防止空气进入油中更为有效。通气孔装在油箱盖子上，它有两个功能：通气和供油。通气孔的顶盖上装有钢丝棉，孔体中装有油过滤器，空气通过钢丝棉进入油箱从而能去掉空气中的灰尘、油污和其他异物。液压油通过油过滤器过滤后流入油箱。维修栓装在紧靠油箱的吸力口和回流口处，它用来阻止液压油从油箱中流出来。

热交换器用于传递和散发液压油的热量，从而使油温保持在一定范围内。热交换器又分为气冷式和水冷式两种。气冷式热交换器装有辐射散热片和一个风扇，由冷却泵排送的液压油被吹出的空气冷却，液压油通过热交换器的辐射散热片流动，回流到油箱。水冷式热交换器，由冷却泵排送的液压油被冷却水冷却，液压油通过热交换器的辐射散热片流动，回流到油箱。

液压动力装置的最大问题是噪声大，一般泵站的声压级为 85～90dB（A）。为了降低机房噪声，有的在驱动部分设置隔音罩，或在机房四壁采取隔音措施。目前国外较多地采用潜油型液压动力装置，将液压泵和电动机轴直接相连并加以密封，然后全部悬挂或固定在油箱内并浸没于液压油中。由于液压油的吸音及油箱铁板的隔音作用，机房噪声水平一般比干式（电动机和液压泵布置在油箱外部）的低 10～15dB（A），机房的噪声水平可控制在 75dB（A）以下。

2. 控制阀组

控制阀组是液压系统中的控制组件，它们控制液压油的流量、方向、压力，对电梯的运行（起动、全速、平层、停止）、安全、紧急情况起着控制作用。控制阀均采用电磁开关阀，从控制柜接收信号以决定其开关情况。液压系统中常用的典型控制阀如下：

1）溢流阀，安装在泵站和单向阀之间的管路上，其作用是当压力超过一定值时使液压油回流到油箱内。溢流阀动作的压力一般调节到满负荷的 140%，为了考虑系统内部损耗（如压头损耗、磨损耗），可将溢流阀的压力数值定得高一点，但不得高于满负荷压力的 170%。

2）单向阀，作用是当油源的压力下降到最低工作压力时，必须能够把载有额定负荷的电梯在任一位置加以制停并保持静止状态。单向阀应安装在连接液压泵和节流阀（节流阀应装在机房内）之间的管路上。液控单向阀可以利用控制液压开启单向阀，使油在两个方向自由流动。

3）安全阀，为了防止电梯超速或自由坠落，应设置安全阀（也称管路破裂安全阀）。当液压系统出现较大的泄漏或轿厢速度达到了额定速度 v+0.3m/s 时，安全阀必须能够将超速的轿厢制停并保持静止状态。当有多个液压缸工作时，设置的数个安全阀能同时动作。

安全阀的安装可以采用和液压缸组成一个整体或者用法兰盘直接将液压缸固接，也可以把它紧靠液压缸，用一段较短的管子并采取焊接方法，把法兰盘和液压缸连接在一起，有时也把安全阀和液压缸直接用螺纹连接，但是不允许采用压紧装配等方法。

4）对于未装紧急安全制动装置的直顶式液压系统，应设置单向节流阀，防止轿厢超速。节流阀的安装方法与安全阀相同，其最大动作速度应不超过额定速度 $v+0.3\text{m/s}$。

5）速度控制阀通过调节流量来改变液压缸的速度。这种阀与电气控制连在一起，可以连续控制电梯从起动到停止的全部速度变化。如贝林格控制阀是将流量控制阀、安全阀、手动下降阀组成一种复合阀组，以适应电梯的上升和下降。这种阀组内装有流量计，电梯在上行或下行时，流量计反映出流量变化，流量变化变换成电信号再进行反馈控制。这种闭环的伺服控制系统可以保证油的流量稳定。

6）手动下降阀和手动上升泵。当发生电源故障时，为使乘客可以走出轿厢，应将电梯下降到最近的一个层站上。手动下降阀操纵电梯的轿厢速度不得超过0.3m/s。手动控制的按钮（或其他操纵机构）均应加防护罩和标识，避免误动作使机件损坏。

凡在轿厢上装有诸如安全钳夹紧装置等安全设施的，系统中还应设置一个手动上升泵，可使轿厢向上升起。手动上升泵应当连接在单向阀或下行方向阀与节流阀之间的管路上。为了限制手动上升泵的超压工作，在手动上升泵的回路上应设一个溢流阀，使其压力限定在满负荷压力的2.3倍以下。

3. 管路

管路连接传统系统所有设备，管路可以采用刚性的或柔性的，管路的安全系数（即最高负重而不致损毁）最少为8倍额定负载，而管路接头位置的安全系数也需5倍。在液压缸、单向阀、下行方向阀之间采用刚性管件时，其计算压力应是满负荷压力的2.3倍。在规定的弹性极限应力下的安全系数至少为1.7。在计算壁厚时，对液压缸与安全阀之间的连接管路必须加厚1mm，对其他刚性管件，必须加厚0.5mm。在液压缸、单向阀或下行方向阀之间采用软管时，其满负荷压力相对于爆裂压力的安全系数应至少为8。其他软管及管接头必须能够经受得住5倍的额定负荷压力而不至于损坏。

4. 油温

油流速度与油粘度直接有关，而粘度又受温度影响。为了控制油温，液压系统中装设一套测温和控温的装置。当油温超过预定值时，这套装置应将泵站制动直到油温正常为止。有的系统中为了保证油流速度的稳定，还增加一套泵站循环打油控制功能。当油温过低时，起动泵站，将油箱中的油循环空打，直至升温到规定值再使电梯运行。油温过高时，可采取风冷、水冷或其他冷却方法进行降温。检测油温过去采用液体膨胀式油温检测仪，现在大多采用精度高、可靠性好的热敏电阻式油温传感器。

5. 液压臂

液压臂包括液压缸及柱塞（活动部分），液压缸和柱塞一般用厚壁钢管制造。液压缸壁要承受液压油的压力，柱塞要承受电梯的总重量。柱塞表面平滑，以在伸缩时配合主体开口的止油装置，防止油溢出。液压电梯一般常用单作用柱塞缸，活塞缸很少使用。为了提高行程，也有采用二级乃至多级的伸缩缸。侧顶式液压电梯的柱塞（或液压缸）端头应安装有导向装置，为防止柱塞脱缸，可以采用缓冲制动器或用一种机械联动机构来切断电源。

下面以VVVF液压电梯为例，综合说明液压电梯的典型结构。

所谓VVVF液压电梯，是指采用变频变压的交流电输出给驱动液压泵的电动机。电动机轴上装有测速用的脉冲发生器。电动机转速由脉冲发生器检测到的信号作反馈控制。电动机的转速将随轿厢速度的指令值作变化。其控制系统原理框图如图 8-17 所示。

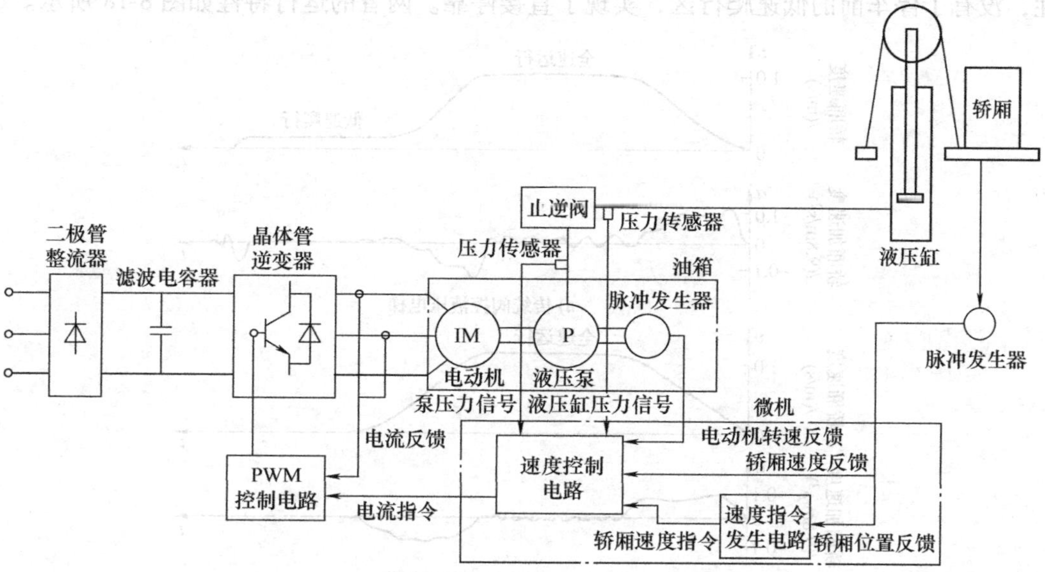

图 8-17　液压电梯的 VVVF 速度控制系统原理框图

轿厢在上行时，液压泵输送液压油至液压缸，下行时，液压油从液压缸返回液压泵，这样液压油的流量从起动到平层可以平滑地被控制。为了使轿厢在停靠层站时保持静止，在液压泵与液压缸的管路中连接有与起动、制动同步开、闭的单向阀。

对泵的输出流量进行可变控制的调速系统中，除了有电动机速度控制环节外，还有以下三个控制单元：

1）压力平衡控制：轿厢起动时，为便于按照单向阀的开口度来抑制轿厢振动，获得较好的乘座舒适感，应预先使液压泵侧和液压缸侧的压力平衡，即应根据设有单向阀的液压缸侧与液压泵侧的压力传感器产生的压力信号，通过反馈控制使液压泵的压力在起动前与液压缸的压力一致。这样，尽管轿厢的行程有高低、乘客有多少、液压缸的压力会变化，在单向阀打开时轿厢仍能保持静止，按照速度指令，轿厢能平稳起动。

2）减振控制：液压电梯中，在带动液压泵的电动机和轿厢之间有液压泵、管路及液压缸等构成的液压系统，以及包括钢丝绳的机械系统。因此从电动机来看，负荷是由刚性很小的系统构成，而液压缸部分以及导靴与导轨间有摩擦和磕碰等机械干扰，会导致轿厢的低频振动而影响舒适感。

为了寻找减振控制的新方法，需用数学模型分析液压系统和机械系统的传递特性。在此基础上，将液压缸内液压油的振动分量和轿厢振动分量分离出来，构成减振控制回路。当受到外部机械干扰时，依靠这种减振控制，可有效地抑制轿厢的振动。

3）流量泄漏的补偿控制：液压泵供给液压缸的实际流量比液压泵理论输出量稍少些，这个流量差称为泄漏流量。这种泄漏流量因液压泵的转速、输出压力及油温而变化。仅通过检测到的信号对液压泵的电动机转速进行反馈控制，是不能补偿由于泄漏流量的变化而引起的速度变化的。因此，需利用轿厢的速度信号设置流量泄漏补偿控制回路，从而保证轿厢的速度控制性能和轿厢的平层精度。

比较 VVVF 液压电梯和传统阀控液压电梯的运行特性，可以发现前者具有平滑加、减速特性，没有了停车前的低速爬行区，实现了直接停靠。两者的运行特性如图 8-18 所示。

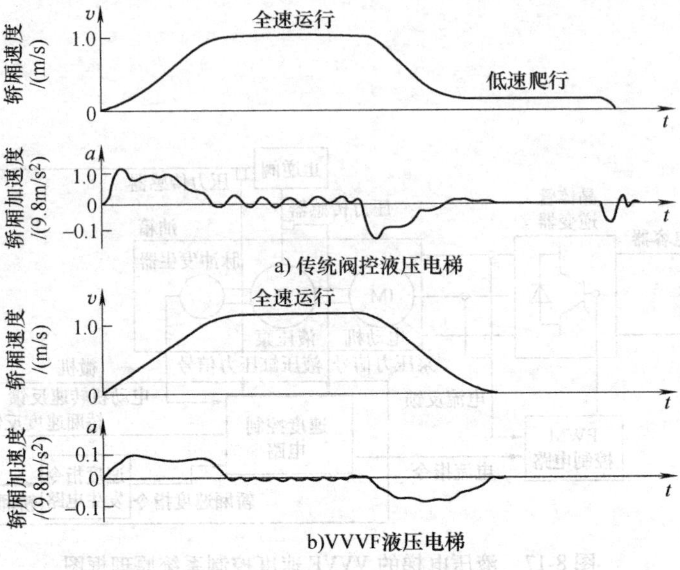

图 8-18　额定负载上升时的运行特性（额定速度为 1m/s）

由图 8-18 可见，采用 VVVF 控制液压泵输出流量并与闭环速度控制相结合的液压电梯与传统阀控液压电梯相比较，大大提高了乘座舒适感，同时，由于采用了直接停靠层站技术，楼层间的行驶时间缩短约 20%。另外，由于不像传统阀控方式那样在上升加、减速时液压油必须返流回油箱，因而可节能约 15%。

8.2.3　运行

（1）上行　早期的液压电梯可能会如交流双速电梯一样，电动机设有两个速度。起动时，当电动机全速工作并开启主开关阀时，液压油便会被泵至液压臂。平层时，以慢速运行，直至到达时，关闭主开关阀，电动机停止。

现在的液压电梯，电动机工作时只会保持一个速度，而控制上升速度就交由旁路节流阀负责。刚起动时，主开关阀开启，旁路节流阀开至最大，液压泵泵出的液压油，多数经旁路节流阀返回油箱，只有少量泵至液压臂。然后，旁路节流阀渐渐关闭，使泵到液压臂的液压油量增至最多，电梯全速上升。减速时，旁路节流阀再次慢慢开启，使电梯渐渐减速平层，最后关闭主开关阀，电动机停止。

（2）下行　下行就相对简单，电动机无需开动，只靠电梯的重量把液压臂内的液压油压回油箱。

起动时，下行方向阀和主开关阀渐渐打开至最大，电梯的重量使其加速，并全速下降。减速时则慢慢关闭下行方向阀，平层后主开关阀关闭，电梯静止。

（3）紧急情况　若因电梯故障，需盘动电梯返回最接近层站，通常都会按下手动下降阀，使液压油慢慢流回油箱。但如出现安全钳作用或超越了最低层（俗称打下桩），就需摇动手动上升泵的手柄，但因为十分耗力，而且需较长时间，所以通常尽量不使用。

（4）安全保护　因为液压电梯利用液压油作为传动介质，若管路压力过大，或任何原因导致液压油大量泄漏，就有可能发生电梯不受控制下坠的情况。因此，在液压电梯上应该相应地安装安全阀，进行安全保护。

压力释放阀，作用是防止在泵油时，因管路阻塞或电梯被阻碍，而无法移动电梯，致使管路压力过大而爆裂。若压力被测得超过正常工作标准，即达到额定负载压力的 140%，压力释放阀自动打开，让液压油返回油箱。

管路破裂安全阀，紧靠液压臂，并直接焊接，正常运行应该长期开启。当电梯下降速度超过额定速度 $v+0.3\text{m/s}$，不论是否因管路破裂，都要立即关闭以制停电梯。若有多条液压臂，每条液压臂都需独立装设管路破裂安全阀，并且能同时工作。

单向限流阀，是管道破裂安全阀前身，安装方法相同，其控制电梯下行时的油流量，使电梯不会超越前述速度。

因钢缆有可能断裂，所以由钢缆带动的液压电梯上需安装安全钳，其工作原理与曳引电梯的安全钳一样。直顶式液压电梯无需装设安全钳，因上述安全阀已能代替。

8.2.4　安装调试

液压电梯与一般电梯的安装工艺和要求基本相同，主要区别是液压电梯增加了液压部件的安装。下面简单介绍这些液压部件的安装过程，对于液压电梯的其他机械和电气设备的安装过程可参见本书第 7 章有关内容。

安装液压部件时首先安装液压臂（千斤顶），然后布置和安装液压配管，接下来安装柔性管接头，全部安装完毕后进行调试，安装和调试请参考厂商提供的安装工艺说明书和调试手册。

安装直顶式液压臂，一般采用在地下埋设液压臂保护管，将液压臂直接吊放其中，保证其上下倾斜在 2mm 以内，对中心时可通过水平移动液压臂来完成，如图 8-19 所示。

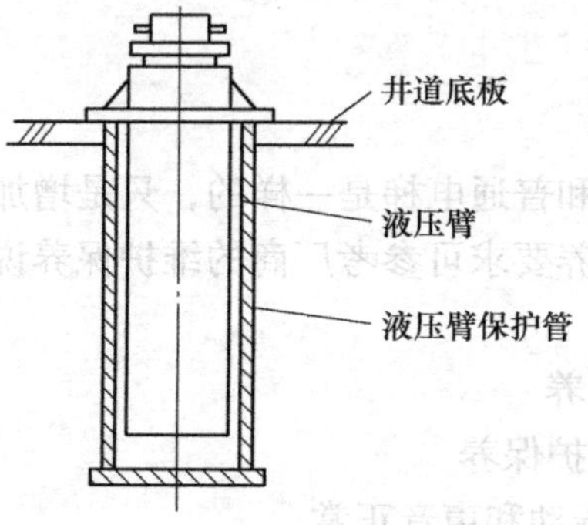

图 8-19　直顶式液压臂的安装

侧顶式液压臂的安装比直顶式液压臂的安装复杂得多。侧顶式液压臂一般安置在液压臂台上，并用 U 形螺栓固定在井道壁上，其安装和固定如图 8-20 所示。

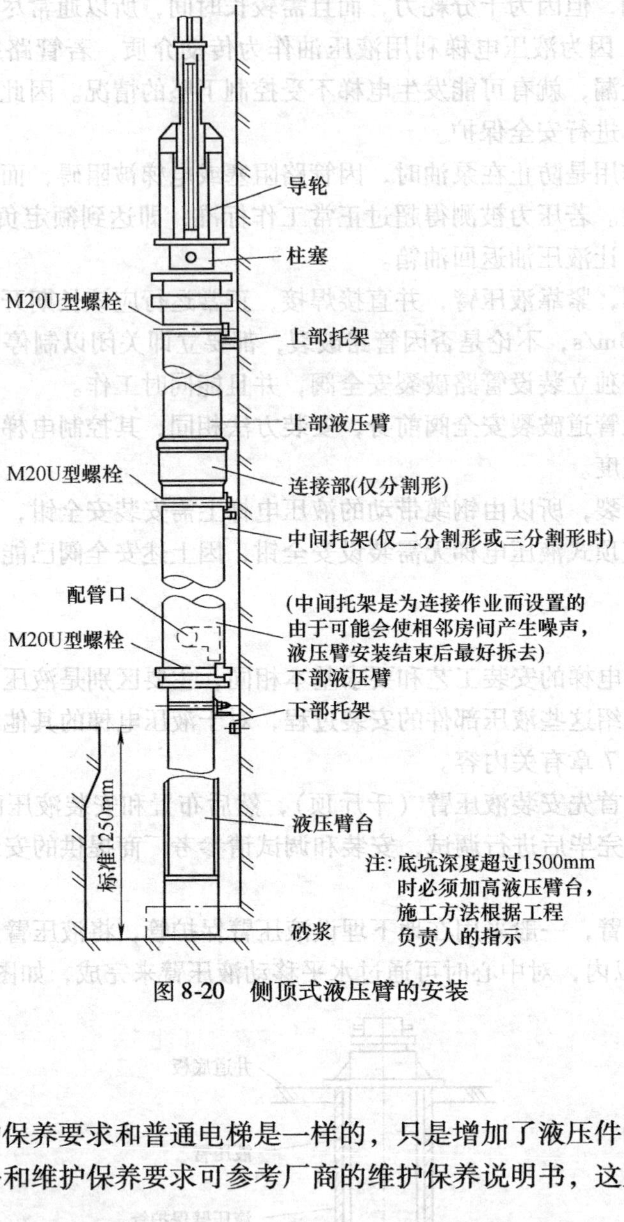

图 8-20　侧顶式液压臂的安装

8.2.5　维护保养

液压电梯的维护保养要求和普通电梯是一样的，只是增加了液压件的特殊要求。对于液压件的具体检修方法和维护保养要求可参考厂商的维护保养说明书，这里只简单介绍一般的维护保养要求。

1. 液压动力装置的维护保养

（1）液压泵和泵电动机维护保养

1）确认液压泵工作时的振动和声音正常。

2）检查液压泵的套壳和支座是否过热。

3）检查在垫圈、油封或机械密封装置等处是否漏油。

4）每次常规检修时都要进行液压泵和泵电动机的清洁工作。

5）检查电动机轴承，如有不正常的响声，则更换有毛病的轴承。

（2）V 带和滑轮的维护保养

1）保证 V 带没有破裂和不平整的磨损，如有不平整的磨损，应调整滑轮的位置。

2）当 V 带正常转动时，保证不出现异常的声音。

3）每隔两个月仔细检查一次 V 带的松紧。

4）新的 V 带首次检查和调整必须在第一个 24 小时运转时进行，然后间隔两个月进行一次。

5）每次常规检修时都要清洁 V 带和滑轮。

6）V 带的更换，即使只有一根 V 带有毛病，也得更换全部 V 带。

7）在更换 V 带时，V 带必须是配套的。例如，所有的 V 带都必须是“代号 49”、“代号 50”或“代号 51”的等。

（3）流量控制阀的维护保养

1）确认没有任何漏油现象。如有漏油，应采取相应的措施。

2）每个调整螺钉都有一个防松螺母卡紧。除了作调整，不要碰防松螺母。

2. 液压臂的维护保养

（1）液压臂的检查

1）确认柱塞表面无损伤或无污物。

2）确认柱塞表面正常润滑和柱塞活动灵活。

3）检查液压缸的每个螺栓是否紧固。

（2）液压臂的清洁作业　清洁作业要经常做，清除柱塞和液压缸上的灰尘、油污和其他异物。

（3）液压臂密封件的更换要领　参见厂商维护保养说明书。

（4）液压臂加润滑油的要领　因密封件漏油而引起电梯上、下行起动发生冲击时需要加油，具体操作方法参见厂商维护保养说明书。

3. 液压电梯维护保养项目表和润滑油表及易损件

液压电梯维护保养项目表和润滑油表及易损件目录参见厂商维护保养说明书。

8.3　杂物电梯

杂物电梯是服务于规定楼层（一般最高在 8 层以下）的固定式升降设备。它具有一个轿厢，由于结构方式和尺寸的关系，轿厢内不允许进入人员。杂物电梯需设专用井道，轿厢运行在两列刚性导轨之间，导轨是垂直的或垂直倾斜角小于 15°的。

杂物电梯也是一种专供垂直运送货物而设计的永久性设备。杂物电梯的轿厢尺寸和容量都有限，额定载重量一般不大于 500kg。为了确保人员不能进入轿厢内，最大的轿厢底面积和轿厢高度分别控制在 $1.25m^2$ 和 1.4m 以下。额定速度一般不大于 1.0m/s。

杂物电梯因其制作要求低、控制系统简单、功能全、体积小、价格低廉等特点，广泛应用于食堂、餐馆、宾馆的食物搬运，以及医院、工厂、商店、仓库、银行、图书馆等处的小件货物运输。

8.3.1　产品分类

杂物电梯可按其结构形式、驱动和控制方式作如下分类：

1）按层站出口形式可分为台型和地面型。

① 台型杂物电梯的层站出口设置在层楼地面之上，离层楼地面的距离800mm左右。为便于放置餐具、书籍等物，在层站口设置平台或搁板。台型杂物电梯较多地用于食堂、餐馆、厨房、图书馆等场所。额定载重量一般不超过100kg。

② 地面型杂物电梯的入口与普通电梯一样，层站出口与地面平，可用于运送手推车和成捆的杂物，它的轿厢尺寸要比台型的大。

2）按运行操作分可分为基站控制型和相互层控制型。

① 基站控制型只限于某特定层（即设定的基站）和其他一般楼层之间互相往返的操作。在基站的操纵盘上有各层的按钮，其他层站上有呼梯蜂鸣按钮。当按动蜂鸣按钮时，蜂鸣器响，基站获息后按下目的层按钮，则轿厢自动运行。当轿厢应答完后，关上该站层门，轿厢就自动返回基站待命。这种控制方式适用低层建筑。

② 相互层控制型在各层的操纵盘上都设有所有层的按钮。召唤轿厢时，只要揿按本层的按钮就可以了。发送货物时，只要揿按目的层站按钮，轿厢就自动地运行。采用这种控制方式可以自由选择层与层之间的运行，并能够根据记忆呼梯，发出轿厢。这种控制方式多用于高层建筑。

3）按驱动方式可分为曳引驱动式和强制驱动式。

① 曳引驱动式采用曳引轮驱动钢丝绳方式驱动。

② 强制驱动式常用的有两种形式：一种是使用卷筒和钢丝绳，但不用对重；另一种是使用链轮和链条，可以设置对重。

4）按开门方式可分为单扇上开式（闸门式）和两扇直分式。

5）按有无轿厢门可分为有轿厢门式和无轿厢门式。

8.3.2 安装调试

杂物电梯的结构和普通客梯、货梯基本相同。例如，使用最普遍的曳引式杂物电梯与曳引式乘客电梯类似，其基本结构包括以下部分：电气控制系统、安全保护系统、曳引系统、导向系统、门系统、轿厢、重量平衡系统和电力拖动系统。

杂物电梯的设计、制造、安装和调试要遵照国家标准GB 25194—2010《杂物电梯制造与安装安全规范》、GB/T 7025.3—1997《电梯主参数及轿厢、井道、机房的形式与尺寸 第3部分：V类电梯》和行业标准JG 135—2000《杂物电梯》的规定。

杂物电梯的安装要满足以下要求：

1）电梯对重应与轿厢安装在同一个井道内。

2）电梯井道一般由无孔的墙、底板和顶板完全封闭起来。只允许有层门、检修门、活板门、清洁门、火灾排气孔和井道与机房（机罩）或与滑轮间之间的永久性开口。

3）当不要求井道起防止火灾蔓延以保护建筑物，以及不要求井道全部封闭时，除入口面外，其他各面墙的高度不小于2.5m。在井道入口面，从层站地面2.5m高度以上，可以使用网格或穿孔板。网格或穿孔板孔的尺寸无论在水平方向或垂直方向测量，均不大于75mm。

4）无论何时，机房门都不得小于0.6m×0.6m，并且门应能锁住。

5）面对轿厢入口的井道开口处应装设无孔的层门。门关闭时，在门扇之间或门扇与立柱、门楣或地坎之间的间隙应尽可能的小，均不大于6mm。

6）如果轿厢额定载重量大于 250kg，应在轿厢上设置安全钳装置。

7）电梯驱动主机及其辅助设备应放在一个单独的机房中，或者放在电梯井道中的一个机罩内，该机房或机罩仅允许经批准的人员进入（或接近）。

8）机房或机罩应具有坚固的结构，能适应各种天气条件，并应是干燥的，同时，具备良好的通风条件。人员接近所有设备时应是安全的。

8.3.3　维护保养

杂物电梯在日常运行中，应进行相应的维护保养。

1）曳引机在工作一段时间后，观察油窗加注齿轮油。新曳引机安装运行三个月后应进行换油。以后每年换油一次，应选用 220#润滑油或 N320 蜗轮蜗杆油或抗 18#双曲线齿轮油。

2）导轨应保持涂有润滑脂，每半年加油一次。导轨选用 4#M0S2 润滑油脂作为润滑油，将 M0S2 涂抹于导轨上。严禁曳引钢丝绳上有油，以防打滑造成溜车。

3）导绳轮、门锁轮与轴间应保持涂有润滑脂，每半年加油一次。选用 4#M0S2 润滑油脂作为润滑油.

4）当运行一段时间后，出现平层不好的情形时，首先检查曳引机抱闸间隙是否正确及抱闸的夹紧螺栓是否松动，然后，调整平层磁感应器或遮磁板的位置，保证平层精度。

5）当出现层门运行卡滞或打不开时，应检查层门锁是否有故障及层门滑块间隙或层门倾斜卡滞，或门绳从绳轮滑槽脱落。

6）层门开启或关闭，而占用指示灯不作相应变化，应检查门联锁开关回路是否有故障。

7）当电梯出现故障不运行时，主要检查以下内容：

① 三相电源及相序是否正确；

② 检查接触器触点是否粘连、轿厢是否遇障；

③ 检查变压器及电源整流板；

④ 检查按钮连线和各层门关闭状态，使之关闭；

⑤ 检查平衡配重，钢丝绳、导轨，是否正常；

⑥ 检查电动机主电路、接触器、热继电器、抱闸、电动机及连线。

8）当需要开启层门检修井道内部时，任何情况下，用专用钥匙可开启层门，便于维修。但应关闭总电源。注意人身安全，用后立即关闭层门。

9）杂物梯每半年检修一次。检修内容包括：各部润滑、抱闸间隙、平层精度、各部螺栓松紧、钢丝绳松紧和磨损、导靴衬磨损、电器组件及线缆磨损老化、安全组件回路动作是否可靠、警示标志是否完整、除尘等。

8.4　自动人行道

自动人行道是 20 世纪初出现的一种在水平或微倾斜方向连续运送人员的输送机。自动人行道带有循环运行（板式或带式）走道，用于水平或倾斜角不大于 12°的乘客输送。

水平式自动人行道一般应用于机场候机大厅，倾斜式自动人行道是购物中心、仓储式超市等公共场所使用的重要运输工具。自动人行道的输送长度在水平或微斜时可至 500m。输送速度一般为0.5m/s，最高不超过0.9m/s。

自动人行道结构与自动扶梯相似，但在自动人行道上乘客所站的不是梯级，而是一块块平板或包着橡胶的钢带。这些平板的滚轮不会分成驱动滚轮或从动滚轮，且共享同一导轨。自动人行道的斜度由水平至12°不等，以防止斜度太大引致危险，部分自动人行道可供推上购物车。自动人行道安全装置的要求与自动扶梯一样。

8.4.1 结构

按结构形式可分为踏步式自动人行道（类似板式输送机）、胶带式自动人行道（类似带式输送机）和双线式自动人行道。为了达到与自动扶梯零部件通用和经济性的目的，常采用梯级结构和相同的扶手结构。扶手应与活动路面同步运行，以保乘客安全。自动人行道的运行速度、路面宽度和输送能力等均与自动扶梯相近，最大倾角一般不超过12°。

1. 踏步式结构

踏步式自动人行道示意如图8-21所示。

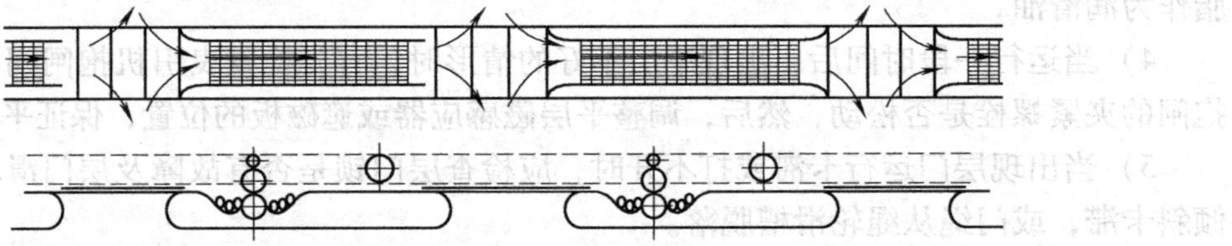

图8-21 踏步式自动人行道示意

将自动扶梯的倾角从30°减到12°直至0°；同时，将自动扶梯所用的特种形式小车——梯级改为普通平板式小车——踏步，使各踏步间不形成阶梯形状而形成一个平坦的路面，就成为踏步式自动人行道。自动人行道两旁各装有与自动扶梯相同的扶手装置。踏步滚轮没有驱动滚轮与从动滚轮之分，因而踏步在驱动端与张紧端转向时不需要使用作为从动滚轮转向轨道的转向壁，使结构大大简化，自动人行道的结构高度也降低了。这是自动人行道的一大特点。由于自动人行道表面是平坦的路面，所以儿童车辆、食品车辆等可以无需照顾地放置在它的上面。

踏步铰接在两根牵引链条上。踏步节距为400mm。由于人行道面不需要形成阶梯形式，因而轨道系统简化了。

踏步式自动人行道的驱动装置、扶手装置均与自动扶梯通用。

自动人行道长度在不断增加，长度可达1000m。为改善链条的受力状态，前述的自动扶梯多级驱动装置，在自动人行道中也可以应用。

2. 带式结构

带式结构自动人行道示意如图8-22所示。

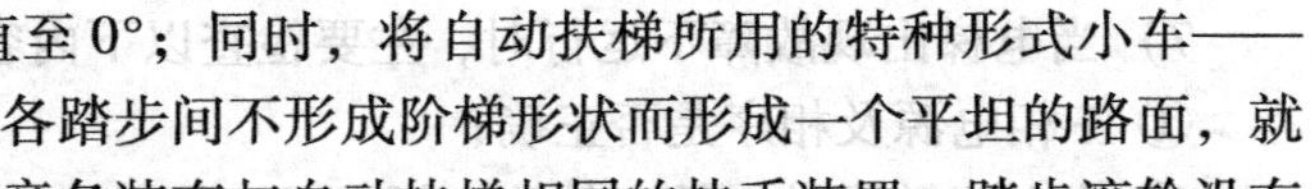

图8-22 带式结构自动人行道示意

带式自动人行道的原始结构就是工业企业所常用的带式输送机。这种带式输送机在工业企业的使用中已经受到亿万次的考验，它并不需要绝对的平稳。而对于带式自动人行道，从安全的角度和心理学的基础出发，必须使乘客感觉他在上面如在地面上一样，因而必须平稳和安全。

带式自动人行道的最重要部件是输送带，它由冷拉、淬火的高强度钢带制成。这种钢带必须制造精确且平整。在钢带的外面覆以橡胶层。橡胶覆面也是钢带的一种保护层，以防钢带的机械损伤和抵御潮湿。橡胶覆面具有小槽，使输送带能进出梳板齿，保证乘客安全上下。即使在较大的负载下，这种橡胶覆面的钢带仍能足够平稳而安全地进行工作，从而使乘客感受到舒适。

钢带的支承可以是滑动的，也可以是用托辊的。如果使用滑动支承，钢带的另一面不要覆盖橡胶。使用托辊时，钢带的另一面也覆盖橡胶。托辊间距一般较小。

带式自动人行道的长度一般为 300 ~ 350m。当自动人行道长度为 10 ~ 12m 时，可采用滑动支承。

3. 双线式结构

双线式结构自动人行道示意如图 8-23 所示。

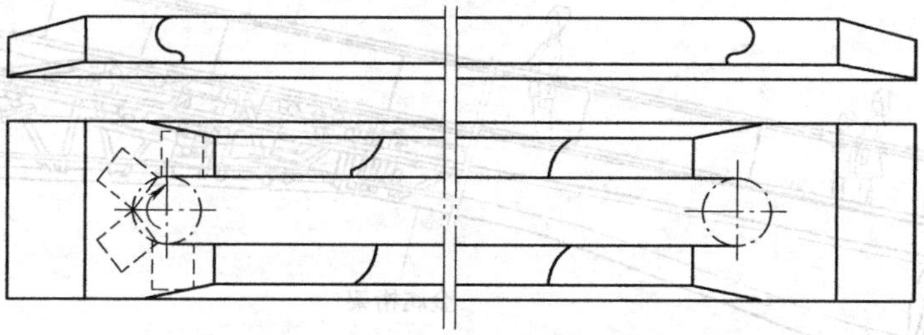

图 8-23　双线式结构自动人行道示意

双线式结构的自动人行道是使用一根销轴垂直放置的牵引链条构成的一个水平闭合轮廓的输送系统，而不同于踏步式结构的链条所构成的垂直闭合轮廓系统。牵引链条两分支即构成两台运行方向相反的自动人行道。一系列踏步的一侧装在该牵引链条上，踏步的另一侧的滚轮自由地运行于它的轨道上。

这种自动人行道的驱动装置装在它的一端，并将动力传给与轴线垂直的大链轮。电动机、减速器等就装在两台自动人行道之间。张紧装置装在自动人行道另一端的转向大链轮上。

双线式自动人行道的特点是结构的高度低，可以利用两台自动人行道之间的空间放置驱动装置；而且可以直接固定于地面之上。因而，在企业改建大厅高度不够时以及在高度特别紧凑的地方（例如隧道或某些通道中），则可采用这种自动人行道。

在上述几种自动人行道中，目前应用较为广泛的是板式（踏步）和带式自动人行道。

下面以上海三菱电梯有限公司生产的 C 型自动人行道为例，详述板式（踏步）自动人行道的结构特点。

一般自动人行道都有输送能力大（1200 型每小时在 0.5m/s 时 9000 人，在 0.65m/s 时 11700 人）、客流均匀的特点和优点，而且一旦因停电或其他意外事故停驶时，能作一般人行道使用。除上述功能外，C 型倾斜式自动人行道还具有外观优雅华丽、乘行舒适、平稳安静、高度安全、高度节能、节省空间、易于安装和易于维修的特点。

C 型倾斜式自动人行道的结构如图 8-24 所示。

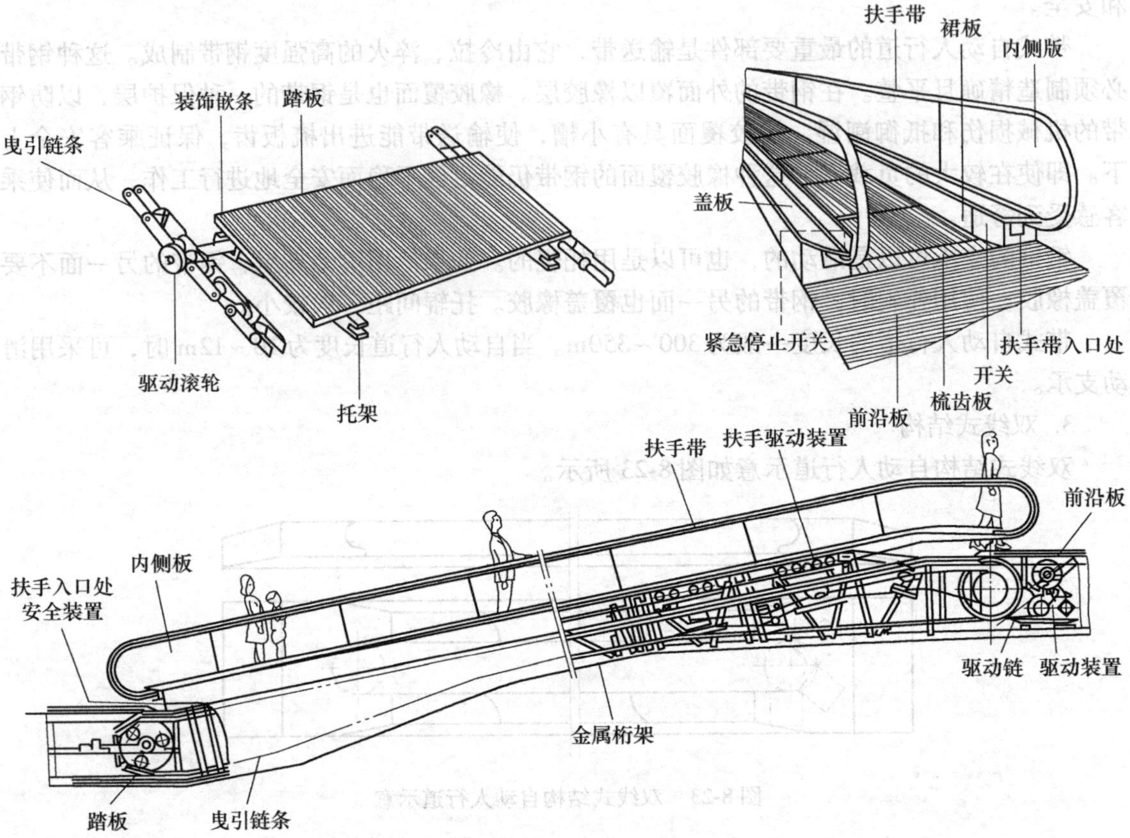

图 8-24 C 型倾斜式自动人行道的结构

C 型倾斜式自动人行道的各部件功能如下：

1）踏板：它是一台人行道中数量最多的部件，由踏板、驱动滚轮和装饰嵌条等组成，由曳引链条对其进行牵引，实现承载和运送乘客。

2）曳引链条：它是传递牵引力，牵引踏板的构件。一台自动人行道有两条构成闭合环路的曳引链条，作同步运行。

3）梯路导轨系统：自动人行道梯路导轨包括导轨、反轨及转角导轨等，它的作用在于保证踏板按一定的线路运行，支承踏板及踏板传来的梯路载荷，以及防止梯路偏移等。

4）驱动装置：包括电动机、制动器、减速器。制动器采用电磁式，制动力矩在出厂时已调整好。减速器为齿轮减速器。

5）扶手系统：它是供站立在踏板上的乘客作扶手之用，特别是在进入自动人行道时。扶手系统由扶手驱动装置、扶手带和扶手栏杆等组成。一台自动人行道有两条构成闭合环路的扶手带，它与踏板作同步运行。

6）金属桁架：它由角钢和槽钢等焊接而成，自动人行道大部分部件均安装在桁架内。现场安装完毕后，桁架底部和左右两侧要用装饰板封住。

7）安全装置：C 型倾斜式自动人行道设置有一系列的安全保护装置，如图 8-25 所示，从而保证了自动人行道运行时具有很高的安全可靠性。

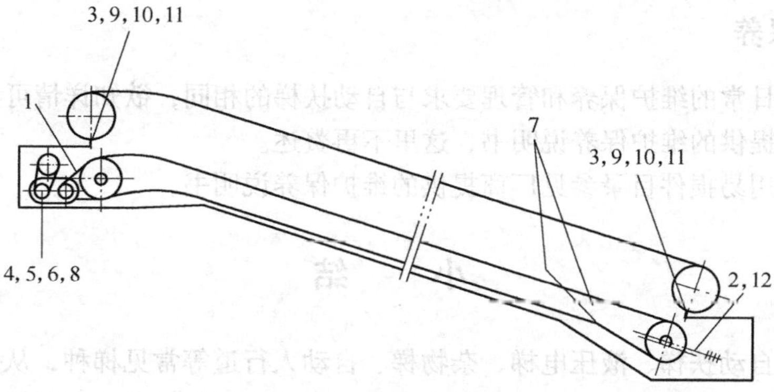

图 8-25　安全保护装置的设置

C 型倾斜式自动人行道的安全保护装置如下：

1—驱动链安全装置，当驱动链断裂或拉长时，驱动电动机断电，电磁制动器和机械棘轮工作，防止踏板下滑。

2—踏板曳引链条安全装置，当曳引链条断裂或拉长超过允许值时，驱动电动机断电，电磁制动器动作。

3—扶手带入口处安全装置，当有异物带入扶手带入口保护罩内时，驱动电动机断电，电磁制动器动作。

4—制动器，它装在减速器的输入轴上，动作时能制止踏板的上下运行。

5—限速器，它装在减速器输入轴上，当速度超过额定运行速度 20% 或达不到额定运行速度的 20% 时，驱动电动机断电，电磁制动器动作。

6—保护装置组件，这一装置装于上下部链轮处，保护现场工作人员不受到意外伤害。

7—踏板下陷安全装置，踏板的任何一根踏板轴断裂而使踏板和梳齿板不能正常啮合，该装置就使驱动电动机断电，电磁制动器动作。

8—非操作逆转保护，如果运行方向意外地出现反向运动或出现相位故障，驱动电动机断电，电磁制动器动作。它的功能包括在第 5 项限速器中。

9—扶手带出入口橡胶保护罩。

10—急停按钮，这种红色按钮装于头部和尾部的裙板上，使用区段长度超过 40m 时，在中部裙板上也增设中间急停按钮，当遇到紧急情况，按其中任何一个按钮都可切断电动机和制动器电源。

11—梳齿安全装置，当有异物嵌入踏板和梳齿板时，驱动电动机断电，电磁制动器动作。

12—下部反转导轨组件，这一装置装于尾部桁架处，以机械方式防止踏板曳引链条断裂时，踏板滚轮从导轨中脱落。

8.4.2　安装调试

自动人行道与自动扶梯的安装方法基本相同。欲知具体安装过程可参看本章 8.1 节有关内容和厂商提供的安装说明书，这里不再赘述。

8.4.3 维护保养

自动人行道日常的维护保养和管理要求与自动扶梯的相同，欲知详情可参看本章8.1节有关内容和厂商提供的维护保养说明书，这里不再赘述。

自动人行道用易损件目录参见厂商提供的维护保养说明书。

小　结

本章主要对自动扶梯、液压电梯、杂物梯、自动人行道等常见梯种，从用途、结构、安装和维护保养等方面作了简单介绍。通过本章学习可对这四类梯种有所了解，便于在遇到电梯选型问题时作参考。

思考与练习

8-1　自动扶梯由哪些部件构成？它主要用于哪些场所？

8-2　自动扶梯的安全装置有哪些？各起什么作用？

8-3　自动扶梯的安装有何特点？

8-4　自动扶梯的日常维护保养应注意哪些问题？

8-5　液压电梯有何特点？通常分为几种形式？

8-6　液压动力装置由哪些部件组成？

8-7　控制阀组的作用是什么？常用的典型控制阀都有哪些？这些阀各有哪些作用和要求？

8-8　液压电梯的安装有何特点？

8-9　何为VVVF液压电梯？它比普通液压电梯有何优点？

8-10　对液压件的维护保养要求有哪些？

8-11　何为杂物电梯？如何分类？

8-12　杂物电梯的驱动系统有几种形式？

8-13　杂物电梯应定期维护保养哪些部件？

8-14　何为自动人行道？它主要用于哪些场所？

8-15　自动人行道有几种结构？各有什么特点？

8-16　C型倾斜式自动人行道有哪些安全装置？

第9章　电梯控制技术实训

9.1　实验设备简介

实验设备选用4层4站电梯教学模型，它能较全面、逼真地模拟出实际电梯的基本结构，包含升降电动机拖动轿厢与对重结合的升降运动系统，以及门电动机拖动轿厢门带动厅门做开门和关门动作的运动系统。在机械系统运行上，可模拟轿厢门随轿厢做升降运动，当行至某层站时，可由轿厢门上的门刀打开或关闭该层厅门，这些机械动作与实际电梯完全相同。在电气系统上，引入了实际电梯所应具备的几乎全部现场的输入/输出电气信号，确保能够实现各种方式下电梯运行的逻辑控制功能。

1. 模型电梯的结构和外观

4层4站模型电梯为方柱形结构，外形尺寸为230mm长×150mm宽×630mm高。模型电梯外观如图9-1所示。

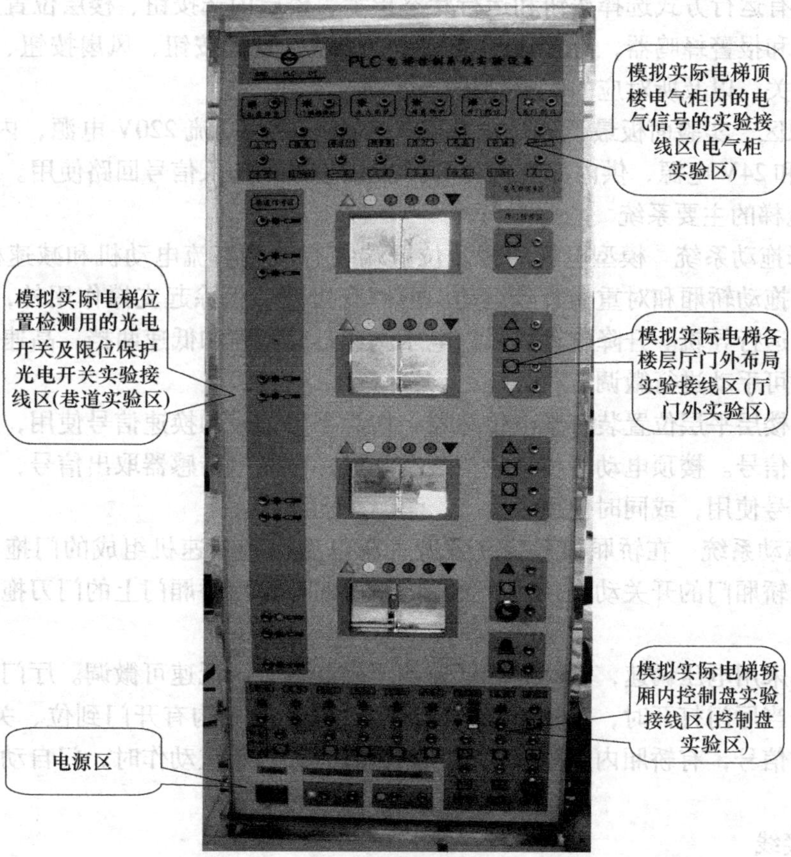

图9-1　模型电梯外观

模型电梯正面为实验面板，其余为10mm厚有机玻璃板构成框架，起支撑作用。有机玻璃透明，可观察电梯内部升降拖动机构及门拖动机构。实验面板表面为模拟实际电梯正面外观的彩色图形，对应4层楼层有4个厅门。实验面板采用全工艺加厚双面电路板，表面采用PVC材料。按钮全部是触摸开关；指示灯为局部透明，后置发光管。实验面板参照实际电梯的电气元器件位置划分为4个实验接线区，电梯的全部66个输入/输出电气信号端子都分布在4个实验接线区内。另外，还有一个电源区。

（1）模拟实际电梯顶楼电气柜内的电气信号的实验接线区　实验面板最上面有电梯顶楼电气柜内的电气信号。输出信号有升降电动机正反转、高低速，门电动机正反转、高低速，楼层指示、方向指示，轿厢内灯光、风扇；输入信号有防夹保护、超重保护、门联锁保护、开门到位、关门到位、孔盘认址信号所对应的实验接线端子。

（2）模拟实际电梯楼层厅门外布局实验接线区　实验面板中间布置有4层厅门，各厅门上方有楼层位置及运行方向指示。各厅门右侧是厅门外呼梯信号实验接线区，有厅外呼梯按钮和操作记忆显示灯，1层有厅门钥匙开关，有消防按钮以及所对应的实验接线端子。

（3）模拟实际电梯位置检测用的光电开关及限位保护开关实验接线区　实验面板中间有巷道内平层位置检测信号，巷道内具有换速、平层信号，顶层和底层有限位信号，元器件采用光电开关，并具有实验接线端子。运行时可见换速、平层过程。

（4）模拟实际电梯轿厢内控制盘实验接线区　实验面板下面是模拟的电梯轿厢内控制盘。控制盘上有运行方式选择按钮和运行状态指示、楼层内选按钮、楼层位置及运行方向指示，有报站钟和报警蜂鸣器，有手动开门和关门按钮、直驶按钮、风扇按钮、照明灯按钮，有轿内钥匙开关，以及所对应的实验接线端子。

（5）电源区　实验面板最下面是电源区，工作电源为交流220V电源，内置开关电源，输出直流5V和24V电源，供内部工作和PLC输出信号和输入信号回路使用。

2. 模型电梯的主要系统

（1）升降拖动系统　模型电梯的楼顶位置端装有微型直流电动机和减速机构组成的升降拖动系统，拖动轿厢和对重做升降运动。两侧有机玻璃板除起支撑作用外，也构成巷道。巷道两侧装有运行导轨。升降电动机采用电压调速，分高速和低速两挡，高速行驶、低速平层认址。低速可手动进行微调。

巷道内各楼层平层位置装有光电传感器，作为平层信号和换速信号使用，上下终端各有一个限位保护信号。楼顶电动机传动轮上装有孔盘，由光电传感器取出信号，可替代巷道内平层与换速信号使用，或同时使用。

（2）门拖动系统　在轿厢顶上装有微型直流电动机和减速机组成的门拖动系统，门电动机直接拖动轿厢门的开关动作，运行至不同楼层时，再由轿厢门上的门刀拖动该层厅门做开关门动作。

门电动机采用电压调速，分高速和低速两个控制端子，低速可微调。厅门具有门联锁电气保护信号。当厅门打开时，电梯不能升降运行。轿厢门机构有开门到位、关门到位信号，有防夹人保护信号，有轿厢内超重保护信号。当有夹人和超重动作时，门自动打开，不允许关门。

3. 实验接线

（1）设备电源　实验设备工作电源为交流220V，由电源线插入市电即可。

（2）PLC 电源 PLC 工作电源为直流 24V，可由 24V 开关电源供电。

（3）PLC 的输入/输出端子与电梯实验设备信号端子接线方式 实验接线有两种方式：

1）模型电梯实验面板上信号端子采用 2 号台阶插座，PLC 输入/输出端子装有 2 号台阶插座，使用自锁紧接插线连接。这种接线方式比较直观，可练习接线。但十分繁琐，外观不好。仅在调试时使用。

2）电梯实验面板后面引出四条 20 芯扁平电缆线，信号可直接接到 PLC 输入/输出端子上。这种接线方式，不影响实验面板外观，一次接好，无需重复。

（4）PLC 的输入/输出端子与电梯实验设备信号端子的接线方法 应严格区别模型电梯实验设备上的端子是输入信号还是输出信号，不得接错。先接有编号的黄色端子，后接已串联电源的蓝色公共端端子。

4. PLC

用于模型电梯控制的西门子 PLC 如图 9-2 所示。实验面板后面引出 4 条 20 芯扁平电缆线（输出电缆 1、2，输入电缆 1、2），信号可直接接到 PLC 输入/输出端子上。I/O 分配按照西门子公司 S7200-214 与 S7200-223 机型端子编号排列。

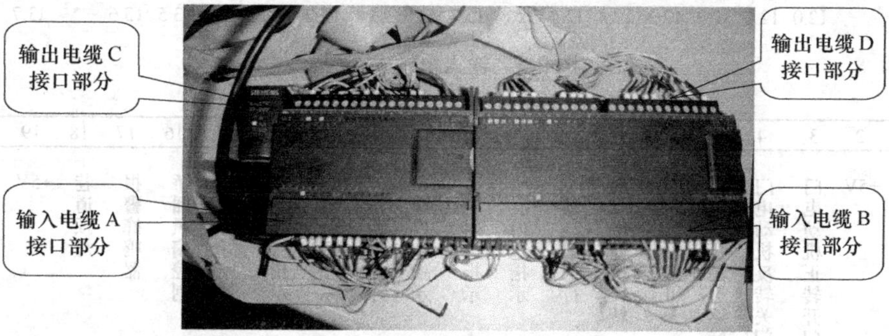

图 9-2 西门子 PLC

5. 电缆线布局图

模型电梯的双面电路板后面还有一层单面电路板。双面电路板装有轿厢电缆和楼顶电缆插座，其电缆引至布有轿厢控制和楼顶控制的元件区。单面电路板有 4 个 20 脚电缆插座，其电缆连接 PLC 输入/输出端子。双面电路板与单面电路板间有 5 个转接电缆插座，使得前后电路板上各个输入/输出信号并联。电缆布局如图 9-3 所示。输入电缆 A、输入电缆 B、输出电缆 C 和输出电缆 D 各端子的定义分别如图 9-4 ~ 图 9-7 所示。

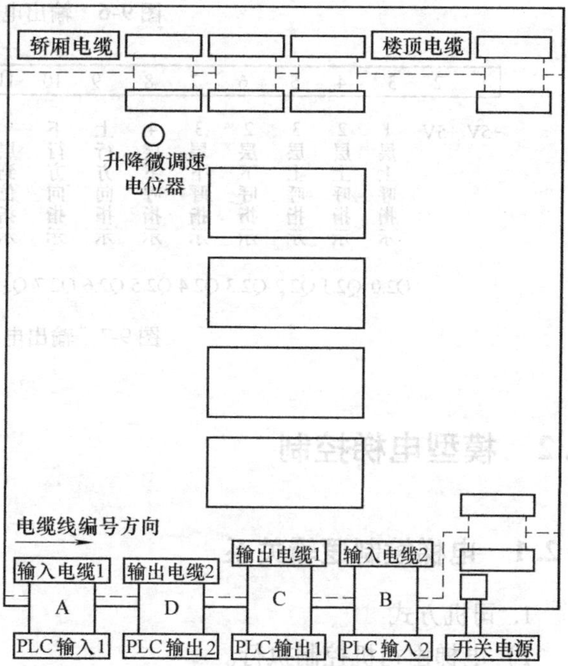

图 9-3 电缆布局

端子	信号	地址
1	−24V	
2	−24V	
3	开门按钮	I0.0
4	关门按钮	I0.1
5	开门到位信号	I0.2
6	关门到位信号	I0.3
7	超重保护信号	I0.4
8	防夹保护信号	I0.5
9	1层上呼按钮	I0.6
10	2层上呼按钮	I0.7
11	3层上呼按钮	I1.0
12	2层下呼按钮	I1.1
13	3层下呼按钮	I1.2
14	4层下呼按钮	I1.3
15	厅门钥匙开关	*
16	轿厢钥匙开关	*
17	消防按钮	I1.4
18	直驶按钮	I1.5
19	轿厢顶灯开关	*
20	轿厢风扇开关	*

图 9-4　输入电缆 A 端子

端子	信号	地址
1	−24V	
2	−24V	
3	1层内选信号	I2.0
4	2层内选信号	I2.1
5	3层内选信号	I2.2
6	4层内选信号	I2.3
7	自动司机按钮	I2.4
8	下限位信号	I2.5
9	1层下平层信号	I2.6
10	1层上平层信号	I2.7
11	2层下平层信号	I3.0
12	2层上平层信号	I3.1
13	3层下平层信号	I3.2
14	3层上平层信号	I3.3
15	4层下平层信号	I3.4
16	4层上平层信号	I3.5
17	上限位信号	I3.6
18	孔盘信号	*
19	轿厢门连锁	I3.7
20	空	

图 9-5　输入电缆 B 端子

端子	信号	地址
1	+5V	
2	+5V	
3	门电动机正转开门	Q0.0
4	门电动机反转关门	Q0.1
5	门电动机高速运转	Q0.2
6	升降电动机正转	Q0.3
7	升降电动机反转	Q0.4
8	电梯高速运行	Q0.5
9	1层内选指示	Q0.6
10	2层内选指示	Q0.7
11	3层内选指示	Q1.0
12	4层内选指示	Q1.1
13	自动运行指示	*
14	司机运行指示	*
15	轿厢顶灯控制	*
16	轿厢风扇控制	*
17	报警蜂鸣器	*
18	巷道顶灯	*
19	+5V	
20	+5V	

图 9-6　输出电缆 C 端子

端子	信号	地址
1	+5V	
2	+5V	
3	1层上呼指示	Q2.0
4	2层上呼指示	Q2.1
5	3层上呼指示	Q2.2
6	2层下呼指示	Q2.3
7	3层下呼指示	Q2.4
8	4层下呼指示	Q2.5
9	上行方向指示	Q2.6
10	下行方向指示	Q2.7
11	1层到位指示	Q3.0
12	2层到位指示	Q3.1
13	3层到位指示	Q3.2
14	4层到位指示	Q3.3
15	消防指示灯	Q3.4
16	直驶指示灯	Q3.5
17	报站钟	Q3.6
18	空	
19	+5V	
20	+5V	

图 9-7　输出电缆 D 端子

9.2　模型电梯控制

9.2.1　电梯控制逻辑关系

1. 司机方式

1）电梯由司机控制执行。

2）行车方向由内选信号决定，顺向优先执行。

3）行车途中如遇呼梯信号时，顺向截车，反向不截车。

4）内选信号、呼梯信号具有记忆功能，执行后解除。

5）内选信号、呼梯信号、行车方向、轿厢楼层位置均由信号灯指示。

6）厅外有呼梯信号时，轿厢内选信号闪动提示。

7）层间高速行驶，到站自动换速，低速平层停车，平层结束报站钟发声提示。

8）平层时可自动开门、手动开门，夹人时自动开门。

9）轿厢内超重不能关门，蜂鸣器发出警告。

10）有内选信号时自动关门，关门后自动行车，关门过程可重新手动开门。

11）无内选时不能自动关门。

12）行车时厅门和轿厢门都不能开门，开门之后不能行车，有门联锁保护。

13）电梯停用时，需到达基站，由轿厢内钥匙开关，封锁上下行车程序；再由厅门开关，关好电梯门，关灯，切断电源。起动时由厅门开关，打开电梯门，开灯，再由轿厢内钥匙开关，启动上下行车程序。

2. 自动方式

1）电梯由乘客控制执行，轿厢内优先。

2）行车方向由内选信号和呼梯信号决定，顺向优先执行。

3）有内选信号时，优先确定行车方向。

4）无内选和无顺向呼梯信号时，应行驶到最远反向呼梯信号位置截车。

5）停层时可自动开门；可本层呼梯信号开门。

6）有内选信号和呼梯信号时延时自动关门，关门后自动行车。

7）长时间无人用梯，自动回到基站（1 层）。

8）长时间无内选信号和呼梯信号时，自动关断照明、风扇。

3. 检修方式

1）电梯由手动慢上、慢下按钮控制，任意停止。

2）平层位置时可手动开门，松开开门按钮自动关门。

9.2.2 输入/输出电缆信号与 I/O 分配

模型电梯提供了 35 个输入和 31 个输出共 66 个信号，通过 4 条电缆与 PLC 连接。由于 PLC 只有 32 个输入端子和 24 个输出端子，所以仅将常用信号接通，其余 10 个信号可以根据编程需要进行改装。输入信号、输出信号分配（I/O 分配）见表 9-1 和表 9-2。

表 9-1　输入信号分配

I0.0	开门按钮	I1.0	3 层上呼按钮		轿厢顶灯按钮
I0.1	关门按钮	I1.1	2 层下呼按钮		轿厢风扇按钮
I0.2	开门到位信号	I1.2	3 层下呼按钮		
I0.3	关门到位信号	I1.3	4 层下呼按钮	I2.0	1 层内选按钮
I0.4	超重保护信号		厅门钥匙开关	I2.1	2 层内选按钮
I0.5	防夹保护信号		轿厢钥匙开关	I2.2	3 层内选按钮
I0.6	1 层上呼按钮	I1.4	消防按钮	I2.3	4 层内选按钮
I0.7	2 层上呼按钮	I1.5	直驶按钮	I2.4	自动司机按钮

（续）

I2.5	下限位信号	I3.1	2层上平层信号	I3.5	4层上平层信号
I2.6	1层下平层信号	I3.2	3层下平层信号	I3.6	上限位信号
I2.7	1层上平层信号	I3.3	3层上平层信号		孔盘信号
I3.0	2层下平层信号	I3.4	4层下平层信号	I3.7	门联锁保护

表9-2　输出信号分配

Q0.0	门电动机正转开门	Q1.1	4层内选指示	Q3.0	1层到位指示
Q0.1	门电动机反转关门	Q2.0	1层上呼指示	Q3.1	2层到位指示
Q0.2	门电动机高速运行	Q2.1	2层上呼指示	Q3.2	3层到位指示
Q0.3	升降电动机正转	Q2.2	3层上呼指示	Q3.3	4层到位指示
Q0.4	升降电动机反转	Q2.3	2层下呼指示	Q3.4	消防指示灯
Q0.5	电梯电动机高速运行	Q2.4	3层下呼指示	Q3.5	直驶指示灯
Q0.6	1层内选指示	Q2.5	4层下呼指示	Q3.6	报站钟
Q0.7	2层内选指示	Q2.6	上行方向指示		
Q1.0	3层内选指示	Q2.7	下行方向指示		

部分输出端子自行考虑安排，实际接线时，将端子空出不接，见表9-3。

表9-3　空端子列表

	司机运行指示		轿厢风扇控制
	自动运行指示		报警蜂鸣器
	轿厢顶灯控制		巷道顶灯

上述I/O分配按照西门子公司S7200-214与S7200-223机型端子编号排列。为编程方便，电梯模型上所有输入信号都已设计为正逻辑。

输入/输出电缆信号分布和默认的I/O分配如图9-4～图9-7所示。图中的上部分为电缆端子号；中间为输入/输出信号名称，未写名称的是空端子号；下面为已连接到PLC对应端子的编号，无编号的为备用信号。

9.3　课程实验任务

9.3.1　基本实验

实验一　电梯开、关门控制实验

实验目的：熟悉PLC基本指令和控制电梯的电气基本控制环节。熟悉电梯门控制方法。

实验任务：用5V正极端子同时点动轿厢上或下行和快或慢速端子，使轿厢停在某一层平层区内，然后进行门控制实验。程序输入后，进行操作，可实现该层下，手动开门、手动关门和延时自动关门、夹人开门、超重不能关门等逻辑功能。反复调试，直到程序通过为止。

实验步骤：

1）按 I/O 分配接好实验线路。

2）编写程序，标注释。

3）输入程序（计算机梯形图软件）。

4）操作并调试程序。

5）保存程序。

6）书写实验报告和实验体会。

I/O 分配及接线端子位置见表 9-4。

表 9-4　I/O 分配及接线端子位置

输入信号	信号元件和作用	元件或端子位置	输出信号	控制对象及作用	元件或端子位置
I0.0	开门按钮信号	控制盘实验区	Q0.0	门电动机正转（开门）	电气柜实验区
I0.1	关门按钮信号		Q0.1	门电动机反转（关门）	
I0.2	开门到位信号	电气柜实验区	Q0.2	门电动机高速运行	
I0.3	关门到位信号				
I0.4	超重保护信号				
I0.5	防夹保护信号				

在实际电梯产品中，门机构是机械部分上最关键、也是故障最多的部分。

电梯的门，分为轿厢门和厅门，厅门为被动门，由轿厢门带动，轿厢门上装有门刀，通过门刀带动厅门运动。如果是单刀，两扇以上的厅门还需要有门联动机构。实际电梯为了安全，必须在轿厢门和厅门完全关闭时才能运行，因此，厅门上装有电气联动的自动门锁，控制电梯控制电路的接通与断开。行车时不能开门，开门时不能行车（检修时除外）。厅外通过钥匙可打开厅门的自动门锁。

实验二　电梯楼层连续显示实验

实验目的：熟悉电梯楼层连续指示功能。

实验任务：每次按下 4 层内选按钮，轿厢慢速上行一个层站，平层位置停止；每次按下 1 层内选按钮，轿厢慢速下行一个层站，平层位置停止。运行时，实现楼层位置连续指示和运行方向指示功能。

实验步骤：

1）按 I/O 分配接好实验线路。

2）编写程序，标注释。

3）输入程序。

4）操作并调试程序。

5）保存程序。

6）书写实验报告和实验体会。

I/O 分配及接线端子位置见表 9-5。

实现楼层位置连续指示的编程方法有很多，楼层少的可由基本指令实现，电梯的层指示也可以采用数码管显示，使用译码芯片，可节省输出点。楼层高时效果更明显。但某些场合，仍有采用① ② ③ …楼层显示，因为这种显示方式可使观察全面，具有更好的心理等候感觉。

表 9-5 I/O 分配及接线端子位置

输入信号	信号元件名称和作用	元件或端子位置	输出信号	控制对象及作用	元件或端子位置
I2.5	下限位信号	巷道实验区	Q0.3	升降电动机正转（上行）	电气柜实验区
I2.6	1层下平层信号		Q0.4	升降电动机反转（下行）	
I2.7	1层上平层信号		Q2.6	上行方向指示	
I3.0	2层下平层信号		Q2.7	下行方向指示	
I3.1	2层上平层信号		Q3.0	1层到位指示	
I3.2	3层下平层信号		Q3.1	2层到位指示	
I3.3	3层上平层信号		Q3.2	3层到位指示	
I3.4	4层下平层信号		Q3.3	4层到位指示	
I3.5	4层上平层信号				
I3.6	上限位信号				
I2.0	1层内选按钮信号	控制盘实验区			
I2.1	2层内选按钮信号				

实验三 电梯内选、外呼信号操作指示的记忆与解除控制实验

实验目的：熟悉电梯内选、外呼信号操作指示的记忆与解除方法。

实验任务：该实验中轿厢的行走仍采用实验三程序实现，每次按下4层内选按钮，轿厢慢速上行一个层站，平层位置停止；每次按下1层内选按钮，轿厢慢速下行一个层站，平层位置停止。程序中增加的控制功能如下：

内选按钮按下后，对应的的指示灯亮，储存操作记忆，当轿厢在该层停止时，由该层平层位置信号解除指示灯记忆显示；同样，厅外呼梯按钮按下后，相应指示灯也发光储存操作记忆，当轿厢在途中运行时，遇顺向呼梯信号，可在该层停止，并将顺向的记忆信号解除；该层的反向的记忆显示信号不应解除。

实验步骤：同以上实验，略。

I/O 分配及接线端子位置见表 9-6。

表 9-6 I/O 分配及接线端子位置

输入信号	信号元件名称和作用	元件或端子位置	输出信号	控制对象及作用	元件或端子位置
I2.5	下限位信号	巷道实验区	Q0.3	升降电动机正转（上行）	电气柜实验区
I2.6	1层下平层信号		Q0.4	升降电动机反转（下行）	
I2.7	1层上平层信号		Q2.6	上行方向指示	
I3.0	2层下平层信号		Q2.7	下行方向指示	
I3.1	2层上平层信号		Q3.0	1层到位指示	
I3.2	3层下平层信号		Q3.1	2层到位指示	
I3.3	3层上平层信号		Q3.2	3层到位指示	
I3.4	4层下平层信号		Q3.3	4层到位指示	
I3.5	4层上平层信号		Q0.6	1层内选指示	控制盘实验区
I3.6	上限位信号		Q0.7	2层内选指示	
I2.0	1层内选按钮信号	控制盘实验区	Q1.0	3层内选指示	
I2.1	2层内选按钮信号		Q1.1	4层内选指示	
I2.2	3层内选按钮信号		Q2.0	1层上呼指示	厅门外实验区
I2.3	4层内选按钮信号		Q2.1	2层上呼指示	
I0.6	1层上呼按钮信号	厅门外实验区	Q2.2	3层上呼指示	
I0.7	2层上呼按钮信号		Q2.3	2层下呼指示	
I1.0	3层上呼按钮信号		Q2.4	3层下呼指示	
I1.1	2层下呼按钮信号		Q2.5	4层下呼指示	
I1.2	3层下呼按钮信号				
I1.3	4层下呼按钮信号				

实验四　电梯自动选向控制实验

实验目的：熟悉电梯自动选择行车方向的方法。

实验任务：在司机方式下，电梯根据内选信号和轿厢位置自动决定行车方向。例如电梯轿厢在2层，若按下1层内选按钮，电梯应下行，若按3或4层内选按钮，则电梯应上行，依次类推。此模型电梯仅有慢速运行，到站进入平层位置后停止。当先后有多个内选按钮按下后，按行车方向，顺向优先执行，顺向全部执行完毕后，反向再执行。

外呼顺向信号具有截梯功能，此实验不考虑。

实验步骤：同以上实验，略。

I/O分配及接线端子位置见表9-7。

表9-7　I/O分配及接线端子位置

输入信号	信号元件名称和作用	元件或端子位置	输出信号	控制对象及作用	元件或端子位置
I2.5	下限位信号	巷道实验区	Q0.3	升降电动机正转（上行）	电气柜实验区
I2.6	1层下平层信号		Q0.4	升降电动机反转（下行）	
I2.7	1层上平层信号				
I3.0	2层下平层信号				
I3.1	2层上平层信号				
I3.2	3层下平层信号				
I3.3	3层上平层信号				
I3.4	4层下平层信号				
I3.5	4层上平层信号				
I3.6	上限位信号				
I2.0	1层内选按钮信号	控制盘实验区			
I2.1	2层内选按钮信号				
I2.2	3层内选按钮信号				
I2.3	4层内选按钮信号				

有司机状态下，厅外上、下呼梯信号不参与选向，但具有截梯功能。顺向信号可截梯，反向信号不能截梯。无司机状态下，无内选信号时，呼梯信号也参与选向，并具有最远反向截梯功能，但有内选信号时，内选信号优先选向。

最远反向截梯，例如，1、2、3层有下呼梯信号，电梯应到达3层再下行。

反向截梯内选信号优先，电梯由1层到达3层，乘客选择下行，此时，不会应答4层的外呼信号。

实验五　电梯换速、平层控制实验

实验目的：熟悉电梯自动换速、平层控制的方法。

实验任务：在实验五的基础上，实现电梯运行换速和平层控制环节。如图9-8所示，轿

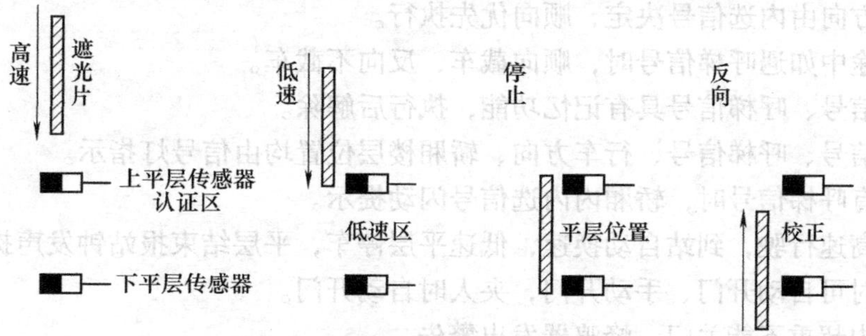

图9-8　轿厢下行换速、平层示意

厢在下行过程中，未达到上平层传感器时，电梯高速下降；到达上平层传感器时，电梯低速下降；到达平层位置时，上平层传感器和下平层传感器均动作，此时电梯停止，执行开门程序；由于惯性原因，遮光片越过上平层传感器，则电梯低速上行进行校正。

I/O 分配及接线端子位置见表 9-8。

表 9-8　I/O 分配及接线端子位置

输入信号	信号元件名称和作用	元件或端子位置	输出信号	控制对象及作用	元件或端子位置
I2.5	下限位信号	巷道实验区	Q0.3	升降电动机正转（上行）	电气柜实验区
I2.6	1 层下平层信号		Q0.4	升降电动机反转（下行）	
I2.7	1 层上平层信号		Q0.5	升降电动机高速运行	
I3.0	2 层下平层信号				
I3.1	2 层上平层信号				
I3.2	3 层下平层信号				
I3.3	3 层上平层信号				
I3.4	4 层下平层信号				
I3.5	4 层上平层信号				
I3.6	上限位信号				
I2.0	1 层内选按钮信号	控制盘实验区			
I2.1	2 层内选按钮信号				
I2.2	3 层内选按钮信号				
I2.3	4 层内选按钮信号				

电梯应高速运行、低速停止，以保证运行效率和平层精度。

电梯的平均加减速度不应小于 $0.5m/s^2$ 和大于 $1.5m/s^2$。

电梯的加速度的变化率称为加加速度，对人体的舒适感影响很大，在电梯技术中被称为生理系数，应限制在 $1.3m/s^3$ 以下。高速电梯应采用无级调速。

9.3.2　应用实验

实验六　司机驾驶电梯控制实验

实验目的：熟悉电梯有司机驾驶方式下的控制逻辑关系。熟悉 PLC 电梯控制系统的设计方法。

实验任务：在基本实验的基础上，参照电梯司机运行方式的要求，实现司机驾驶方式下对电梯的控制。

司机方式控制逻辑关系：

1）电梯由司机控制执行。

2）行车方向由内选信号决定，顺向优先执行。

3）行车途中如遇呼梯信号时，顺向截车，反向不截车。

4）内选信号、呼梯信号具有记忆功能，执行后解除。

5）内选信号、呼梯信号、行车方向、轿厢楼层位置均由信号灯指示。

6）厅外有呼梯信号时，轿厢内内选信号闪动提示。

7）层间高速行驶，到站自动换速，低速平层停车，平层结束报站钟发声提示。

8）平层时可自动开门、手动开门，夹人时自动开门。

9）轿厢内超重不能关门，蜂鸣器发出警告。

10）有内选信号时自动关门，关门后自动行车，关门过程可重新手动开门。

11）无内选时不能自动关门。

12）行车时厅门和轿厢门都不能开门，开门之后不能行车，有门联锁保护。

13）电梯停用时，需到达基站，由轿厢内钥匙开关，封锁上下行车程序；再由厅门开关，关好电梯门，关灯，切断电源。起动时由厅门开关，打开电梯门，开灯，再由轿厢内钥匙开关，启动上下行车程序。

输入/输出电缆信号与I/O分配同9.2.2节。

实验七 全自动电梯控制实验

实验目的：熟悉电梯无司机驾驶方式下的控制逻辑关系。熟悉PLC电梯控制系统的设计方法。

实验任务：在基本实验的基础上，实现无司机驾驶方式下对电梯的控制。

1. 自动方式控制逻辑关系

1）电梯由乘客控制执行，轿厢内优先。

2）行车方向由内选信号和呼梯信号决定，顺向优先执行。

3）有内选信号时，优先确定行车方向。

4）无内选和无顺向呼梯信号时，应行驶到最远反向呼梯信号位置截车。

5）停层时可自动开门；可本层呼梯信号开门。

6）有内选信号和呼梯信号时延时自动关门，关门后自动行车。

7）长时间无人用梯，自动回到基站（1层）。

8）长时间无内选信号和呼梯信号时，自动关断照明、风扇。

2. 检修方式

1）电梯由手动慢上、慢下按钮控制，任意停止。

2）平层位置时可手动开门，松开开门按钮自动关门。

输入/输出电缆信号与I/O分配同9.2.2节。

9.4 课程设计、毕业设计指导

题目一 消防运行方式电梯控制实验

目的：熟悉电梯消防运行方式下的控制逻辑关系。

任务：在基本实验的基础上，实现消防方式下对电梯的控制。

一、毕业设计（论文）的主要内容（含主要技术参数）

本设计题目结合PLC控制的4层模型电梯装置进行立题，要求学生掌握电梯消防运行方式下的控制逻辑关系，完成PLC运行控制系统设计。

1. 了解4层模型电梯对象的工作过程，画出控制逻辑流程图。

2. 熟悉西门子S7-200型PLC的原理和编程，特别是开关量的输入/输出和逻辑算法程序的编制。

3. 熟悉电梯消防运行方式下的控制逻辑关系，在基本实验的基础上，实现消防方式下对电梯的控制。毕业设计具体要求：模拟实际电梯的运行过程，整个系统由层站操纵部分和轿厢操纵部分组成。层站部分由上、下呼梯按钮，上、下行指示组成。轿厢内设有楼层选择按钮，电梯在上升途中只能响应上升请求，下降途中只能响应下降请求，任何相反方向的请求无效，即顺向应答，反向不应答。在消防状态下，不管任何命令均不应答，立即返回基层并自动锁上，非工作人员不能打开。

4. 进行系统的调试，解决出现的问题，按要求编写设计说明书。

（续）

二、毕业设计（论文）题目应完成的具体工作（含图样数量）

1. 深入了解设计要求，制定系统实现方案，电气系统的组成，包括主要电气元器件及电气原理图。
2. 画出系统硬件设计电路，针对4层模型电梯对象，设计PLC控制程序，要求分成自动模式和消防模式。
3. 编写硬件测试软件并调试。
4. 按要求编写设计说明书。

三、毕业设计（论文）进程的安排（起讫日期__ 年__月__ 日至__ 年__月__日）

序　号	设计（论文）各阶段任务	日　期	备　注
1	安排设计内容，拟定设计题目	1周	
2	查找相关书籍和资料	2~3周	
3	明确设计任务，确定设计方案	4周	
4	系统硬件选型，绘制电气原理图	5~6周	
5	搭建具体硬件电路，并用测试软件调试	7~12周	
6	设计说明书编写、准备答辩	13~16周	

四、主要参考资料及文献阅读任务（含外文阅读翻译任务）

主要参考资料应包括：① PLC相关资料；② PLC原理与编程实例分析；③ 绘图工具资料；④ 电梯电力拖动系统相关资料；⑤ 电气控制系统资料。

文献阅读任务：不少于10篇（至少两篇英文）的相关文献，70%为近5年文献。

题目二　群控（通信）电梯控制实验

目的：熟悉群控电梯运行方式下的控制逻辑关系。

任务：在基本实验的基础上，由两台60点PLC控制A、B两台电梯，两台60点PLC之间实现1：1连接通信，实现群控方式下对电梯的控制。

一、毕业设计（论文）的主要内容（含主要技术参数）

在基本实验的基础上，由两台60点PLC控制A、B两台电梯，两台60点PLC之间实现1：1连接通信，实现群控方式下对电梯的控制。

1. 熟悉群控电梯群控运行方式下的控制逻辑关系，画出控制逻辑流程图。
2. 熟悉西门子S7-200型PLC的原理和编程，特别是开关量的输入/输出和逻辑算法程序的编制。
3. 熟悉电梯群控运行方式下的控制逻辑关系。毕业设计具体要求：模拟实际电梯的运行过程，整个系统两台电梯均是独立系统，并联控制，应答同一命令。在群控状态下，一台为基梯，一台为自由梯，当有呼梯命令时，距离最近的一台去应答，一旦一台电梯已应答，另一台不再重复应答。
4. 进行系统的调试，解决出现的问题，按要求编写设计说明书。

二、毕业设计（论文）题目应完成的具体工作（含图样数量）

1. 深入了解设计要求，制定系统实现方案，电气系统的组成，包括主要电气元器件及电气原理图。
2. 画出系统硬件设计电路，针对4层模型电梯对象，设计PLC控制程序，要求实现两台电梯群控。
3. 编写硬件测试软件并调试。
4. 按要求编写设计说明书。

三、毕业设计（论文）进程的安排（起讫日期__ 年__月__ 日至__ 年__月__日）

序号	设计（论文）各阶段任务	日　期	备　注
1	安排设计内容，拟定设计题目	1周	
2	查找相关书籍和资料	2~3周	
3	明确设计任务，确定设计方案	4周	
4	系统硬件选型，绘制电气原理图	5~6周	
5	搭建具体硬件电路，并用测试软件调试	7~12周	
6	设计说明书编写、准备答辩	13~16周	

（续）

四、主要参考资料及文献阅读任务（含外文阅读翻译任务）

主要参考资料应包括：① PLC 相关资料；② PLC 原理与编程实例分析；③ 绘图工具资料；④ 电梯电力拖动系统相关资料；⑤ 电气控制系统资料。

文献阅读任务：不少于 10 篇（至少两篇英文）的相关文献，70% 为近 5 年文献。

题目三　组态软件电梯监控实验

目的：熟悉司机运行方式下的控制逻辑关系。熟悉工业组态软件的设计方法。

任务：在基本实验的基础上，利用组态软件实现电梯的监控。

一、毕业设计（论文）的主要内容（含主要技术参数）

本设计题目结合 PLC 控制的 4 层模型电梯装置进行立题，要求学生完成 PLC 运行控制系统设计。

1. 了解 4 层模型电梯对象的工作过程，画出控制逻辑流程图。
2. 熟悉西门子 S7-200 型 PLC 的原理和编程，特别是开关量的输入/输出和逻辑算法程序的编制。
3. 熟悉 KINGVIEW 监控组态软件及其与 PLC 的通信方法，并使用其编写上位机监控程序，要求能完成显示电梯运动、信号显示、远程操作等功能。
4. 进行系统的调试，解决出现的问题，按要求编写设计说明书。

二、毕业设计（论文）题目应完成的具体工作（含图样数量）

1. 深入了解设计要求，制定系统实现方案，电气系统的组成，包括主要电气元器件及电气原理图。
2. 画出系统硬件设计电路，针对 4 层模型电梯对象，设计 PLC 控制程序，要求分成自动模式和司机模式。
3. 编写硬件测试软件并调试。
4. 按要求编写设计说明书。

三、毕业设计（论文）进程的安排（起讫日期__年__月__日至__年__月__日）

序号	设计（论文）各阶段任务	日　期	备　注
1	安排设计内容，拟定设计题目	1 周	
2	查找相关书籍和资料	2~3 周	
3	明确设计任务，确定设计方案	4 周	
4	系统硬件选型，绘制电气原理图	5~6 周	
5	搭建具体硬件电路，并用测试软件调试	7~12 周	
6	设计说明书编写、准备答辩	13~16 周	

四、主要参考资料及文献阅读任务（含外文阅读翻译任务）

主要参考资料应包括：① PLC 相关资料；② PLC 原理与编程实例分析；③ 绘图工具资料；④ 电梯电力拖动系统相关资料；⑤ 电气控制系统资料。

文献阅读任务：不少于 10 篇（至少两篇英文）的相关文献，70% 为近 5 年文献。

小　结

熟悉 PLC 基本指令是电梯控制编程的基本环节。本章以 4 层 4 站电梯教学模型为基础介绍了有关电梯控制的实验、课程设计和毕业设计：电梯各子系统，如门系统、楼层显示系统控制的控制逻辑关系；不同控制方式，如司机控制、全自动控制、消防控制、群控等课程设计和毕业设计示例。

附　　录

附录A　我国现行电梯标准目录

1. 法规与规程

中华人民共和国特种设备安全法

国务院第373/549号令特种设备安全监察条例

国务院关于修改《特种设备安全监察条例》的决定

关于实施新修改的《特种设备安全监察条例》若干问题的意见

关于公布《特种设备目录》的通知

特种设备质量监督与安全监察规定

特种设备注册登记与使用管理规则

机电类特种设备制造许可规则

特种设备作业人员监督管理办法

国质检锅［2002］1号　电梯监督检验规程

国质检锅［2003］358号　液压电梯监督检验规程（试行）

国质检锅［2003］33号　杂物电梯监督检验规程

国质检锅［2002］360号　自动扶梯和自动人行道监督检验规程

TSG Z0003—2005　特种设备鉴定评审人员考核大纲

TSG Z0004—2007　特种设备制造、安装、改造、维修质量保证体系基本要求

TSG Z0005—2007　特种设备制造、安装、改造、维修许可鉴定评审细则

TSG Z0006—2009　特种设备事故调查处理导则

TSG Z6001—2005　特种设备作业人员考核规则

TSG Z7001—2004　特种设备检验检测机构核准规则

TSG Z7002—2004　特种设备检验检测机构鉴定评审细则

TSG T5001—2009　电梯使用管理与维护保养规则

TSG T6001—2007　电梯安全管理人员和作业人员考核大纲

TSG T7001—2009　电梯监督检验和定期检验规则——曳引与强制驱动电梯

TSG T7002—2004　曳引和强制驱动式电梯型式试验细则

TSG T7013—2004　上行超速保护装置型式试验细则

TSG T7017—2004　电梯曳引机型式试验细则

2. 常用相关国家标准

GB 12974—1991　交流电梯电动机通用技术条件

GB 16899—2011　自动扶梯和自动人行道的制造与安装安全规范

GB 21240—2007　液压电梯制造与安装安全规范

GB 24803.1—2009　电梯安全要求 第1部分：电梯基本安全要求
GB 24804—2009　提高在用电梯安全性的规范
GB 24805—2009　行动不便人员使用的垂直升降平台
GB 24806—2009　行动不便人员使用的楼道升降机
GB 25194—2010　杂物电梯制造与安装安全规范
GB 25856—2010　仅载货电梯制造与安装安全规范
GB 26465—2011　消防电梯制造与安装安全规范
GB 4208—2008　外壳防护等级（IP代码）
GB 50011—2010　建筑抗震设计规范
GB 50045—1995　高层民用建筑设计防火规范（2005版）
GB 50096—2011　住宅设计规范
GB 50310—2002　电梯工程施工质量验收规范
GB 7588—2003　电梯制造与安装安全规范
GB 8903—2005　电梯用钢丝绳
GB/T 10058—2009　电梯技术条件
GB/T 10059—2009　电梯试验方法
GB/T 10060—2011　电梯安装验收规范
GB/T 18775—2009　电梯、自动扶梯和自动人行道维修规范
GB/T 20900—2007　电梯、自动扶梯和自动人行道风险评价和降低的方法
GB/T 21739—2008　家用电梯制造与安装规范
GB/T 22562—2008　电梯T形导轨
GB/T 24474—2009　电梯乘运质量测量
GB/T 24475—2009　电梯远程报警系统
GB/T 24476—2009　电梯、自动扶梯和自动人行道数据监视和记录规范
GB/T 24477—2009　适用于残障人员的电梯附加要求
GB/T 24478—2009　电梯曳引机
GB/T 24479—2009　火灾情况下的电梯特性
GB/T 24480—2009　电梯层门耐火试验
GB/T 24807—2009　电磁兼容 电梯、自动扶梯和自动人行道的产品系列标准 发射
GB/T 24808—2009　电磁兼容 电梯、自动扶梯和自动人行道的产品系列标准 抗扰度
GB/T 5013.5—2008　额定电压450/750V及以下橡皮绝缘电缆 第5部分：电梯电缆
GB/T 5023.6—2008　额定电压450/750V及以下聚氯乙烯绝缘电缆 第6部分：电梯电缆和挠性连接用电缆
GB/T 7024—2008　电梯、自动扶梯、自动人行道术语
GB/T 7025.1—2008　电梯主参数及轿厢、井道、机房的型式与尺寸 第1部分：Ⅰ、Ⅱ、Ⅲ、Ⅵ类电梯
GB/T 7025.2—2008　电梯主参数及轿厢、井道、机房的型式与尺寸 第2部分：Ⅳ类电梯
GB/T 7025.3—1997　电梯主参数及轿厢、井道、机房的型式与尺寸 第3部分：Ⅴ类电梯

GB/T 18775—2002 电梯维修规范
GB/T 4728—2005 电气简图用图形符号
GB 14048.4—2003 低压开关设备和控制设备：机电式接触器和电动机起动器
GB 14048.5—2008 低压开关设备和控制设备：控制电路电器和开关元件
3. 行业标准
CB/T 3567—1993 船用乘客电梯
CB/T 3878—1999 船用载货电梯
JB/T 8545—2010 自动扶梯梯级链、附件和链轮
JG 135—2000 杂物电梯
JG 5071—1996 液压电梯
JG/T 5009—1992 电梯操作装置、信号及附件
JG/T 5010—1992 住宅电梯的配置及选择
JG/T 5072.1—1996 电梯T形导轨
JG/T 5072.2—1996 电梯T形导轨检验规则
JG/T 5072.3—1996 电梯对重空心导轨
GA 109—1995 电梯层门耐火试验方法
GA 137—1996 消防梯通用技术条件
YB/T 157—1999 电梯导轨用热轧型钢
YB/T 5198—2004 电梯钢丝绳用钢丝
SN/T 0814—1999 进出口电梯安全性能检验规程
SJ/T 31047—1994 电梯完好要求和检查评定方法
DL/T 5161.11—2002 电气装置安装工程质量检验及评定规程 第11部分 电梯电气装置施工质量检验
DL/T 5161.1—2002 电气装置安装工程质量检验及评定规程 第1部分 通则
GYD 605—1995 全国统一房屋修缮工程预算定额 电梯分册
LD/T 81.3—2006 “电梯安装维修工”职业技能实训和鉴定设备技术规范
JGJ 50—2001 城市道路和建筑物无障碍设计规范
4. 地方标准
ZJQ00—SG—004—2003 电梯工程施工工艺标准
DB11/418—2007 电梯日常维护保养规则
DB11/419—2007 电梯安装维修作业安全规范
DB11/420—2007 电梯安装、改造、重大维修和维护保养自检规则
DB32/864—2005 电梯维修保养安全质量评定
DB33/728—2009 电梯维修保养安全管理规范
DB3703/ T301—2002 电梯、自动扶梯和自动人行道维护保养基本要求（试行）
DB46/T116—2008 电梯维修保养服务规范

附录B 电梯控制自动运行实验参考程序

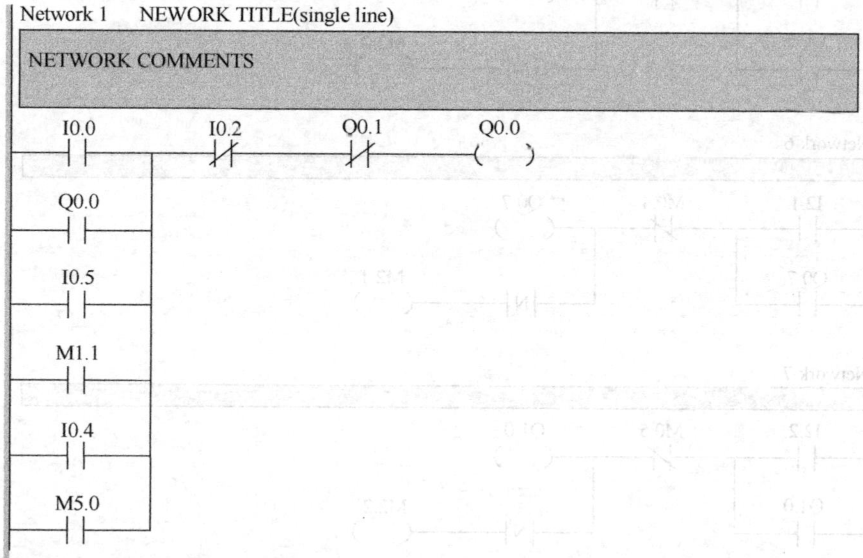

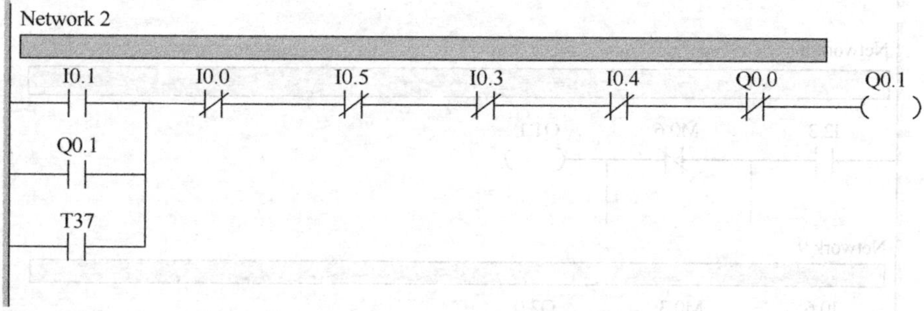

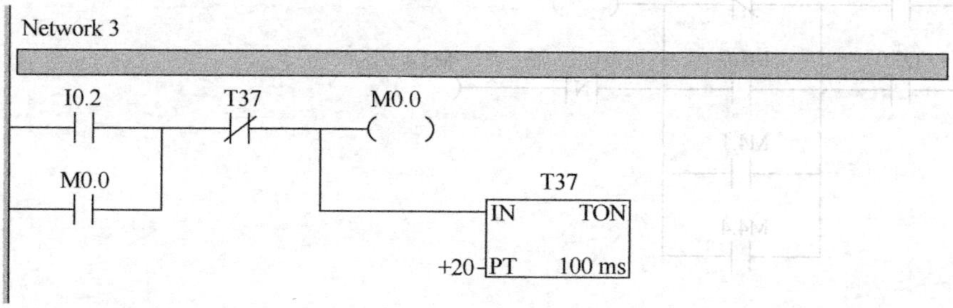

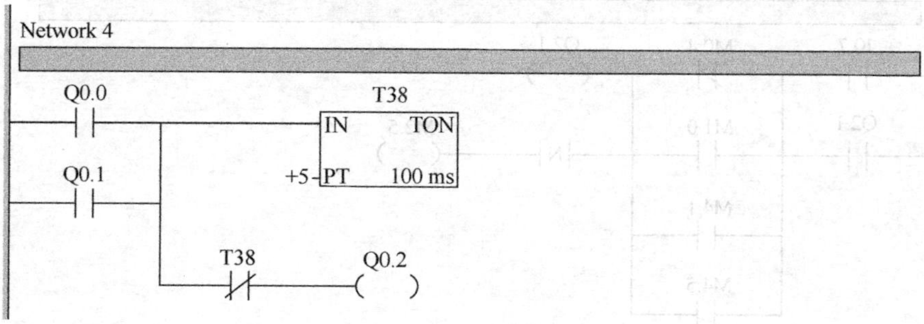

Network 5

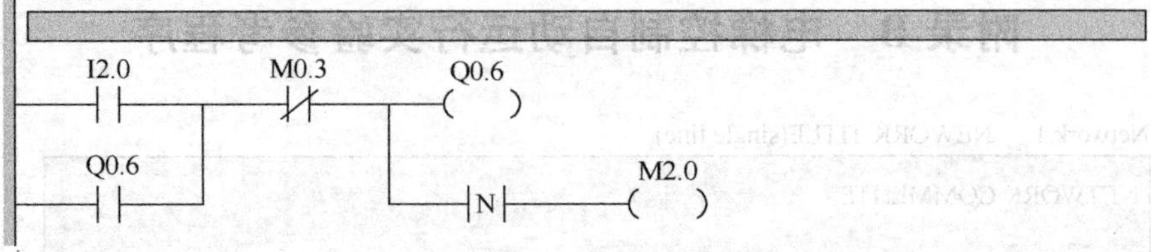

Network 6

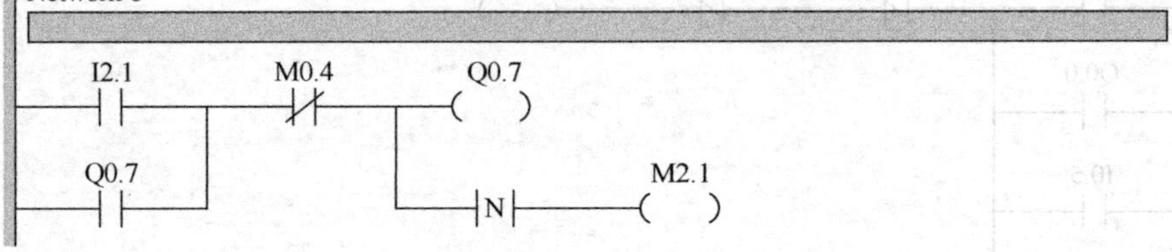

Network 7

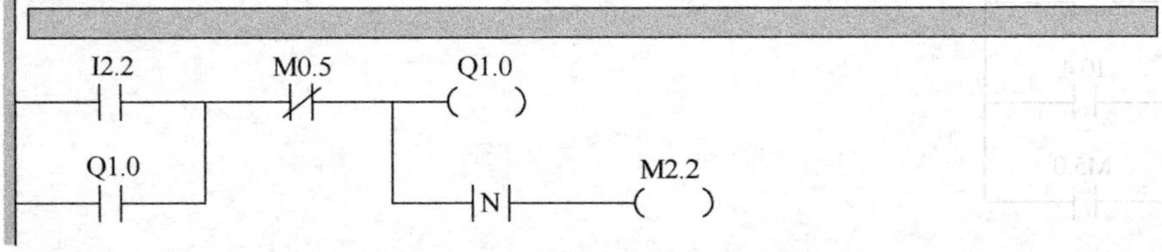

Network 8

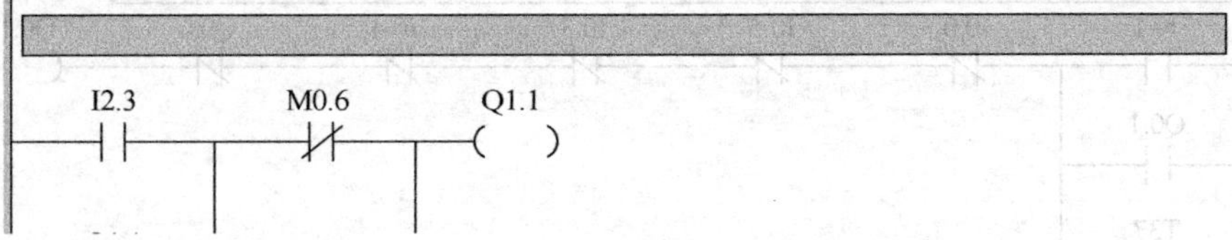

Network 9

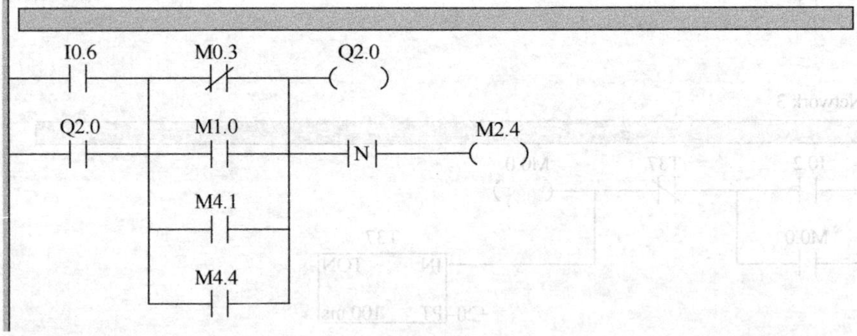

Network 10

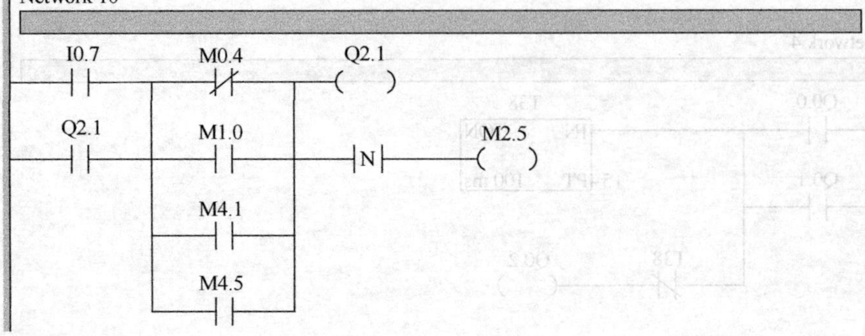

Network 11

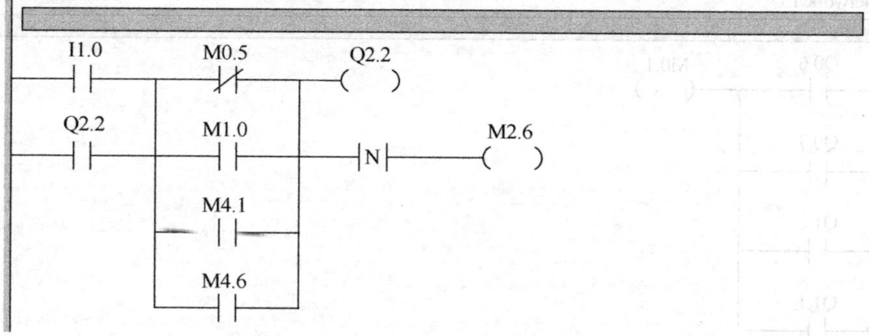

Network 12

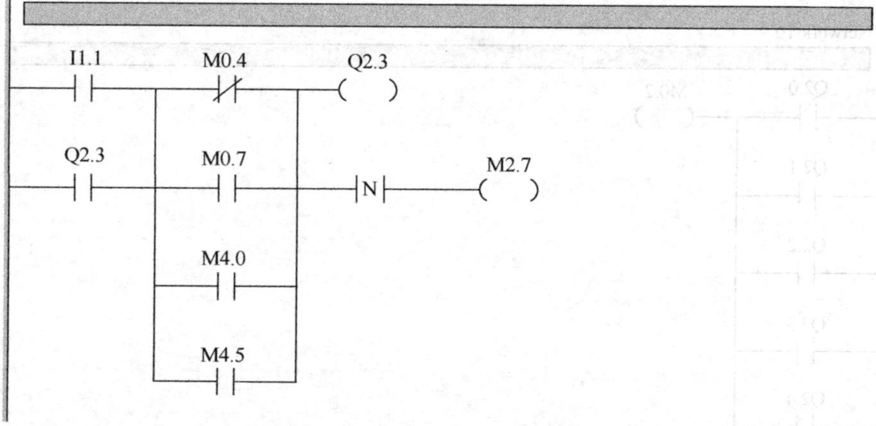

Network 13

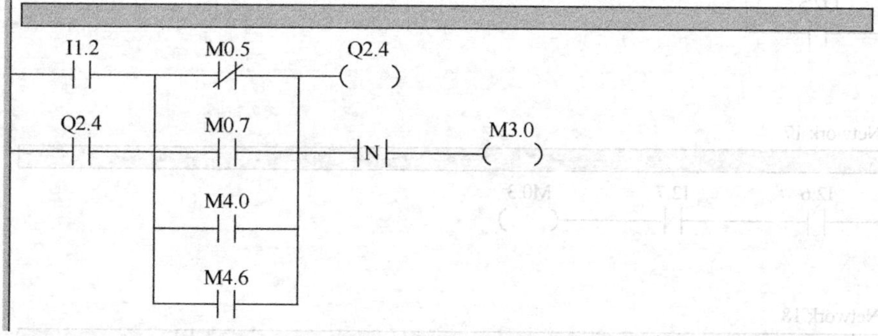

Network 14

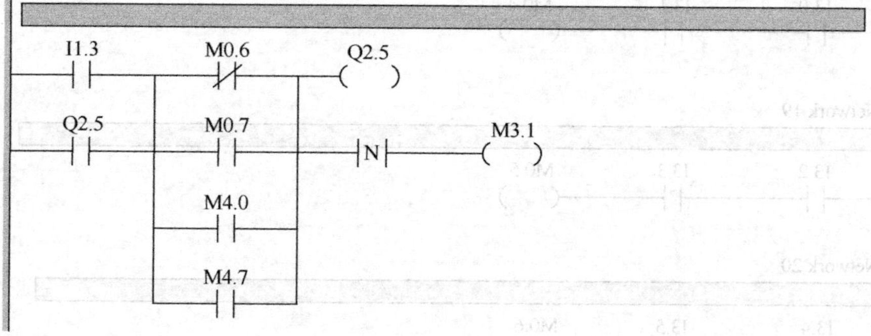

Network 15

Network 16

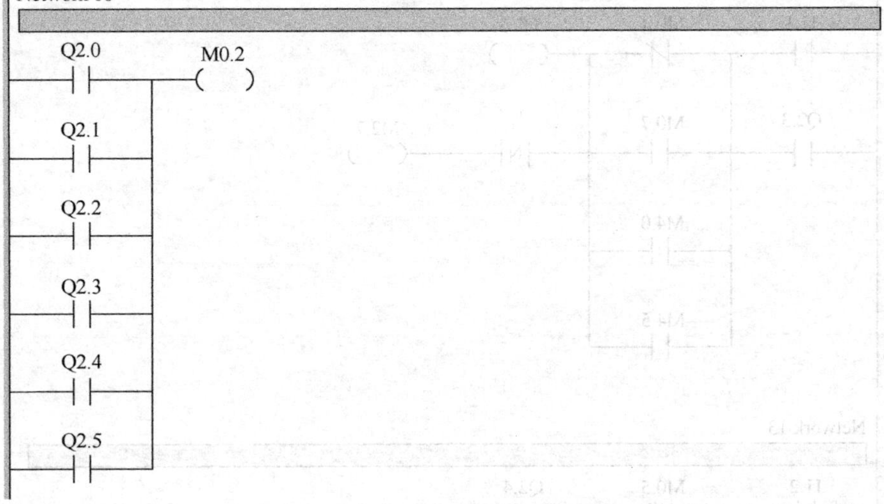

Network 17

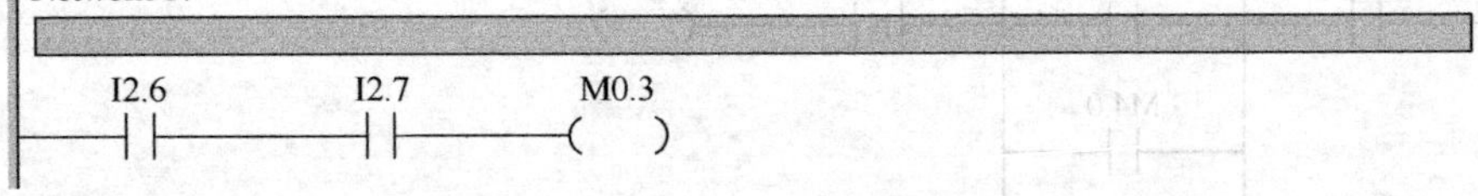

Network 18

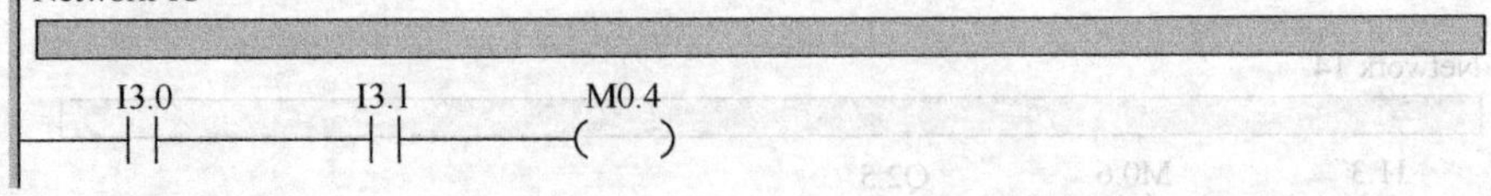

Network 19

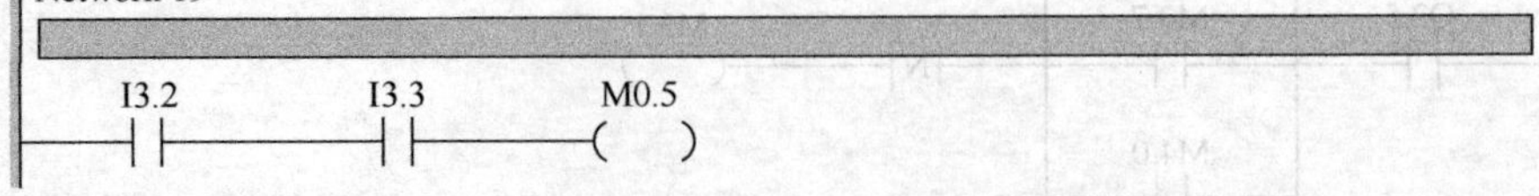

Network 20

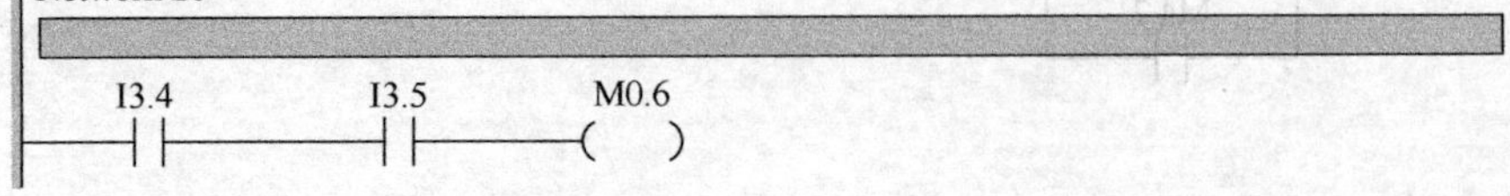

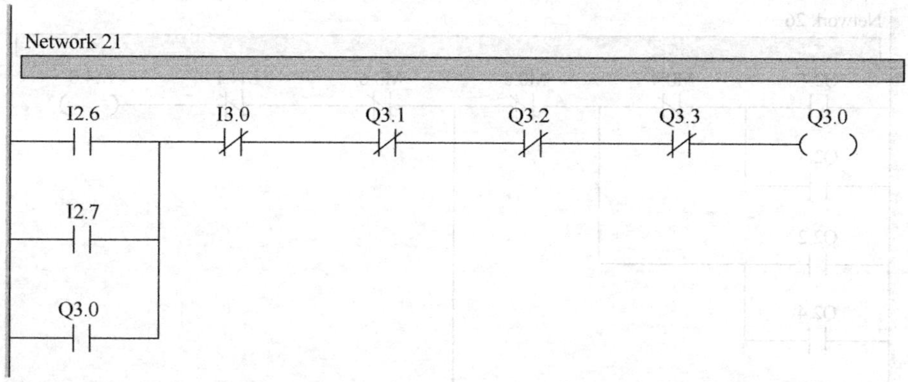
Network 21
I2.6
I3.0
Q3.1
Q3.2
Q3.3
Q3.0
I2.7
Q3.0

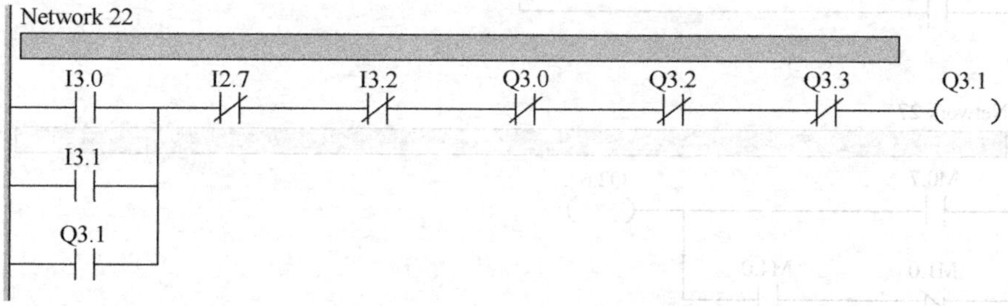
Network 22
I3.0
I2.7
I3.2
Q3.0
Q3.2
Q3.3
Q3.1
I3.1
Q3.1

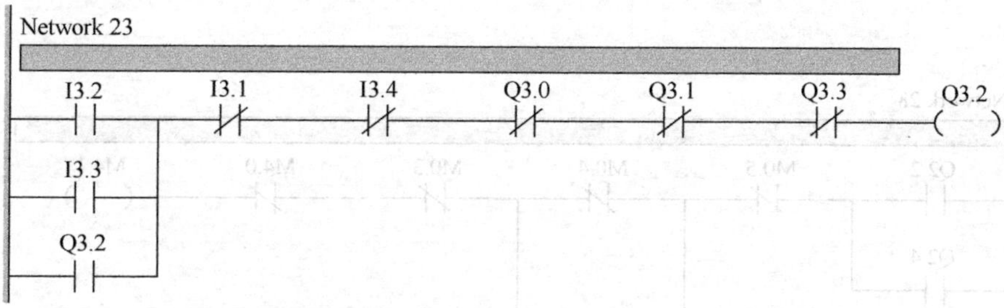
Network 23
I3.2
I3.1
I3.4
Q3.0
Q3.1
Q3.3
Q3.2
I3.3
Q3.2

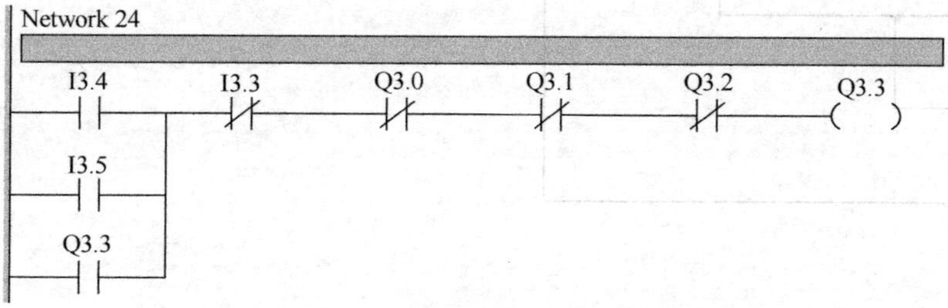
Network 24
I3.4
I3.3
Q3.0
Q3.1
Q3.2
Q3.3
I3.5
Q3.3

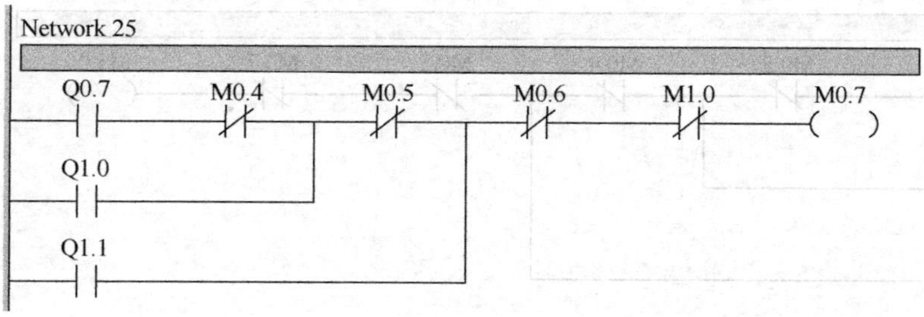
Network 25
Q0.7
M0.4
M0.5
M0.6
M1.0
M0.7
Q1.0
Q1.1

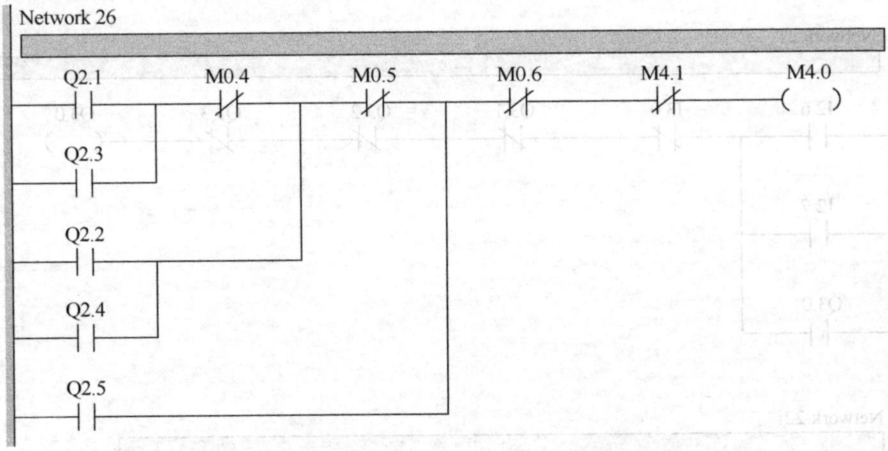
Network 26
Q2.1
M0.4
M0.5
M0.6
M4.1
M4.0
Q2.3
Q2.2
Q2.4
Q2.5

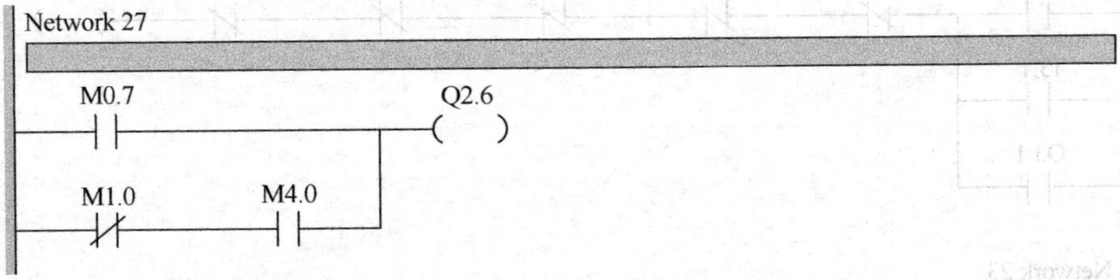
Network 27
M0.7
Q2.6
M1.0
M4.0

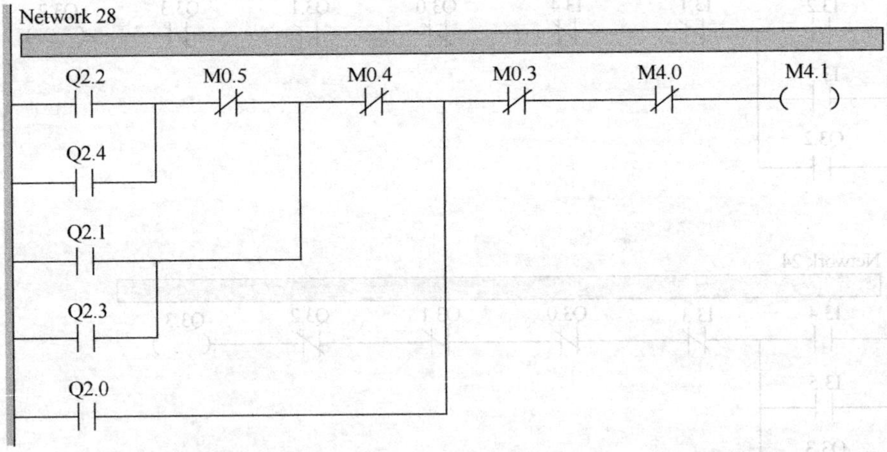
Network 28
Q2.2
M0.5
M0.4
M0.3
M4.0
M4.1
Q2.4
Q2.1
Q2.3
Q2.0

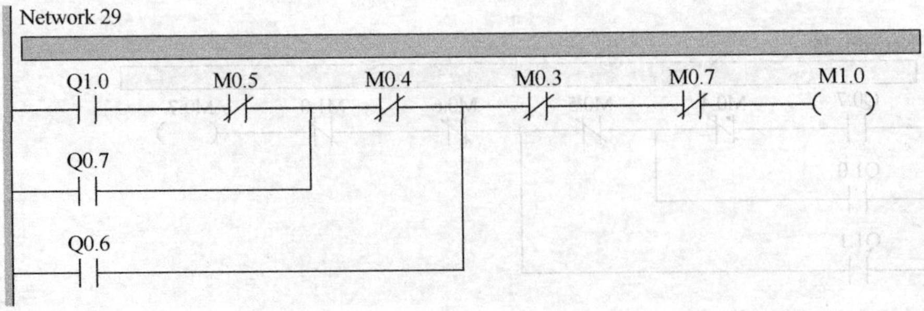
Network 29
Q1.0
M0.5
M0.4
M0.3
M0.7
M1.0
Q0.7
Q0.6

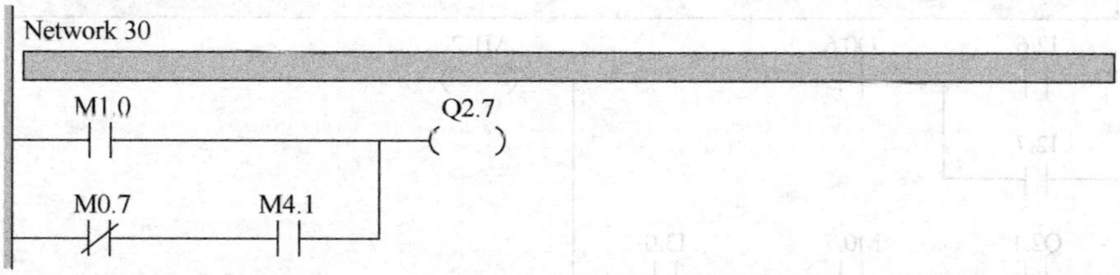
Network 30
M1.0
Q2.7
M0.7
M4.1

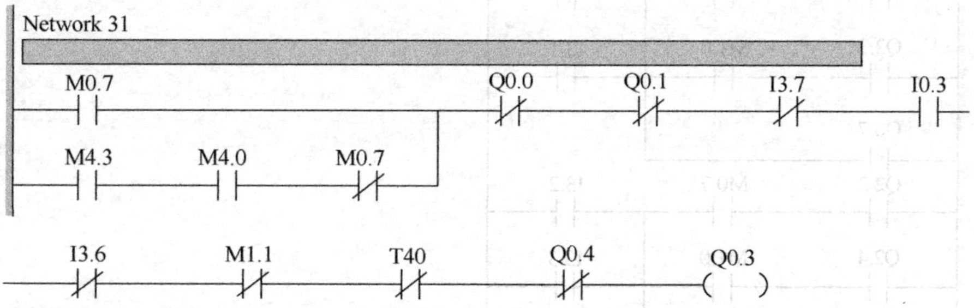
Network 31
M0.7
Q0.0
Q0.1
I3.7
I0.3
M4.3
M4.0
M0.7
I3.6
M1.1
T40
Q0.4
Q0.3

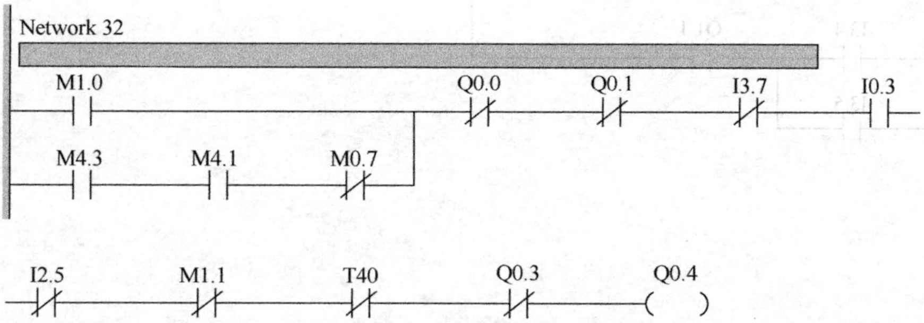
Network 32
M1.0
Q0.0
Q0.1
I3.7
I0.3
M4.3
M4.1
M0.7
I2.5
M1.1
T40
Q0.3
Q0.4

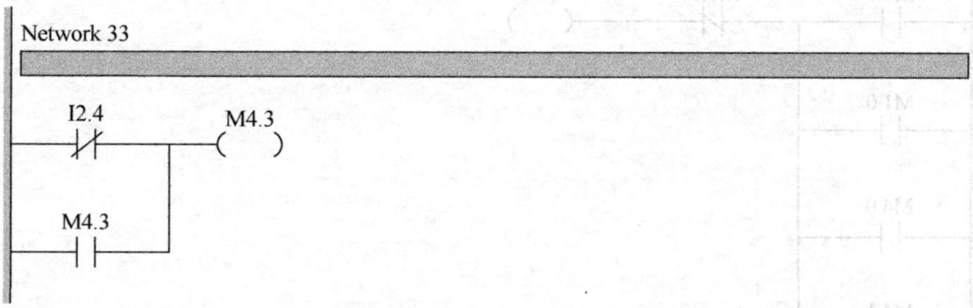
Network 33
I2.4
M4.3
M4.3

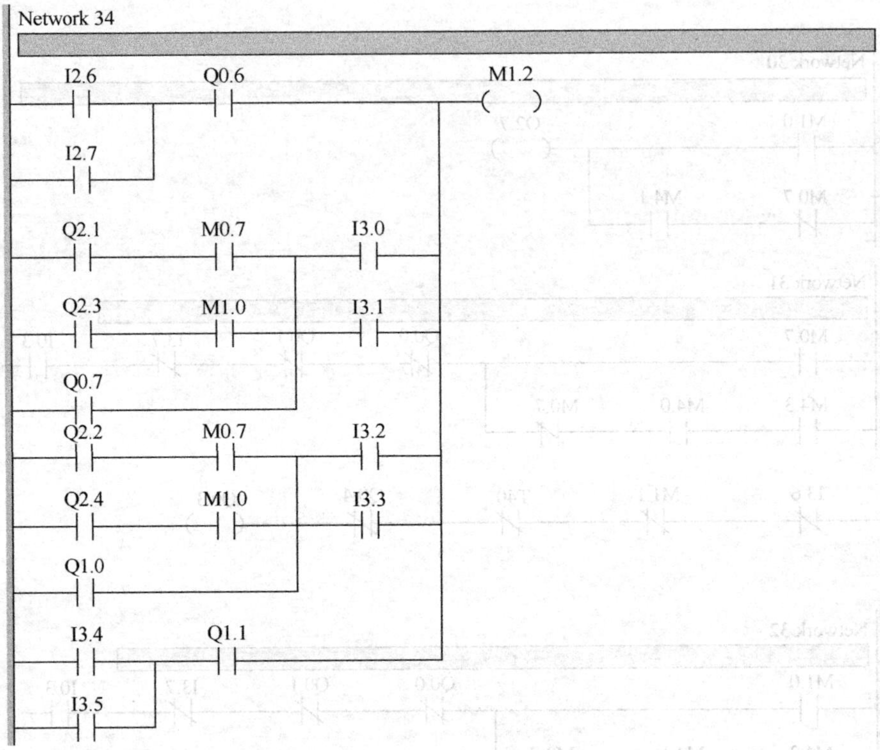
Network 34
I2.6
Q0.6
M1.2
I2.7
Q2.1
M0.7
I3.0
Q2.3
M1.0
I3.1
Q0.7
Q2.2
M0.7
I3.2
Q2.4
M1.0
I3.3
Q1.0
I3.4
Q1.1
I3.5

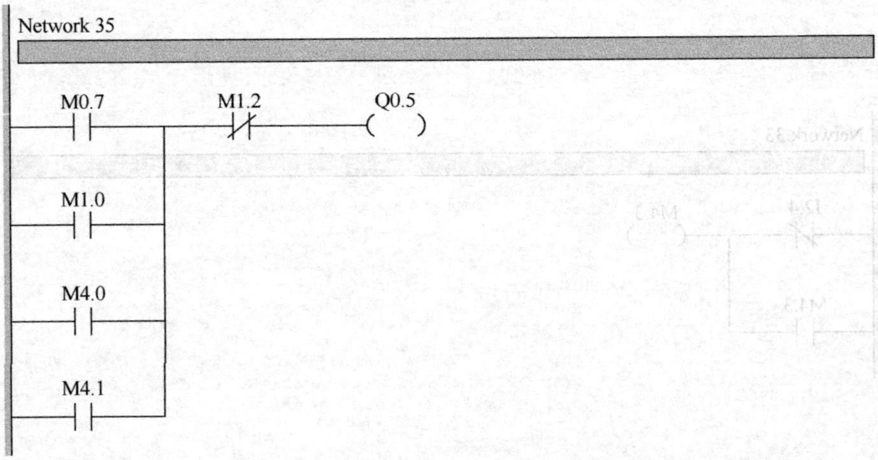
Network 35
M0.7
M1.2
Q0.5
M1.0
M4.0
M4.1

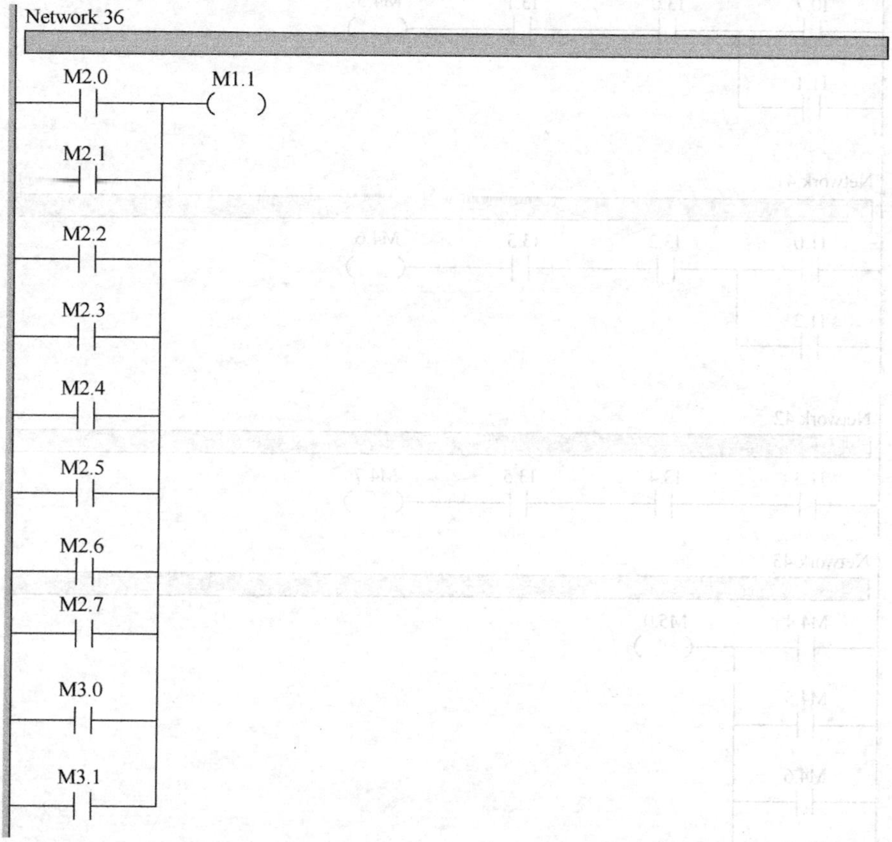
Network 36
M2.0
M1.1
M2.1
M2.2
M2.3
M2.4
M2.5
M2.6
M2.7
M3.0
M3.1

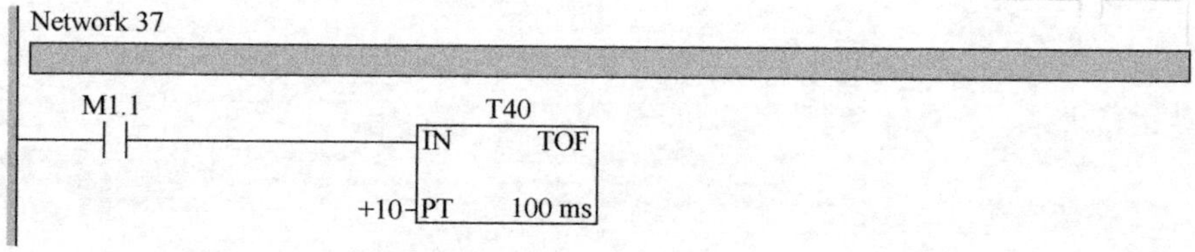
Network 37
M1.1
T40
IN
TOF
+10
PT
100 ms

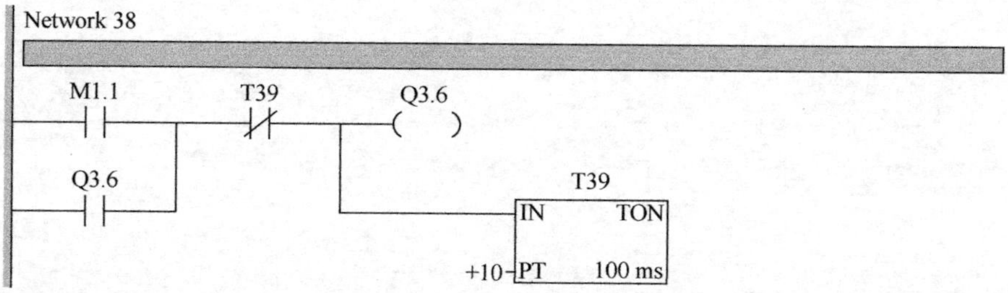
Network 38
M1.1
T39
Q3.6
Q3.6
T39
IN
TON
+10
PT
100 ms

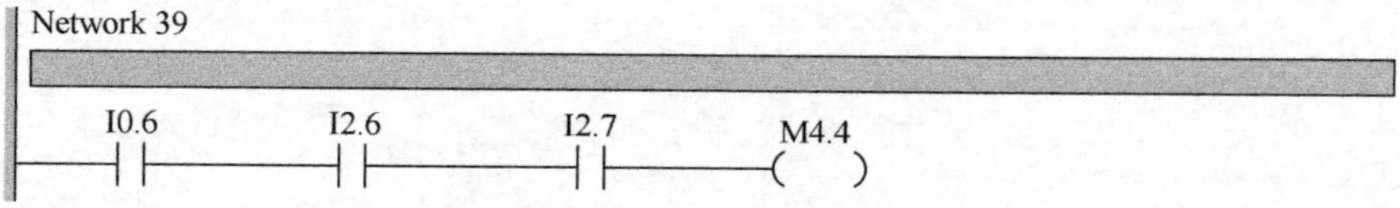
Network 39
I0.6
I2.6
I2.7
M4.4

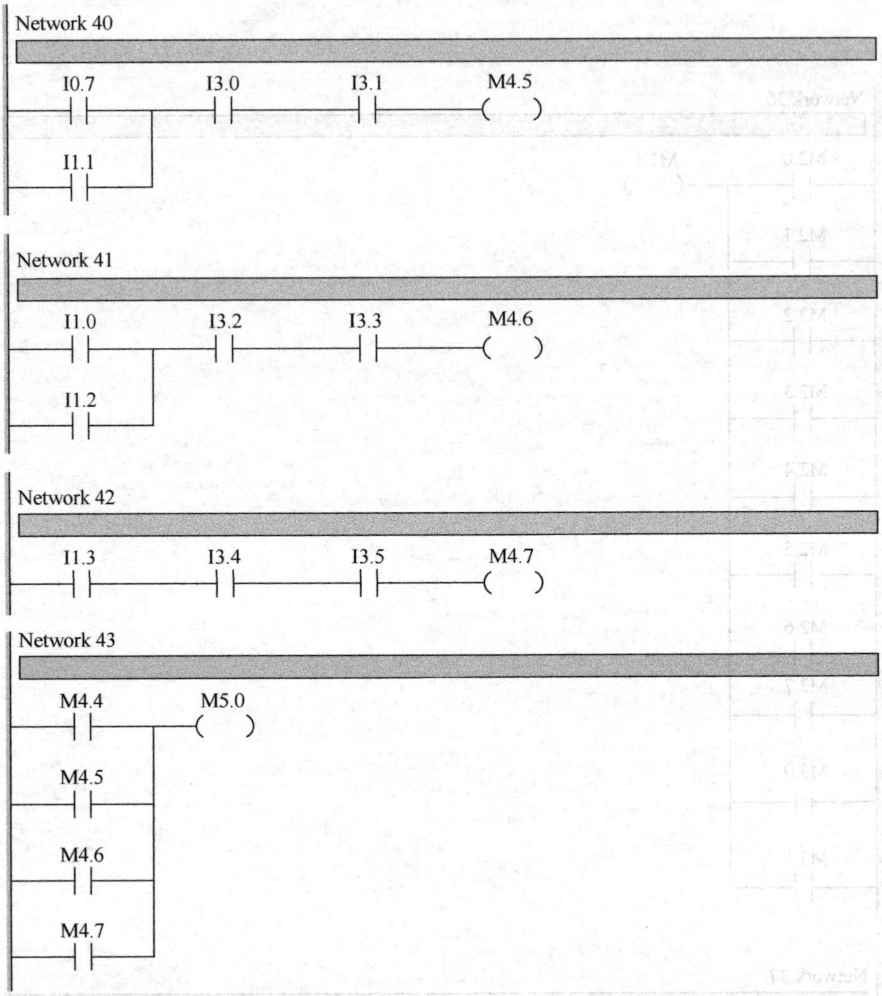
Network 40
I0.7
I3.0
I3.1
M4.5
I1.1
Network 41
I1.0
I3.2
I3.3
M4.6
I1.2
Network 42
I1.3
I3.4
I3.5
M4.7
Network 43
M4.4
M5.0
M4.5
M4.6
M4.7

参考文献

[1] 叶安丽．电梯控制技术［M］．北京：机械工业出版社，2010.

[2] 芮静康．电梯电气控制技术［M］．北京：中国建筑工业出版社，2005.

[3] 岳庆来，等．电梯现代智能控制技术［M］．北京：机械工业出版社，2009.

[4] 何峰峰．电梯基本原理及安装维修全书［M］．北京：机械工业出版社，2009.

[5] 陈剑锋，等．电梯安装维修与故障排除［M］．郑州：河南科学技术出版社，2004.

[6] 陈家盛．电梯实用技术教程［M］．北京：中国电力出版社，2009.